JN100098

売れるEC「最強」集客大全

株式会社プロテーナム
米沢洋平 渡邊嵩大
櫛田貴茂 樋口智紀

技術評論社

はじめに

この本の位置づけ

本書は、ECモールにおいてもっとも担当者の腕が試される「集客」ノウハウを徹底的に解説した書籍です。本書は、最短３か月で月商1,000万円を目指すEC運営者の方々をメインターゲットとして執筆しています。ECモールへの出品は完了したけれどイマイチ売上が伸びない、どうすれば売上が上がるのかしくみがわからない、そんな方がもう一段階レベルアップできる内容を目指しました。もちろん、これからEC運営を本格的に始めるという方や、未経験ながら異動でEC運営を担当することになった方など、幅広い方におすすめできる内容となっております。

世の中には、ECモールの売上を上げるためのノウハウを紹介した書籍がたくさん出版されています。しかし、「読むと何となく理解はできるけれど実行に移せない」レベルに留まってしまっている書籍が多い印象です。その理由は、管理画面の操作方法を覚えること自体にかなりの労力を要することにあると考えています。本書は、「根本的な理解だけでなく、書いてある通りに操作をすれば実装までできる」内容とするため、実際の管理画面のスクリーンショットを使って、操作手順を１つ１つ丁寧に解説しています。本書を手に取っていただいた方には、集客の考え方から実装まで、すべてを１人で実行できるようになっていただきたいと願っております。

この本の読み方

本書は、EC運営をされている方が、ふと「これってどんな操作をすればよかったっけ?どんなロジックで決まっているんだっけ?」といった疑問を思い浮かべた時、机に置いてあって、すぐに疑問を解消できる、そんな「ECモール集客の辞書」のように活用していただくことを想定しています。もちろん、通しで読んでいただくことで理解を深めることも可能です。

本書は、「考え方」→「管理画面の操作方法」→「運用のポイント」といった流れで解説しています。例えば自社商品の検索順位を上げたいときは、目次で検索順位の解説を記載しているページを探し、まずは「考え方」を読んでいただくのがおすすめです。また、広告運用でキーワード除外作業の手順がわからなければ、「管理画面の操作方法」を読んでいただくのがよいでしょう。

メッセージ

1996年に楽天市場が登場し、日本でネット通販の利用が始まってから、25年以上が経過しました。ネット通販の市場規模は急速な拡大を続け、コロナ禍という未曽有の大災害による追い風も受け、2024年現在で20兆円を超えています。今後も、企業にとってのネット通販の重要性はますます高まっていくでしょう。

そんな背景もあり、世の中ではAmazon、楽天市場、Yahoo!ショッピングといったECモールを中心に、「ネット通販で成果を挙げる」ノウハウが求められ、それに応えるように玉石混交のノウハウが溢れています。ところが、いざ自分がネット通販の運営者として運用を行おうとすると、「イマイチわからない」ノウハウがかなり多く、Google検索や評判の本を読み、自分が本当にほしい情報を探すだけでかなりの時間が必要になってしまうというのが現状です。

「だったら、私たちがECの売上アップに本当に必要な情報をまとめて、実際に本の通りに実行すれば即成果につながるような本を書けばいいのではないか?」そう考え、筆を執りました。私たちは、会社の事業としてECのコンサルティング・運営代行を行っている、いわば「ECのプロフェッショナル」です。本書では、実際に行っているご支援の内容を、考え方から管理画面を用いた運用内容まで、余すことなくすべてお伝えしています。弊社と同業のEC支援会社から、「こんな本を出版されたら商売あがったりだよ」と言われるレベルになっていると自負しております。

本書を読んでいただき、ぜひネット通販の売上アップを実現していただければと思います。日本の、世界のECの発展は、まだまだこんなものではないはずです。急速に変化していくECの流れをうまく乗りこなし、ともにECをより便利に、世界をよりよいものにしていきましょう。

目次

Chapter 1

ECモールにおける売上UPの基本を知る

Chapter 2

集客の入口！キーワード設定を極める

Chapter 3

購買へつなげる！検索結果表示・ページ制作を極める

Contents

Chapter 4

確実に成果を出す！ ショップ広告を極める

Chapter 6

最短で成果を出す！価格・クーポン・ポイント・レビューを極める

Chapter 7

積極的に活用するべき！ ECモールのイベントを極める

購入者限定特典ダウンロードについて

本書の購入者限定特典「RPP広告調整ツール」は、以下のURLからダウンロードできます。ダウンロードしたファイルは圧縮されていますので、展開してご利用ください。

https://gihyo.jp/book/2024/978-4-297-14242-1/support

Chapter 1

ECモールにおける売上UPの基本を知る

Section 01
ECモールにおける「売上UPの方程式」を知る

売上=集客数×転換率×客単価

本書はECモールの集客について解説した書籍です。集客はECモールにおける売上UPの非常に重要なポイントではありますが、集客できれば必ず売上が上がるというわけではありません。この点をしっかり理解したうえで、ECモールの運営に取り組む必要があります。そこで知っておきたいのが、以下のECにおける売上UPの方程式です。

売上 ＝ 集客数 × 転換率 × 客単価

この売上UPの方程式は、それぞれ以下の内容を表しています。

- **売上**：文字通り、ECサイト経由での売上を指します。
- **集客数**：ECサイトに訪れる人数を指します。数字を確認するシーンに応じて、アクセス回数（サイト訪問者数×1人あたりのサイト訪問回数）を指す場合や、アクセスしたユニークユーザー数（アクセスした人数のみ。例えばAさん、Bさん、CさんがECサイトに訪問した場合、3人となる。それぞれが2回ずつECサイトを訪問していても数えない）を指す場合があります。ECモールごとに取得できるデータが異なるので、意識しておくことが重要です。
- **転換率**：ECサイトに訪問した人のうち、どのくらいの割合の人が購入に至ったかを示します。
- **客単価**：ECサイトでの購入の際、1人の購買者がどのくらいの金額の商品を購入しているかを示します。

この方程式では各要素に売上の変化の要因が現れるため、ECの実施施策を検討するにあたって非常に有効です。

例えば「ある月に、前月との比較で売上が100万円／月下がってしまった。対策を打つために原因を特定しよう！」というケースがあったとします。単に「売上が下がった」というだけでは、検討も難しいです。そこで、この売上の方程式に則り、集客数、転換率、客単価の数字の推移を確認します。
すると、どこかの数字が下がっていることがわかるはずです。今回のケースでは、集客数が大きく減少していたとしましょう。すると、次は集客数に影響がある部分に何か変化がなかったか？　ということを調査していけばよいわけです。売上に対する要因を特定するための基本的な指針が、このECにおける売上UPの方程式ということです。

ECの売上分析を進めると、この方程式をさらに細かく分解して考えることが可能になります。しかし、まずはこの方程式が基本となるので、ここでしっかりと覚えておいてください。

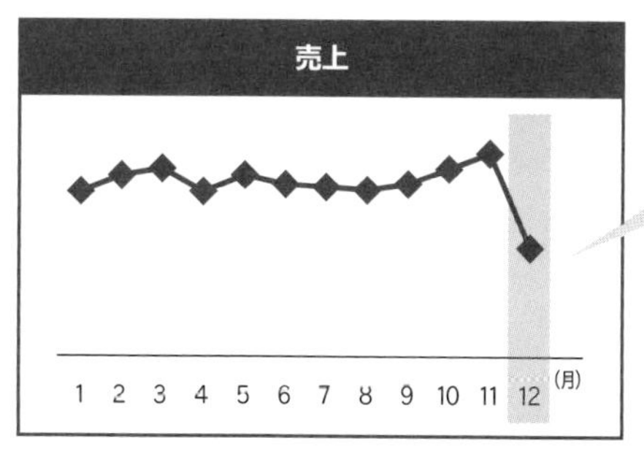

売上が急激に低下している…
なぜだろう？？？

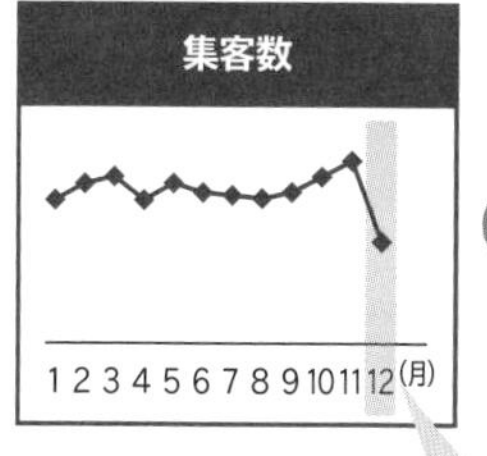

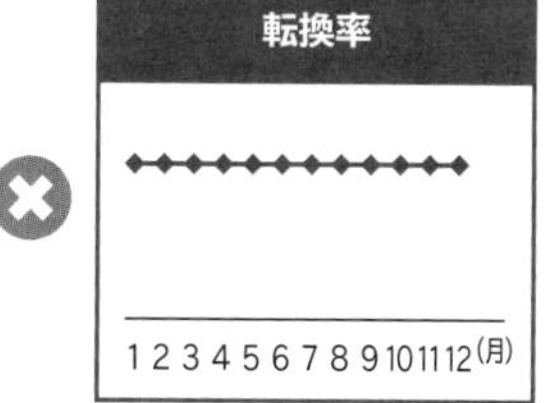

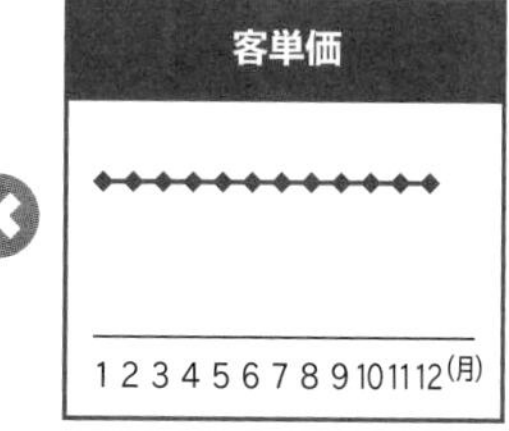

集客数が減少している
集客数に影響のある
施策を検証してみよう

Section 02

集客前に「商品が売れる状態」を整えておく

「商品が売れる状態」の重要性

前節で解説した売上UPの方程式でもわかる通り、ECモールでは集客だけで売上が上がるわけではありません。集客数がどれだけあっても、転換率が0%であれば、売上は0になってしまうからです。そのため、集客にばかり意識を向けるのではなく、売上UPの方程式を構成する3つの要素すべてに気を配る必要があります。

「転換率」は、方程式の3要素のうち、最初に押さえるべき要素です。「転換率」が低い状況というのは、そもそも「売れる商品を販売していない」「本来売れるはずの商品が売れる状態を整えていない」ということです。このような状況では、どんなに集客したとしても売上UPにはつながりません。集客にはお金がかかるので、転換率が0%の状態だと無駄にお金を使ってしまうことになります。集客の前に、あらかじめ「商品が売れる状態」を整えておくことが重要なのです。

転換率が3%だと…

集客数	×	転換率	×	客単価	=	売上金額
1,000		3%		5,000円		150,000円

転換率が0%だと…

集客数	×	転換率	×	客単価	=	売上金額
1,000		0%		5,000円		0円

「商品が売れる状態」を整えることの重要性について、例え話を使って解説してみたいと思います。ここに、AとB、2人の商人がいたとします。商人Aは普通のスイカを1,000円で販売しています。その隣で商人Bが、超高級スイカを1,000円で販売しています。商品以外の差は一切ない場合、どちらの商品が売れるでしょうか？　当たり前ですが、商人Bが販売しているスイカが圧倒的に売れるでしょう。
次に、商人Aはものすごくきれいな装飾が施されたお店で、普通のスイカを1,000円で販売していたとします。商人Bはブルーシートに座って、みすぼらしい服装で超高級スイカを1,000円で販売していたとします。どちらのスイカが売れるでしょうか？　相当な目利きでない限り、商人Aが販売しているスイカを購入する人が多いのではないでしょうか？

前者の例では、純粋に商品の魅力のみで勝負をしています。後者の例では、「商品が売れる状態が整えられているか」によって勝敗が決しています。ECサイトでは実物の商品を見られないため、購買者は実際のお店で購入するときよりもさらにシビアに、商品のスペックやECサイトの内容を判断します。そのため、「いかに商品が売れる状態を整えることができるか」が転換率に影響し、最終的な売上に結びついていくということになります。
そしてECにおける「商品が売れる状態」とは、検索結果一覧に表示されるサムネイル画像をクリックすると遷移する商品ページによって消費者の興味関心を得られ、商品に対する信頼感を醸成することができ、購買の後押しをできる情報を提供できているという状態です。

繰り返しになりますが、集客にはお金がかかるケースがほとんどです。お金を無駄にしないためにも、必ず商品が売れる可能性が高い状態を整え、「転換率」を確保したうえで、集客の施策を行っていきましょう。

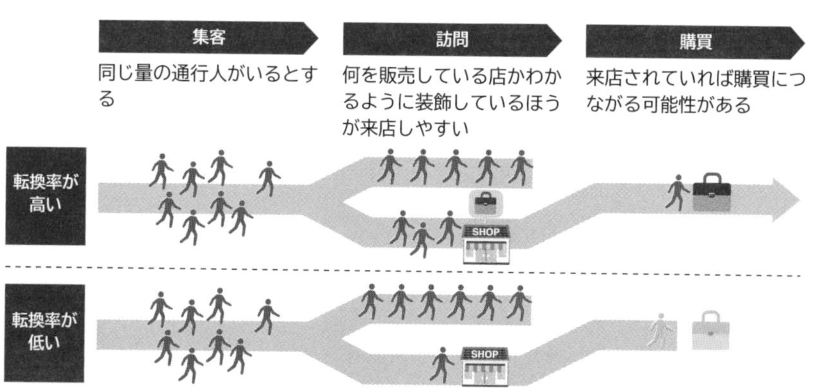

Section 03 ECモールにおける「集客の重要性」と「集客チャネルの全体像」を知る

集客チャネルの全体像を把握する

「転換率」を確保できる環境の重要性を理解した上で、いよいよ集客の重要性の話に入っていきたいと思います。いくら「転換率」を確保できていたとしても、集客できなければ商品は売れません。たとえばどれだけすぐれた商品でも、誰の目にも触れなければ売れるわけがありません。人は、知っているもの、探し出せたものしか購入できないので、当たり前です。集客できなければ商品を知ってもらえず、商品が売れることもないのです。集客は、施策次第で劇的なインパクトを与えることができる領域です。EC担当者のやり方次第で、2倍3倍と訪問者を増やすことが可能です。反面、適切な施策を実施できなければ、ただただお金を使うだけで、売上につながることはありません。本書では、書いてあることを実行するだけで集客マスターになれるECノウハウを伝授します。

集客において重要になるのが、どのような集客の入り口、つまり集客チャネルがあるかを把握しておくことです。インターネットにおける一般的な集客チャネルは、以下の5つのステップに分類することができます。これらのステップを頭に入れたうえで、本書を読み進めてください。

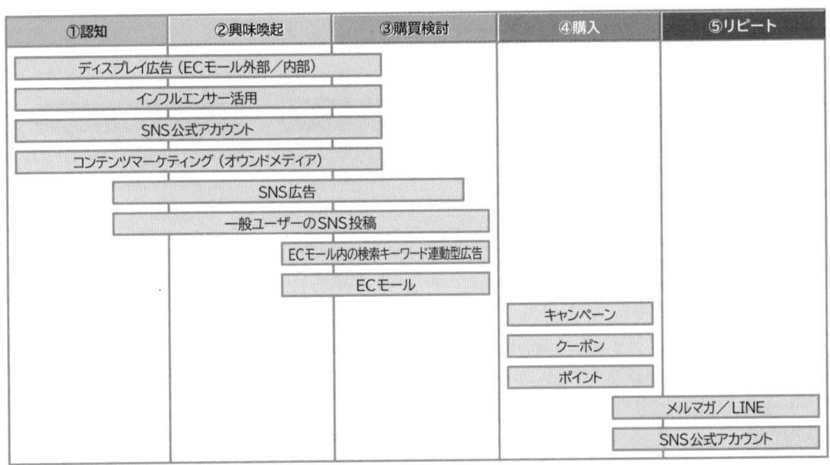

✔ ①認知

ディスプレイ広告（ECモール外部／内部）
インフルエンサー活用
SNS公式アカウント
コンテンツマーケティング（オウンドメディア）

✔ ②興味喚起

SNS広告
一般ユーザーのSNS投稿
ECモール内の検索連動型広告
ECモール

✔ ③購買検討

ECモール内の検索連動型広告
ECモール

✔ ④購入

キャンペーン／クーポン／ポイント

✔ ⑤リピート

メルマガ／LINE／SNS公式アカウント

ECモールでの販売前から①の認知を形成できていると、ECモールでは施策を何も打たなくても勝手に売れる場合があります。しかし、本書はあくまでもECモールに特化した集客施策について解説するものなので、主に②以降の施策について解説していきます。世の中での認知を形成できていなかったとしても、ECモールの集客力を利用し、短期間での売上UPを実現できるところがECモールの強みです。次の節では、ECモールにおける具体的な集客施策の解説に入っていきます。

Section
04 ECモールにおける「集客施策」を知る

ECモールにおける主要な集客施策

ECモールで集客するにあたり、押さえておきたい集客施策について解説します。詳しい解説はそれぞれの章で行うので、ここでは大枠の考え方を理解してください。集客の全体観を持ちながら本書を読んでいくと、より理解が深まると思います。

✔ 自然検索経由で集客する

「自然検索経由で集客する」は、広告経由ではなく、ユーザーがECモールの検索窓でキーワードを検索すると表示される検索結果から集客することです。最終的には、自然検索経由でどれだけの集客をできるかがもっとも重要になります。自然検索からの集客には広告費がかかりません。また、もっとも購買につながりやすいユーザーからのアクセスを獲得できます。
広告費を使い続けなければ売上を上げられない状態は、EC運営として健全ではありません。どうすれば広告に頼ることなく検索結果上位に表示される状況を作ることができるかを念頭に置きながら、施策を考えていきましょう。とはいえ、最初から自然検索結果の上位に商品が表示されるケースは少ないです。そこで活用したいのが広告ということになります。

→Chapter2参照

✔ 検索連動型広告で顕在顧客を獲得する

「検索連動型広告」は、EC運営においてもっとも重要な広告と言えます。「検索」は、ECモールで購買する際、ほぼ確実に発生するアクションです。そして、検索連動型広告はすでに「検索」というアクションを行っている、購買意欲の高いユーザーに商品を表示することができます。そのため、商材にはよるものの、費用対効果がもっとも高い広告となるケースが多いです。EC運営を始める際には、最初に検索連動型広告から手をつけましょう。

→Chapter4参照

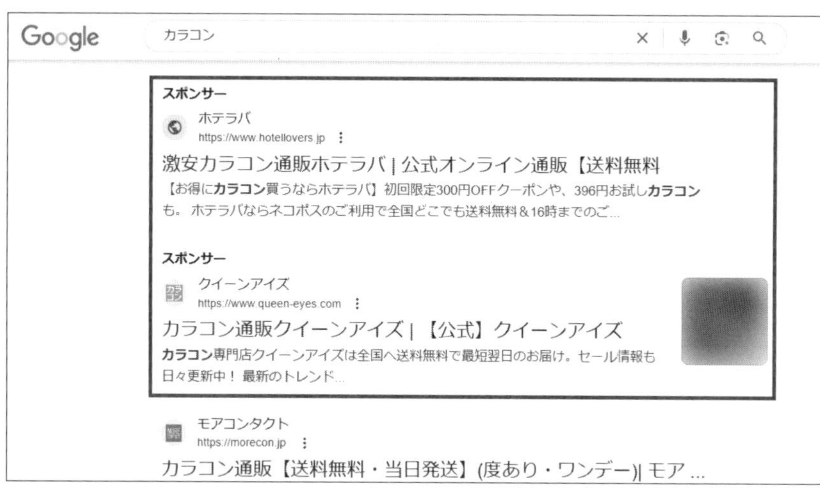

検索結果画面に表示される検索連動型広告

ディスプレイ広告で潜在顧客を獲得する

「ディスプレイ広告」は、インターネットで検索をした際に表示される四角いバナーなどの広告を指します。ディスプレイ広告は配信対象の属性（性別、年齢、職業など）や行動履歴（○○のページを見ていた、など）によってターゲティングができるため、まだ商品を知らない層や検索時にキーワードを入力する段階ではない層に対してリーチすることができます。「どこかでこの商品見たことあるな…」という人を増やし、いざ購買検討が近づいたタイミングで購買の選択肢に入ることが主な目的です。

→Chapter4参照

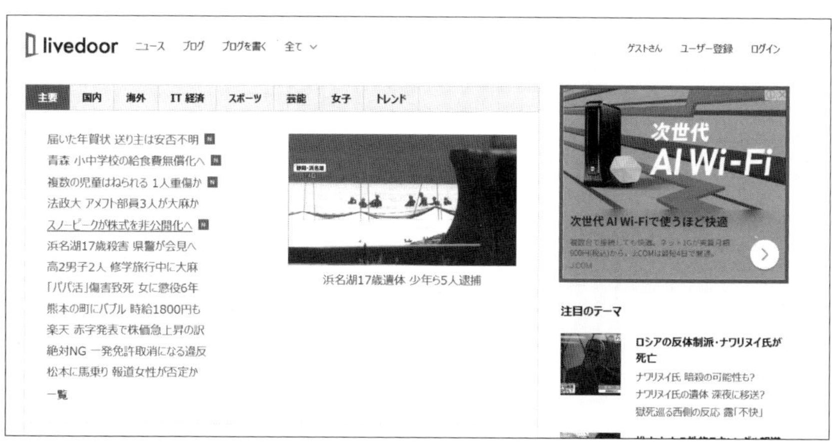

バナーなどの形で表示されるディスプレイ広告

アフィリエイト広告で外部の顧客を獲得する

「アフィリエイト広告」は、ウェブサイトやメールマガジンに企業サイトへのリンクを張り、閲覧者がそのリンクを経由して当該企業のサイトで会員登録したり商品を購入したりすると、リンク元サイトの媒体運営者に報酬が支払われる、成功報酬型の広告手法です（出典：IT用語辞典）。ECモールにも、アフィリエイト広告が存在します。ECモール以外からのアクセスによって一定の売上を上げることができるため、必ず実施しておきたい施策です。

メルマガ・LINEでリピーターを増やす

検索連動型広告やアフィリエイト広告で新規購入者を獲得しているだけでは、ECで利益を上げることは難しいです。獲得した新規購入者に対してメルマガやLINEを継続的に送付することで、広告費を使わずに購入してくれるユーザー、すなわちリピーターを増やしていくことができます。ユーザーから楽しみにされるような内容、タイミングでメルマガ・LINEを送付しましょう。

→Chapter5参照

価格・クーポン・ポイント・レビューで新規顧客を獲得する

検索連動型広告やディスプレイ広告、アフィリエイト広告などで集客に成功しても、単に商品を置いておくだけでは売上は上がりにくいです。そこで「価格・クーポン・ポイント・レビュー」施策を実行します。「価格」はブランドを毀損するリスクがありますが、自社の通常時と比較して安い、もしくは競合商品と比較して安いという状況を作ることで、売上が立ちやすくなります。「クーポン・ポイント」についても、「価格」と似た考え方です。一時的にお得に購入できる状況を作ることで、転換率を向上できます。

クーポン施策で転換率を向上させる

「レビュー」は、商品への信頼感を醸成するために必要になります。購買を検討しているユーザーは、価格などの定量的な情報を確認したあと、レビューを読んで、商品を購入しても失敗しないかどうかの判断を行います。例えば、注文から配送までの期間はページに記載の通りか、扱っている商品の品質に問題はないか、といったことです。実際に商品を見ることができないECにおいて、レビューはもっとも重要な情報源と言えます。

→Chapter6参照

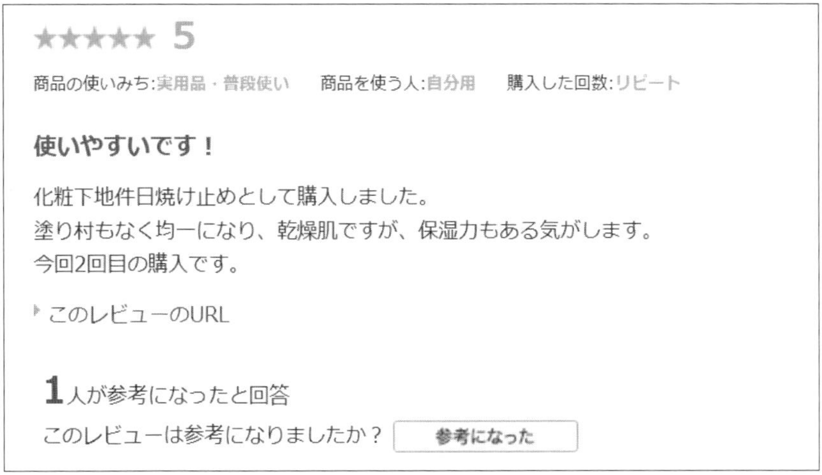

★★★★★ 5

商品の使いみち:実用品・普段使い　商品を使う人:自分用　購入した回数:リピート

使いやすいです！

化粧下地件日焼け止めとして購入しました。
塗り村もなく均一になり、乾燥肌ですが、保湿力もある気がします。
今回2回目の購入です。

▸ このレビューのURL

1人が参考になったと回答
このレビューは参考になりましたか？ 参考になった

レビューによって商品への信頼感を得る

✔ ECモールのイベントで売上拡大の波に乗る

「ECモールのイベント」では、ECモール自体がテレビCMなどの大規模なプロモーションを行い、大量のユーザーを集客します。商品は大幅に安くなり、多くのユーザーが購買を検討し、実際に購入します。例えば、Amazonのプライムデー、楽天市場の楽天スーパーSALE、Yahoo!ショッピングの超PayPay祭などがあります。イベント期間中は通常日の何倍もの売上を見込めるため、イベントに合わせてクーポンを発行したり、広告を出稿したりして、一気に売上を作ることができます。イベント期間中に売上実績を作ることで、イベント後の検索順位が上がる効果も見込め、持続的な売上を作ることにつながります。

→Chapter7参照

Section 05
ECモールにおける「集客の基本戦略」を知る

ECモールで集客の好循環を作る基本戦略

ここでは、各ECモールで集客を行うための、基本的な戦略について解説します。ECモールの集客においてもっとも重要なことは、自然検索に表示されるよう対策を施し、売上実績を作り、その結果、検索順位が上昇するという好循環を作ることです。売上実績が高い商品が検索結果の上位に表示されるのは、ECモール内で上がった売上の手数料分がECモール運営側の収益になるからです。ECモール運営側は、自社の売上を上げるために、より売上が上がりやすい商品を検索結果の上位に表示するのです。
とはいえ、新しく販売を開始した商品の場合、まだ商品が売れていないところからのスタートになります。そのため、検索結果の上位に表示することは難しいというのが現実です。そこで、広告の出番になります。ECモールで新しい商品を販売する場合、以下の順に集客施策を打っていきます。

①検索連動型広告に出稿する（余裕があれば他の広告も出稿する）
②最初は地道に検索連動型広告経由で売上実績を作っていく
③ECモールのイベントでアクセスを獲得し、売上を上げる
④獲得した新規購入ユーザーに対してメルマガ／LINE配信などを行い、リピーターとして育成する
⑤商品の売上実績が蓄積され、自然検索による検索結果の表示順位が上昇する

実際は、最初の検索連動型広告を出稿した時点で十分な売上実績を作ることができ、自然検索順位が思うような位置まで上昇することもあります。逆に、あらゆる手段を講じても、競合が強すぎて自然検索結果がまったく上がらないケースもあります。こうした例外はあるものの、まずはこの基本戦略をきちんと理解しておくことが重要です。次ページからは、個別のECモールごとの考え方のポイントを解説していきます。

Amazonで集客するための基本戦略

Amazonで集客するための基本戦略には、以下の2つのポイントがあります。

①カートを獲得する
②Amazon内の広告を有効活用する

Amazonでもっとも重要なポイントは、①カートを獲得することです。自社が販売している商品が商品ページの買い物かごの最初に表示されている状態を、「カートを獲得できている」と言います。カートを獲得できなければ、そもそもの土俵に立つことができません。

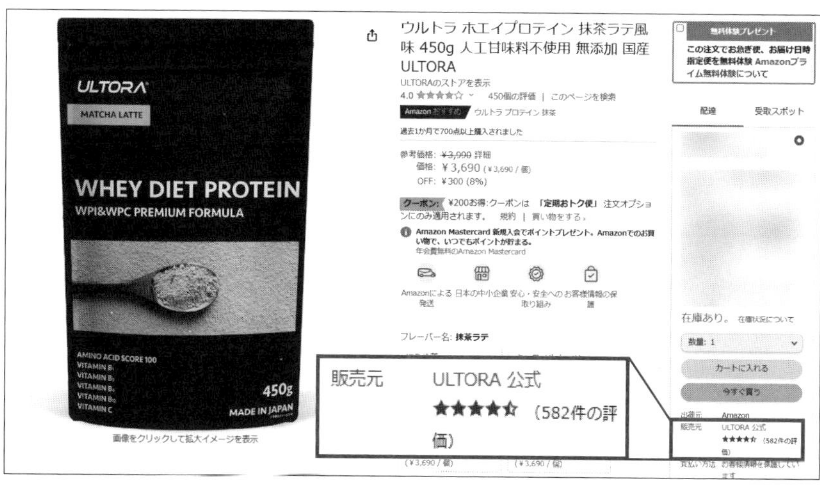

Amazonで「販売元」として自社が最初に表示されていればカートを獲得できている

次に重要なポイントは、②Amazon内広告の活用です。売上が立っていない商品は、自然検索結果の上位に表示されません。そこで広告の出番です。Amazonには、活用頻度が高い広告が存在します。それが、以下の3種類の広告です。

- **スポンサープロダクト広告：検索結果画面の最上部や途中に表示される**
- **スポンサーブランド広告：検索結果画面の最上部に表示される**
- **スポンサーディスプレイ広告：商品ページに表示される**

これらの広告に出稿することで、売上実績を作っていきます。Amazon内広告の活用方法について、詳しくはChapter4で解説します。

楽天市場で集客するための基本戦略

楽天市場で集客するための基本戦略で、重要なポイントは以下の2つです。

①RPP広告
②楽天スーパーSALEサーチ

①RPP広告は、楽天市場の検索連動型広告です。ユーザーが検索したキーワードに応じて、RPP広告を設定している商品が検索結果の最上位に表示されます。検索というアクションは、購買に非常に近いアクションです。RPP広告を有効活用することで、売上UPに直接貢献することができます。

楽天市場の検索結果の最上位に表示されるRPP広告

②楽天スーパーSALEサーチは、楽天スーパーSALE期間中のみ表示される検索窓です。検索結果には割引商品のみが表示されるため、楽天スーパーSALE期間の売上の多くが、楽天スーパーSALEサーチに表示される商品から生まれます。楽天スーパーSALEサーチに商品を掲載することで、売上が300%以上になることも珍しくありません。詳しくは、Chapter7で解説します。

楽天スーパーSALEサーチの検索窓

Yahoo!ショッピングで集客するための基本戦略

Yahoo!ショッピングで集客するための基本戦略で、重要なポイントは以下の2つです。

①メーカーアイテムマッチ広告およびアイテムマッチ広告
②PRオプション

①メーカーアイテムマッチ広告およびアイテムマッチ広告は、検索結果の最上位に表示される広告です。対象とする商品やキーワードに広告入札金額を設定することで、購入可能性が高いユーザーに商品を表示できます。

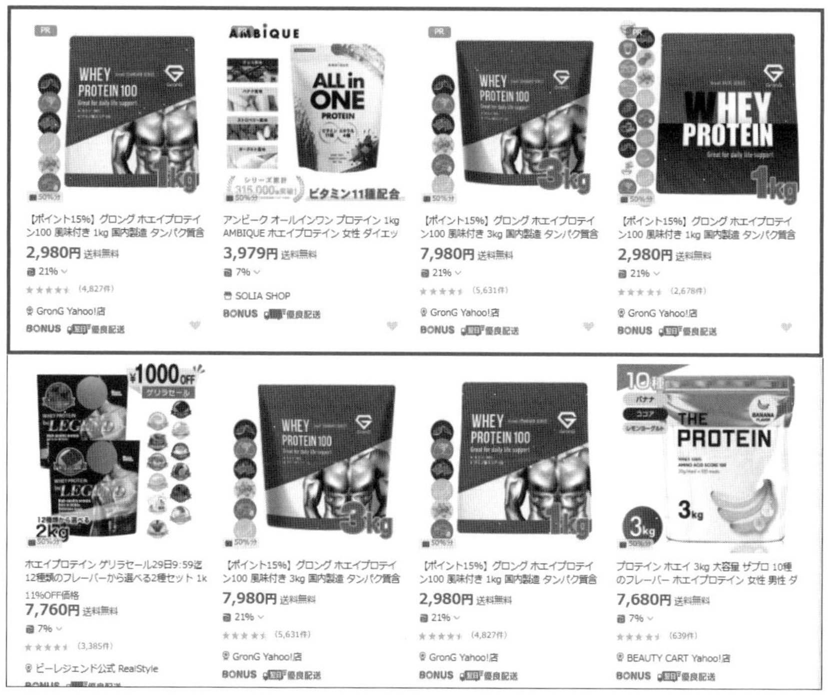

Yahoo!ショッピングの検索結果の最上位に表示されるメーカーアイテムマッチ広告

②PRオプションは、売上実績に下駄をはかせることができる広告です。例えば、本来検索順位が20位の商品であっても、PRオプションを設定することで10位に表示される、といった効果があります。メーカーアイテムマッチ広告・アイテムマッチ広告とPRオプションをうまく組み合わせて、自然検索結果の表示順位を上げていきましょう。詳しくは、Chapter4で解説します。

売上を上げるには一定期間の投資フェーズが必要

P.24で説明している通り、ECモールで売上を上げるためには、多くのケースで広告利用が必須となってきます。そのため、自然検索からの流入やリピーターからの売上が一定の規模に到達するまでは、広告費用による赤字が発生することになります。つまり、完全新規の商品である場合、黒字が出る状態に持っていくためには、一定期間の投資フェーズが必要になるということです。この点を理解した上で広告への投資を行うのと、理解せずに先が見えない中、投資を行っていくのとでは、雲泥の差があります。

よくあるのが、できるだけ赤字を出したくないので、最初はとりあえず小さく広告費をかけてみる、というケースです。しかし小さい広告費では、本来売上が立ちやすい商品でもほとんど売上が立たず、商品ページの販売実績やレビューが蓄積されないため、自然検索結果の順位が上がってきません。その上、そもそも販売している母数が少ないため、リピーターも思うように増えず、結果的に「ECモール全然売れないじゃん…」となって撤退してしまうことが多いのです。ECモールが売れないのではありません。正しい手法に基づいて施策を打てていないだけなのです。

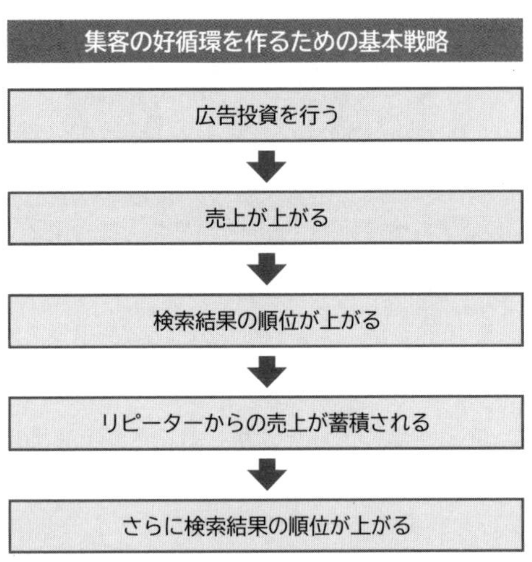

Chapter 2

集客の入り口！
キーワード設定を極める

Section 01 ECモールにおける「自然検索」の考え方

ECモールの自然検索について理解する

本章では、集客の入り口としての、検索キーワードの選定と設定方法について解説していきます。キーワードの選定と設定を行う上で、最初に知っておきたいのが「自然検索」の考え方です。ECモールにおける自然検索とは、ECモール内でユーザーが検索を行った場合に表示される、「広告以外の検索結果」のことを意味しています。つまり、ECモールの検索結果には広告と広告以外の商品の2種類があり、この内の「広告以外の商品」が、自然検索によって表示された商品であるということになります。

実際に、楽天市場での検索結果画面を見てみましょう。検索結果上位の4つの商品には、商品名の先頭に［PR］という表示があります。これは、その商品が楽天市場内の検索連動型広告（RPP広告）によって表示されたものであることを表しています。一方、検索結果の中で［PR］の表示のない商品が、自然検索によって表示された商品であるということになります。

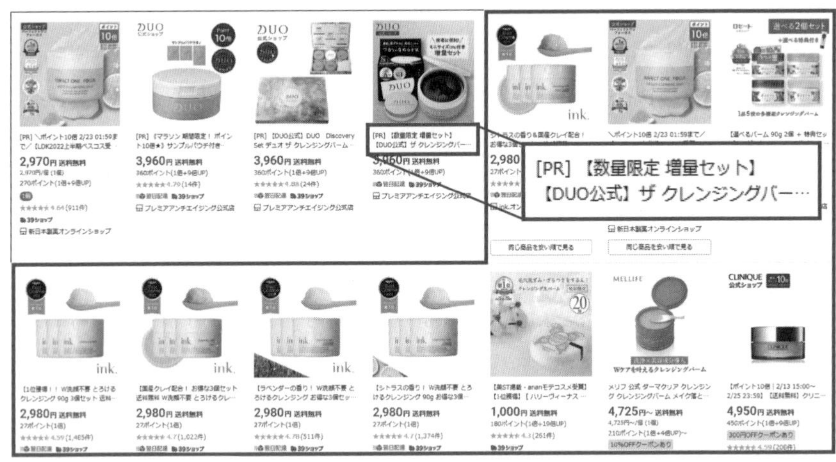

楽天市場で「クレンジングバーム」で検索した結果画面。上位4つの商品がRPP広告によって表示された商品、それ以外が自然検索によって表示された商品

自然検索によってコストを抑えることができる

ユーザーがECモールで購入する際の入り口には、自然検索の他に、広告、ランキング、購入履歴、モールのリコメンド機能など、さまざまなものがあります。その中でも、ECモールの売上の50%以上が自然検索経由からの売上であると言われています。また、自然検索経由でのアクセスには広告費用が発生しないため、無駄な広告宣伝費をかけずに集客することができます。つまり、自社の商品が自然検索で表示されている状態をなるべく多く作ることで、コストを抑えながら、より多くのユーザーの目に触れることになり、売上向上につなげることができるのです。

検索結果上位に表示させるには？

それでは、自然検索によって検索結果の上位に表示される商品とは、どのような商品なのでしょうか？　ECモールによって検索ロジックの詳細は異なりますが、考え方は共通です。それは、「販売実績が多い商品ほど、上位表示されやすくなる」ということです。ECモールを運営する企業の売上は、主に広告費と売上の手数料によって構成されています。ECモールの売上を最大化するために、より売れるであろう商品を検索結果の上位に表示させるように検索ロジックが作られているのです。

各ECモールは、自社の検索ロジックを明確には公表していません。そのため本章では、公式に発表されている内容を踏まえながら、これまで弊社が行ってきた支援の結果からわかっている内容をお伝えしていきます。また、今後検索ロジックに変更の可能性がある点について、あらかじめご了承ください。

自然検索対策として最初に取り組むキーワード選定

自然検索の検索ロジックには、様々な要素が関連しています。その中で、ECモールでの集客を考える上で最初に取り組むべき施策は、キーワードの選定です。検索結果に自社の商品が表示された場合に購買につながりやすいと考えられるキーワードを、商品名などの項目に盛り込みます。設定する検索キーワードの方向性がまちがっていると、どれだけポテンシャルが高い商品であっても検索結果の上位に上がってくることはありません。以降で、キーワードの選定方法について解説していきます。

Section 02

「購買につながりやすいキーワード」を探す

購買につながりやすいキーワードの探し方

ここからは、ECモールで検索結果上位に表示するためのキーワードの選定方法について解説していきます。ECモールでは、次の2つの観点からキーワードを探していく必要があります。

- **購買につながりやすいキーワード**
- **検索ボリュームが大きいキーワード**

最初に、「購買につながりやすいキーワード」の探し方について解説します。それは、「自店舗内の転換率が高いキーワードを選定する」という方法です。すでに十分な販売実績があり、転換率が高いキーワードがあれば、そのキーワードが「購買につながりやすいキーワード」であると言えます。以降で、Amazon、楽天市場、Yahoo！ショッピングそれぞれについて、「購買につながりやすいキーワード」の探し方を解説していきます。

Amazon

Amazonでは、seller centralの広告キャンペーンマネージャーから、ROAS（広告の費用対効果）の高いキーワードを確認することができます。Amazonでは転換率を直接確認することができないので、ROASを目安に確認しましょう。

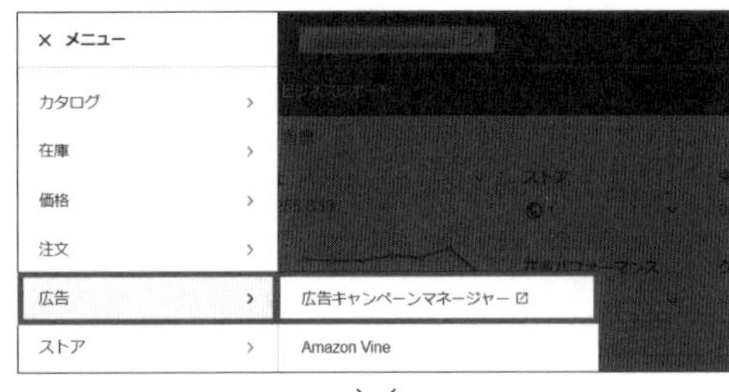

1 seller centralで、レフトナビの「広告」>「広告キャンペーンマネージャー」をクリックします。

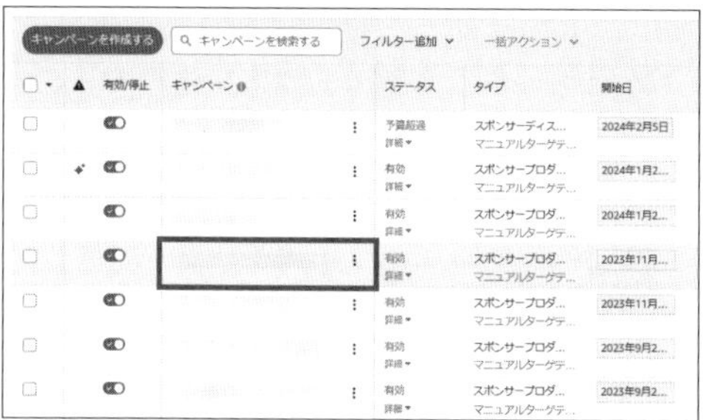

2 「キャンペーン一覧」から、効果を確認したいキャンペーン名をクリックします。

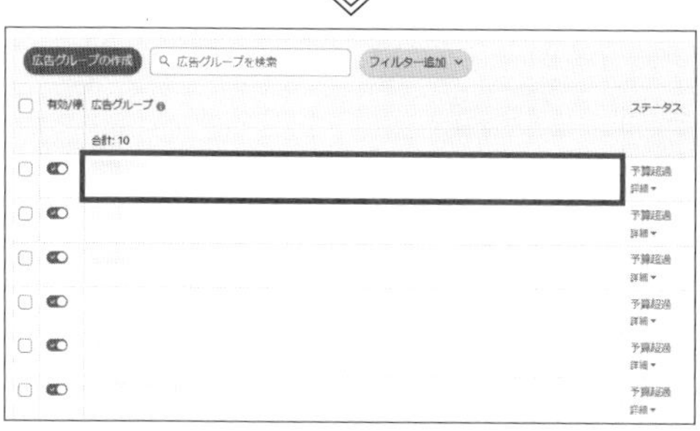

3 「広告グループ一覧」から、効果を確認したい広告グループ名をクリックします。

4 商品別の各種データから、ROASを確認することができます。

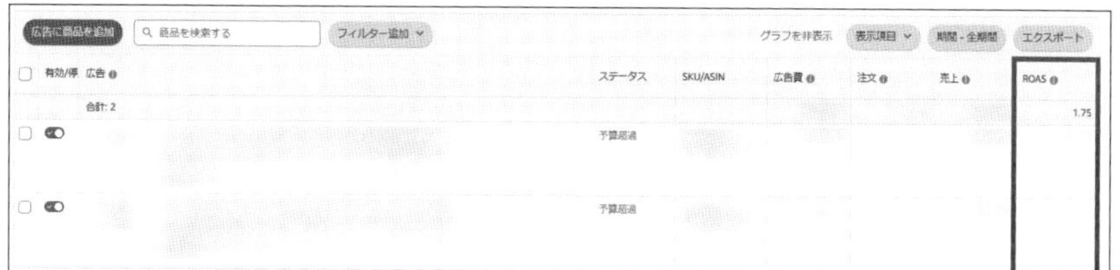

楽天市場

楽天市場では、RMS（楽天市場の管理画面）メニュー内の「データ分析」＞「3 アクセス・流入分析」＞「楽天サーチ」を選択して、上位30商品までの商品別検索キーワードを分析することができます。

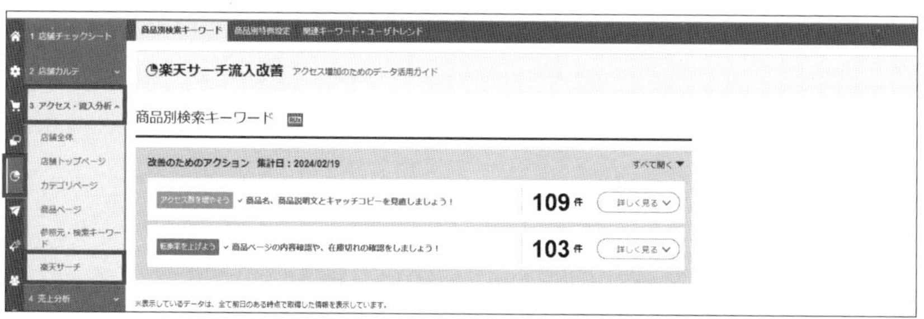

また、楽天市場で出稿できるRPP広告でキーワードを設定している場合は、RPP広告のパフォーマンスレポートからキーワード別の転換率を確認することができます。

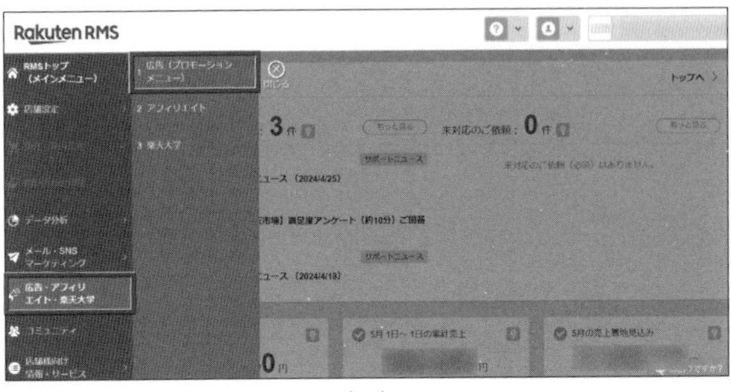

1 RMSのレフトナビで「広告・アフィリエイト・楽天大学」>「広告（プロモーションメニュー）」をクリックします。

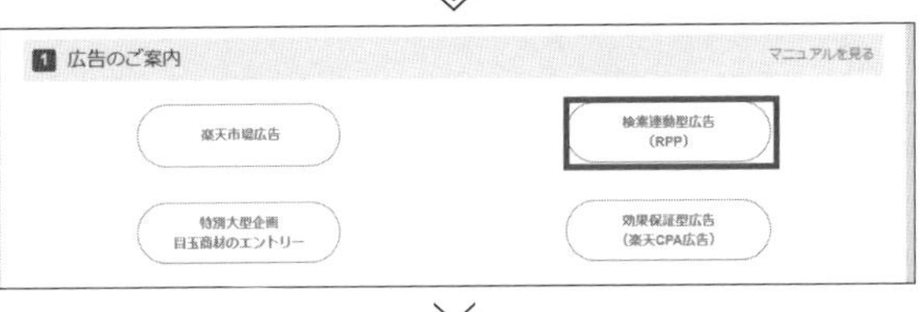

2 「検索連動型広告（RPP）」をクリックします。

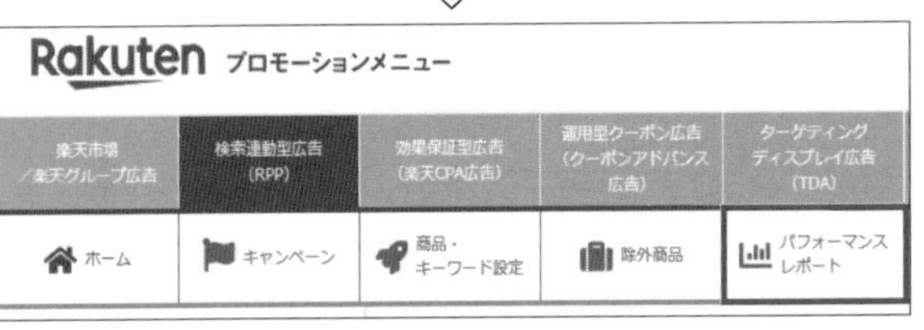

3 「パフォーマンスレポート」をクリックします。

4 集計単位で、「キーワード別」にチェックを入れます。「集計期間」で期間指定を行い、「全キーワードレポートダウンロード」をクリックすると、上部タブの「ダウンロード履歴」からCSVファイルをダウンロードすることができます。

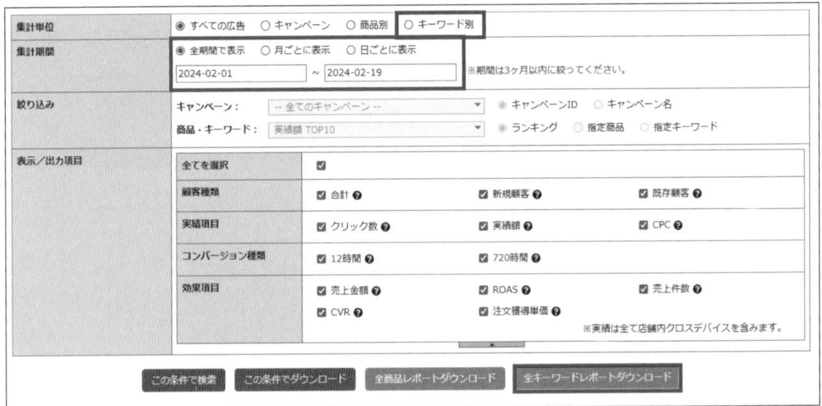

✔ Yahoo！ショッピング

Yahoo！ショッピングでは、検索流入レポートから購入につながりやすいキーワードを確認することができます。

1 ストアクリエイターProの「販売管理」をクリックします。

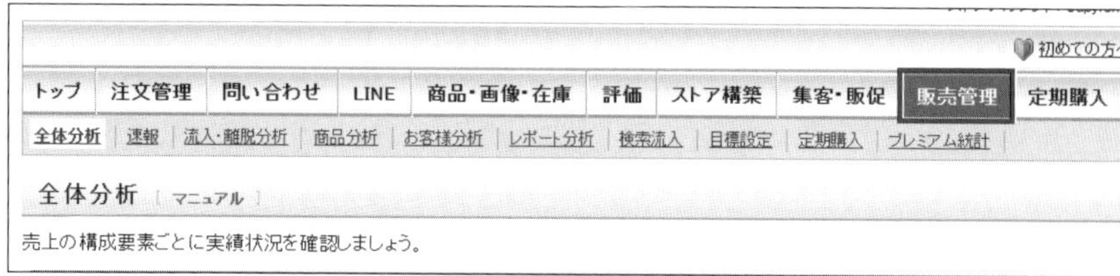

2 「検索流入」をクリックします。

初めての方へ
トップ 注文管理 問い合わせ LINE 商品・画像・在庫 評価 ストア構築 集客・販促 販売管理 定期購入
全体分析 速報 流入・離脱分析 商品分析 お客様分析 レポート分析 検索流入 目標設定 定期購入 プレミアム統計
全体分析 [マニュアル]
売上の構成要素ごとに実績状況を確認しましょう。

3 検索流入レポートを確認することができます。

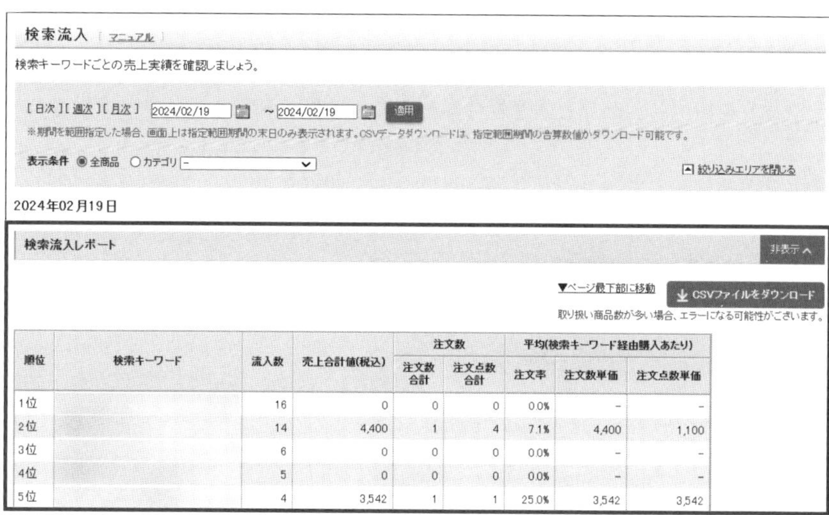

検索流入 [マニュアル]

検索キーワードごとの売上実績を確認しましょう。

[日次][週次][月次] 2024/02/19 ～2024/02/19 適用

※期間を範囲指定した場合、画面上は指定範囲期間の末日のみ表示されます。CSVデータダウンロードは、指定範囲期間の合算数値がダウンロード可能です。

表示条件 ◉全商品 ○カテゴリ –

絞り込みエリアを閉じる

2024年02月19日

検索流入レポート 非表示

▼ページ最下部に移動 CSVファイルをダウンロード

取り扱い商品数が多い場合、エラーになる可能性がございます。

順位	検索キーワード	流入数	売上合計値(税込)	注文数		平均(検索キーワード経由購入あたり)		
				注文数合計	注文点数合計	注文率	注文数単価	注文点数単価
1位		16	0	0	0	0.0%	–	–
2位		14	4,400	1	4	7.1%	4,400	1,100
3位		6	0	0	0	0.0%	–	–
4位		5	0	0	0	0.0%	–	–
5位		4	3,542	1	1	25.0%	3,542	3,542

Section

03 「検索ボリュームが大きいキーワード」を探す

検索ボリュームが大きいキーワードの探し方

続いて、「検索ボリュームが大きいキーワード」の探し方を解説します。本書では、「ラッコキーワード」というサービスを用いてサジェストキーワードを抽出し、そこから「検索ボリュームが大きいキーワード」を選定する方法をご紹介します。

● ラッコキーワード
https://related-keywords.com/

手順としては、以下の2つに分けられます。

①対象の商品を購入する際にユーザーが使用すると考えられる検索キーワードをリストアップする
②①でリストアップしたキーワードをもとにラッコキーワードでサジェストキーワードを抽出し、商品と関連性の高そうなキーワードをリストアップする

ラッコキーワードでのサジェストキーワードの抽出方法は、以下の通りです。

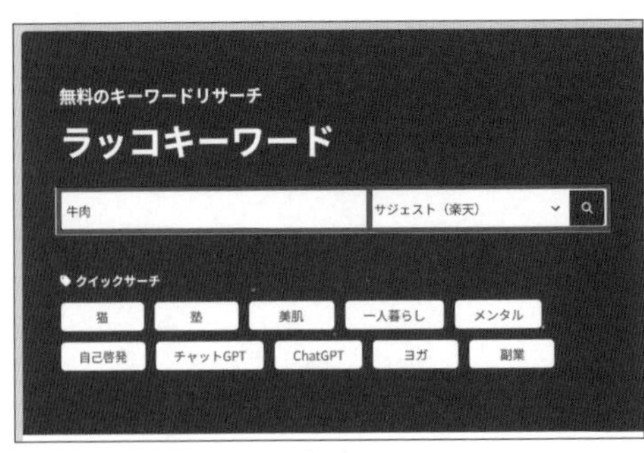

1 ①でリストアップしたキーワードをラッコキーワードに入力し、調べたい検索サービスを選択します。ここでは「牛肉」というキーワードで、「楽天市場」で検索を行っています。他にも、Amazon、Google、Bing、YouTubeなどを選択できます。Yahoo!ショッピングは選択できません。

2 「牛肉」のサジェストワードが表示されます。「CSVダウンロード」をクリックし、現在表示されているすべてのキーワードをCSV形式のファイルでダウンロードします。

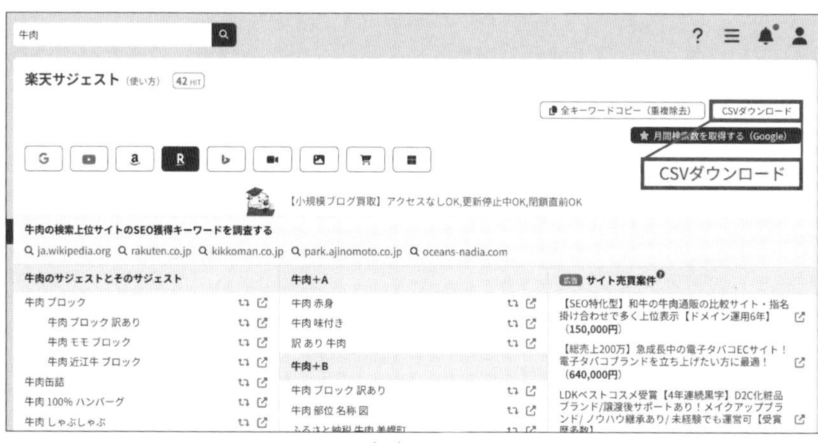

3 ダウンロードしたCSVファイルを、ExcelかGoogleスプレッドシートに貼り付けます。

	A	B	C	D	E	F	G	H
1	No	階層	単語数	キーワード				
2	100	1	2	牛肉 ブロック				
3	101	2	3	牛肉 ブロック 訳あり				
4	102	2	3	牛肉 モモ ブロック				
5	103	2	3	牛肉 近江牛 ブロック				
6	200	1	1	牛肉缶詰				
7	300	1	3	牛肉 100% ハンバーグ				
8	400	1	2	牛肉 しゃぶしゃぶ				
9	500	1	2	牛肉 すき焼き				
10	501	2	4	牛肉 すき焼き 神戸牛 600g				
11	600	1	1	牛肉の佃煮				
12	700	1	2	牛肉 ブロック				
13	800	1	3	牛肉 100% ハンバーグ				
14	900	1	2	牛肉 しゃぶしゃぶ				
15	1000	1	2	牛肉 すき焼き				

rakkokeyword_2024220182740

表内の「階層」は、「牛肉」というキーワードのサジェストの深さを表すものになります。例えば「牛肉　ブロック」の「ブロック」は「牛肉」の後に出てくるサジェストなので「階層」は1、「牛肉　ブロック　訳あり」の「訳あり」は「牛肉　ブロック」のサジェストなので「階層」は2となります。「階層」の数字が大きい方が、キーワードの母数が少ない可能性が高いです。キーワードを狙う際の優先順位の目安として、意識しておきましょう。

なお、CSVファイルを単に貼り付けただけでは、不要なキーワードも混じってしまいます。自社の商品と関連性のあるキーワードのみを残した表にまとめ直しましょう。以下の表は、「牛肉」「すき焼き」それぞれのサジェストキーワードを1列にまとめ、合わせて競合の商品名や商品ページから購買につながりそうなキーワードを調査・抽出し、キーワード情報を付加したものになります。

	A	B	C	D	E
1	牛肉 ブロック	すき焼き鍋			
2	牛肉 ブロック 訳あり	すき焼き鍋 一人用			
3	牛肉 モモ ブロック	すき焼き鍋おしゃれ			
4	牛肉 近江牛 ブロック	すき焼き鍋 アルミ 中			
5	牛肉缶詰	すき焼き鍋電気			
6	牛肉 100% ハンバーグ	すきやき鍋 丈膳 26�			
7	牛肉 しゃぶしゃぶ	和平フレイズ すき焼き鍋			
8	牛肉 すき焼き	すき焼き肉			
9	牛肉 すき焼き 神戸牛 600g	すき焼肉			
10	牛肉の佃煮	すき焼き肉 ギフト			
11	牛肉 ギフト	すき焼肉 近江牛			
12	牛肉 ロース 全国産直お取寄せtokka	すき焼き肉 1kg			
13	牛肉 A5	すき焼き セット			
14	牛肉 味付き	ももしき すき焼き セット			

最後に、検索キーワードと計測した検索順位を紐づけてみましょう。キーワードの横に列を追加して、該当キーワードで商品を検索した場合の順位を記載していきます。キーワード経由での売上が立つと、それだけキーワードでの検索順位も上昇するため、定期的に更新していくことをおすすめします。

	A	B	C	D	E
1	牛肉 ブロック	20	すき焼き鍋	-	
2	牛肉 ブロック 訳あり	35	すき焼き鍋 一人用	-	
3	牛肉 モモ ブロック	25	すき焼き鍋おしゃれ	-	
4	牛肉 近江牛 ブロック	-	すき焼き鍋 アルミ 中	-	
5	牛肉缶詰	-	すき焼き鍋電気	-	
6	牛肉 100% ハンバーグ	-	すきやき鍋 丈膳 26�	-	
7	牛肉 しゃぶしゃぶ	21	和平フレイズ すき焼き鍋	-	
8	牛肉 すき焼き	10	すき焼き肉	30	
9	牛肉 すき焼き 神戸牛 600g	-	すき焼肉	25	
10	牛肉の佃煮	-	すき焼き肉 ギフト	20	
11	牛肉 ギフト	20	すき焼肉 近江牛	-	
12	牛肉 ロース 全国産直お取寄せtokka	-	すき焼き肉 1kg	34	
13	牛肉 A5	32	すき焼き セット	19	
14	牛肉 味付き	-	ももしき すき焼き セット	-	

競合他社が記載しているキーワードを参考にする

ここでは、競合他社が商品名・商品ページに記載しているキーワードを参考にする方法をご紹介します。競合商品の商品名や商品ページには、集客につながるキーワードが数多く記載されているはずです。競合他社の商品名や商品ページをチェックし、自社の商品と関連性の高そうなキーワードをリストアップしましょう。

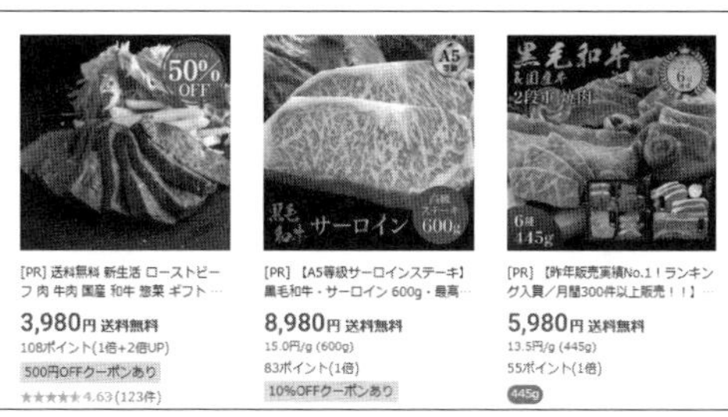

自社の商品と似たジャンルや関連キーワードから、検索結果の上位に表示される商品の商品名／キャッチコピー／商品説明文をチェックします。自社の商品との関連性が高いキーワードをピックアップし、ExcelかGoogleスプレッドシートにリストアップします。

サジェストキーワードからキーワードを拾う

各種ECモールでキーワードを検索すると、入力したキーワードに関連した、検索ボリュームが多いキーワードが表示されます。これをサジェストキーワードと言います。このキーワードをリストアップして自社の商品に反映することも、非常に有効な手段になります。

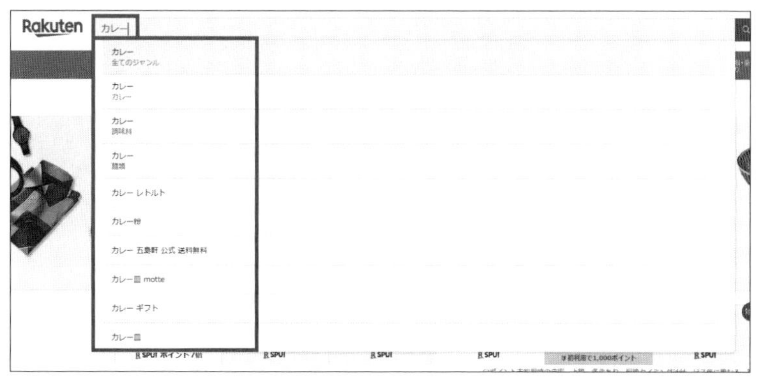

Section 04

Amazon「brand analytics」を利用する

Amazon「brand analytics」を利用する

ここでは、Amazonの「brand analytics」を活用したキーワードの分析方法について解説します。「brand analytics」は、Amazon全体の検索キーワードや競合商品のデータを分析できるツールです。「brand analytics」を利用するには、「ブランド登録」を行う必要があります（P.118参照）。Amazonブランド登録を行うと、seller centralのレフトナビメニューに「ブランド分析」という項目が表示されます。これをクリックすることで、「brand analytics」に入ることができます。

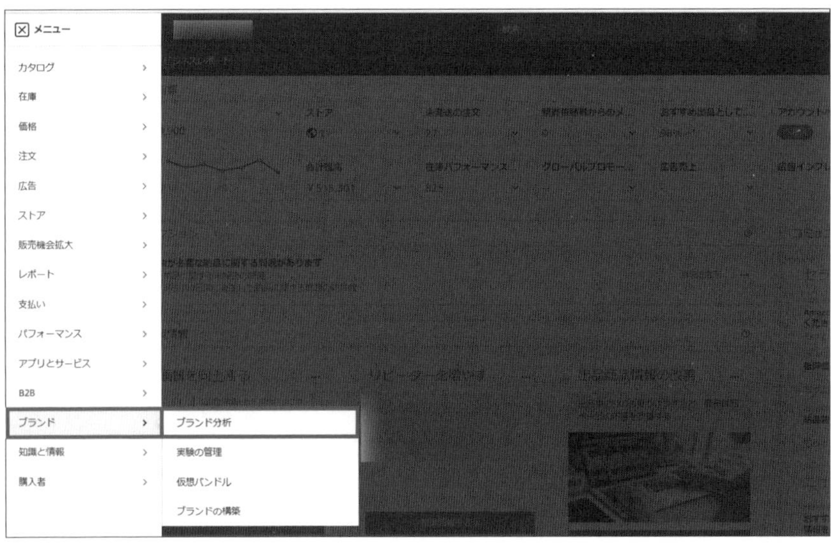

seller centralのレフトナビメニューから「ブランド」＞「ブランド分析」を選択する

「brand analytics」の検索キーワード分析方法

Amazonの「brand analytics」では、以下のような画面で検索キーワードの分析ができます。以下で、画面の使い方について詳しく見ていきましょう。

①レポートの期間

取得したいデータの期間を指定できます。「毎日／週次／月次／四半期ごと」から選択できます。右側の入力項目は、選択したレポートの期間に応じて表示内容が変更され、毎日なら日付の選択、週次なら該当週の選択、月次／四半期ごとなら該当年の選択が可能です。

②フィルター

以下についての情報を入力することで、知りたいキーワードの検索順位を知ることができます。おすすめは「クリック数の多い上位カテゴリー」と「検索キーワード」です。

- **クリック数上位商品：**検索した商品で検索されているキーワードが、検索ボリュームが大きい順に表示されます。
- **クリック数上位ブランド：**検索したブランドで検索されているキーワードが、検索ボリュームが大きい順に表示されます。
- **クリック数の多い上位カテゴリー：**検索したカテゴリで検索されているキーワードが、検索ボリュームが大きい順に表示されます。
- **検索キーワード：**入力したキーワードが含まれる検索キーワードが、検索ボリュームが多い順に表示されます。

「brand analytics」の検索キーワード分析結果の見方

「brand analytics」で検索を行うと、以下のような画面が表示されます。入力したキーワードを含む、Amazon全体もしくはカテゴリーごとの検索キーワードのランキングと、それぞれの検索キーワードでもっともクリックされた商品のASIN、商品名を確認できます。ASIN別のクリック数やコンバージョンの割合も見ることができるので、自社ブランドの改善に役立てることもできます。

なお「brand analytics」に表示されるのは、検索される回数の多いビッグワードに限られる傾向があります。検索回数が少ないキーワードは表示されないことがあるため、調査したいキーワードの分析結果が必ず得られるわけではありません。

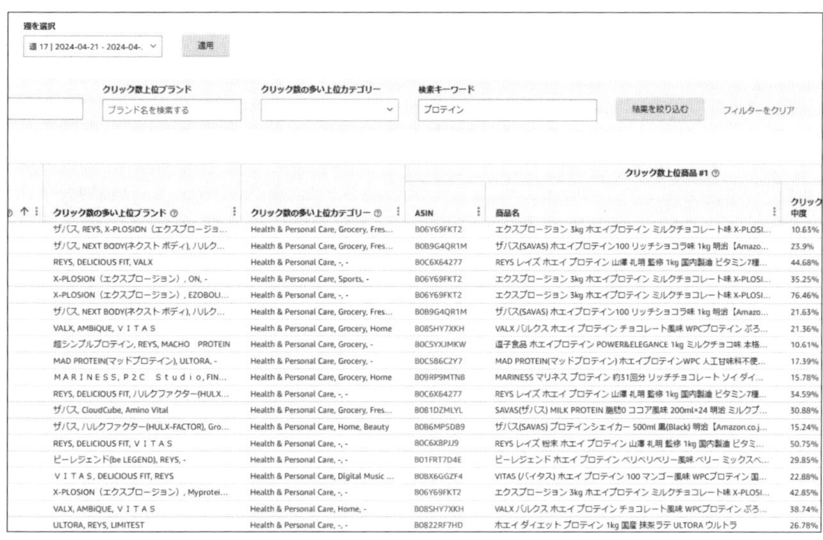

週を選択
週 17 | 2024-04-21 - 2024-04-
適用
クリック数上位ブランド
ブランド名を検索する
クリック数の多い上位カテゴリー
検索キーワード
プロテイン
結果を絞り込む
フィルターをクリア

		クリック数上位商品 #1		
クリック数の多い上位ブランド	クリック数の多い上位カテゴリー	ASIN	商品名	クリック中度
ザバス, REYS, X-PLOSION（エクスプロージョ…	Health & Personal Care, Grocery, Fres…	B06Y69FKT2	エクスプロージョン 3kg ホエイプロテイン ミルクチョコレート味 X-PLOSI…	10.63%
ザバス, NEXT BODY(ネクスト ボディ), ハルク…	Health & Personal Care, Grocery, Fres…	B0B9G4QR1M	ザバス(SAVAS) ホエイプロテイン100 リッチショコラ味 1kg 明治【Amazo…	23.9%
REYS, DELICIOUS FIT, VALX	Health & Personal Care, -, -	B0C6X64277	REYS レイズ ホエイ プロテイン 山澤 礼明 監修 1kg 国内製造 ビタミン7種…	44.68%
X-PLOSION（エクスプロージョン）, ON, -	Health & Personal Care, Sports, -	B06Y69FKT2	エクスプロージョン 3kg ホエイプロテイン ミルクチョコレート味 X-PLOSI…	35.25%
X-PLOSION（エクスプロージョン）, EZOBOLI…	Health & Personal Care, -, -	B06Y69FKT2	エクスプロージョン 3kg ホエイプロテイン ミルクチョコレート味 X-PLOSI…	76.46%
ザバス, NEXT BODY(ネクスト ボディ), ハルク…	Health & Personal Care, Grocery, Fres…	B0B9G4QR1M	ザバス(SAVAS) ホエイプロテイン100 リッチショコラ味 1kg 明治【Amazo…	21.63%
VALX, AMBiQUE, ＶＩＴＡＳ	Health & Personal Care, Grocery, Home	B085HY7XKH	VALX バルクス ホエイ プロテイン チョコレート風味 WPCプロテイン ぷろ…	21.36%
超シンプルプロテイン, REYS, MACHO PROTEIN	Health & Personal Care, Grocery, -	B0C5YXJMKW	逗子食品 ホエイプロテイン POWER&ELEGANCE 1kg ミルクチョコ味 本格…	10.61%
MAD PROTEIN(マッドプロテイン), ULTORA, -	Health & Personal Care, Grocery, -	B0C586C2Y7	MAD PROTEIN(マッドプロテイン) ホエイプロテインWPC 人工甘味料不使…	17.39%
ＭＡＲＩＮＥＳＳ，Ｐ２Ｃ Ｓｔｕｄｉｏ，FIN…	Health & Personal Care, Grocery, Home	B09RP9MTN8	MARINESS マリネス プロテイン 約31回分 リッチチョコレート ソイ ダイ…	15.78%
REYS, DELICIOUS FIT, ハルクファクター(HULX…	Health & Personal Care, -, -	B0C6X64277	REYS レイズ ホエイ プロテイン 山澤 礼明 監修 1kg 国内製造 ビタミン7種…	34.59%
ザバス, CloudCube, Amino Vital	Health & Personal Care, Grocery, Fres…	B081DZMLYL	SAVAS(ザバス) MILK PROTEIN 脂肪0 ココア風味 200ml×24 明治 ミルクプ…	30.88%
ザバス, ハルクファクター(HULX-FACTOR), Gro…	Health & Personal Care, Home, Beauty	B0B6MP5DB9	ザバス(SAVAS) プロテインシェイカー 500ml 黒(Black) 明治【Amazon.co.j…	15.24%
REYS, DELICIOUS FIT, ＶＩＴＡＳ	Health & Personal Care, -, -	B0C6X8PJJ9	REYS レイズ 粉末 ホエイ プロテイン 山澤 礼明 監修 1kg 国内製造 ビタミ…	50.75%
ビーレジェンド(be LEGEND), REYS, -	Health & Personal Care, -, -	B01FRT7D4E	ビーレジェンド ホエイ プロテイン ベリベリベリー風味 ベリー ミックスベ…	29.85%
ＶＩＴＡＳ, DELICIOUS FIT, REYS	Health & Personal Care, Digital Music …	B0BX6GGZF4	VITAS (バイタス) ホエイ プロテイン 100 マンゴー風味 WPCプロテイン 国…	22.88%
X-PLOSION（エクスプロージョン）, Myprotei…	Health & Personal Care, -, -	B06Y69FKT2	エクスプロージョン 3kg ホエイプロテイン ミルクチョコレート味 X-PLOSI…	42.85%
VALX, AMBiQUE, ＶＩＴＡＳ	Health & Personal Care, Home, -	B085HY7XKH	VALX バルクス ホエイ プロテイン チョコレート風味 WPCプロテイン ぷろ…	38.74%
ULTORA, REYS, LIMITEST	Health & Personal Care, -, -	B0822RF7HD	ホエイ ダイエット プロテイン 1kg 国産 抹茶ラテ ULTORA ウルトラ	26.78%

brand analyticsでの検索キーワードの分析結果

POINT Amazon「brand analytics」の検索以外の活用方法

今回のキーワード選定には関係ありませんが、「brand analytics」では以下の２つの機能も利用することができます。ぜひ、活用してみてください。

・リピート購入行動
自社ブランドの商品別の新規購入者数、リピート購入者数について分析できます。新規カスタマーの獲得、およびリピート購入の推進に役立ちます。

・ストアバスケット分析
自社ブランドの商品で、他社と併売されている商品群について分析できます。自社商品と同時に購入されている商品を確認し、クロスセルやバンドル品の可能性を探りましょう。

✔ 表示された検索キーワードから登録するキーワードを抽出する

表示された検索キーワードを参考に、自社商品の「商品名」や「検索キーワード」に登録するキーワードを探しましょう。下記の項目を参考に、検索頻度が多い順にキーワードを上から確認していくのがよいでしょう。

- **検索キーワード：**フィルターで検索をかけた条件を満たす検索キーワードが検索頻度が多い順に表示されます。
- **検索頻度のランク：**検索頻度のランク順です。選択した期間中の検索頻度が同じ検索用語には、同じランクが表示されます。
- **クリック数の多い上位ブランド：**検索キーワードの検索結果がもっとも多い上位3件のブランドが表示されます。
- **クリック数の多い上位カテゴリー：**検索キーワードの検索結果がもっとも多い上位3件のカテゴリーが表示されます。
- **クリック集中度：**選択した期間内に、対象のAmazon標準識別番号（ASIN）で得たクリック数を、検索結果での総クリック数で割った値です。
- **コンバージョンのシェア：**選択した期間内の検索結果に基づき、対象のAmazon標準識別番号（ASIN）のコンバージョン数を、すべてのASINの総コンバージョン数で割った値です。

Section 05 Amazon用の外部ツールを利用する

Arrows10でAmazonのキーワードを選定する

Amazonの「brand analytics」やP.36でご紹介したラッコキーワードの他にも、Amazonでのキーワード選定に利用できるツールがあります。ここでは、「Arrows10」(arrows10.com)をご紹介します。「Arrows10」では、Amazonのキーワード情報をさまざまな形で取得し、分析することができます。指定した商品の月間検索ボリュームやクリック数、購入件数などの情報も取得できます。「Arrows10」には、以下のような機能があります。

●アマゾン検索ボリューム

指定したキーワードの検索数、クリック数、売上、転換率(CVR)、売上、価格などを取得できます。

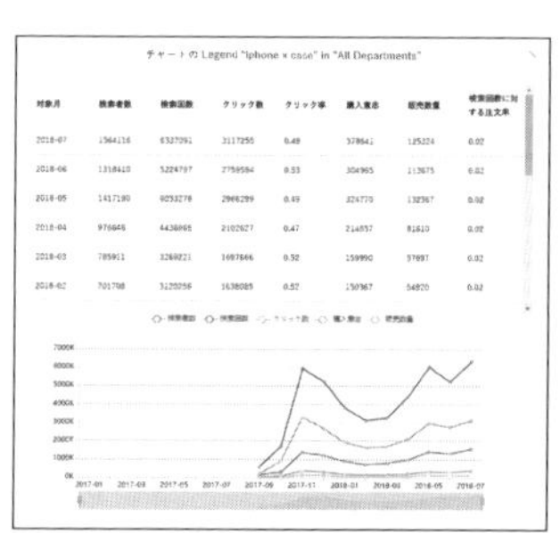

●検索キーワード抽出

Amazonの登録商品に設定されている「検索キーワード」を抽出できます。

サーチ履歴

データが表示されない場合、時間をおいてブラウザをリフレッシュして下さい。サーチの内容によっては、結果を表示するまでに少し時間がかかる場

商品詳細 コスト

No Data

使用例

商品詳細 コスト

Anker Portable Charger, PowerCore Essential 20000mAh Power Bank with PowerIQ Technology and USB-C (Input Only), High-Capacity External Battery Pack Compatible with iPhone, Samsung, iPad, and More.
B01MRF7JRM 5 credits

現在のキーワード設定

●検索順位追跡

キーワードごとの検索順位を追跡し、毎日記録します。商品やキーワードの組み合わせは、自由に設定できます。

Swiss Safe 2-in-1 First Aid Kit (120 Piece) + Bonus 32-Piece Mini First Aid Kit: Compact for Emergency at Home, Outdoors, Car, Camping, Workplace, Hiking & Survival.
EXAMPLE-01

★	キーワード	競合商品数	検索順位	検索順(登場ページ)	トレンド	検索ボリューム	次回データ収集	Actions
★	metal first aid kit	877	Not in Top 306	Not in Top 20 pages			In 23 hours	
☆	alcohol 120	748	Not in Top 306	Not in Top 20 pages			In 24 hours	
★	car kits for adults	10000	Not in Top 306	Not in Top 20 pages			In 23 hours	
☆	car kit for kids	8000	Not in Top 306	Not in Top 20 pages			In 24 hours	
☆	backpack swiss	695	104 ∨14	7 ∨1			In 23 hours	
☆	emergency blanket for kids	259	Not in Top 306	Not in Top 20 pages			In 23 hours	
☆	car kit for adults	30000	Not in Top 306	Not in Top 20 pages			In 22 hours	

●キーワード生成ツール

検索数が多く、過去90日間にアマゾンでの購入が実際に発生したキーワードを抽出します。実際に売れたキーワードを瞬時に把握できるので、キーワード選定に大変役立ちます。

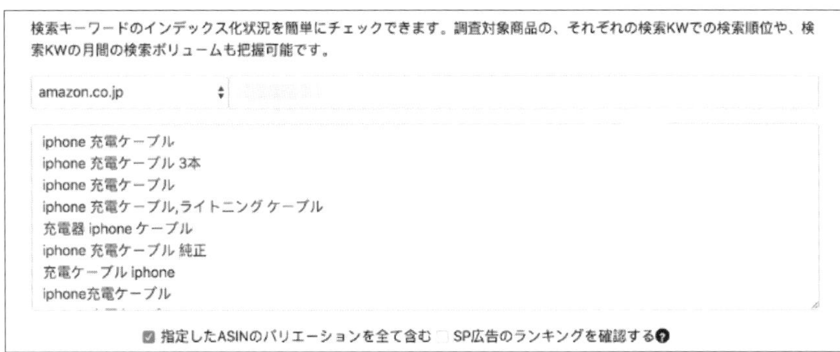

「Arrows10」の料金プランは、以下の通りです。用途に応じて選択しましょう。

①スタータープラン：97ドル／月
②標準プラン：197ドル／月
③ビジネスプラン：397ドル／月

Section 06 Yahoo！ショッピング「プレミアム統計」を利用する

「プレミアム統計」で検索流入レポートを確認する

ここでは、Yahoo！ショッピングの「プレミアム統計」を活用したキーワードの分析方法について解説します。Yahoo！ショッピングで「プロモーションパッケージ」に加入すると（P.269）、「プレミアム統計」という機能を利用できるようになります。「プレミアム統計」の「検索流入レポート」を使用することで、キーワード選定に便利なデータを取得できます。「プレミアム設計」の「検索流入レポート」は、「販売管理」＞「プレミアム統計」＞「検索流入レポート」の「月次」または「日次」を選択することで利用できます。

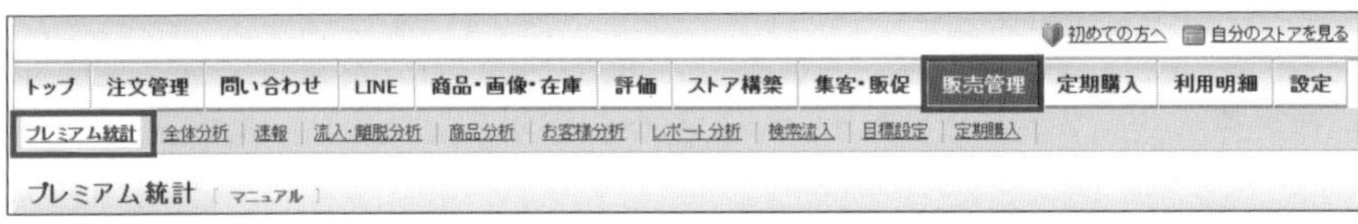

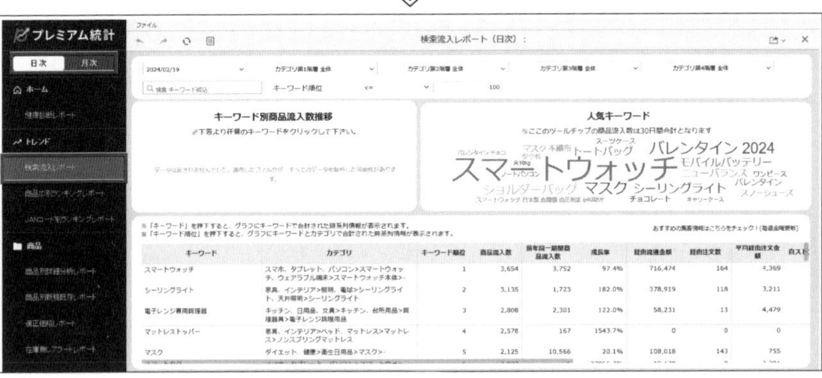

Yahoo！ショッピングの「プロモーションパッケージ」に加入すると、「プレミアム統計」の「検索流入レポート」を利用できる

「検索流入レポート」では、Yahoo！ショッピングのキーワードランキング、キーワード経由の売上や自店舗へのアクセス数など、さまざまなデータを確認できます。商品のカテゴリーを指定し、カテゴリー内での順位を確認することもできます。また、キーワードで絞り込むことで、チェックしたいキーワードの状況を確認できます。リサーチしたデータは、ExcelファイルかCSVファイルでダウンロードできます。

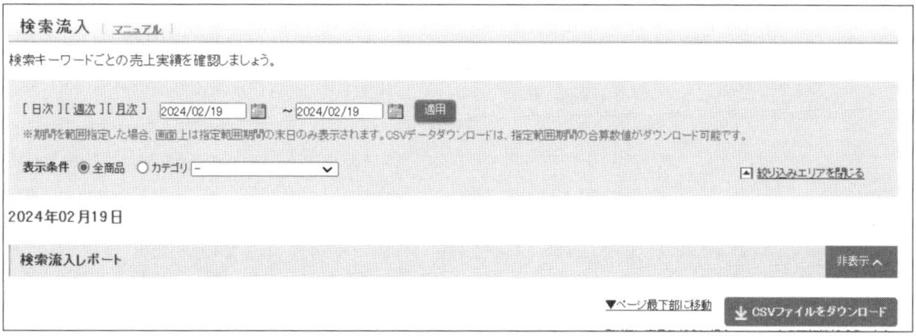

検索流入 [マニュアル]
検索キーワードごとの売上実績を確認しましょう。
[日次][週次][月次] 2024/02/19 ～2024/02/19 適用
※期間を範囲指定した場合、画面上は指定範囲期間の末日のみ表示されます。CSVデータダウンロードは、指定範囲期間の合算数値がダウンロード可能です。
表示条件 ◉全商品 ○カテゴリ
絞り込みエリアを閉じる
2024年02月19日
検索流入レポート 非表示
▼ページ最下部に移動 CSVファイルをダウンロード

検索流入レポートでキーワード関連のデータを確認できる

POINT Yahoo！ショッピングの「プレミアム統計」を最大限活用する

今回のキーワード選定には関係ありませんが、ストアクリエイターPro（Yahoo！ショッピングの管理画面）の画面から、検索キーワード以外の各種データについてのレポートを確認することができます。下記、レポートの種類と内容になります。

レポート名	内容
健康診断レポート	自ストアの売上状況を健康診断に準え、他ストアと比較してどこに課題があるかを明確にするレポートです。自ストアの課題解決、売上最大化のサポートを行います。
適正価格・最安値価格レポート	自ストアで取扱いのある商品について、Yahoo!ショッピング内で一番売上が大きい価格帯や、最安値の情報を確認できます。
他ストア流出レポート	自ストアで取扱いのある商品が、自ストア注文数と比較し、他ストアどのくらいで注文されたか、またその理由（価格、在庫なし　等）を確認できます。
モール内カテゴリ別商品／製品ランキングレポート	Yahoo!ショッピング内での商品、製品ランキング情報、自社製品の取扱い状況や、人気製品の平均販売価格なども確認できます。
在庫なしアラート	自ストアで在庫がない商品の一覧を閲覧できます。また、在庫がない商品に対して、発生したページビュー数やYahoo!ショッピング内で取扱いのあるストア数、注文数も確認できます。
商品別詳細分析レポート	自ストア商品別の離脱率や直帰率、またカテゴリ平均の離脱率や直帰率も確認でき、自ストアとの差分など、商品別の詳細情報を確認できます。
商品別新規既存レポート	自ストアで取扱いのある商品の新規・既存のお客様割合を確認できます。

Yahoo！ショッピング「プレミアム統計」の利用を始める

「プレミアム統計」を利用するには、以下の手順で権限の設定を行っておく必要があります。なお、権限設定は必ず法人管理権限のあるアカウントに対して設定してください。

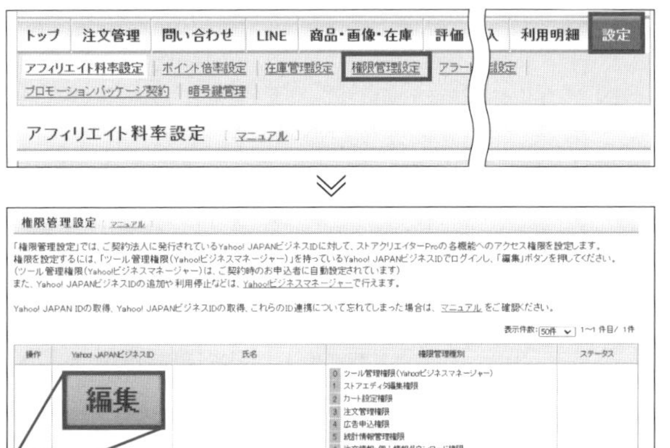

1 ストアクリエイターProの「設定」から「権限管理設定」をクリックします。

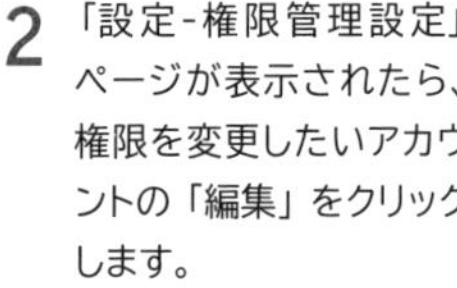

2 「設定-権限管理設定」ページが表示されたら、権限を変更したいアカウントの「編集」をクリックします。

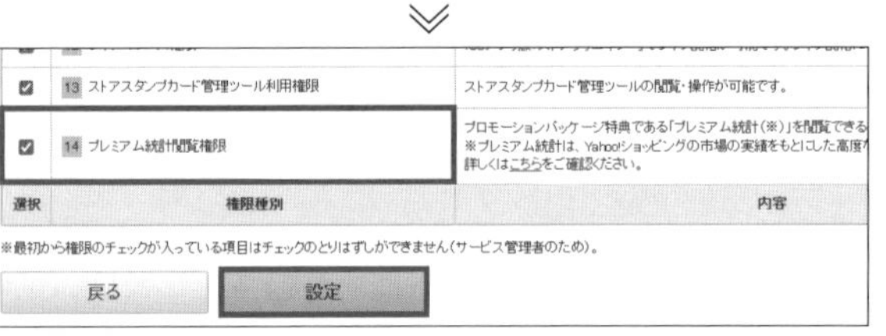

3 【14】の「プレミアム統計閲覧権限」にチェックを入れて、「設定」をクリックします。

「プレミアム統計」の利用については、下記の点に注意が必要です。あらかじめ確認しておきましょう。

- **「プロモーションパッケージ」への申し込みは、ストアの開店後に行ってください。開店前に申し込みを行っても「プレミアム統計」の利用はできません**
- **「プロモーションパッケージ」に申し込んでから「プレミアム統計」が利用できるまで、最大24時間かかります**
- **「プレミアム統計」を利用できるのは、1店舗につき1名（1アカウント）のみになります**

キーワード設定を徹底的に行う意味

ここまでは、「集客できるキーワードを選定する」というテーマで解説をしてきました。しかし、キーワードを選定するだけではもちろん意味がありません。選定したキーワードを、対象となるページに設定していく必要があります。次ページからは、厳選したキーワードを漏れなく設定していく方法について、ECモール別に解説を行っていきます。

キーワード設定の詳しい説明に入る前に強調しておきたいのが、キーワードを漏れなく設定しきるのは、かなり難しいということです。ユーザーのニーズは常に変動しますし、自社だけではなく競合ありきの戦いであるため、他社の動向に合わせて自社への流入キーワードを常に分析し、注力するべきキーワードを見極めながら対策をしていく必要があります。また、すべての商品の該当箇所にキーワードを盛り込んでいくだけでも、作業ボリュームが大きく、難易度が高くなります。しかし、難易度が高いが故に、キーワード設定を漏れなく行うことができれば、その分、大きなアドバンテージとなります。この後に説明する、ECモール別のキーワード設定の方法をしっかりと実践していきましょう。

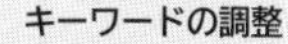

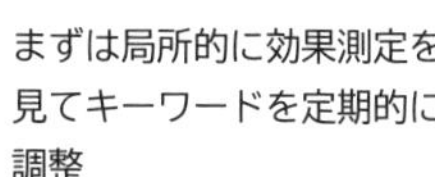

まずは局所的に効果測定を見てキーワードを定期的に調整

対象商品・SEO対象箇所への設定

対象範囲を広げて、可能な限り対応できるようにする
・対象商品を増やす
・設定箇所を増やす

・対象商品数やキーワードの範囲を広げる
・すると時間がかかり徹底的に対応することが大変になる
・徹底できると本来獲得できる売上のわずかな優位性を作ることができる

→わずかな差を積み上げることが、大きな成果につながる

Section 07
Amazonにおける「検索結果表示」の考え方

Amazonでカートを獲得するための考え方

ここからは、Amazonにおける検索結果表示の考え方と、キーワードの効果的な設定方法について解説します。最初に、検索結果表示の考え方について知っておきましょう。Amazonでは、検索結果での表示に関して、以下の2種類のポイントが存在します。

①カートを獲得する
②該当商品を関連キーワードの検索結果上位に表示させる

最初に、「①カートを獲得する」について解説します。Amazonでは、楽天市場やYahoo!ショッピングと異なり、同一の商品を複数のショップが販売している場合、すべてのショップが1つの商品ページにまとめられてしまいます。そのためAmazonの検索結果一覧から商品をクリックした際、対象商品として表示される商品は1つの出品者のみで、それ以外の出品者の商品はほとんど露出されないことになります。この、商品ページの第一候補の販売者として選定されることを、「カートを獲得する(カートを取る)」といいます。

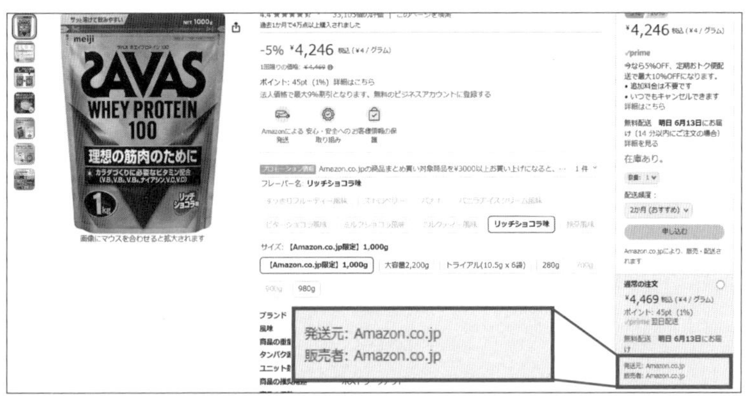

「販売元」に表示されている店舗が「カートを獲得」できている

カートを獲得する基準については、Amazon側で以下のような基準が公開されています。

・競争力のある価格を設定する
・より早く配送できるオプションや配送料無料を提供する
・優れたカスタマーサービスを提供する
・在庫を切らさない

これでは具体的な方法がわからないと思うので、筆者の経験に基づく、カートを獲得するための7つの要因について解説していきます。

要因①大口出品登録を行う

まずは大口出品登録を行うことがスタートです。大口出品登録とは、Amazonへの出品方法の1つです。月額4,900円（税別）がかかる、より多くの商品を販売していく方向けの出品形態です。

要因②価格が最安値である

同一商品出品者の中でもっとも価格を安く設定していると、カートを獲得できる確率が高まります。

要因③FBAを利用するもしくはマケプレプライムに認定される

FBAは、Amazonの倉庫に商品を預け、梱包から発送までをAmazonにお任せするサービスです。手数料がかかるものの、配送スピード・品質が保証されるため、カート獲得の確率UPにつながります。マケプレプライムは、一定の配送条件を満たすことでprimeマークが付与されるプログラムです。primeマークの付与には、以下の条件を満たす必要があります。

- **出荷配送のパフォーマンス指標を満たしている**
- **土日の出荷に対応している**
- **Amazonで追跡可能な配送方法（日本郵便、ヤマト運輸、佐川急便）を利用している**
- **標準サイズで全国（北海道、沖縄、離島を除く）へのプライム配送に対応している**
- **プライム対象地域のプライム会員への配送を無料で提供している**
- **Amazonポリシーに基づいた返品・返金対応を行っている**

要因④出荷遅延率

出荷遅延率は、10日間または30日間の注文のうち、出荷予定日より後に出荷通知が送信された注文の割合です。Amazonのポリシーでは、出荷遅延率を4%未満に抑える必要があります。出荷遅延率が4%以上になると、アカウントが利用停止になる場合があります。カートを獲得するには、出荷遅延率を低く抑える必要があります。

要因⑤注文不良率

注文不良率が1%を超えるアカウントは、利用停止の可能性があります。注文不良率は、低評価率、Amazonマーケットプレイス保証申請率、クレジットカードのチャージバック率で構成されています。低評価率は、指定の60日間に「低い評価（☆1～2)」をつけられた注文数を全注文数で割った数です。Amazonマーケットプレイス保証申請率は、「お届け予定日から3日経過しても購入者に商品が届かない場合」「商品の状態が購入者の想定より著しく悪かった場合」に購入者が申請し、Amazon側で受理すると補償申請率が上がるというものです。クレジットカードのチャージバック率は、クレジットカードを保有するお客様が不正使用などの理由により利用代金の支払に同意しない場合に、クレジットカード会社がその代金の売上を取り消した割合のことです。カートを獲得するには、注文不良率を低く抑える必要があります。

要因⑥キャンセル率

キャンセル率は、指定された7日間の注文に対し、出品者都合でキャンセルされた注文の割合を表したものです。キャンセル率が2.5%を超えていると、アカウントが停止される可能性があります。カートを獲得するには、キャンセル率を低く抑える必要があります。

要因⑦在庫保持率

販売期間中、在庫を確保できている期間の比率のことを在庫保持率と言います。在庫がなくなると、当然カート獲得率は下がります。

関連キーワードの検索結果上位に表示される要因

次に、②「該当商品を関連キーワードの検索結果上位に表示させる」ための、6つの要因をご紹介します。ここでもっとも重要なのは、キーワード設定に関わる①の要因です。それ以外の要因についても、知識として必ず知っておきましょう。

✔ 要因①検索キーワードと商品ページ内のテキストとの関連率

Amazonでは、検索結果で上位に表示したい検索キーワードが商品ページに盛り込まれていることが重要です。それにより、キーワードと商品の関連性をアピールできます。

✔ 要因②商品の直近売上

「直近」が具体的にいつかは明確になっていませんが、弊社では1～2週間と考えています。すると、1～2週間だけセールを行い売上を上げられれば検索順位が上がるのでは？　と考える方もいるかと思います。しかし、無理な値下げをして売上と検索順位を上げても、通常の販売価格に戻せば検索順位が急落する可能性が極めて高いため、おすすめしません。

以前は、例えば通常2,000円で販売している商品を500円（75%オフ）で販売し、ある程度検索順位が上がったところで通常料金に戻すという価格戦略が一般的でした。現在では、価格を戻した時点で大きく順位が下がります。また、値段を大幅に変えるとカートを取得できなくなってしまう可能性が高いです。

✔ 要因③コンバージョン率（ユニットセッション率）

Amazonのコンバージョン率（CVR）は、セッション数（ユーザーがwebサイトに訪問してから離脱するまでをセッション1と数える）に対する購買件数の比率（購買件数／セッション数）です。seller centralから確認できるビジネスレポートでは、「ユニットセッション率」として表示されています。仮にCVR以外の条件がすべて同一の場合、CVRが1%の商品ページと5%の商品ページとでは、CVRが高い方の商品ページが検索結果の上位に表示されます。Amazonにとって、より購買につながりやすい商品の検索順位を上げるというのは当たり前の考え方です。

✔ 要因④在庫保持率

販売期間中、在庫を確保できている期間の比率のことを在庫保持率と言います。在庫がなくなると、ランキングが急降下します。また、在庫保持率が100%ではない場合、Amazonからペナルティを受ける可能性があります。在庫に関しては、余裕を持って補充するようにしましょう。

✔ 要因⑤出荷遅延率

注文が入った商品の出荷が出品時に設定した出荷予定日を超えてしまう比率のことを、出荷遅延率と言います。出荷遅延率は10日間と30日間の期間で計算され、評価されます。Amazonでは、受注後、倉庫からの発送までに要した期間を厳格に追跡しています。出荷遅延率が4%を超えるとアカウント停止の恐れがあることが通知され、継続的に出荷遅延が発生する場合はアカウントが停止されることがあります。
なお、出荷遅延率は実際に出荷したかどうかではなく、出荷通知を送信しているかどうかで判定されます。忘れずに出荷通知を行いましょう。また、お盆など通常の暦と異なる休日が発生する際は、出荷予定日数を変更しないと出荷遅延扱いとなるため、注意が必要です。

✔ 要因⑥商品価格

商品価格は、適切な商品価格かどうか？　という点がポイントです。具体的には、「商品価格がAmazonが想定している範囲内かどうか」という観点で適切かどうかが判断されます。例えば、これまで一定期間以上1万円で販売されていた商品が突然5,000円で販売されるようになると「適切な販売価格ではない」と判定され、検索順位が大きく下がる可能性があります。

Section
08 Amazonでキーワードを設定する

Amazonでキーワードを設定する

ここからは、Amazonでのキーワード設定の方法について解説していきます。Amazonの商品ページでは、以下の4箇所にキーワードを設定する必要があります。上から順に、優先順位が高い要素となっています。P.53の要因①を意識して設定していきましょう。

①商品名
②検索キーワード
③商品説明文
④商品の仕様
⑤商品紹介コンテンツ(A+)

①商品名

「商品名」には、検索キーワードをしっかり盛り込む必要があります。重要なキーワードから順に、左側に配置していくようにしましょう。ただし、同じキーワードを複数回入れ込むとユーザーからの見え方が悪く、逆に検索順位が下がってしまうこともあるため、注意が必要です。商品名はseller centralの「全在庫の管理」＞「詳細の編集」＞「商品詳細」で編集することができます。

* 商品名 ⑦
☑ 商品名でA/B実験を実行します。成功した取扱い方が自動的に公開されることに注意してください。⑦
A/B実験の設定を表示

なお、Amazonの商品名には、次ページのような厳しいガイドラインが設けられています(seller centralより引用)。ガイドラインを確認し、ガイドラインに沿った形で商品名を決定するようにしてください。

- 商品名に検索キーワードを、[ブランド名]+[商品種別]+[商品を特定する呼称]+[対象年齢・性別]+[輸入種別]=[商品名]+[色]+[サイズ]の順で使用します。
- 商品種別とはTシャツやスカートなど、商品の種類を示す言葉です。
- 商品を特定する呼称とは商品のシリーズ名などの言葉です。
- ブランド名には[]をつけてください。
- 各キーワードの間にスペース(半角文字)を挿入します。
- 65文字までの全角文字(漢字、ひらがな、カタカナ)と半角文字(英数字、スペース)を使用できます。
- 半角カタカナおよび全角スペースは使用できません。
- 商品名に主観的な内容を含めることはできません。
- 機械依存文字は使用できません。
- 商品名はAmazonで商品を検索する際に検索対象になるので、商品を登録する際は、他の出品者が使用している商品名を参考にしてください。
- 医薬品の有効性や効能の説明では、薬事法と不当景品類および不当表示防止法に違反しないよう注意してください。
- 配送料無料や割引などのプロモーションメッセージは出品者のコメントに入力し、商品名には使用しないでください。

✔ ②検索キーワード

商品名に次いで重要なのが、商品登録時に入れる「検索キーワード」です。画面には表示されませんが、関連するキーワードを必ず入力しましょう。日本語入力の場合500バイト(166文字)まで入力することができるので、166文字ギリギリまで設定するようにしましょう。検索キーワードは、seller centralの「全在庫の管理」>「商品詳細」>「検索キーワード」で編集することができます。

検索キーワード ⑦

「検索キーワード」には、自社商品の購買につながる確率が高いメインキーワードを登録することも可能です。しかし、メインキーワードは通常商品名から判定可能なため、Amazon側で判定するユーザーの検索キーワードと商品のテキスト一致率の変化はほぼないと考えられています。しかし念のため、タイトルや箇条書きに記載しているメインキーワードは「検索キーワード」にも入れておいた方が無難でしょう。なお、Amazonの「プラチナキーワード」は、Amazonの担当者から指示があった特定のセラーのみ入力する項目です。空欄でかまいません。

③商品説明文

「商品説明文」にも、キーワードを入れ込みましょう。seller centralの「全在庫の管理」＞「商品詳細」＞「商品説明」で編集できます。

* 商品説明
さらに登録

④商品の仕様

「商品の仕様」は、最大で5つまで登録することができます。必ず5つ登録しましょう。選定したメインキーワードをここに入力することで、テキストの関連性を向上させることができます。また、文字数が多すぎるとキーワード出現率の低下につながります。視認性も悪くなるため、1箇所あたりの文字数は100文字程度を上限に考えるとよいでしょう。

* 商品の仕様
さらに登録 | 最後を削除

⑤商品紹介コンテンツ（A+）

「商品紹介コンテンツ」は、Amazon商品詳細ページで画像などを用いた独自の商品紹介ができる機能です。商品紹介コンテンツの有無は、Amazonでの検索結果に間接的な影響を与えます。コンバージョン率ができるだけ高くなるように、商品の特徴を画像とテキストで表現しましょう。商品紹介コンテンツは、P.106の方法で作成できます。

Section 09 楽天市場における「検索結果表示」の考え方

楽天市場の検索結果表示ロジックを理解する

次に、楽天市場における検索結果表示の考え方と効果的な設定方法について解説します。楽天市場は、「プラットフォームの透明性及び公平性の向上に関する取り組みについて」という内容で、検索ロジックについて以下のように公表しています。

> 楽天市場の商品検索においては、主に①自然言語処理による検索キーワードと商品の関連性、②検索キーワード毎の商品の人気度をスコアリングして検索順位を決定しております。また、上記要素を常にモニタリング、反映しているため検索順位は常に変動します。
>
> **①検索キーワードと商品の関連性とは**
> 検索キーワードと、商品の説明に出てくるキーワードの出現頻度や希少性を加味して商品のスコアリングを行っています。例えば、「軽い」という検索キーワードに対して、商品名や商品説明文で複数回商品の軽さについて説明されていた場合、「軽い」というキーワードに対して関連性が高いとみなします。 また、例えば「超軽量」というキーワードがついている商品が全商品に対して数が少なく希少だった場合、それらの商品は「超軽量」と検索された場合、よりスコアが高くなります。
>
> **②検索キーワード毎の商品の人気度とは**
> 検索を行ったユーザーが、各商品にどう反応したかをモニタリングしユーザーが支持した商品に対して検索キーワードのスコアリングを高く評価します。例えば、「マグカップ　軽量」と検索したユーザーが多く支持した商品に対して、「マグカップ　軽量」と検索された場合にスコアは高くなりますが、「マグカップ　かわいい」と検索された場合支持されていない際は「マグカップ　かわいい」という検索ではスコアを加点しません。

出典：プラットフォームの透明性及び公平性の向上に関する取り組みについて
https://www.rakuten.co.jp/ec/digitalplatform/

これだけではわかりにくいかと思いますので、以下で詳しく解説します。

①検索キーワードと商品の関連性

ここでの「キーワードの出現頻度」とは、「検索結果に表示させたいキーワードが、商品名、キャッチコピー、商品説明文内に自然な形でどれだけ含まれているか」という意味です。どのくらいの頻度が最適なのかは明記されていませんが、重要なキーワードは随所に記載するようにしましょう。
「希少性」については、弊社では「商品に関連があり、かつ競合店舗がキーワード設定している数が少ないキーワードを狙うと効果的」という解釈をしています。例えば「バッグ」というキーワードで検索結果上位表示をさせたくても、多くの競合店舗が同じキーワードでの上位表示を狙っているため、難易度が高いです。一方、「バッグ　超軽量」のように、バッグのなかでも「超軽量」商品が全体のなかで比較的少ない、つまり希少性が高い場合、「超軽量」のキーワードで検索結果の上位に表示される可能性が高くなるということです。

②検索キーワード毎の商品の人気度

弊社ではこれを、「特定の検索キーワード経由の転換率／購入数を上げれば検索順位も上がる」という意味だと解釈しています。つまり、多くの人に「バッグ　超軽量」という検索キーワードで商品を購入してもらえれば、それに伴って「バッグ　超軽量」というキーワードでの検索順位を向上させることができるということです。

Section 10 楽天市場でキーワードを設定する

楽天市場でキーワードを設定する

続いて、楽天市場でのキーワードの設定方法について見ていきましょう。楽天市場の管理画面上で編集できる内容で、検索対策上で特に重要となるのが以下の3点です。

①商品名
②キャッチコピー
③商品説明文

これらの内容は、以下の方法で設定することができます。

1 RMSのトップメニューを開き、「店舗設定」>「商品管理」を選択します。

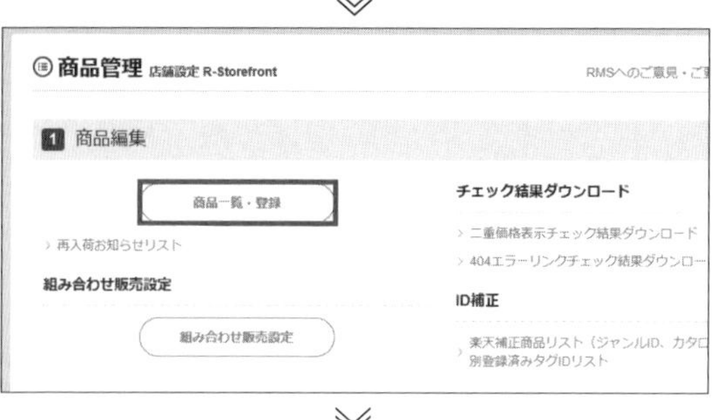

2 「商品編集」の「商品一覧・登録」をクリックします。

3 該当する商品の「編集」をクリックし、「商品名」「キャッチコピー」「説明文」にキーワードを設定していきます。下にスクロールしていくことで、各設定画面を確認できます。

以下で、これらの要素について詳しく見ていきましょう。

①商品名

「商品名」は、文字数制限いっぱい（最大255バイト、127文字）まで入力することが基本です。商品名の固有名詞→商品ジャンルに関連するビッグワード→サジェストキーワードの順に、重要な情報ほど左側に来るように入力しましょう。セールやクーポンのお知らせなど検索対象として重要ではない情報も、検索結果に表示された時にユーザーの興味を引く内容であれば、入れておくとよいでしょう。なお、楽天市場には「商品登録ガイドライン」が定められています。商品ジャンル別に次のように推奨されていますので、商品名を設定する場合の参考にしてください。ガイドラインにないジャンルは、「店舗運営Navi」から「商品名登録ガイドライン」で検索すると、詳細な情報を確認できます。

【商品名の作成例】

[衣類]

ブランド名_商品名称_対象性別_シーズン_仕様_色_サイズ

[食品]

メーカー名_ブランド名_商品名称_仕様_内容量_数量

[家電]

メーカー名_ブランド名_商品名称_色_仕様_型番

[ダイエット・健康]

ブランド名_商品名称_仕様_型番

[美容・コスメ・香水]

ブランド名_商品名称_仕様_内容量_数量

✔ ②キャッチコピー

「キャッチコピー」は、商品名に入りきらなかったキーワードを中心に設定していきます。また、楽天スーパーSALEやお買い物マラソンなどのイベントなどでポイントUPやクーポン施策を実施する際は、「ポイント10倍」といったセールに関わる訴求文言を入れるのもおすすめです。その他、季節性を表す訴求文言（お歳暮早割、ハロウィン限定など）も効果的です。

✔ ③説明文

説明文の文字も、検索の対象となります。そのため、PC用、スマートフォン用問わず、商品説明文にはできるだけ情報を盛り込むようにしましょう。その際、商品説明文を画像で用意してしまうと、テキストとして読み込まれないため、検索対策という観点からは不利になります。弊社の支援実績としても、「画像のみ」の商品説明文をテキストに変更してリニューアルした結果、検索順位が改善した事例があります。

Section 11 Yahoo!ショッピングにおける「検索結果表示」の考え方と設定方法

Yahoo!ショッピングの検索結果表示ロジックと設定方法

最後に、Yahoo!ショッピングにおける検索結果表示の考え方と効果的な設定方法について解説します。Yahoo!ショッピングの検索では、検索結果の並び順を選択できます。ここでは、デフォルトで設定されている「おすすめ順」の検索ロジックについて解説します。「おすすめ順」のロジックは、Yahoo!ショッピングのヘルプページに以下の内容で公開されています。

①優良配送マークを表示している
②検索ワードとの関連性
③商品の購入件数、購入顧客数、販売個数、商品レビュー数、ストア評価数、ストア評価の平均値、ストア評価の合計値　等
④優良ストアマークの有無、ストアが支払う販売促進費の設定率　等

上から順に、解説していきます。

✔ ①優良配送マークを表示している

優良配送マークとは、「配送のクオリティー」についてYahoo!ショッピングが定める基準を満たしている配送を「優良配送」と認定し、対象商品へのアイコン表示を行っているものです。「優良配送」に認定されるには、以下の条件を満たす必要があります。優良配送マークがあるのとないのとでは、検索結果の上位に表示される機会が大きく変わります。対応可能であれば、最初に取り組むべき事項と言えます。

- **お客様に翌々日までに届けられる（選択できる配送日が「注文日+2日以内」）**
- **出荷遅延率が5%以下である**
- **ヤマトフルフィルメントサービスを利用する**

✔ ②検索ワードとの関連性

検索ワードとの関連性を上げるには、商品ページに検索結果上位に表示したいキーワードを含める必要があります。対象項目としては、以下が挙げられます。

①商品名
②キャッチコピー
③商品情報
④ブランドコード
⑤プロダクトカテゴリ、スペック
⑥製品コード／JANコード／ISBNコード

上記項目へのキーワードの設定方法は、以下のようになります。

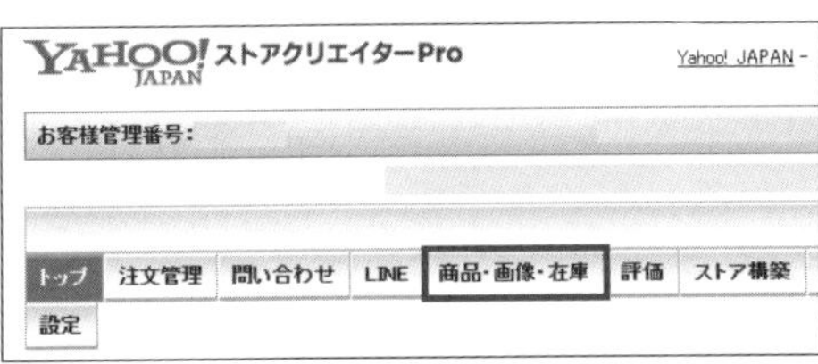

1 ストアクリエイターProの画面を開き、「商品・画像・在庫」をクリックします。

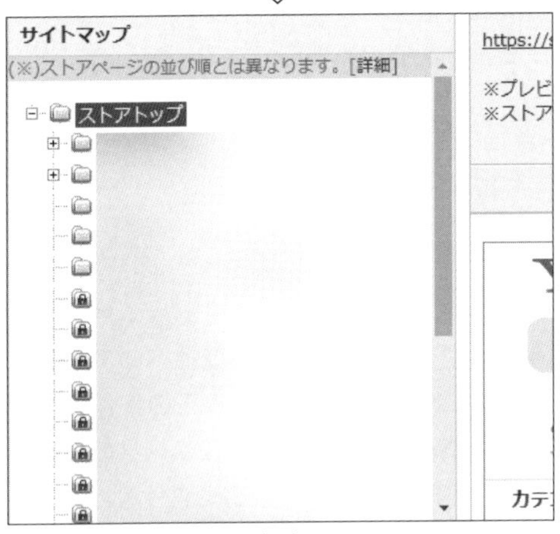

2 サイトマップから、商品情報を編集したい商品を選定します。

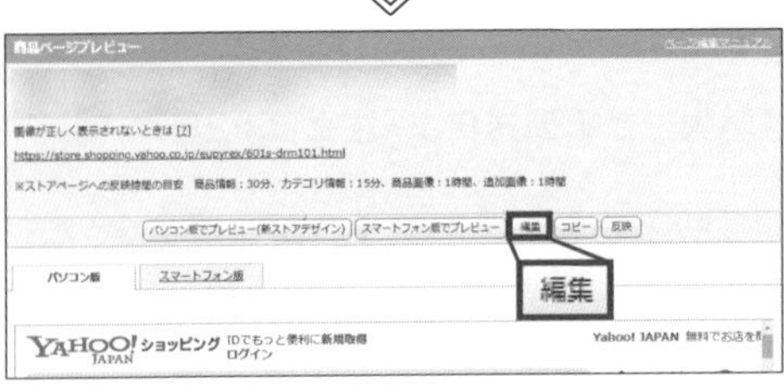

3 該当画面が開いたら、「編集」をクリックします。ページ編集画面が開くので、下にスクロールし、次ページで紹介する項目の編集を行います。

①商品名

「商品名」には、キーワードを必ず含めましょう。Yahoo！ショッピングは検索結果の精度が低いため、商品名に検索キーワードが含まれていない場合、高確率で検索結果に表示されません。スコアが高くなる検索キーワードの設定方法は、以下の通りです。

●重要なキーワードは商品名の左寄りに入れる

商品名の最初の方に設定されているキーワードほど、商品ページと関連性が高いキーワードだと判定されます。

●商品名に記号を入れない

商品名に記号を入れない方が、評価が高くなります。具体的には、以下のような記号を指します。

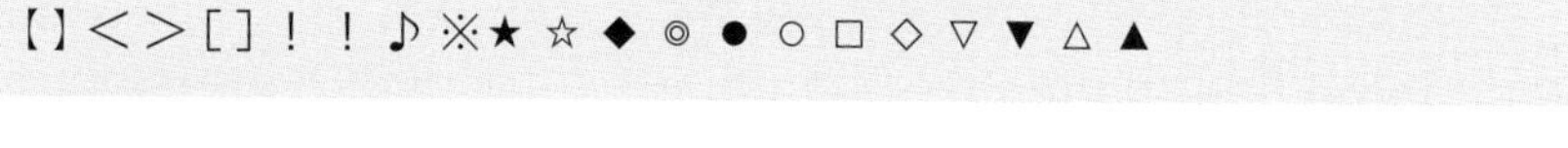

商品基本情報

商品名
必須　検索対象
全角75文字以内（150バイト）以内

②キャッチコピー

「キャッチコピー」には、検索結果に表示させたいキーワードを設定します。例えば「今だけお得！」のようなキャッチコピーではなく、検索結果上位に表示したい検索キーワードを入力します。商品名に入れているキーワードと重複するキーワードを設定すると、スコアが上がりやすいと言われています。

商品詳細情報

キャッチコピー
検索対象
HTML不可 / 全角30文字（60バイト）以内

③商品情報

「商品情報」は、最大1,000文字入力できます。商品情報にも、検索キーワードとなりうるキーワードをできるだけ盛り込みましょう。ただし、キーワードを羅列するのではなく、自然な文章のなかにキーワードが含まれているように記載するのが理想です。

④プロダクトカテゴリ・ブランドコード・スペック

適切な「プロダクトカテゴリ」に登録できているか確認しましょう。プロダクトカテゴリがまちがっていて、検索順位が上がりにくい状態になっているケースも少なくありません。必ず確認してください。「ブランドコード」は、ブランドごとにYahoo！ショッピングが定めているコードです。ブランドコードを設定すると、Yahoo！ショッピング内のブランド分類にストアの商品を紐づけることができるので、ブランド商品を扱うストアは設定することをおすすめします。商品のスペックについても、該当の項目がある場合は、必ず登録するようにしましょう。

⑤製品コード／JANコード／ISBNコード

製品コード／JANコード／ISBNコードを登録できる場合は、必ず登録しましょう。商品登録時に登録できる項目については、できるだけ登録することがスコアの上昇につながります。

JANコード/ISBNコード ? 検索対象	
製品コード（型番） ? 検索対象	
販促コード ?	
商品タグ ?	

③商品の購入件数、購入顧客数、販売個数、商品レビュー数、ストア評価数、ストア評価の平均値、ストア評価の合計値　等

商品の売上やストアの評価は、検索順位に大きく影響します。Yahoo！ショッピングで特徴的なのが、売上金額よりも売上個数が重視されるという点です。例えば1点100万円の商品を1つ売るよりも、1万円の商品を100個販売したほうが検索順位は上がりやすいです。また、レビューやストアの評価を上げられるよう、品質の高い商品の提供や丁寧な梱包などの対応を心がけましょう。

✔ ④優良ストアアイコンの有無、ストアが支払う販売促進費の設定率　等

優良ストアアイコンの有無、ストアが支払う販売促進費の設定率については、以下の通りです。

●優良ストアアイコンの有無

優良ストアの認定を受けると、検索順位が大きく上がります。優良ストアに認定されるためには、以下の項目についてYahoo!ショッピングが定める条件を満たす必要があります。詳しくは、下記のページを参考にしてください。
https://store-info.yahoo.co.jp/shopping/toolmanual/review/c/1107.html

売上規模：注文件数、取扱高
配送・発送：出荷の速さ、出荷遅延率
ストア都合キャンセル率：注文キャンセル発生率
ストア評価：ストア低評価率、ストア評価平均点
商品レビュー：商品レビュー低評価率、商品レビュー平均点

●ストアが支払う販売促進費

「ストアが支払う販売促進費」とは、PRオプションのことです。PRオプションで販売促進費を設定すると、検索順位を上昇させることができます。ただし、PRオプションだけで検索順位が上がるわけではなく、販売実績などによる検索順位の上昇効果がPRオプションでより高くなる、というくらいで理解するのがよいでしょう。PRオプションについて、詳しくはP.235を参照してください。

Section 12
トレンドに合わせてキーワードを調整する

ニーズに合わせたキーワード調整について

ここまで解説してきたように、検索結果から商品を見つけてもらうために、キーワードは非常に重要です。しかし、ユーザーのニーズは常に変動します。また、自社だけでなく競合ありきの戦いとなります。そのため、ユーザーや競合他社の動向に合わせて自社への流入キーワードを常に分析し、注力するべきキーワードを変更しながら対策を行っていく必要があります。

例えば、ユーザーニーズが変動する理由の1つに季節のイベントがあります。ギフト商材を販売している企業であれば、「母の日」「父の日」「お中元」「お歳暮」といった大型のシーズナルイベントに合わせてキーワードを入れ替えていく必要があります。こうした大型の季節イベント以外にも、細かな季節イベントのキーワードが多数あります。以下に代表的な季節イベントをまとめましたので、把握しておくようにしましょう。定期的にトレンドキーワードを見直していくことは決して簡単ではありませんが、労力に見合うだけの効果は得られると思います。ぜひチャレンジしてみてください。

福袋	1月上旬
成人の日	1月の第2月曜日
節分	2月3日
バレンタインデー	2月14日
桃の節句(ひなまつり)	3月3日
ホワイトデー	3月14日
春分の日	3月21日
お花見	4月下旬
入学式	4月1日
こどもの日	5月5日
母の日	5月
父の日	6月
七夕	7月7日
お中元	7月下旬
土用の丑	7月下旬
お月見	9月中旬
敬老の日	9月中旬
秋分の日	9月23日
ハロウィン	10月31日
七五三	11月15日
お歳暮	12月
クリスマス	12月25日
大晦日	12月31日

Googleトレンドで検索ボリュームを把握する

Googleトレンドという、キーワードごとの検索ボリュームが確認できるツールが無料で提供されています。Googleトレンドを使って自社に関連するキーワードや巷で話題に上がっているキーワードの検索ボリュームを定期的に調べておくことで、アクセスボリュームが大きいキーワードを見落とすことなく商品に反映することができます。

Googleトレンドの操作手順は、以下の通りです。

1 Googleで、「Googleトレンド」と検索し、該当するリンクをクリックします。

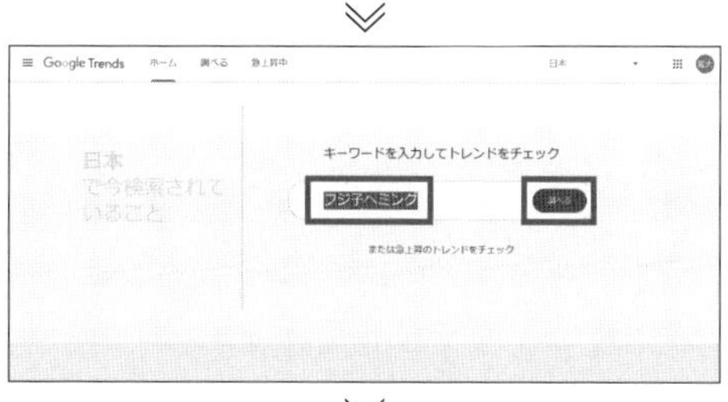

2 Googleトレンドの画面が開くので、調査したいキーワードを入力して検索します。

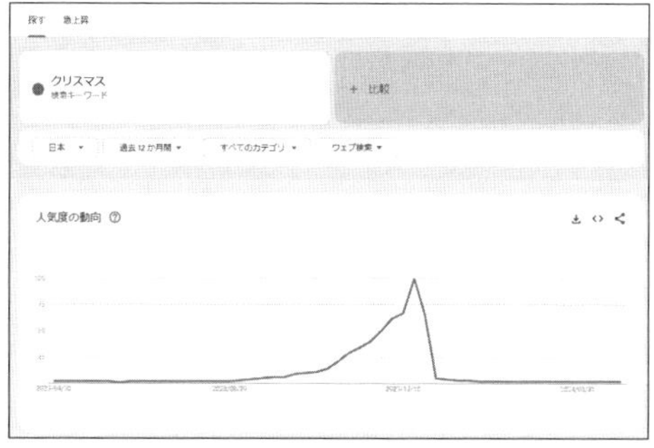

3 検索結果が表示されます。必要に応じて対象期間などを変更し、検索ボリュームの変化を確認します。

設定したキーワードを管理する

ここでは定期的にキーワードを更新していく場合に知っておきたい、キーワードの管理方法をご紹介します。多くの商品に多くのキーワードを設定していると、次第に作業が煩雑になり、キーワードのアップデートに手間ばかりかかるようになります。キーワードの更新にコストがかかりすぎては本末転倒ですので、効率的な管理を行うようにしましょう。③や④のアクションを継続的に実施することで、キーワードの精度を上げ、売上を漏らさず獲得することができます。

①管理用のファイルを作成する

最初に、管理用のファイルを作成しましょう。ExcelかGoogleスプレッドシートの2択になるかと思いますが、クラウドで他の人からも見られるようにするという意味では、Googleスプレッドシートをおすすめします。

②ECモール別にキーワードを管理する

選定したキーワードや自社の検索順位は、ECモールによって変わってきます。管理用のファイルは、ECモール別に分けて作成しましょう。

③キーワードをリサーチする

「競合他社の商品名チェック」(P.39)、「サジェストキーワードのチェック」(P.36) を実施しましょう。これまで登録していなかったキーワードや新たに登場しているキーワードをリストアップします。余力がある方は、ラッコキーワードやAmazonのbrand analytics、プレミアム統計などを活用して、より詳細にキーワードをリサーチしましょう。

④トレンドを押さえる

季節が変わると、検索されるキーワードは変わります。季節イベントに合わせたキーワードを探し、取り込みましょう。目安は、該当イベントの日付から3か月程度前のタイミングです。その際には、Googleトレンドなどを活用するとよいでしょう。

購買へつなげる！
検索結果表示・
ページ制作を極める

Section 01 サムネイルで商品の魅力を訴求する

サムネイルの重要性を理解する

本章では、購買へつなげるための、検索結果表示・ページ制作の方法について解説を行います。Chapter2の対策によって検索結果の上位に表示されても、クリックされなければ意味がありません。そのためには、検索結果に表示されるサムネイルの魅力を向上させる必要があります。
サムネイルとは、ECモールで商品ページに登録している商品画像のうち、第1画像にあたる画像のことを指します。サムネイルはECモール内の検索結果画面に表示され、ユーザーの目に最初に入る画像になります。そのため、クリエイティブ制作の中でもっとも重要といっても過言ではないくらい、重要な要素です。
楽天市場やYahoo！ショッピングの検索結果では、自店舗の方が安くて品質がよいものを販売しているのに、サムネイルがよくないことが理由でユーザーを逃してしまうこともありえます。ユーザーにクリックしてもらえるようなサムネイルを作成しましょう。なお、Amazonではサムネイルによる差別化は難しいため、2枚目以降の画像に反映するべき要素として読んでいただければと思います。

検索結果に表示されるサムネイルの魅力が売上に影響する

サムネイル制作のポイント

自社商品を購入する可能性が高いユーザーがクリックしたくなるようなサムネイルの制作には、以下のようなポイントがあります。

- **訴求内容を反映し、他社との差別化を図ることで、CTR（表示回数に対するクリックされる割合）を高くする**
- **サムネイルで訴求している商品の性質／効能と商品ページ内の訴求内容の整合性を取ることで、CVR（商品ページを見られた回数に対する購入された件数の割合）を高くする**

上記を実現するための方法を、3点にまとめて解説します。

✔ ①CTRが高くなる要素を入れる

サムネイルには、CTRが高くなる要素を入れ込みます。累計1,000社以上の支援をしてきた結果、もっともCTRが高くなりやすいと考えるサムネイルの要素は以下のとおりです。

①商品イメージに合った写真背景
②物撮りの画素数UP
③シズル感、テクスチャ
④ロゴマークの掲載
⑤他社商品との違い
⑥ランキング表示
⑦クーポン割引率・ポイント倍率
⑧バリエーションの表示
⑨成分表示

以下で、それぞれの項目について詳しく解説していきます。基本的な考え方は、自社サイトでもECモールでも変わりません。ユーザーがクリックしたくなるような情報をしっかり盛り込み、競合に負けないクリエイティブを目指しましょう。
ただし、Amazonでは独自のサムネイルの規約があり、サムネイル画像は商品の背景が白でなければいけません。また、検索結果に表示されるメイン画像には、文字や商品に含まれないものは入れられないので、注意が必要です。

①商品イメージに合った写真背景

商品の利用シーンを想起しやすく、ブランドイメージに近い写真背景は、CTRが高くなりやすいです。食品や化粧品などは特に重要です。

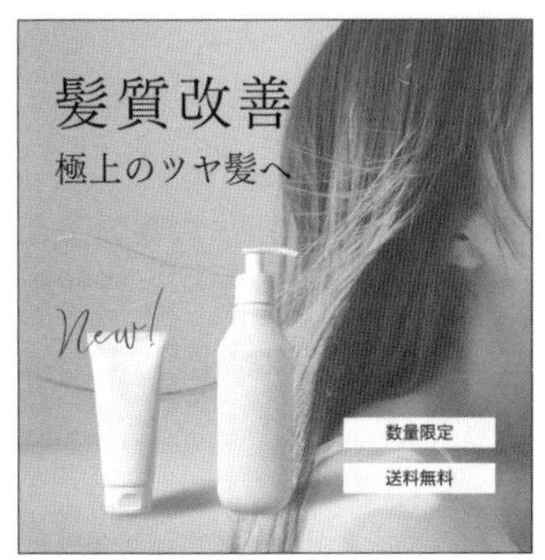

②物撮りの画素数UP

解像度の高いきれいな画像のほうが、CTRが高くなります（左：画素数が高い、右：画素数が低い）。

③シズル感、テクスチャ

おいしそうに見えたり、質感をイメージできるような表現を取り入れると効果的です。食品や化粧品などは特に重要です。

④ロゴマークの掲載

公式店の場合は、ロゴマークを掲載することでオフィシャル感をアピールできます。

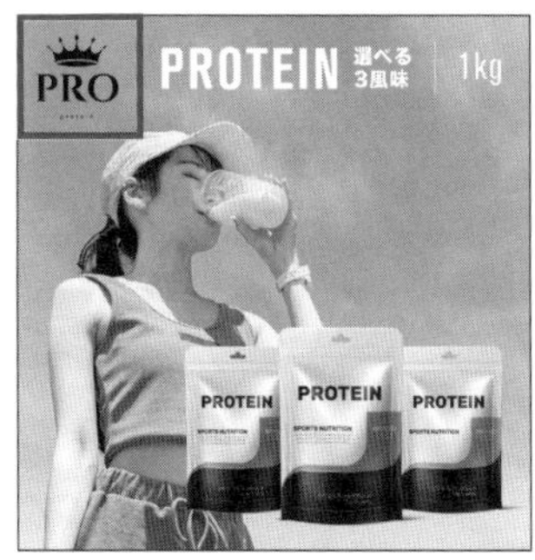

⑤他社商品との違い

他社商品との差別化要素があれば、サムネイルでわかりやすく訴求しましょう。

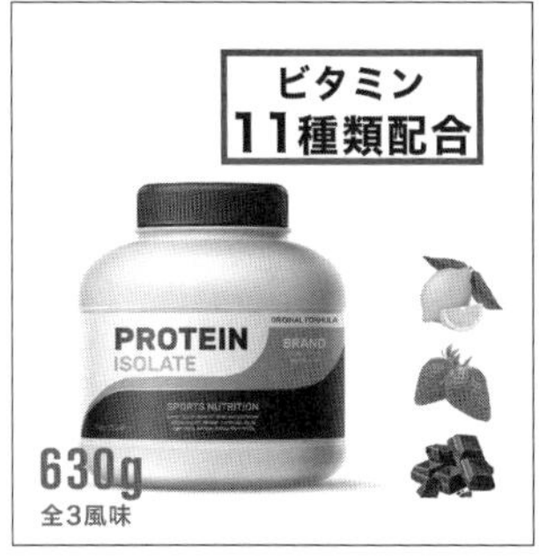

⑥ランキング表示

サムネイルにランキングのアイコンを掲載することで、商品への信頼を醸成できます。

⑦クーポン割引率・ポイント倍率

商品のクーポン割引率やポイント倍率が一目でわかるようなアイコンを掲載します。

⑧バリエーションの表示

バリエーションがある商品は、サムネイル上でバリエーションを確認できるようにしましょう。

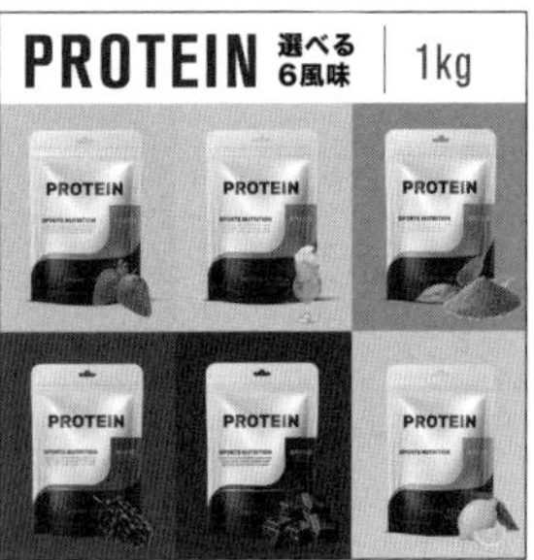

⑨成分表示

商品にもよりますが、成分表示のように、購入を検討する上で必要になる情報をサムネイル上に表示しておくと、CTRの向上につながります。

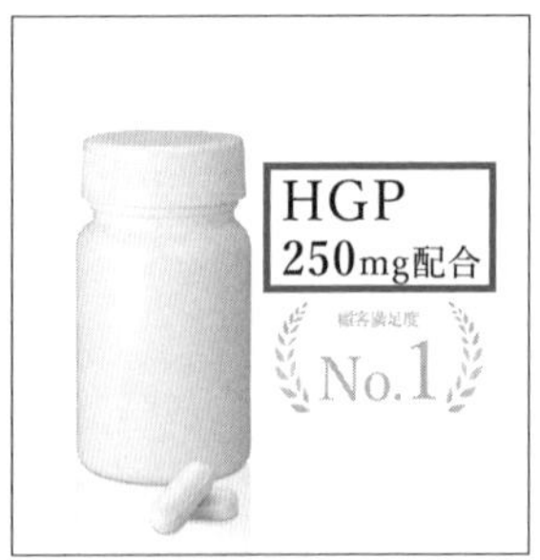

②競合のサムネイルを調査する

サムネイルの制作時には、競合商品のサムネイルを調査しましょう。検索結果の上位10位ぐらいまでに入っている商品のサムネイルの中で、よいと思える要素を抽出し、自社商品のサムネイルに反映します。その際、真似をするだけでなく、自社独自の要素を出せるとなおよいです。例えば、他社商品は背景がどこも白抜きとなっているが、自社は写真背景とする、といった工夫です。実際に制作する場面では、競合他社の動きを意識せず、自分たちが作りたいクリエイティブを作ってしまいがちです。競合他社を参考にしつつ、差別化することを常に意識しましょう。

③サムネイル画像と商品ページとの整合性を意識する

ユーザーはサムネイルの内容を見てページに入るため、サムネイルとページ内の内容に齟齬があると離脱してしまう傾向があります。そのため、サムネイル画像と商品ページの画像を一致させ、整合性を出すことが重要です。画像以外にも、キャンペーン時のサムネイルに掲載したセール情報と同様の説明バナーを商品ページ上の目立つところに設置するなどして、サムネイルの内容と商品ページの連続性を意識しましょう。また、サムネイルで内容を盛りすぎないことも大切です。検索キーワードごとの転換率が各ECモールでの検索順位に影響している傾向があるため、あまりに盛った内容でクリック数を増やしてしまうと、結果的に転換率が低くなり、検索順位が下がってしまう可能性があります。

サムネイル

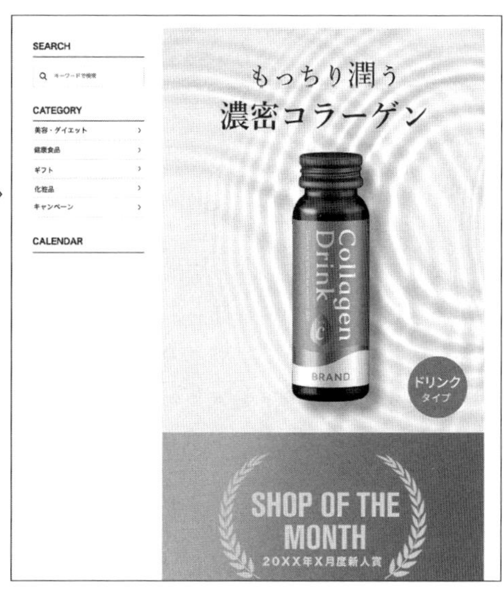

商品ページファーストビューなど

Chapter 3 購買へつなげる！検索結果表示・ページ制作を極める

検索結果

Section

02 サムネイル制作時の注意点を知る

思わぬルール違反を防ぐためにルールを把握しておく

ここで、サムネイルを制作する上での注意点を解説します。

①著作権や肖像権に気をつける

著作権や肖像権に抵触すると、大きなトラブルに発展します。画像や写真を用いる場合は、以下の点に注意が必要です。

- **公式サイトの商品画像を加工しない**
- **ロゴマークをそのまま引用または加工しない**
- **他者が作成した画像を無断で使用しない**
- **キャラクター・著名人・一般人の画像を無断で使用しない**

②過剰な画像加工をしない

サムネイルに用いる画像の過剰な加工に注意しましょう。「思っていた商品と違う」「画像と商品の色味が違う」など、クレームや返品・返金といった対応を求められる可能性もあります。以下に、過剰な加工の例を記載しておきます。「文章量」については、画像に文字を追加するという意味で、画像加工の例として挙げています。

- **明るさの過度な加工：商品の特徴が伝わりにくくなる**
- **色味の過度な調整：実物と異なる印象を与える**
- **文章量：アピールポイントをはじめとした文章を入れすぎる**

③ECモールのガイドラインを守る

ECモールでは、ガイドラインを守った画像加工が必要となります。各モールごとに定められた画像作成のガイドラインを必ず確認しましょう。前述の通り、Amazonでは商品のみの写真と背景が白であることが定められています。以下に各ECモールの画像ガイドラインを記載しますので、参考にしてください。

ECモール	ガイドライン
Amazon	・画像の長辺は1,600ピクセル以上 ・メイン画像の背景は純粋な白を使用 ・メイン画像は販売対象の商品のみ表示
楽天市場	・画像内のテキスト占有率は全体の20%以下 ・背景は基本的に単色の白（写真背景も使用可） ・画像に枠線をつけない（囲み線、L字、帯状などを含む）
Yahoo!ショッピング	・画像内のテキスト占有率は全体の20%以下 ・背景は基本的に単色の白（写真背景も使用可） ・画像に枠線をつけない（囲み線、L字、帯状などを含む） ・商品は画像の中央に配置する -全体余白：上下左右5%（1200pxの場合は60px以上） -部分余白：左上30%（1200pxの場合は360px以上）

Amazonでは、メイン画像は販売対象の商品のみを表示しなければなりません。しかし、実は画像をCGにしているケースも多いです。画像をCGにすることでパッケージをきれいに見せることができ、CTR向上につながります。

また楽天市場・Yahoo!ショッピングでは、背景は単色の白が推奨されています。しかし、競合のサムネイル内容によっては、写真背景を活用することで検索結果一覧の中で自社商品を目立たせることができ、CTR向上につなげることができます。

楽天市場の写真背景の例

Section 03

モールのアイコンを獲得する

モールのアイコンとは？

「モールのアイコン」は、ECモールの検索結果画面で商品に付与されるアイコンのことです。特定の条件を満たすことで、付与してもらうことができます。具体的には、楽天市場の39ショップアイコンや、AmazonのPrimeマーク等があります。

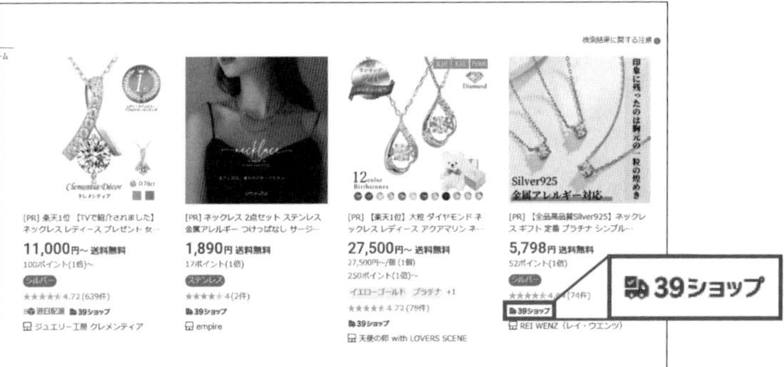

楽天市場の39ショップアイコン

AmazonのPrimeマーク

モールのアイコンを獲得した方がよい理由

モールのアイコンを獲得した方がよい理由は、以下の通りです。

- **ユーザーからの視認性が上がるため、CTRの向上が見込める**
- **モール内の検索結果に影響するアイコンもあるため、検索順位向上が見込める**
- **アイコンがついていない商品と比べてお得感が増し、CVRの向上が見込める**

このように、モールでのアイコンを獲得するメリットにはさまざまなものがあります。以降で解説する獲得方法を参考に、ぜひ獲得を目指してください。

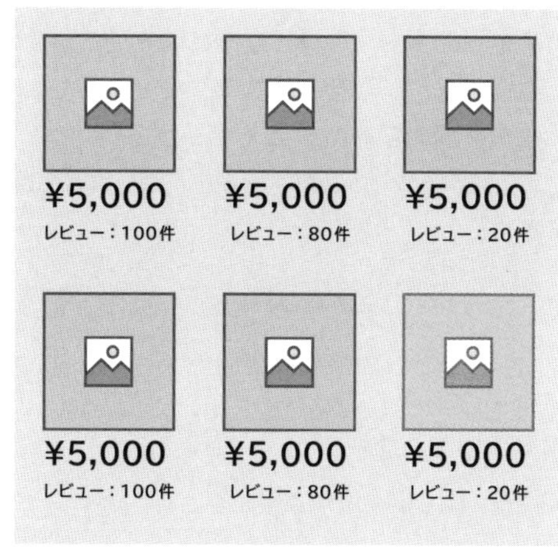

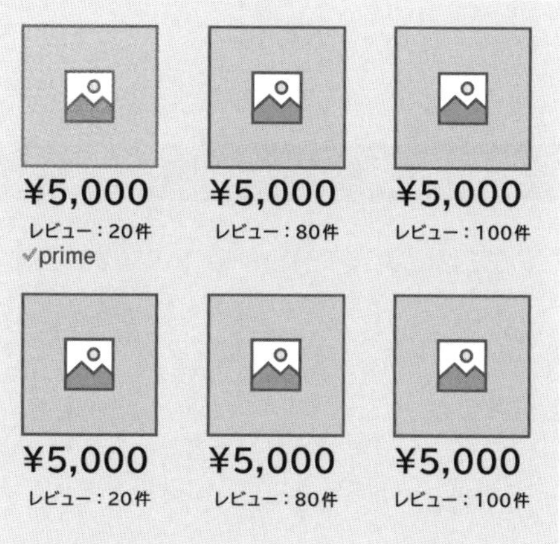

モールのアイコンが付与されることによって、視認性が上がり、検索順位も上がる。結果的に、CTR、CVRの向上が見込める

Section

04 Amazon「Primeマーク」を獲得する

Primeマークとは？

Amazonの「Primeマーク」は、Amazonによって出荷・配送品質が認められた商品に付与されるアイコンです。Primeマークのついている商品は、通常配送は配送料無料、お支払い確定日の1～2営業日以内に出荷され、Amazonプライム会員であれば無料で「お急ぎ便」も利用できます。Amazonでよく商品を購入するユーザーはPrimeマークを認識しているユーザーが多いため、Primeマークが商品についているとCVRが向上する可能性が高いです。以降で、Primeマークの獲得方法を見ていきましょう。

¥4,469 (¥4/グラム) 参考: ~~¥4,863~~
45ポイント(1%)
定期おトク便の割引適用で¥4,246
✓prime 明日, 2月22日, 8:00 - 12:00までにお届け
通常配送料無料

Amazonによって品質が認められた商品にはPrimeマークが付与される

Primeマークの獲得方法

Primeマークを獲得する方法は、大きく分けて以下の2つがあります。

①FBAを利用する
②マケプレプライムを利用する

以下で、それぞれについて解説していきます。

①FBAを利用する

Amazonが提供するFBAは「フルフィルメント by Amazon」の略で、商品保管、注文を受けた商品の梱包～発送、返品対応までをAmazonが代行してくれるサービスです。配送品質が保証されているため、FBAを利用している商品には「Primeマーク」が付与されます。FBAは、以下の5ステップで利用できます。

1.出品用アカウント登録
2.商品登録
3.納品プラン作成・発送準備
4.Amazon倉庫へ商品を発送
5.Amazon倉庫で受領処理された商品より販売開始

まずは、出品用アカウントを登録します。次に、Amazonから提供される出品管理ツールseller centralで商品登録を行い、Amazon専用倉庫に納品するための「納品プラン」を作成します。個別の商品に貼り付ける「商品ラベル」を発行し、商品に貼り付け、指定のAmazon倉庫へ発送すれば、出品者側の納品対応は完了です。発送した商品が倉庫に到着し、受領されると販売開始です。

②マケプレプライムを利用する

マケプレプライムとは、FBAを利用していなくても配送要件が一定の条件を満たす場合に、Primeマークが付与されるプログラムです。FBAを利用できない商品（生鮮食品、大型商品など）にも、Primeマークをつけることができます。マケプレプライムでPrimeマークを獲得するには、マケプレプライムトライアルに参加し、トライアル期間中にマケプレプライムの以下の配送基準を満たせることをAmazon側に示す必要があります。

- **マケプレプライムで定められた出荷実績、配送品質の維持**
- **期日内配送率（予定日までの配送完了率）が96%以上**
- **追跡可能率（有効なお問い合わせ番号／伝票番号入力率）が94%以上**
- **出荷前キャンセル率が1.0%未満**
- **出品者が選択するプライム対象地域への「お急ぎ便」の提供**
- **Amazonプライム会員に対して、プライム対象地域への通常配送とお急ぎ便を無料で提供**
- **Amazon上で追跡が可能な配送方法の利用（ヤマト運輸、日本郵便のお問い合わせ番号がある配送方法）**
- **Amazonのポリシーに基づく返品・返金対応**

Section 05 Amazon「ベストセラー」を獲得する

ベストセラーとは？

Amazonの「ベストセラー」は、Amazonで売れ筋ランキング1位を獲得した商品に表示されるアイコンです。Amazonの売れ筋ランキングは1時間ごとに更新されており、順位も随時変動していますが、一度1位を獲得すると、ランキングが落ちてもそのまま一定期間ベストセラーの表示が残ります。以降で、ベストセラーの基準について見ていきましょう。

AYO 枕まくら 高級ホテル仕様 高反発枕 横向き対応 丸洗い可能 立体構造43x63cm グレー 枕カバー 取り外し可能 (グレー, 63cm*43cm*20cm)
AYOのストアを表示
4.1 ★★★★☆ 14,194個の評価
ベストセラー1位 - カテゴリ 枕
ベストセラー1位
過去1か月で1000点以上購入されました

Amazonで売れ筋ランキング1位を獲得すると「ベストセラー」アイコンが付与される

ベストセラーの獲得基準

ベストセラーの獲得基準は、公式に発表されているわけではないものの、「カテゴリもしくはサブカテゴリのどちらかで売れ筋ランキング1位を獲得すること」だと言われています。売れ筋ランキングの順位は、売上件数に基づいて更新されます。そのためベストセラーを獲得するには、売上件数を伸ばしていく必要があります。

Amazonヘルプには、Amazonランキングについて次ページのように記載されています。「総合的にどのくらい売れているか」が判断基準であるとされており、明確な集計方法は記載されていません。いずれにしても、売上を増やしていくことがベストセラーの獲得に直結することはまちがいありません。

売れ筋ランキングは、商品が総合的にどのくらい売れているかを示す良い指標となりますが、必ずしも同じカテゴリの商品の中でどのくらい良く売れているかを示す指標にはなりません。カテゴリ別のベストセラーでは、カテゴリー・サブカテゴリー内でひと際目立つ商品のランキングを取り上げています。出所：Amazon.co.jp

売れ筋ランキングを確認する

Amazonでは、以下の方法で売れ筋ランキングを確認することができます。

1 Amazonのグローバルナビに「ランキング」というタブがあるので、クリックします。

2 カテゴリ別の売れ筋ランキングが表示されます。

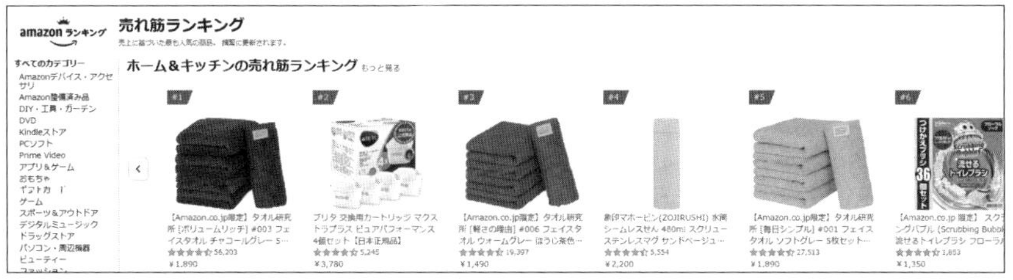

売れ筋ランキングの各カテゴリの1位商品をクリックして開いていくと、「ベストセラー1位」と表示されていることがわかります。ただし、カテゴリの階層を下げていくと、該当カテゴリのランキング1位になっていたとしても、「ベストセラー」表示がされていないケースがあります。これは、おそらく該当カテゴリの対象商品が少ないため、売上がほとんどない状態でもランキング1位を獲得できている商品であると思われます。「ベストセラー」を獲得するためには、所属するカテゴリでのランキング1位に加え、売上やレビュー数といった足切り条件が存在していると考えられます。

Section 06

Amazon「Amazonおすすめ」を獲得する

Amazonおすすめとは？

「Amazonおすすめ」とは、Amazonで商品を検索した際の商品画像に「Amazonおすすめ」というアイコンがついている商品のことです。「Amazonおすすめ」アイコンを獲得することによって商品への信頼度が上がり、売上向上に結びつきます。

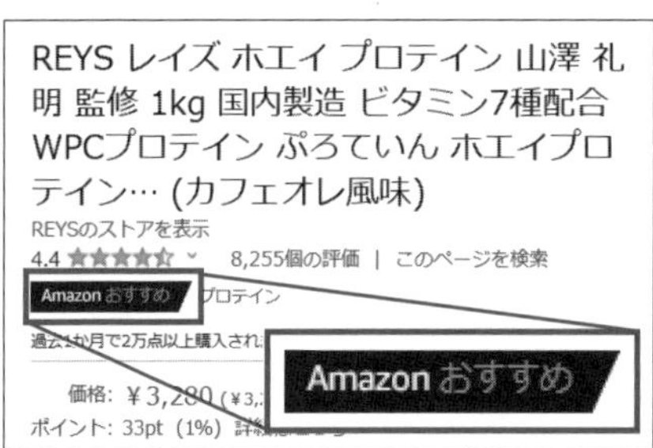

「Amazonおすすめ」アイコンを獲得することで信頼を得ることができる

「Amazonおすすめ」アイコンを獲得するための基準

Amazonのおすすめに選ばれる基準やアルゴリズムは明確には公表されていませんが、以下の3点が重視される傾向にあると言われています。なお、「本」カテゴリーの商品には、Amazonおすすめアイコンが表示されません。Kindleがあるため配送の比較が難しいことや、巻数が多いものはレビューが分散してしまうことが理由と言われています。

①配送が早い
②レビュー評価が高い
③購入しやすい金額である

以下で、それぞれについて解説していきます。

Chapter 3 購買へつなげる！検索結果表示・ページ制作を極める

①配送が早い

商品の配送が早いことが基準となります。FBAと同程度の水準の早さでの配送スピードが求められます。配送先が近ければ1日で届くなど、可能な限りのスピードになります。そのため、該当している商品は大半がFBAを利用していると考えられます。

②レビュー評価が高い

カスタマーレビューの点数（星マークの数）や、レビュー内容が高評価であることが基準になります。Amazonおすすめアイコンがついている商品を見ると、星マークが4つ以上の商品が大半を占めています。レビュー評価の基準については公表されていませんが、高評価が多く低評価の少ない商品が「評価が高い」とされる傾向にあると考えられます。

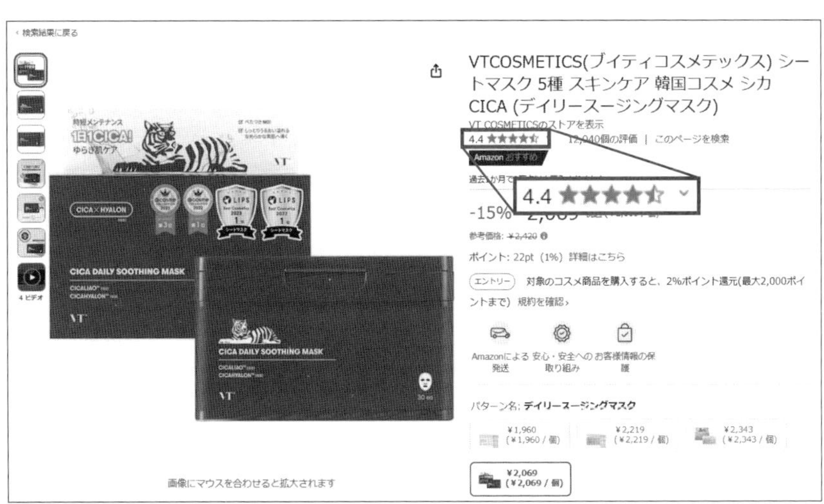

③購入しやすい金額である

購入しやすい金額であることが基準になります。基準が公表されていないため一概には言えませんが、他社の同ジャンルの商品と比較した際に、送料を含めた価格が安い方が「購入しやすい金額」と判断されやすい傾向にあります。また、クーポン等の割引は含まず、実際の購入価格が重視されていると言われています。

Section 07 楽天市場「39ショップ」を獲得する

39ショップとは？

「39ショップ」とは、楽天市場の同一店舗内で、合計金額が3,980円（税込）以上になるように商品を購入すると送料が無料になるサービスを導入している店舗のことを指します。2019年に39ショップ導入の告知があり、2020年3月より施行されました。それ以前の楽天市場では、それぞれの店舗が送料無料になる価格条件を独自に設定しており、ユーザーは送料を考えながら購入する必要がありました。39ショップが導入されたことにより、ユーザビリティの向上へとつながりました。

39ショップを導入している店舗の商品には、検索結果画面でアイコンが付与されます。現在では、楽天市場に出店している店舗の8割以上が39ショップに参加しています。楽天側は現在も、すべてのショップを39ショップにするための施策を行っています。

また、39ショップ限定のイベントに参加することができます。39ショップ専用のページが用意され、お買い物マラソン期間にエントリーもしくは対象店舗で購入することで、ユーザーにポイントが還元されます。

39ショップ導入店舗にはアイコンが付与される

39ショップの登録方法

39ショップの登録方法について解説します。手順は簡単なので、まだ対応していないという方はすぐに設定してみてください。申請フォームに入力して提出したら、あとは審査が通れば39ショップのアイコンを獲得できます。

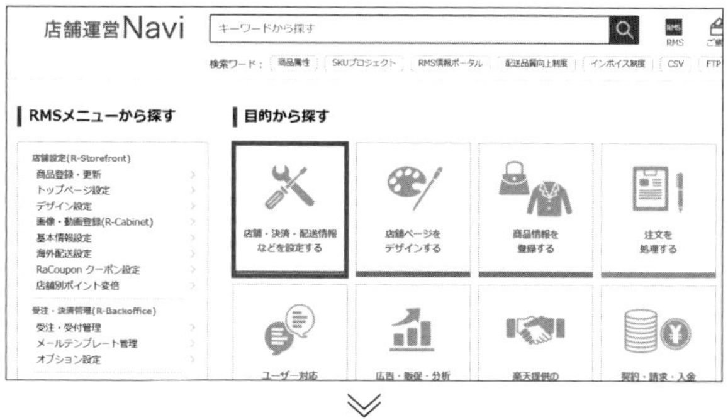

1 店舗運営Naviで、「店舗・決済・配送情報などを設定する」をクリックします。

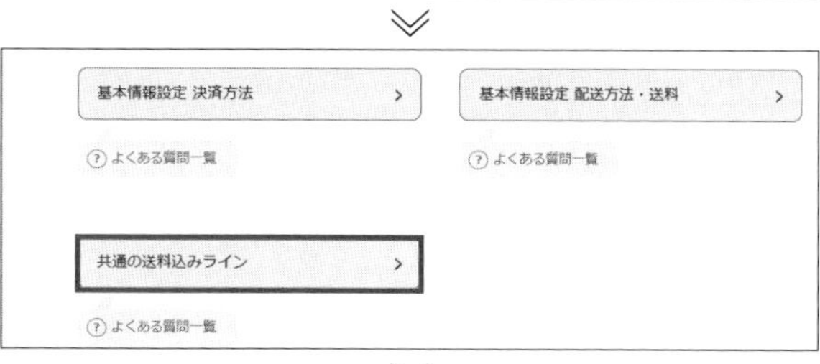

2 「共通の送料込みライン」をクリックします。

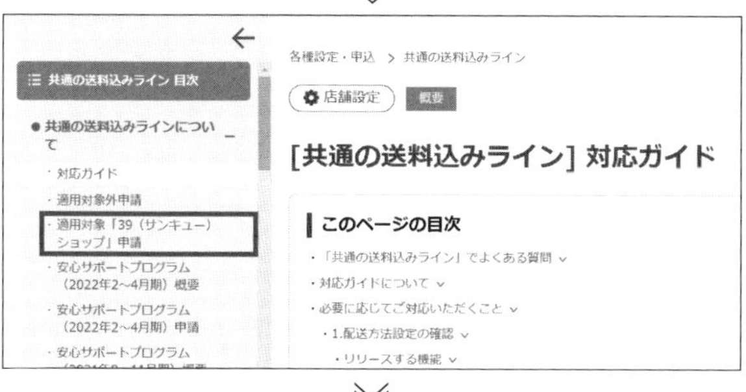

3 「適用対象「39（サンキュー）ショップ」申請」をクリックします。

適用対象「39（サンキュー）ショップ」申請フォームはこちら

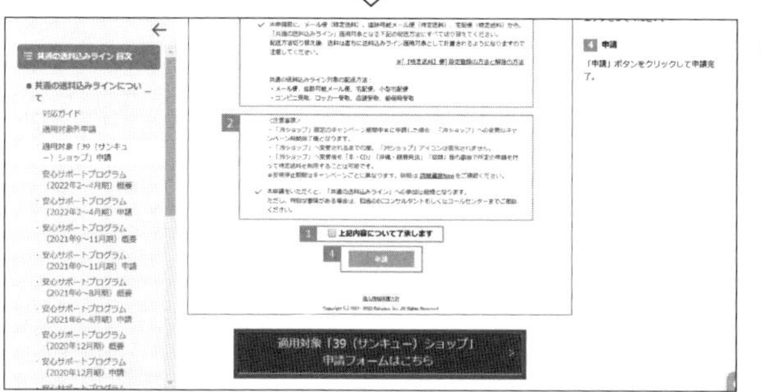

4 「適用対象「39（サンキュー）ショップ」申請フォームはこちら」をクリックします。必要事項を入力し、申請を行います。

Section 08 楽天市場「ランキング入賞」を獲得する

ランキング入賞とは？

楽天市場内の「売上額」「売上件数」等をもとに集計したランキングデータのことを、「楽天ランキング」と言います。例えば楽天のデイリーランキングで３位以内に入ると、検索結果画面で一定期間「ランキング入賞」のアイコンが付与されます。ランキング入賞のアイコンはその商品が人気商品であるというイメージをユーザーに与えることができるため、多くの店舗がランキング入賞を目指しています。楽天ランキングの順位のロジックは公表されていませんが、以下の３点が関係しているのではないか、と言われています。

- **売上額**
- **購入者数**
- **販売個数**

以降で、楽天ランキングの種類について説明します。

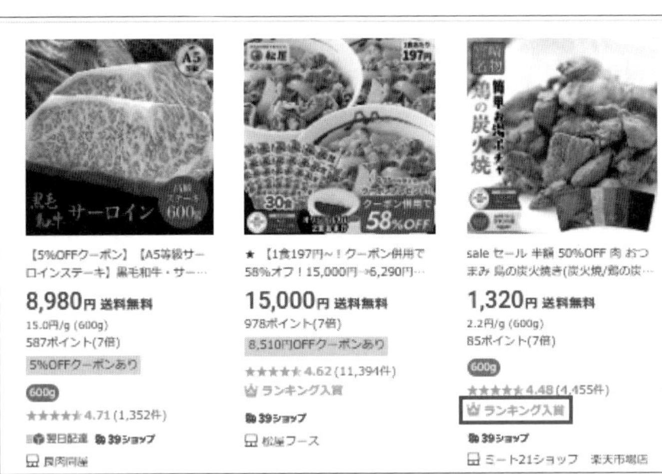

「ランキング入賞」のアイコンが付与された検索結果画面

楽天ランキングの種類

楽天ランキングは、以下の４種類に分けることができます。

①リアルタイムランキング
②デイリーランキング
③週間ランキング
④月間ランキング

それぞれの集計期間や特徴について確認し、「ランキング入賞」のアイコン獲得を目指しましょう。

✔ ①リアルタイムランキング

リアルタイムランキングには、最新のランキング情報が表示されます。更新頻度は、およそ15～20分に一度と言われています。更新頻度が多いため、順位の入れ替わりがもっとも激しいランキングとなります。予約商品の発売時には一気に１位になることもあり、この傾向を利用してランキング入賞を狙いに行く店舗も存在します。

✔ ②デイリーランキング

デイリーランキングには、１日の売上データをもとに集計されたランキングが表示されます。１日分のデータ集計が必要になるため、前日分のデータが集計され、毎日午前10時頃に更新されます。

✔ ③週間ランキング

週間ランキングには、１週間の売上データをもとに集計されたランキングが表示されます。集計期間は月曜日～日曜日までとなっており、前週に集計されたデータが毎週水曜日に更新されます。

✔ ④月間ランキング

月間ランキングには、１ヶ月の売上データをもとに集計されたランキングが表示されます。前月１日～末日までのデータが集計され、翌月の水曜日に更新されます。

Section
09 Yahoo！ショッピング「優良配送マーク」を獲得する

優良配送マークとは？

「優良配送マーク」は、Yahoo！ショッピングでの配送品質を向上させるための施策です。Yahoo！ショッピングが定める基準をクリアしたストアが「優良配送」の認定を受け、検索結果画面や商品ページ内に「優良配送」のアイコンが表示されます。「優良配送」のアイコンが表示されることによって、商品への信頼度が上がり、売上向上に結びつきます。「優良配送」は2020年12月から始まった施策で、2021年11月30日から対象商品の検索順位が優遇される仕様になっています（終了日は未定）。

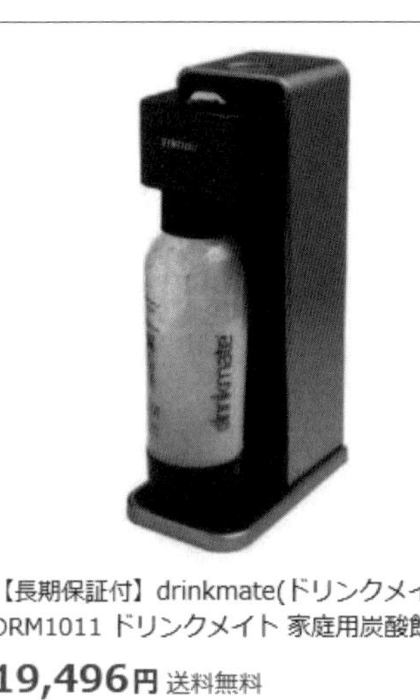

Yahoo！ショッピングの配送基準をクリアしたストアには「優良配送」アイコンが付与される

優良配送に認定されるための基準

Yahoo！ショッピングで優良配送に認定されるための基準は、以下の２点となっています。

①出荷遅延率が5%未満
②ユーザーに表示される「最短お届け日」が「注文日+2日以内」

以降で、基準をクリアするための条件を詳しく見ていきましょう。

①出荷遅延率が5%未満

Yahoo！ショッピングの出荷遅延率の定義は、「遅延の対象となる注文」÷「全注文数」となっています。遅延の対象となる条件は、以下になります。出荷遅延率は、ストアクリエイターProの「評価」タブをクリックし、「ストアパフォーマンス」の「発送・配送」で確認します。

- **お届け指定日より出荷日が遅れる**
- **「きょうつく」「あすつく」の設定をしている注文が、注文日から2日以上経過して出荷される**
- **複数商品を注文された際、注文内のもっとも遅い発送予定日より出荷日が遅れる**

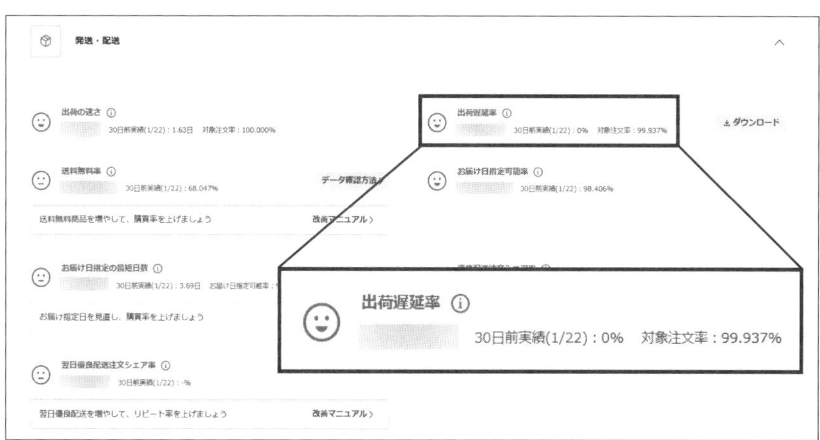

出荷遅延率は、ストアクリエイターProの「評価」タブの「発送・配送」から確認できる

②ユーザーに表示される「最短お届け日」が「注文日+2日以内」

「発送日情報設定」で設定した「最短お届け日」の日数と「配送所要日数」で設定した日数を合算した日数が、「注文日＋2日以内」になるように設定する必要があります。「発送日情報設定」は、ストアクリエイターProの「ストア構築」タブ＞「カート設定」＞「お届け情報設定」から確認できます。「発送日情報設定」が「3」以上になっている場合、注文から発送まで3日以上かかることになるため、優良配送の対象から外れてしまいます。

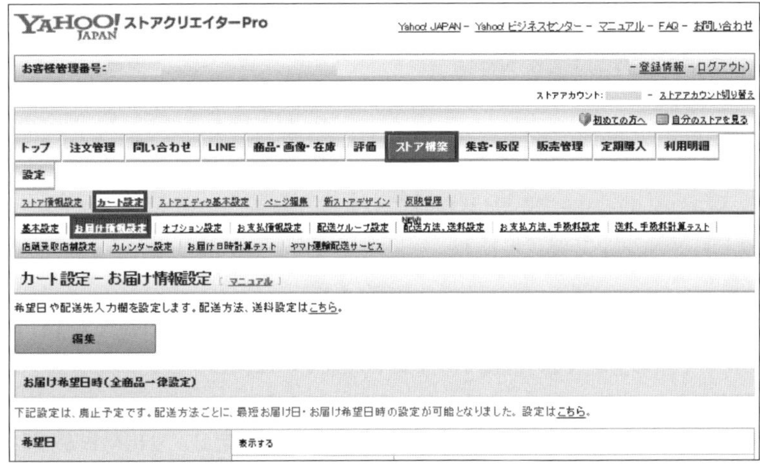

「配送所要日数」は、ストアクリエイターProの「ストア構築」＞「カート設定」＞「配送方法、送料設定」で設定できます。

都道府県	最短お届け希望日	お届け希望日の選択可能期間	お届け希望時間帯ごとの注文締切時間					最短お届け希望日の注文締切時間
			09:00～12:00	12:00～14:00	14:00～16:00	16:00～18:00	18:00～21:00	
北海道	発送日+4日で配送	30日間	時間指定不可B	12:00	12:00	12:00	12:00	12:00
青森県	発送日+3日で配送	30日間	時間指定不可B	12:00	12:00	12:00	12:00	12:00
岩手県	発送日+3日で配送	30日間	時間指定不可B	12:00	12:00	12:00	12:00	12:00
宮城県	発送日+3日で配送	30日間	時間指定不可B	12:00	12:00	12:00	12:00	12:00

検索結果画面や商品ページのお届け日は、ストアクリエイターProで設定した「発送日」＋「配送所要日数」から「ストア休業日」と「ページを見ているユーザーの住所から算出される配送日数」を考慮した結果が表示されます。そのため「優良配送」アイコンの表示には、「ストア休業日」と「ページを見ているユーザーの住所から算出される配送日数」が加味されます。
そのため休業日を加味すると「注文日＋２日以内」のお届けにならない場合、「優良配送」のアイコンが表示されない仕様となっています。例えば休業日で発送対応をしておらず、基本の設定を発送日を翌日（１日）、配送所要日数を１日と設定している場合、水曜日に注文があれば金曜日に届けられるので、優良配送がつきます。しかし、金曜日に注文がある場合は火曜日の到着になってしまうので、優良配送はつきません。
「ページを見ているユーザーの住所から算出される配送日数」についても同様に、「注文日＋１日」で発送していることを前提とした場合、関東近郊であれば発送日＋１日で着荷できればアイコンが表示されます。しかし、沖縄や離島のような発送から２日以上経過してしまうエリアについてはアイコンが表示されないため、注意が必要です。例えば発送日を翌日（１日）、配送所要日数を沖縄、北海道を２日、その他を翌日（１日）に設定する場合、沖縄、北海道は「注文日+3日」となり、優良配送ではなくなります。一方で、その他は「注文日+2日」となるため、優良配送となります。

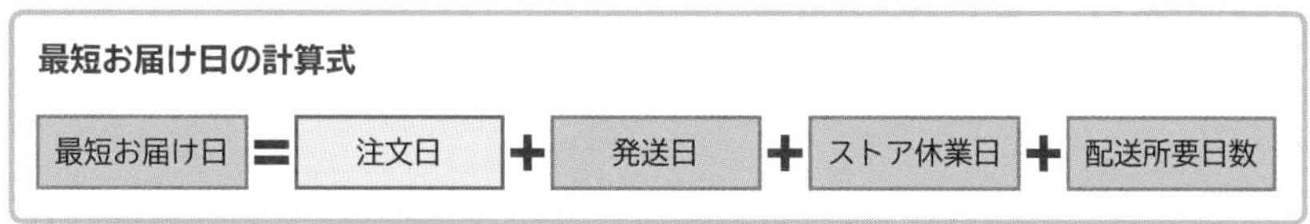

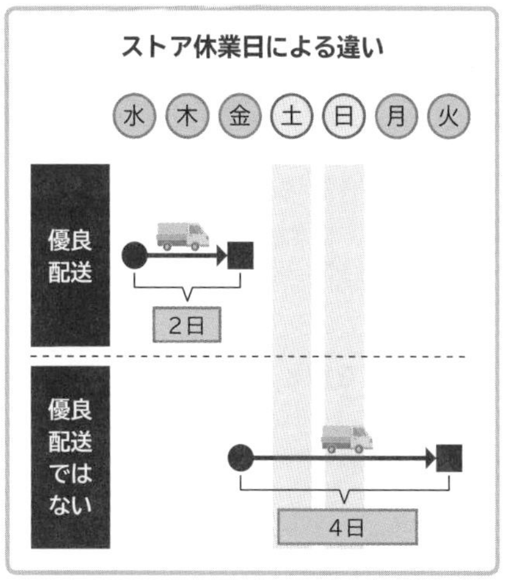

Section 10 Yahoo！ショッピング「優良ストアマーク」を獲得する

優良ストアマークとは？

「優良ストアマーク」は、Yahoo！ショッピング内でさまざまな要件で高い評価を得た店舗が優良ストアと認定され、検索結果画面や商品ページ内で商品に付与されるものです。優良ストアになるための条件を測る指標としてストアパフォーマンスがあり、このストアパフォーマンスで優良店になるための条件を達成する必要があります。

ホエイプロテイン ポイント10倍還元　22日15:59迄　14種類のフレーバーから選べる2
8,760円 送料無料
16%（10.5%＋5.5%）
★★★★★（3,477件）
ビーレジェンド公式 RealStyle
優良配送

Yahoo！ショッピングで高い評価を得た店舗に付与される「優良ストアマーク」

優良ストアに認定されるための基準

優良ストアに認定されるためには、以下の3つの条件を達成しなければなりません。3つをすべて満たすと優良店に認定されますが、評価対象の定義に関しては随時見直しが実施され、予告なく変更されることがあるようです。

①優良店評価ランキング上位項目の点数が一定水準を超えている
②総合評価が12点以上である
③優良配送注文シェア率が50%を越えている

わかりづらいと思われる①と②の対象項目について、詳しく解説します。

✔ ①優良店評価ランキング上位項目の点数が一定水準を超えている

「一定水準」の基準は非公開となっていますが、対象項目はストアクリエイターPro内で確認することができます。以下の対象項目について、高評価を得られるように改善していきましょう。

- 注文件数：12,000件以上
- 取扱高：150,000,000円以上
- 出荷の速さ：2.00日以下
- 出荷遅延率：2.000%以下
- 送料無料率：80.000%以上
- お届け日指定可能率：80.000%以上
- お届け日指定の最短日数：2.500日以下
- 優良配送注文シェア率：50.000%以上
- ストア都合キャンセル率：0.500%以下
- ストアレビュー低評価率：0.050%以下
- ストアレビュー平均点：4.65以上
- 商品レビュー低評価率：0.100%以下
- 商品レビュー平均点：4.60点以上
- お問い合わせ率：5.0%以内
- 回答の早さ：12.0時間以内

✔ ②総合評価が12点以上である

Yahoo！ショッピングの総合評価は、以下の11個の大項目とそれに紐づく28項目から構成されています。28項目のうち、12項目以上の項目でランキング上位に入り、12点以上の評価を得るという明確な基準が設けられています。達成できるものから対策していきましょう。

- 売上規模
- 発送・配送
- キャンセル率
- ストアレビュー
- 商品レビュー
- 問い合わせ対応
- 商品情報
- メール配信
- クーポン
- ポイント
- 価格

Section 11 ECモールにおける「ページ作成のポイント」を知る

商品ページ作成において重要なこと

ここからは、商品ページに集客したあと、商品の購買につなげるためのページ制作のポイントについて解説していきます。商品ページの制作にあたって、事前の準備は非常に重要です。これまで多数のページ制作を行ってきた我々も、制作前の準備は入念に実施しています。売れる商品ページを作るため、以下の3点は必ず準備しておきましょう。

①ターゲットの設定
②競合のリサーチ
③商品説明の準備

以降で、それぞれについて詳しく解説していきます。

①ターゲットの設定

ECモールで商品を購入しようとしているユーザーは、基本的に「自分に関係がある」と認識した情報しか見ていません。そのため、ページ内で訴求するコンテンツもまた、ターゲットを想定して準備するべきと言えます。他社と同じような商品を取り扱っていたとしても、ターゲットが変わればページ内に掲載する訴求内容、コンテンツは大きく変わってきます。具体的には、以下のことを意識して考えていくとよいでしょう。

- **想定ターゲットの年齢、性別は？**
- **どんな悩みを持っているのか？**
- **なぜその悩みを解決できるのか？**
- **なぜ他社の商品より自社の商品の方がよいのか？**

②競合のリサーチ

ECを運営していく上で、競合との競争を避けることはできません。自社商品のライバルにどのような商品があるのか、どのような商品が売れているのかを知っておくことで、勝率が大きく変わってきます。特にECモールでは、検索結果画面の上部に表示されている商品が売上額（または売上件数）が大きい商品になる傾向があります。検索結果上位に表示されている商品の中で、価格帯やターゲットが近いものが自社の競合にあたります。競合について事前にリサーチしておくことで、「勝てるポイント」「差別化できるポイント」を考え、商品ページに入れるべき要素をまとめることができます。

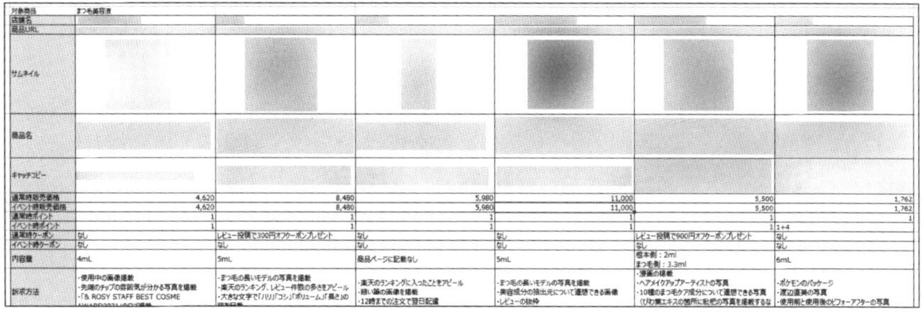

対象商品	まつ毛美容液					
店舗名						
商品URL						
サムネイル						
商品名						
キャッチコピー						
通常時販売価格	4,620	8,480	5,980	11,000	5,500	1,762
イベント時販売価格	4,620	8,480	5,980	11,000	5,500	1,762
通常時ポイント	1	1	1	1	1	1
イベント時ポイント	1	1	1	1	1	1+4
通常時クーポン	なし	レビュー投稿で300円オフクーポンプレゼント	なし	なし	レビュー投稿で900円オフクーポンプレゼント	なし
イベント時クーポン	なし	なし	なし	なし	なし	なし
内容量	4mL	5mL	商品ページに記載なし	5mL	根本側：2ml まつ毛側：3.3ml	6mL
訴求方法	・使用中の画像掲載 ・先端のチップの雰囲気が分かる写真を掲載 ・「& ROSY STAFF BEST COSME	・まつ毛の長いモデルの写真を掲載 ・楽天のランキング、レビュー件数の多さをアピール ・大きな文字で「ハリ」「コシ」「ボリューム」「長さ」の	・楽天のランキングに入ったことをアピール ・細い筆の画像を掲載 ・12時までの注文で翌日配達	・まつ毛の長いモデルの写真を掲載 ・美容成分の抽出元について連想できる画像 ・レビューの抜粋	・漫画の掲載 ・ヘアメイクアップアーティストの写真 ・10種のまつ毛ケア成分について連想できる写真（びわ葉エキスの箇所に枇杷の写真を掲載するな	・ポケモンのパッケージ ・渡辺直美の写真 ・使用前と使用後のビフォーアフターの写真

③商品説明の準備

商品説明は、「ユーザー視点」で作っていくことが重要です。ターゲットの設定や競合のリサーチを通して得られた情報をもとに、準備しましょう。商品説明を読んだ後に疑問点が残ると、ユーザーは購入をためらいます。そのため、以下の「6W2H」のフレームワークを活用し、疑問点が残らないように準備していきましょう。

項目	意味	情報例
What	何を	・商品名 ・大きさ、重さ ・色、サイズ
When	いつ	・発送日 ・入荷日 ・保証期間
Where	どこで	・製造国 ・原材料の産地
Who	誰が	・生産者 ・ショップ名 ・受賞歴

項目	意味	情報例
Why	なぜ	・安い ・品質が高い ・メーカー直送
Whom	誰に	・自分 ・友人 ・父、母
How	どのように	・使用方法 ・組み立て方 ・調理方法
How much	いくらで	・最安値 ・セール価格 ・送料無料

商品ページのレイアウトパターン

ここまで、商品ページにどのような情報を盛り込むべきかについて解説してきました。それでは、抽出した情報はどのようなレイアウトに落とし込むのがよいのでしょうか？ここでは、商材の特性に合わせた2つのパターンを紹介します。

商品ページのレイアウト例①汎用的な構成

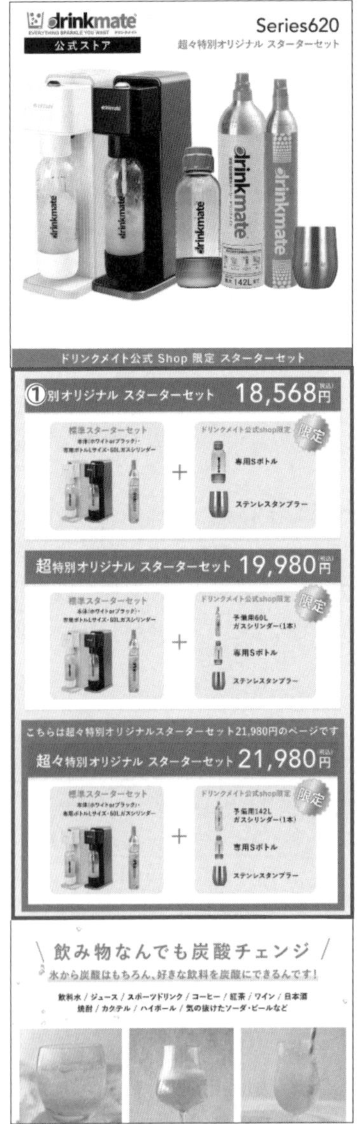

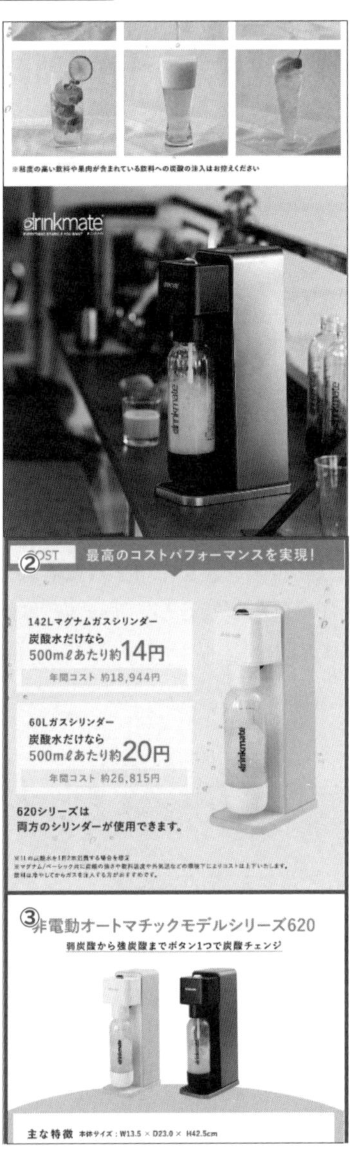

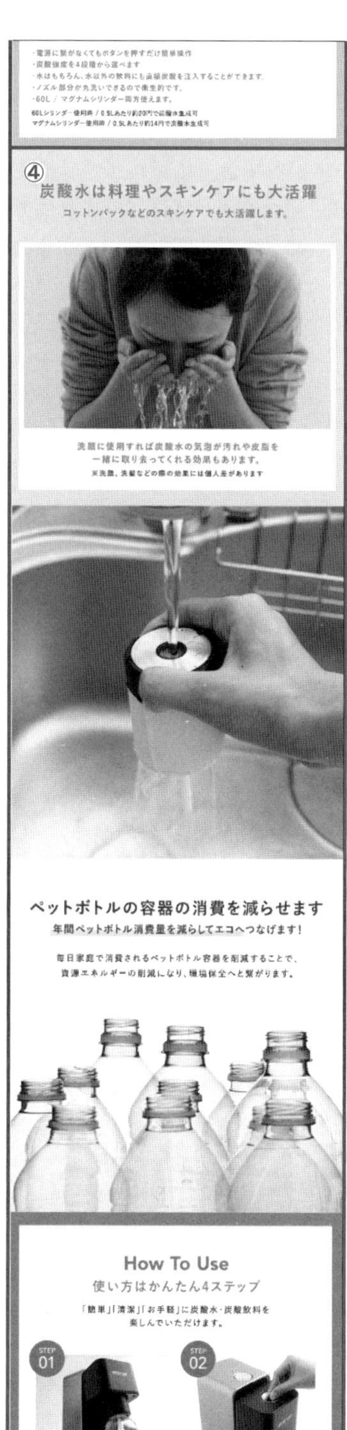
・電源に繋がなくてもボタンを押すだけ簡単操作
・炭酸強度を4段階から選べます
・水はもちろん、水以外の飲料にも直接炭酸を注入することができます。
・ノズル部分が丸洗いできるので衛生的です。
・60L / マグナムシリンダー両方使えます。
60Lシリンダー使用時 / 0.5Lあたり約20円で炭酸水生成可
マグナムシリンダー使用時 / 0.5Lあたり約14円で炭酸水生成可
④
炭酸水は料理やスキンケアにも大活躍
コットンパックなどのスキンケアでも大活躍します。
洗顔に使用すれば炭酸水の気泡が汚れや皮脂を
一緒に取り去ってくれる効果もあります。
※洗顔、洗髪などの際の効果には個人差があります
ペットボトルの容器の消費を減らせます
年間ペットボトル消費量を減らしてエコへつなげます！
毎日家庭で消費されるペットボトル容器を削減することで、
資源エネルギーの削減になり、環境保全へと繋がります。
How To Use
使い方はかんたん4ステップ
「簡単」「清潔」「お手軽」に炭酸水・炭酸飲料を
楽しんでいただけます。
STEP 01
STEP 02

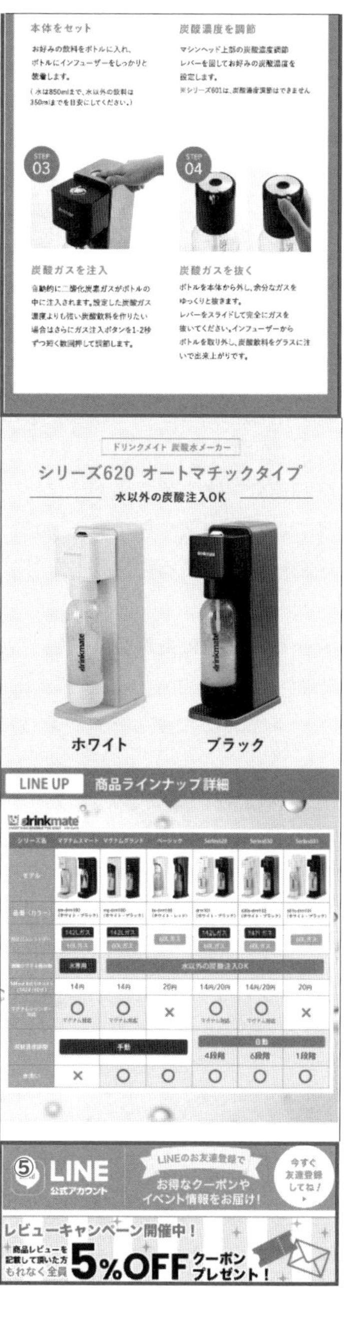
本体をセット
お好みの飲料をボトルに入れ、
ボトルにインフューザーをしっかりと
装着します。
（水は850mlまで、水以外の飲料は
350mlまでを目安にしてください。）
炭酸濃度を調節
マシンヘッド上部の炭酸濃度調節
レバーを回してお好みの炭酸濃度を
設定します。
※シリーズ601は、炭酸濃度調節はできません
STEP 03
STEP 04
炭酸ガスを注入
自動的に二酸化炭素ガスがボトルの
中に注入されます。設定した炭酸ガス
濃度よりも低い炭酸飲料を作りたい
場合はさらにガス注入ボタンを1-2秒
ずつ短く数回押して調節します。
炭酸ガスを抜く
ボトルを本体から外し、余分なガスを
ゆっくりと抜きます。
レバーをスライドして完全にガスを
抜いてください。インフューザーから
ボトルを取り外し、炭酸飲料をグラスに注
いで出来上がりです。
ドリンクメイト 炭酸水メーカー
シリーズ620 オートマチックタイプ
水以外の炭酸注入OK
ホワイト
ブラック
LINE UP 商品ラインナップ詳細
drinkmate
水以外の炭酸注入OK
14円
14円
20円
14円/20円
14円/20円
20円
手動
自動
4段階
6段階
1段階
⑤ LINE 公式アカウント
LINEのお友達登録で
お得なクーポンや
イベント情報をお届け！
今すぐ
友達登録
してね！
レビューキャンペーン開催中！
商品レビューを
記載して頂いた方
もれなく全員
5%OFF クーポン
プレゼント！

①他商品への導線設定：自社の売れ筋ランキングやお得なまとめセットを冒頭に置くことで、顧客の取りこぼしを防ぎつつ、単価アップを狙います。

②価格優位性訴求：自社商品が価格優位性を持っている場合、価格がわかりやすいように、容量あたりの単価などを表記します。場合によっては、該当商品で活用できるクーポンや一定金額以上で使えるクーポンを訴求し、ページからの離脱を防ぎます。

③商品全体の紹介：購買の検討に必要な情報をコンパクトに紹介します。楽天市場の場合、商品説明をリッチにしすぎてしまい、どこを見ればよいのかわからないケースが散見されるので注意が必要です。

④商品の詳細紹介：購入検討者がイメージを持てるように、商品の魅力を伝えます。食品であればシズル感のある画像、家電製品であれば利用シーンなど、イメージを膨らませられる内容にします。

⑤リピーター育成に向けた準備：メルマガやLINE、お気に入り登録、レビューの促進を行っておくと、リピーター化につながります。特にメルマガ・LINEやレビューは売上に大きな影響があるため、地道に積み上げていきましょう。

【紹介事例にはないが掲載できたほうがよい内容例】

- **配送時のオプション紹介**：ギフトラッピングのニーズが強い商品の場合はラッピングについての詳細な説明をしたり、配送が複雑な商品の場合は不安が消えるような説明を行ったりするのがよいでしょう。

- **ランキング・レビューなどによる権威付け**：訴求できるランキングやレビューがある場合、ランキングやレビューを見せることで、商品購入の不安感を取り除きます。

商品ページのレイアウト例②人のお悩みを解決する商材向けの構成

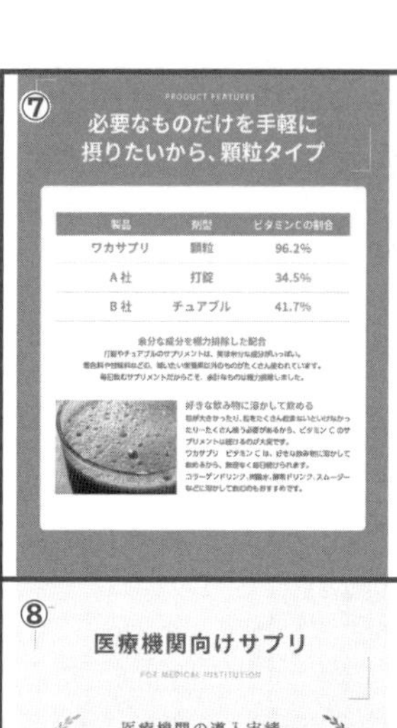

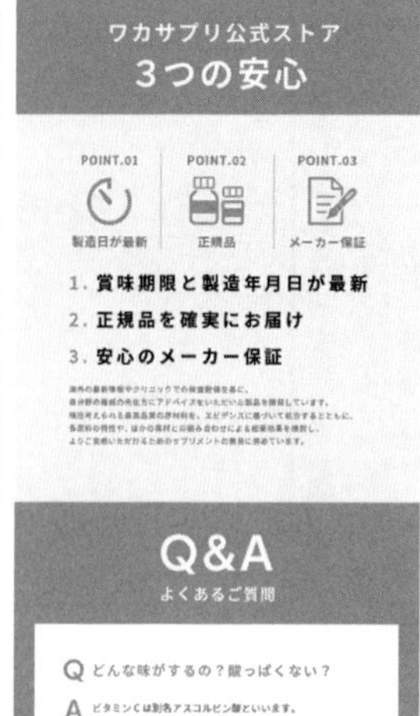

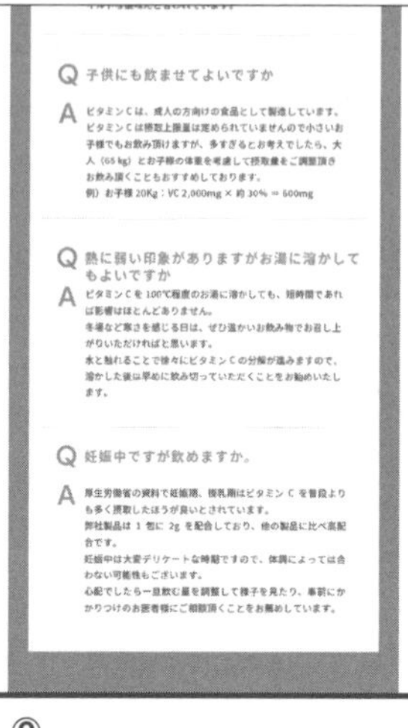

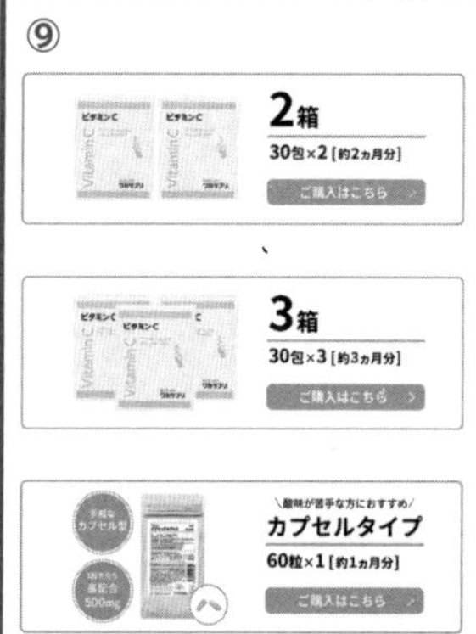

- 商品詳細 -

製品名	ビタミンC
名称	ビタミンC含有加工食品
内容量	30包
原材料名	ビタミンC、グァーガム / デキストリン（国内製造）
保存方法	直射日光・高温多湿を避けて常温で保存してください。お子様の手の届かない場所に保管してください。

①キービジュアル：商品コンセプトを伝えるキービジュアルを冒頭に置くことで、どのような商品なのかを最初に理解してもらいます。

②実績訴求（ランキング・販売実績）：ランキングや販売実績といった、信頼できる商品であることを定量的に伝える内容を入れることで、信頼を醸成します。

③実績訴求（雑誌掲載・実店舗販売）：雑誌掲載や実店舗販売など、定量面以外の観点で、商品への信頼を醸成します。

④悩み訴求：どのような悩みを持っている方向けの商品なのかを伝えることで、自分事化を進めます。

⑤対策訴求：悩みを解決できる商品であることを伝え、商品の購買につなげていきます。

⑥機能・効能：⑤で悩みを解決できる商品であることを伝えた上で、なぜこの商品だと解決できるのかを機能や効能面から解説し、購買時の不安を取り除きます。

⑦使い方：具体的な使い方を説明することで、実際に使用する際のイメージを持ってもらい、購入時の検討材料を提供します。

⑧レビュー：レビューを記載することで他の人も使っている商品であることを伝えつつ、商品の機能・効能を第三者の視点から補強します。事例では、消費者のレビューよりも信頼性が高いと判断し、医療機関への導入実績を掲載しています。

⑨他商品への回遊：セット商品や関連商品への導線を設定し、客単価アップや売上アップの機会損失防止を行います。

Section 12 Amazon 商品紹介コンテンツ(A+)を活用する

商品紹介コンテンツ(A+)とは？

Amazonには、商品の詳細を説明するための「A+」(エープラス) というサービスが用意されています。A+は、楽天やYahoo！ショッピングの商品ページにあたるものです。モジュールというパーツを組み合わせることで、HTMLやCSSでのコーディングが必要なく、掲載する画像やテキストが決まっていれば誰でも簡単に設置できる仕様になっています。A+を登録すると、もともと登録していた商品説明文が表示されなくなり、新しく登録したA+が表示されるようになります。うまく利用することで、CVRの向上が見込めます。

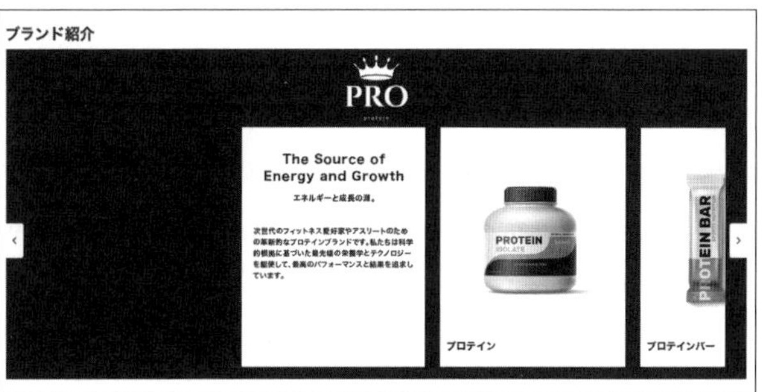

A+のモジュール例①

商品の説明

	ソーダ風味	いちご風味	レモン風味	チョコレート風味	抹茶風味	グレープ風味
	詳細を表示	詳細を表示	カートに入れる	詳細を表示	詳細を表示	詳細を表示
カスタマーレビュー	★★★★½ 580	★★★★½ 580	★★★★½ 580	★★★★☆ 580	★★★★☆ 580	★★★★☆ 580
価格	¥3,980	¥3,980	¥3,980	¥3,980	¥3,980	¥3,980
内容量	550g	550g	550g	550g	550g	550g

A+のモジュール例②

A+の登録方法

それでは、A+の登録方法を確認していきましょう。A+の作成は、以下の方法で始めることができます。「ブランド登録」していないと「ブランドストーリー」は使用できないため、どの出品者も利用可能な「ベーシック」について解説します。

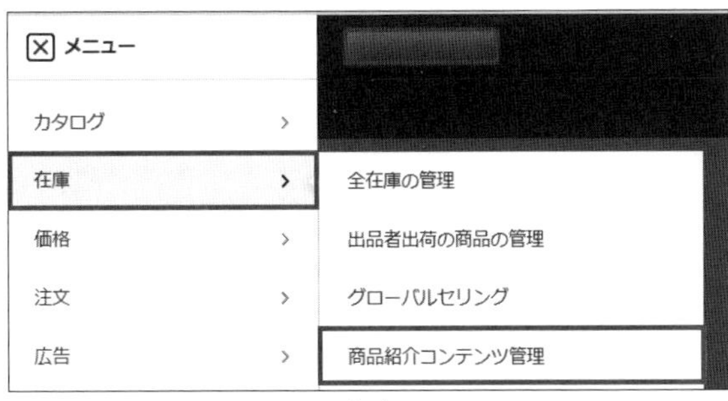

1 seller centralで、「在庫」>「商品紹介コンテンツ管理」をクリックします。

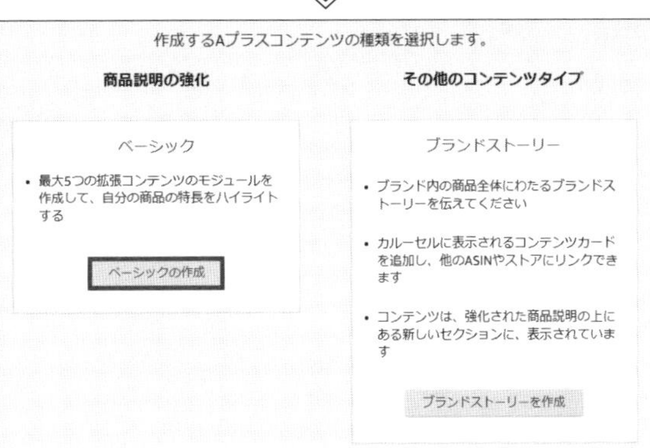

2 作成するコンテンツの種類を選択します。

3 コンテンツ名と言語を選択して入力します。

4 「モジュールを追加」をクリックして、モジュールを選択します。

5 モジュールが追加されたら、対象画像やテキストを入力し、表示したい内容を設定します。

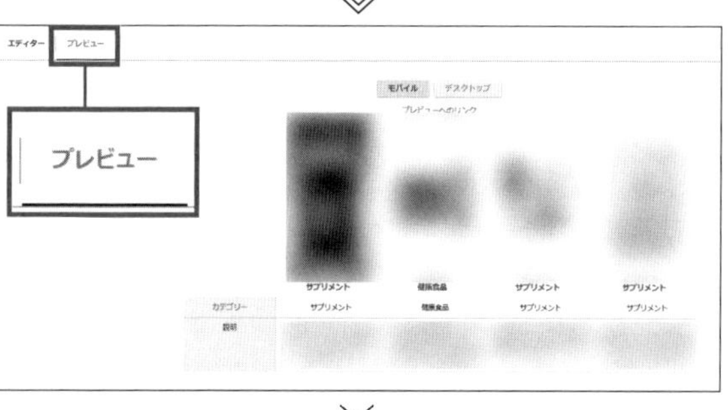

6 「プレビュー」で、実際の表示画面を確認します。

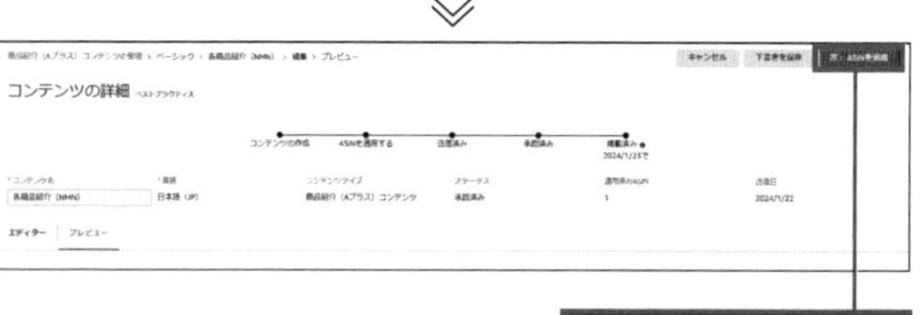

7 作成した商品紹介コンテンツとASINを対応させるため、画面右上の「次：ASINを適用」をクリックします。ASINで検索し、対象商品を選択します。完了したら、送信してAmazon側の承認作業に入ります。

以降は、以下のステップで作成したA+を商品ページへ反映させていきます。

1.「ASINの追加」からA+を反映させたいASINを入力し、選択する
2.「コンテンツを適用」をクリックする
3.「次：確認して送信」をクリックする
4. プレビュー画面が表示される

プレビュー画面では、PC／モバイルの表示を切り替えることができます。PCとモバイルでどのように見えるのか確認し、この時点で見え方が気になる場合は、「戻る」をクリックしてコンテンツを修正します。以降は、次のステップで承認申請を行います。

1. 適用されているASINを再確認する
2.「承認用に送信」をクリックする
3.「承認されました」と表示が出る

あとは、商品ページに反映されるのを待つだけです。修正が必要な箇所がある場合は、「コンテンツに問題が見つかりました」というエラー画面が表示されます。修正し、再度送信してください。

Section 13 Amazon ストアページを活用する

Amazonのストアページとは？

Amazonのストアページは、Amazon上に自社ブランド商品を紹介するためのカスタムページを公開できるサービスです。通常、Amazonの商品ページはシンプルな商品画像やテキストだけで構成されています。出品作業などが容易な反面、ブランドの世界観やこだわりを表現しづらい仕様になっています。ストアページを活用することで、より自由なページデザインによってブランドの価値を訴求できるようになります。以降で、ストアページ開設のメリットや、開設方法について確認していきましょう。なお、Amazonのストアページはブランド登録を行っていないと作成できません。ブランド登録については、本章末のコラム(P.118)で解説していますので、ご確認ください。

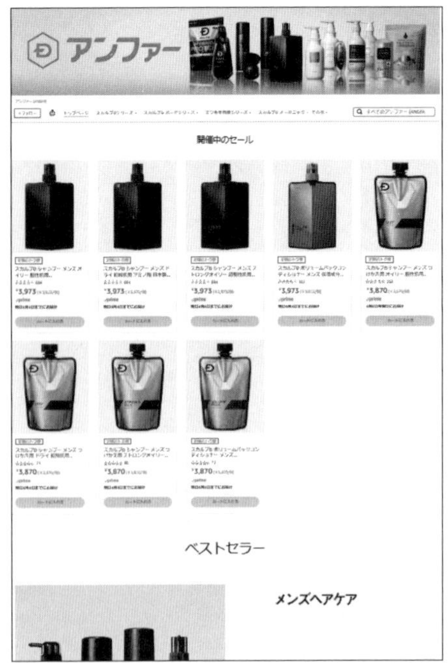

Amazonのストアページ例

ストアページ開設のメリット

Amazonでストアページを開設するメリットは、大きく以下の2点になります。

①ストアページでのデータを取得できる
②外部広告に活用できる

それぞれ、詳しく解説していきます。

①ストアページでのデータを取得できる

作成したストアページへの訪問者数や閲覧数などのデータを、ストアインサイトから確認できます。確認できる主な指標は、以下の通りです。ストアページでは、通常のページでは狙いにくいページの回遊なども狙えるため、取得可能なデータをもとに商品ページの改善を行っていきましょう。

- **日別訪問者数(UU)**：ストアを閲覧した1日の合計ユニークユーザーまたはデバイス
- **閲覧数(PV)**：選択した期間のページビュー数(リピート閲覧数を含む)
- **売上**：ストア訪問者の最後の訪問から14日以内に発生した合計売上の推計
- **注文された商品点数**：ストア訪問者が最後の訪問日から14日以内に注文した商品数の合計
- **閲覧数／訪問者数**：ストアの日別訪問者が閲覧した平均のユニークページ数

②外部広告に活用できる

ストアページは、Amazon外の広告の遷移先に設定できます。GoogleやYahoo！などのリスティング広告やディスプレイ広告、Meta広告の出稿時に活用することができます。
ただし、外部広告のコンバージョンタグは設置できません。売上効果の測定には、ストアのインサイトのデータをもとに、これまでとの変化率で検証する必要があります。

ストアページの開設条件

ストアページを開設するためには、以下２つの条件を満たしている必要があります。

- **大口出品サービスに登録している**
- **ブランド登録(P.118)をしている**

１点目に関してはすでに登録している方が多いと思いますので、あまり問題ではないでしょう。しかし、２点目に関してはまだ登録していない方も多いと思います。ブランド登録には「商標の取得」が必須となり、商標の取得には期間がかかります。それでも、長期的に考えればブランド登録のメリットは大きいため、商標の取得が可能な方は必ずブランド登録するようにしましょう。ブランド登録について、詳しくはP.118を参照してください。

上記２点の条件をクリアすれば、ストアを開設することができます。seller centralの「ストア」＞「Amazonストア」からストアページの作成を開始できるので、自社商品に合ったストアを作ってみてください。

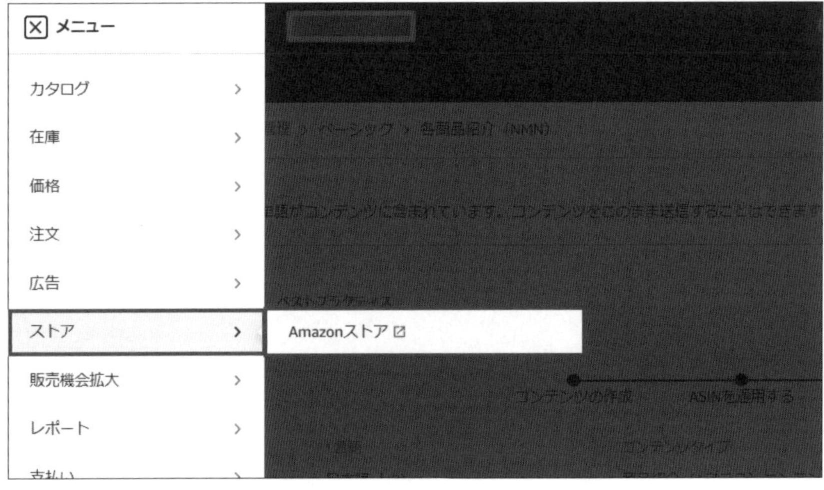

「ストア」＞「Amazonストア」から、ストアページを作成できる

Section 14 楽天市場・Yahoo!ショッピングの「商品ページ作成のポイント」を知る

商品ページを作成する上で見るべき指標

楽天市場の商品ページを作る上でのポイントは、大きく以下の2点になります。Yahoo！ショッピングでの商品ページを作る上でのポイントも、基本的には楽天市場と同じになります。

- **検索対策ができているページかどうか？**
- **ユーザーが買いたいと思うページかどうか？**

1点目に関してはChapter2で解説していますので、本章では2点目について解説していきます。商品ページを作成する際は、競合になる商品ページといかに差別化を図れるか、という観点が非常に重要です。楽天市場でのユーザーは、同じような商品が並んでいる中でいろいろな軸で比較検討をしています。そのため、「自店舗でこの商品を買うべき理由」をしっかりと訴求できているかどうかの検討が重要です。「ユーザーが買いたいと思うページ」を作成するには、競合店舗との比較を徹底的に行うことが必要になります。例えば以下のような内容で商品ページ内のコンテンツを比較し、自社ページにどのようなコンテンツが必要なのかを確認していきましょう。

【「腹筋ベルト」の例】

No.	競合店舗	自社
1	ギフト対応訴求（ラッピングの有無）	×
2	商品画像	◎
3	ランキング実績	×
4	公式店訴求	×
5	外観訴求、ペア購入促進	×
6	SNS投稿訴求	×
7	課題提起（肩や首回り）	◎
8	EMS＆温熱で解決	◎

No.	競合店舗	自社
9	機能一覧	◎
10	EMS電気刺激	◎
11	5つのモード	◎
12	16段階強度調整	◎
13	音声ガイダンス	◎
14	バッテリー計測時間	◎
15	持ち運びやすさ	◎
16	カラー展開	◎
17	自動電源OFF機能	×

商品ページに入れ込むべき内容

それでは、具体的にどのような内容を商品ページ内に入れ込んでいけばよいのでしょうか。ユーザーは、商品名とサムネイルを見て商品ページに入り、商品ページ内の文章や画像から情報収集を進め、購入するかどうかを判断します。そのように考えると、商品ページの役割は「購入の意思決定に必要な情報を過不足なく盛り込み、(できれば他の商品と比較検討させずに)その場で購入してもらう」ということになります。そのために必要な要素は、大きく次の6点に分けられます。具体的な商品ページを例に、確認していきましょう。

①キャンペーン内容
②基本的な商品情報(ファーストビュー)
③権威付け
④商品詳細情報
⑤今買うべき理由
⑥レビューキャンペーン

①キャンペーン内容

右の例では、「毎月5日のDNSの日はLINE登録者全員に最大2,000円クーポンプレゼント」というキャンペーンを訴求しています。期間限定のキャンペーンを訴求することで、今購入する理由をわかりやすく提示し、以降に掲載している商品説明を読んでもらえるように、離脱を防いでいます。

②基本的な商品情報（ファーストビュー）

この商品が何なのか、何に効果がある商品なのかがわかるように、ファーストビューにイメージ画像を掲載しています。サムネイル画像のため、商品画像が中心となりますが、商品選定の主な判断材料となる情報を掲載し、消費者の購入検討を促しましょう。

③権威付け

権威付け画像を掲載しています。権威付けとは、「うちの商品（店舗）は、みんなに認められていて、こんなにすごい商品なんだよ！」というアピールです。多少わざとらしいくらい、自分たちの商品をアピールする内容を盛り込んでいきましょう。主なコンテンツとしては、「楽天でのランキング受賞」「楽天外部での受賞歴」「インスタでの掲載内容」「レビュー内容の記載」などがあります。

④商品詳細情報

ここからは、商品の個別の説明になります。他の商品と比較してどこがすごいのか、具体的なセールスポイントなど、この商品に関する具体的な情報を盛り込んでいます。

⑤アップセルの促進

送料無料バーに届かない場合の追加商品やセット商品への回遊などを設置し、客単価アップにつなげます。

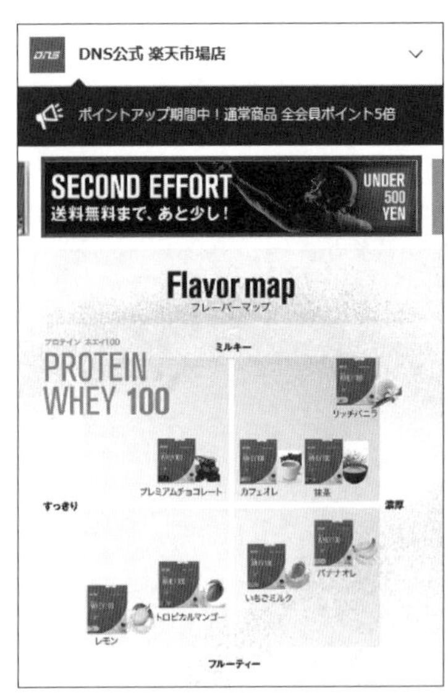

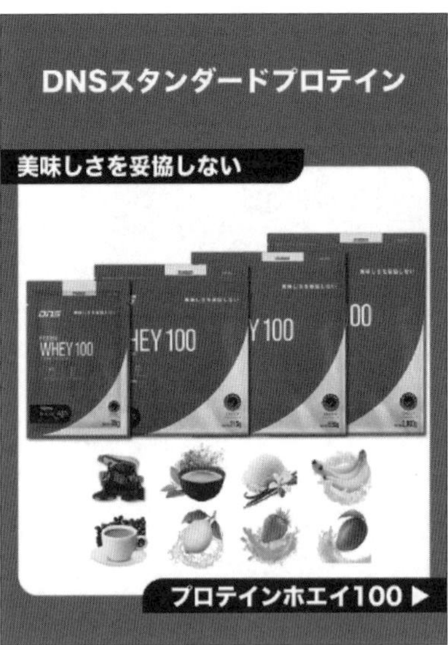

⑥レビューキャンペーン

最後に、レビューキャンペーンを実施している場合はその内容も記載しましょう。次回使えるクーポンのプレゼントや、ノベルティの配布等が一般的な内容になります。

COLUMN

Amazonでブランド登録する

ブランド登録とは

Amazonで商品を探していると、商品のブランドが記載されているものが見つかります。これが、「ブランド登録された商品」です。Amazonでは、商品を新規登録する際、ブランドを選択します。この時、ブランドの選択対象になるためには、「ブランド登録」を実施している必要があります。Amazonでは、1つの商品ページを複数の出品者が更新することができます。そのため、自社でブランド登録を実施する前に、卸先が誤ったブランド名で商品登録をしてしまうことがあります。例えば「トンボ」という正しいブランド名に対し、Amazonでは「TOMBO」「tombow」などのブランド名が存在しています。そのような場合に自社でブランド登録を行っていれば、自社が登録した情報が優先的に反映され、商品情報を正確なものにすることができます。できるだけ早い段階で、自社のブランド登録を実施するようにしましょう。

ブランド登録を実施するメリット・デメリット

Amazonには、ブランド登録をしていなければできない機能があります。Amazonで自社ブランドの売上を大きく上げていきたい場合は、必ず実施しましょう。ブランド登録を実施した場合のメリットとデメリットは、以下の通りです。

[メリット]
①スポンサーブランド広告を実施できる
②スポンサーディスプレイ広告を実施できる
③商品ページの編集権限を優先的に持つことができる
④転売屋の登録商品を排除しやすくなる
⑤ストアページを作成できる
⑥JANコードなしでも出品できる
⑦ブランドの出品商品のリスト表示ができる
⑧brand analyticsを利用できる
⑨Amazon Vine(レビュー先取りプログラム)に参加できる

[デメリット]
①ブランド登録に手間がかかる
②商標登録をしていない場合、商標登録を取得するまでに通常12か月程度、早くて2か月を要する

ここでは、ブランド登録のメリットについて簡単に解説していきます。

①スポンサーブランド広告を実施できる

スポンサーブランド広告は、対象ブランドの商品を該当の検索キーワードに合わせて表示する広告です。ブランド登録をした出品者しか登録できません (P.158)。ただし、あくまでもブランドの認知を上げることに重きを置いた広告なので、広告出稿者がカートを取得できていない場合でも、スポンサーブランド広告として表示されてしまいます。ブランドの認知を上げることに目的を絞る、もしくはカートを取得できるような調整を行った上で、広告を出稿するようにしましょう。

スポンサーブランド広告表示例

②スポンサーディスプレイ広告を実施できる

スポンサーディスプレイ広告は、商品の詳細ページに表示される広告です。ブランド登録をした出品者しか登録できません。競合商品から自社商品への流入が期待できる広告です。

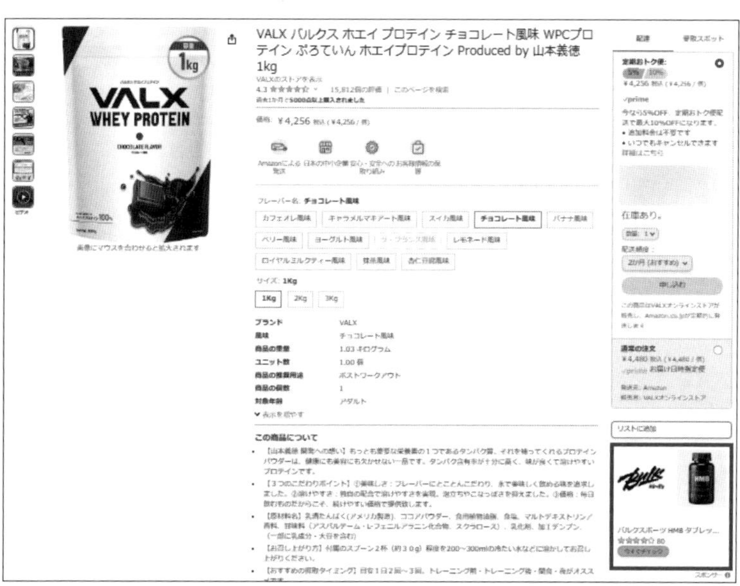

③商品ページの編集権限を優先的に持つことができる

Amazonの商品詳細ページは、出品者から寄せられた情報を集約して作成されています。そのため、自社ブランドだからと正しい情報を登録し、Amazon側に反映を依頼しても、商品詳細ページにそのまま掲載されるとは限りません。しかし、Amazonでブランド登録をすることで、自社で登録した商品情報が反映されやすくなり、他社が編集した情報が反映されにくくなります。結果として、ブランドの世界観を守ったり、ユーザーに正しい商品情報を伝えたりすることにつながります。

④転売屋の登録商品を排除しやすくなる

ブランド登録をしている店舗は、商標権の所有が証明されています。そのため、同じ商品を登録している転売屋の出品に対して、「知的財産権侵害」などを主張する際に通りやすくなります。例えば以下の画像のように複数の店舗が同じ商品を販売している場合、転売の可能性があります。転売被害は、自社のECでの売上、利益を確保するにあたり、見すごすことのできない大きな問題です。転売被害を最小限に抑えるために、ブランド登録は有効でしょう。

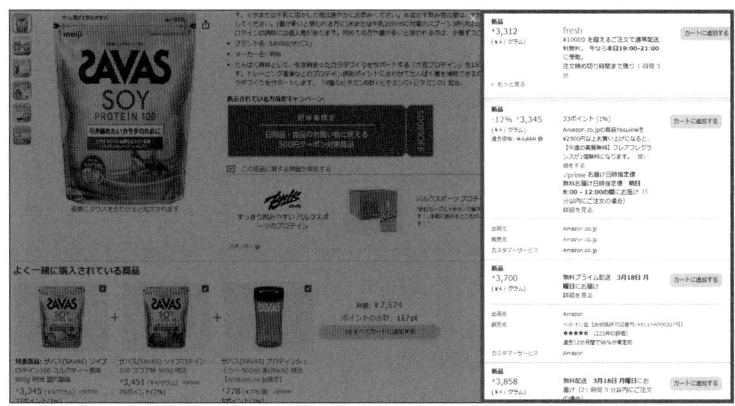

⑤ストアページを作成できる

ストアページとは、Amazon内に自社ブランド専用のページを作成できるサービスです。Amazonの中で、自社ブランドの世界観を伝えるのに有効です（P.110参照）。

⑥JANコードなしでも出品できる

Amazonに出品する場合、通常はJANコードが必要になります。これから販売しようとする商品のJANコードをまだ取得できていない場合は、「製品コード免除申請」をAmazon側に依頼しなければいけません。Amazonブランド登録を行っておくことで、審査に落ちる可能性が下がります。「製品コード免除申請」が通れば、JANコードがなくても出品することが可能です。

⑦ブランドの出品商品のリスト表示ができる

ブランド登録を行うと、ブランドの登録商品リストが作られます。商品カタログからブランド名をクリックすると登録されている商品を確認できるため、転売屋などの権利侵害商品を見つけやすくなります。

⑧brand analyticsを利用できる

brand analyticsは、ブランド登録を行っている出品者のみが利用できるAmazonの分析機能です。brand analyticsでは、以下のレポートを参照できます。非常に便利な機能ですので、このためだけにブランド登録を行ってもよいでしょう。brand analyticsの主な機能は、以下の通りです。

Amazon検索用語レポート：特定の期間において、検索数ボリュームが大きいキーワードやキーワードごとに上位に表示されている商品を確認できます。以下の条件を設定することで、レポートを確認できます。

Amazon検索用語レポートの検索条件は、以下の通りです。

1.レポートの期間

取得したいデータの期間を指定できます。「毎日／週次／月次／四半期ごと」から選択できます。右横の入力項目は、選択したレポートの期間に応じて表示内容が変更され、毎日なら日付の選択、週次なら該当週の選択、月次／四半期ごとなら該当年の選択が可能です。

2.フィルター

以下について情報を入力することで、知りたいキーワードの検索順位を知ることができます。おすすめは「クリック数の多い上位カテゴリー」と「検索キーワード」です。

- **クリック数上位商品**
- **クリック数上位ブランド**
- **クリック数の多い上位カテゴリー**
- **検索キーワード**

ストアバスケット分析：自社商品と併せ買いされている商品を調べることができます。

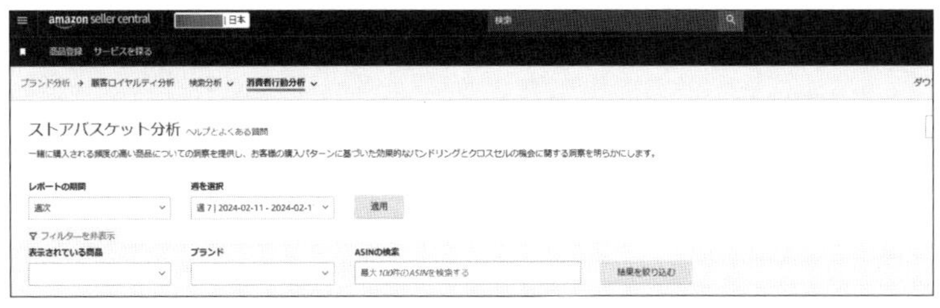

ストアバスケット分析の検索条件は、以下の通りです。

1.レポートの期間

取得したいデータの期間を指定できます。「毎日／週次／月次／四半期ごと」から選択できます。右横の入力項目は、選択したレポートの期間に応じて表示内容が変更されます。毎日なら日付の選択、週次なら該当週の選択、月次／四半期ごとなら該当年の選択が可能です。

2.フィルター

以下について情報を入力することで、対象を絞ることができます。

- **表示されている商品**
- **ブランド**
- **ASINの検索**

3.対象国の選択

右上のプルダウンメニューで、「日本」を選択します。

リピート購入行動：特定の期間内に自社の商品を複数回購入しているユーザーの割合、売上金額を確認できます。ブランドビュー、ASINビューがあり、それぞれの分析結果を確認できます。

リピート購入行動では、以下の条件を設定することでレポートを確認できます。

1.レポートの期間

取得したいデータの期間を指定できます。「毎日／週次／月次／四半期ごと」から選択できます。右横の入力項目は、選択したレポートの期間に応じて表示内容が変更され、毎日なら日付の選択、週次なら該当週の選択、月次／四半期ごとなら該当年の選択が可能です。

2.フィルター

以下について情報を入力することで、対象を絞ることができます。

- **ブランド**

3.対象国の選択

右上のプルダウンメニューで、「日本」を選択します。

⑨Amazon Vine（レビュー先取りプログラム）に参加できる

ブランド登録を行うと、Amazon Vineプログラムに参加できます。Amazon Vineは、出品者側が商品を無料で提供し、Amazon側が選んだレビュアーにレビューを書いてもらうことができるプログラムです。Amazonには、Amazon Vine以外に効果的にレビューを獲得できる方法がないため、有効に活用したいプログラムです。

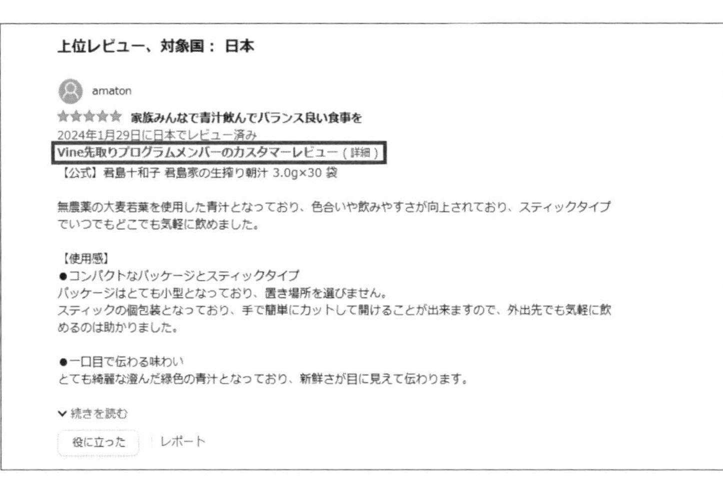

✔ Amazonブランド登録の実施方法

ここからは、Amazonブランド登録の具体的な実施方法について、詳しく解説していきます。後述しますが、Amazonブランド登録には商標登録が必要です。商標登録を行ってから、登録作業に臨んでください。

1 Amazonのブランド登録ページ（https://brandservices.Amazon.co.jp/brandregistry/eligibility）にアクセスし、ページ下部の「今すぐ登録する」をクリックします。

Chapter 3 購買へつなげる！検索結果表示・ページ制作を極める

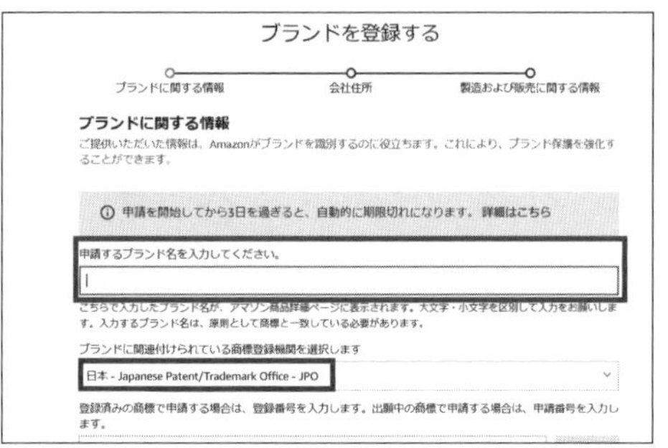

2 申請するブランド名を入力します。「ブランド登録先の国のマーケットプレイスを選択します。」の表示が出るので、国リストの一覧から「日本」を選択します。

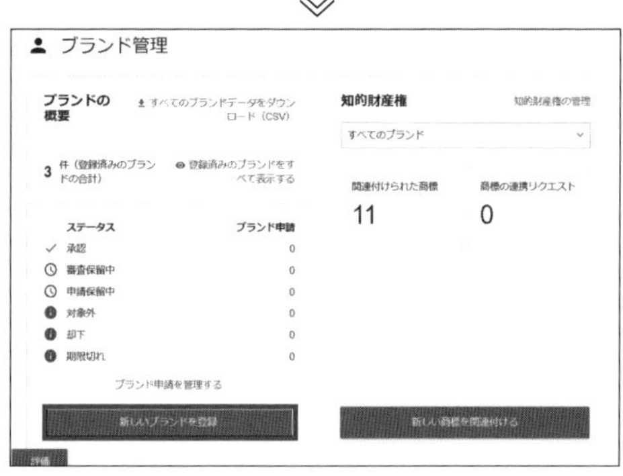

3 利用規約を確認し、ブランドレジストリアカウントの管理画面の左側にある「新しいブランドを登録」をクリックします。

4 ブランド登録の申請に必要な情報を確認し、ページ左下の「ブランドを登録する」をクリックします。

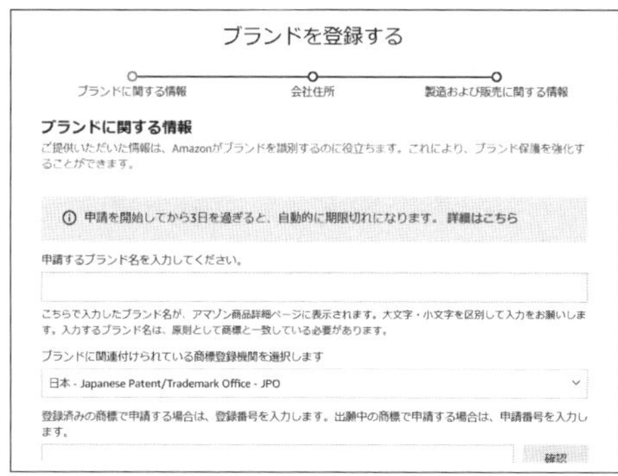
ブランドを登録する
ブランドに関する情報
会社住所
製造および販売に関する情報
ブランドに関する情報
ご提供いただいた情報は、Amazonがブランドを識別するのに役立ちます。これにより、ブランド保護を強化することができます。
申請を開始してから3日を過ぎると、自動的に期限切れになります。詳細はこちら
申請するブランド名を入力してください。
こちらで入力したブランド名が、アマゾン商品詳細ページに表示されます。大文字・小文字を区別して入力をお願いします。入力するブランド名は、原則として商標と一致している必要があります。
ブランドに関連付けられている商標登録機関を選択します
日本 - Japanese Patent/Trademark Office - JPO
登録済みの商標で申請する場合は、登録番号を入力します。出願中の商標で申請する場合は、申請番号を入力します。
確認

5 登録用の入力画面が開くので、ブランド情報を入力していきます。入力するブランド名は、登録された商標名と完全に一致している必要があります。確実に一致していると認められない場合には、ブランド登録の申請は承認されません。大文字と小文字の区別やハイフンやコンマの使用には、特に注意が必要です。また、一度登録したブランド名は変更できません。イチから新たに登録し直す必要があるので、間違えないように入力しましょう。

登録済みの商標で申請する場合は、登録番号を入力します。出願中の商標で申請する場合は、申請番号を入力します。
確認
例：1234567、2020-123456、123456
ブランドを表すカテゴリー
Amazonでブランドを販売していない場合は、以下のリストからブランドを最もよく表すカテゴリーを選択してください。
カテゴリーを選択
商品情報
ブランドを代表するASINを1～3個入力してください。申請に記載されたブランド名はASINのブランド名と一致している必要があります。
Amazon.com
例：B0792KTHKJ
追加
Amazon標準識別番号（ASIN）は、Amazonカタログ内の商品を識別する10桁の固有のコードです。
ブランドの公式ウェブサイトのURLを入力します。（任意）
ブランドを他のEコマースプラットフォームで販売している場合は、そのウェブサイトのURLを入力してください（任意）
さらに追加

6 出品用アカウント情報を入力します。商品に該当するブランドカテゴリーの指定などを行います。

7 製造および販売情報を入力します。流通情報・ブランド商品の販売国・商標権のライセンス情報を入力し、「送信」をクリックします。これでブランド登録の申請が完了し、Amazonで審査が行われます。

8 Amazonでの審査が終わると、確認コードが送信されてきます。申請が商標権を持つ人／組織自身で行われているかどうかを確認するためです。確認コードを受け取ったら、Amazonブランド登録アカウントにログインし、送られてきたコードを提出します。

Amazonブランド登録のための商標取得方法

Amazonでブランド登録を行う際の注意点として、「商標の取得」があります。商標とは、自社の取り扱う商品やサービスを他社の商品やサービスと区別するために使用するマークです。商標には、商標が付されている商品の販売者や提供者を表示する機能と、品質を保証する機能があります。また、商標は各国の商標法により、登録することで独占して使用する権利（専用権）を付与されます。同時に第三者が登録商標と同一・類似する商標の使用を禁止する権利（禁止権）も付与されるため、第三者から自社の事業を守ることにつながります。ここでは、商標登録までの流れと取得期間について説明していきます。

●商標登録までの流れ

商標登録には、「方式審査」と「実体審査」があります。この2つの審査を無事通過するまでに、通常12か月かかります。

・方式審査

出願された商標が手続的要件、形式的要件を満たしているかどうかを確認します。

・実体審査

特許庁の審査官が、出願された商標が登録要件に合致するものであるかどうかを審査します。

●早めに商標を取得する方法

12か月も待っていられないという場合は、次の「早期審査」という方法があります。

・早期審査

一定の要件（出願商標をすでに使用している、など）のもと、出願人からの申請を受けることで、通常よりも早く審査を実施する制度です。2か月で商標取得が可能となります。

商品ページリニューアルによって転換率が改善した事例

商品ページをリニューアルしたことにより、転換率が大幅に改善した事例を紹介します。女性向けのコスメ・アパレルなどを販売しているメーカー様で、ECでの売上がなかなか向上しないことに悩まれていました。ターゲット層は出産前後の女性であり、身に着けているだけで快適になるもの、本当に身体や肌によいものを作っていくというコンセプトの元、商品を企画・製造していました。

クライアント様の代表がインフルエンサーも兼務しており、代表が新商品の情報をSNSに投稿するとECでの売上も一気に増加する、といった売上の立て方になっており、SNS以外の売上の柱となる方法が存在しない状況でした。今後のECでの展開を考えた際、SNSに頼らなくても売上を右肩上がりに向上させていくためのしくみの醸成が急務であると考え、対策する商品をリピーターがつきやすいコスメ・スキンケア商品に絞り、施策を推進しました。結果として、対策した商品での転換率が約+3ptと大きく改善し、新規顧客の獲得強化にもつながる結果となりました。

実際のページ改修にあたって実施した内容は、以下になります。

- **競合商品ページの訴求内容・ページ構成の調査**
- **競合に対して自社商品が訴求できる優位性の洗い出し**
- **ターゲット層に刺さりやすいキャッチコピーの作成**
- **上記3点を踏まえたページ制作**

特に、訴求内容の見せ方や並べ方は重要です。訴求内容を適当に並べるだけでは、売れるページを作ることができません。競合ページの詳細な分析を実施することで、売れるページの構成を見つけ出すことができます。市場で人気の商品には、きちんとした理由があります。商品ページの構成もその1つですので、手を抜くことなく考えていきましょう。

Chapter 4

確実に成果を出す！ショップ広告を極める

Section
01 検索連動型広告の費用対効果を最大化する

検索連動型広告とは？

検索連動型広告は、ECモールの検索欄にユーザーが入力した検索キーワードに応じて、検索結果に表示される広告です。ネットの購買行動において、人は商品を認識し興味を持つと、その商品について検索すると言われています。Amazonの購入者の75％が、Amazonのページ上部にある検索欄にキーワードを入力して商品を検索していると公表されています（出所：https：//sell.Amazon.co.jp/learn/seo）。ユーザーが検索するという行為は購買に近いアクションになるため、検索連動型広告は費用対効果が高くなりやすい広告であると言えます。

本書では、以下の検索連動型広告について解説していきます。

- **Amazonスポンサープロダクト広告**
- **Amazonスポンサーブランド広告**
- **Amazonスポンサーディスプレイ広告**
- **楽天市場RPP広告**
- **楽天市場クーポンアドバンス広告**
- **Yahoo！ショッピングアイテムマッチ広告**
- **Yahoo！ショッピングメーカーアイテムマッチ広告**

多くの場合、検索連動型広告はクリックした回数に応じて費用が発生するクリック課金制となっています。また、1クリックの値段がオークションによる入札制となっているため、自分で入札金額をコントロールでき、少額から始めることが可能です。例えば、1クリック30円で広告入稿をした場合、10クリックされれば300円が広告費となります。最大予算の設定も可能なため、リスクを最小限に抑えての実施が可能です。他の種類の広告だと、最低出稿金額が何百万円～という話もざらにあるので、EC運営者にとってはもっとも始めやすく、もっとも有効な施策であると言えるでしょう。

検索連動型広告の表示ロジック

Chapter2で解説しているように（P.31）、ECモールの売上は「売上に対する手数料」と「広告料金」で構成されています。そのため、検索連動型広告の表示順位は主に以下の２つの要素で決定されます。

- **検索キーワード経由での売上実績**
- **設定CPC金額**

検索連動型広告では、「売上に対する手数料」をより多く獲得するため、「検索キーワード経由での売上実績」が重視されます。また、「広告料金」をより多く獲得するため、「設定CPC金額」が重視されます。

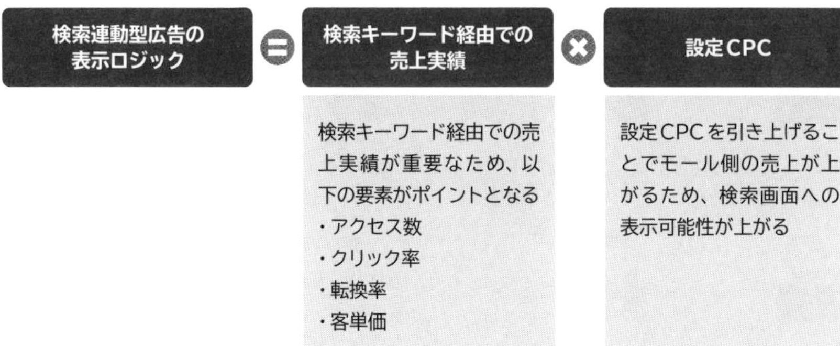

検索連動型広告の表示ロジックは、「検索キーワード経由での売上実績」と「設定CPC」の２要素で決定される

キーワードの入札単価基準の決定ロジック

ECモールの検索連動型広告は、出稿したいキーワードを設定し、キーワードごとに１クリックいくらで入札するかを設定することで、出稿準備が整います。キーワードは、「◎◎◎」や「◎◎◎　△△△　×××」のように、検索エンジンの検索欄に入れる場合と同じ形で設定します。

ECモールによって入札単価が決定されるロジックは異なりますが、共通して言えるのは「競合の入札単価に応じて入札単価が変動する」ということです。多くの人が検索結果に表示したいと考える「検索キーワード」ほど競合する入札者が多くなり、結果的に入札単価が高くなります。

例えば「プロテイン」というキーワードを考えたとき、プロテインの販売業者の多くは「プロテイン」というキーワードの検索結果に自社の商品を表示したいと考えます。一方、「プロテイン　女性　ダイエット」というキーワードには、女性やダイエットをターゲットとした商品の販売業者以外は入札しようと考えません。すると、「プロテイン」単体の場合と比較して、「プロテイン　女性　ダイエット」の入札単価は下がる傾向にあります。商品の利益率などから許容できるキーワード単価を考慮しつつ、どのキーワードにいくらで入札するかを検討していくことがポイントとなります。

ビッグワードの場合

プロテイン　検索

表示させたい！
CPC：1,000円！

表示させたい！
CPC：1,500円！

表示させたい！
CPC：2,000円！

表示させたい！
CPC：2,500円！

ミドル・スモールワードの場合

プロテイン　女性　ダイエット　検索

表示させたい！
CPC：500円！

表示させたい！
CPC：200円！

ビッグワードは入札している企業が多いため、必然的に表示させるために必要な設定CPCが高くなる。一方で複数キーワードで設定するようなミドル・スモールワードは、入札企業が少なく設定CPCが低くなる。

検索連動型広告の費用対効果を最大化する考え方

検索連動型広告の費用対効果を最大化する考え方は、「広告の出稿結果をもとに細かい調整を加えていくこと」に尽きます。広告出稿から調整までの大まかな流れは、以下の通りです。

①広告掲出する商品を選定する
②広告掲出する検索キーワードを選定する
③商品ごとにどのキーワードにいくらで入札するか決定する
④広告を掲載する
⑤広告の掲載結果を確認する
⑥改善ポイントを洗い出し、修正する

特に重要になるのが、⑥の作業です。改善の作業をどこまで徹底できるかが、検索連動型広告の費用対効果を最大化するためのもっとも重要なポイントになります。改善ポイントの洗い出しと修正の手順は、以下の通りです。

1 検証したい期間の広告掲載結果レポートをダウンロードします。

2 広告掲載結果レポートを検証し、自社として設定している基準ROAS（次ページのPOINT参照）を下回っているキーワードと上回っているキーワードを洗い出します。

キーワード名	設定CPC	広告経由売上	広告消費額	ROAS	クリック数
AAA	100円	1,000,000円	100,000円	1000%	1000回
BBB	100円	200,000円	50,000円	400%	500回
CCC	600円	700,000円	200,000円	350%	333回
DDD	500円	300,000円	100,000円	300%	200回
EEE	1,000円	900,000円	400,000円	225%	400回
FFF	300円	1,000,000円	700,000円	143%	2333回
GGG	200円	500,000円	500,000円	100%	2500回
HHH	100円	200,000円	300,000円	66%	3000回
III	50円	300,000円	1,000,000円	33%	20000回

基準ROAS：300%

ROASが基準を**上回って**いるキーワード

ROASが基準を**下回って**いるキーワード

3 基準ROASを下回っているということは、広告費用が超過しているということです。逆に上回っているということは、機会損失が発生していることを意味します。1クリックあたりのコストであるCPCを変更し、基準ROASに近づくように調整します。例えば、次ページの表をイメージしてください。「プロテイン」キーワードでは、ROASが30%と、基準ROASを大きく下回っています。ROASを引き上げたいのですが、購買金額を引き上げるのは難しいため、CPCを引き下げる必要があります。この場合、ROASを300%にするには、CPCを10円に修正する必要があります。一方、「プロテイン　女性」キーワードのROASは600%です。基準ROASの300%を大きく上回っています。本来であれば、もっと広告費をかけて売上を上げられるチャンスが残っている状態です。このような場合は、CPCを最大100円まで引き上げ、売上の最大化を図ります。

基準ROAS：300%

キーワード	CPC（円）	広告費（円）	売上（円）	ROAS
プロテイン	100	10,000	3,000	30%
プロテイン　女性	50	5,000	30,000	600%
プロテイン　HMB	30	3,000	9,000	300%

キーワード	CPC（円）	広告費（円）	売上（円）	ROAS
プロテイン	10	1,000	3,000	300%
プロテイン　女性	100	20,000	60,000	300%
プロテイン　HMB	30	3,000	9,000	300%

4 クリックが一定数を超えているにも関わらず、購買につながっていない場合は、出稿を停止します。購買につながらない理由としては、以下のような要因が考えられます。売れない状態で広告費をかけてもお金が無駄になってしまうため、対策を講じた上で、広告を実行していきましょう。

・選定したキーワードが、そもそも購買につながりにくいキーワードである
・同様の検索キーワードで検索結果上位に表示される商品と比較して、知名度、価格、品質などで劣っている
・商品画像、商品ページがユーザーの購買ハードルを超えられるだけの品質になっていない

5 まだ十分にキーワードを設定できていない場合は、新たにキーワードを追加し、購買につながるキーワードを増やしていきます。RPP広告の管理画面の「キーワード」のチェック部分をクリックすると、キーワードを登録する画面が開きます。１週間程度のサイクルで、これらの作業を繰り返していきます。

POINT

ROASとは、広告の費用対効果のことです。100万円の広告費で300万円の売上を作ることができれば、ROASは300%になります。基準ROASとは、自社として最低限超えたいROASのことです。例えば、自社の商品の利益率などから考えてROASが300%はないと利益が残らない場合、自社として許容できるROASは300%になります。結果、基準ROASは300%になります。

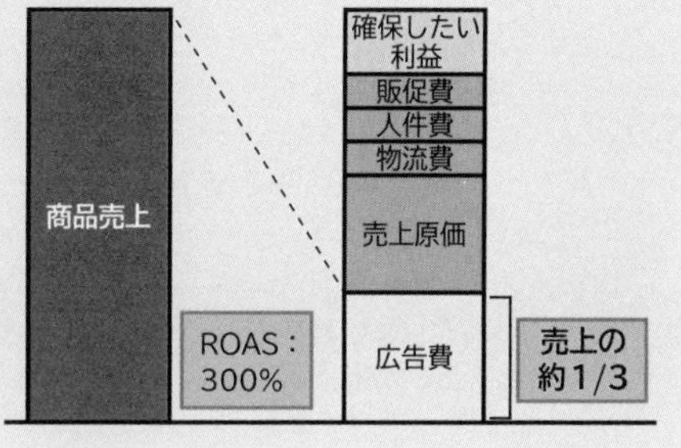

「十分にキーワードを設定する」ということは、自分の経験や、ECの検索キーワードのボリュームを測定するツールからわかる範囲のキーワードを、広告の出稿キーワードにすべて追加することを意味しています。キーワードを最初から大量に設定していくのは時間がかかりますし、効果検証の観点でも難易度が上がります。最初は、少ないキーワードからスタートするのがおすすめです。

キーワードの数が少ないということは、広告が掲載される機会が少なく、機会損失が発生しやすい状態です。検索欄にキーワードを入れた際に表示されるサジェストキーワードはすべて設定するなど、検索数が多い、もしくは自社商品のブランド名のように購買につながりやすいキーワードは、必ず押さえておくようにしましょう。

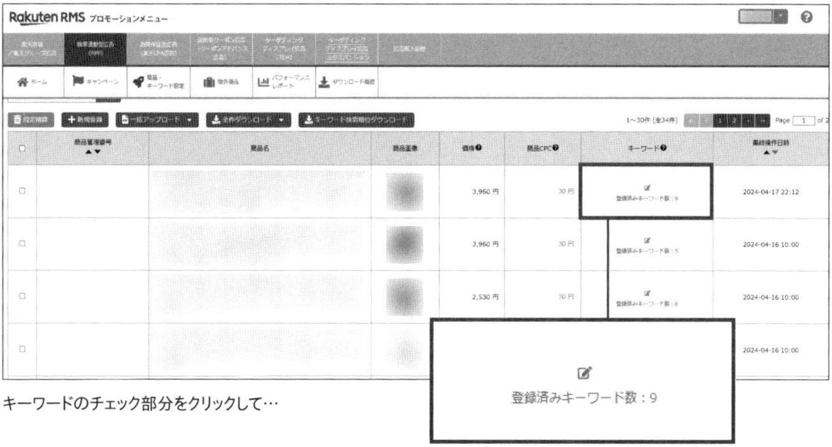

キーワードのチェック部分をクリックして…

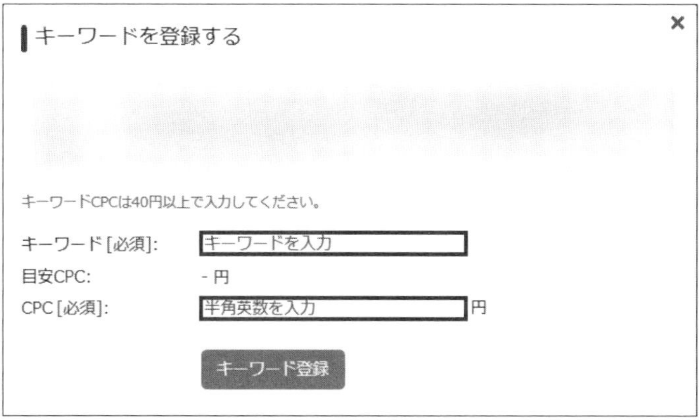

キーワードを登録する

Section 02 Amazonスポンサープロダクト広告で購買意欲が高いユーザーを獲得する

スポンサープロダクト広告とは？

Amazonの「スポンサープロダクト広告」は、検索キーワードに合わせて、Amazonの検索結果上部と商品詳細ページに広告掲載対象商品が表示される検索連動型広告です。クリック課金となっており、少額から始めることができます。Amazon内の広告ではもっとも費用対効果を出しやすいため、最初に押さえておくべき広告と言えるでしょう。Amazonスポンサープロダクト広告には、「オートターゲティング」と「マニュアルターゲティング」という2種類のターゲティング（配信方法）があります。最初に、この2つのターゲティングについて説明していきます。

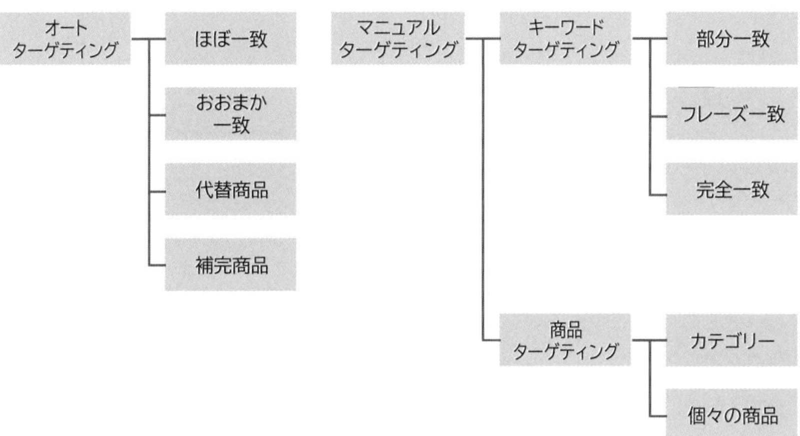

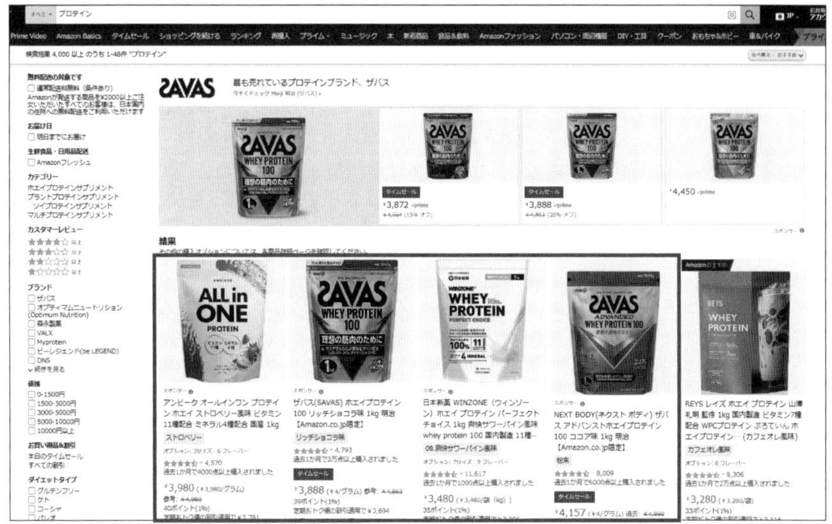

スポンサープロダクト広告の検索結果上部表示

オートターゲティングとは？

オートターゲティングは、出稿対象商品に合ったキーワード、関連商品をAmazon側が判断し、自動で広告出稿を行ってくれる配信方法です。広告出稿者は何もする必要がありませんが、Amazon側が出稿金額などの調整を行うため広告主の意図を完全に反映させることはできず、効果の最大化は難しくなります。さらなる効果の向上のためには、マニュアルターゲティングによる設定が必要になります。

オートターゲティングには、次ページのような4種類の設定方法があります。設定方法は、「マッチタイプ」と呼ばれます。マッチタイプを設定することで、検索された商品やキーワードにどの程度一致していたら広告を表示するかを調整することができます。これらのマッチタイプのうち、「代替商品」は競合商品の商品詳細ページに掲出されると考えるのがよいでしょう。また、「補完商品」はセットで購入されやすい商品の商品詳細ページに掲出されると考えてください。

マッチタイプ	概要
ほぼ一致	出品者様の商品がユーザーの検索用語とほぼ一致する場合に広告が表示されます。たとえば、出品者様の商品が「ドップラー400カウントコットンシーツ」の場合、購入者が「コットンシーツ」や「400カウントシーツ」などの検索用語を使用すると、広告が表示されます。
おおまか一致	出品者様の商品がユーザーの検索用語とおおまかに一致する場合に広告が表示されます。たとえば、出品者様の商品が「ドップラー400カウントコットンシーツ」の場合、購入者が「ベッドシーツ」や「バスタオル」などの検索用語を使用すると、広告が表示されます。
代替商品	ユーザーが貴社と類似する商品（自社商品含む）の商品詳細ページを閲覧している場合に、広告が表示されます。たとえば、出品者様の商品が「ドップラー400カウントコットンシーツ」の場合、「300カウントコットンシーツ」や「クイーン400カウントシーツ」などを含む商品詳細ページに広告を表示します。
補完商品	ユーザーが出品者様の商品を補完する商品の商品詳細ページを閲覧している場合に、広告が表示されます。たとえば、出品者様の商品が「ドップラー400カウントコットンシーツ」の場合、「クイーンキルト」や「羽毛枕」などを含む商品詳細ページに広告を表示します。

出典：https://advertising-japan.Amazon.com/help?entityId=ENTITY3L1D0T7XLPAZN#GHTRFDZRJPW6764R

マニュアルターゲティングとは？

マニュアルターゲティングは、キーワードや商品の設定を広告主が自分で設定することができるターゲティング方法です。オートターゲティングに比べてより細かい設定ができるため、広告効果を最大化することができます。また、広告効果が悪くてもあえて取りに行きたいキーワードを設定し、新規獲得に注力するといった調整も可能です。マニュアルターゲティングにおけるマッチタイプの詳細は、以下の通りです。

マッチタイプ	概要
部分一致	ユーザーの商品検索に対してより広範囲に広告が表示されます。商品検索には、キーワードを任意の順序で含めることができます。これには、キーワードの意味と広告対象商品のコンテキストによって決まる単数形、複数形、変化形、同義語、および関連する用語が含まれる場合があります。キーワード自体は、ユーザーの商品検索に含まれていない可能性があります。たとえば、「スニーカー」というキーワードは、「キャンバススニーカー」「スニーカー」「バスケットボールシューズ」「運動靴」「クリート靴」「トレーナー」「フォームランナー」などのユーザーの商品検索と一致する場合があります。
フレーズ一致	検索用語に、完全一致するフレーズまたは語句の並びが含まれている必要があります。部分一致よりも制限が厳しく、一般的には広告により関連性の高い掲載枠になります。フレーズ一致には、キーワードの複数形も含まれます。

マッチタイプ	概要
完全一致	広告を表示させるには、検索用語がキーワードや語句の並びと完全に一致する必要があります。完全一致の用語の類似バリエーションに一致する場合も表示されます。完全一致はもっとも制限の厳しいマッチタイプですが、検索に対してより関連性が高くなる可能性があります。完全一致には、キーワードの複数形も含まれます。

出典：https://advertising-japan.Amazon.com/help?entityId=ENTITY3L1DOT7XLPAZN#GHTRFDZRJPW6764R

マニュアルターゲティングについてこれだけではわかりにくい部分があると思いますので、以下にかみ砕いて説明していきます。

● 部分一致

設定したキーワードが商品名に含まれている場合に、広告が表示されます。また、同様の意味や関連するキーワードが検索された場合にも広告が表示されます。例えば「スニーカー」と設定した場合、「キャンバススニーカー」「スニーカー」「バスケットボールシューズ」「運動靴」「クリート靴」「トレーナー」「フォームランナー」などの検索キーワードに対して広告が表示されます。

● フレーズ一致

設定したフレーズが検索された場合に、広告が表示されます。例えば「プロテイン　女性　ダイエット」と設定した場合、この3つの語が商品名に含まれていれば検索結果に表示されます。「プロテイン　ダイエット　女性」（語順が異なる）、「プロテイン　女性　やせる」（表現が異なる）といった検索キーワードに対しても広告が表示されます。

● 完全一致

設定したキーワードと完全に一致するキーワードが検索された場合に、広告が表示されます。例えば「プロテイン　女性　ダイエット」と設定した場合、「プロテイン　女性　ダイエット」「プロテイン　女性　だいえっと」などの検索キーワードで広告が表示されます。「プロテイン　ダイエット　女性」では表示されません。

Section 03
Amazonスポンサープロダクト広告を設定する

スポンサープロダクト広告の初期設定

それでは、Amazonの「スポンサープロダクト広告」を設定していきましょう。Amazonの広告の多くは、出稿する広告の種類に応じた「キャンペーン」という大枠を作成し、その中に個別の「広告グループ」を作成してキーワードや商品を設定していく形となっています。
広告の設定が不安でできないという方や、すでに設定しているものの、現在の設定内容が現状に適しているのかわからないという方は、確認しながら読み進めてください。

オートターゲティングでキャンペーンを設定する

最初に、オートターゲティングの設定について解説していきます。オートターゲティングでは一定の効果が出るようにAmazon側で自動で調整してくれるため、はじめて広告を出稿するという方におすすめです。1日の予算を少額に設定することで、リスクを抑えて実施することが可能です。

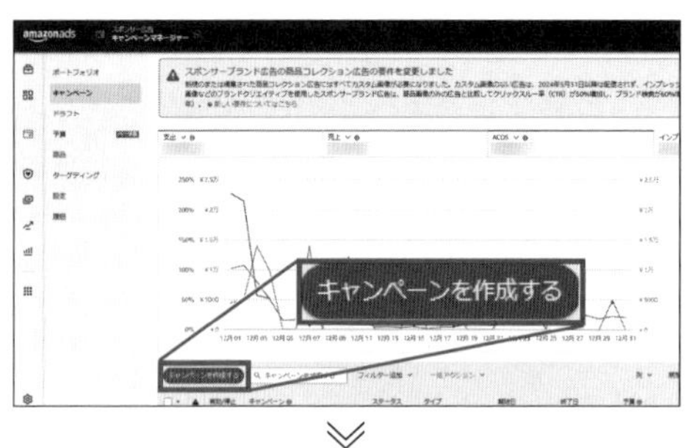

1 seller central左上のメニューから、「広告」→「広告キャンペーンマネージャー」をクリックします。「キャンペーンを作成する」をクリックします。

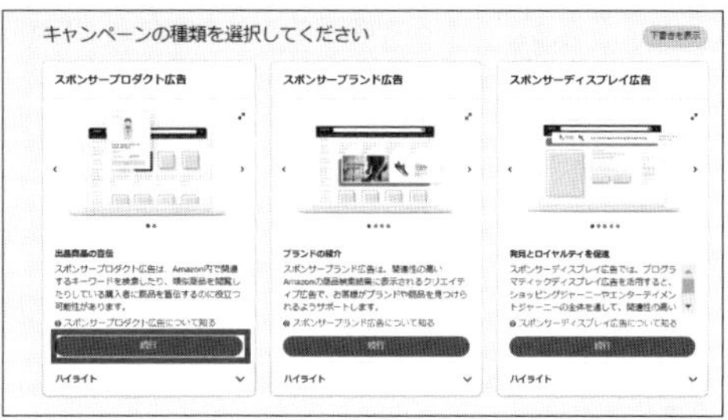

2 「スポンサープロダクト広告」の「続行」をクリックします。

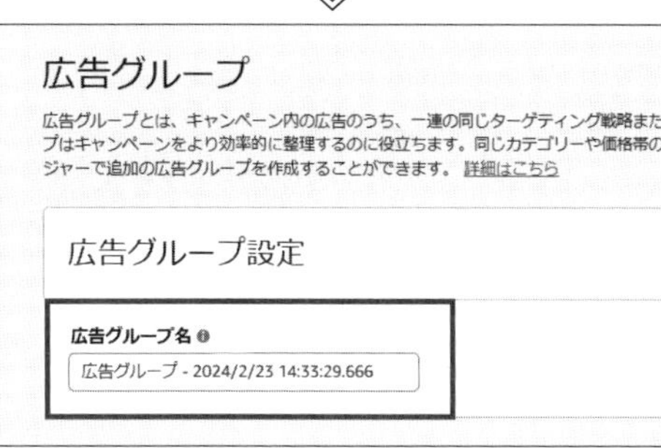

3 広告のグループ名を設定します。

POINT

広告グループでは、主に広告出稿の対象としている商品に合わせてキーワードの選定などを行うことで、複数のグループを作っていきます。どのグループに設定すればよいかをわかりやすくするため、設定や適用のタイミングがわかる名称に設定しましょう。

商品
おすすめ　検索　リストを入力　アップロード
0点の商品
商品名、ASIN、SKUで検索
表示：新しい順　このページにすべて追加
追加
追加
おすすめ　ブランド概要
追加

4 広告の配信対象となる商品の「追加」をクリックします。

POINT

広告の配信対象となる商品は、「注力したい商品」「すでに売上が立っている商品」「利益率が高い商品」から優先的に設定し、配信結果を見ながら調整するようにしましょう。

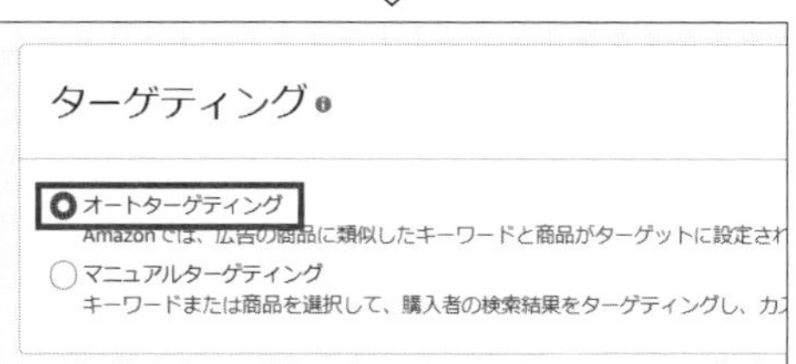

5 ターゲティング内容を設定します。ここでは、「オートターゲティング」を選択します。マニュアルターゲティングの設定については、P.147を参照してください。

6 「ほぼ一致」「おおまか一致」「代替商品」「補完商品」の中から、マッチタイプを選択します。詳細は後述しますが、費用対効果を追求する場合は「ほぼ一致」「代替商品」を選択することが多いです。入稿する商品の状況によってターゲットは変わるので、臨機応変に変更していきましょう。

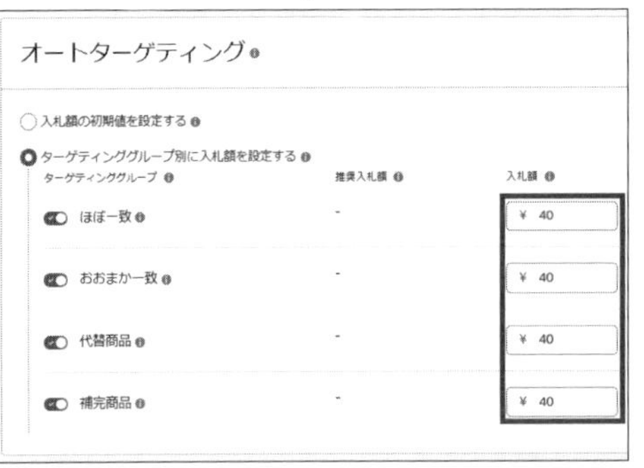

7 「入札額」を設定します。すでに広告を配信している場合は、推奨入札額が表示されます。参考にしながら、入札額を設定しましょう。

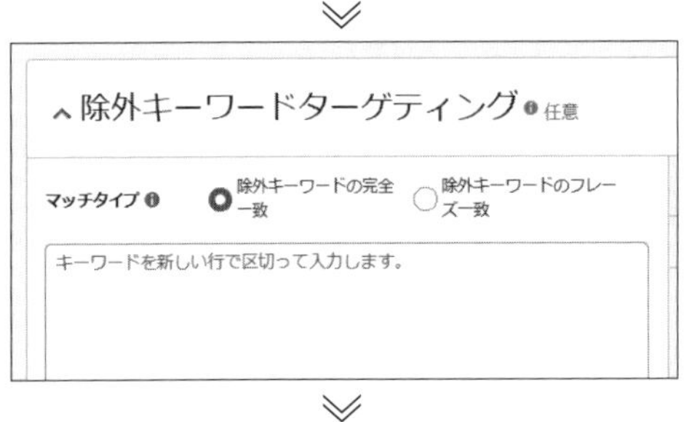

8 除外したいキーワードを入力し、キーワードの切れ目で改行します。「キーワードを追加」をクリックすると、登録できます。初期設定では使用する必要はありません。広告を配信して一定期間経過してから、まったく購買につながらないキーワードなどを除外していきましょう。

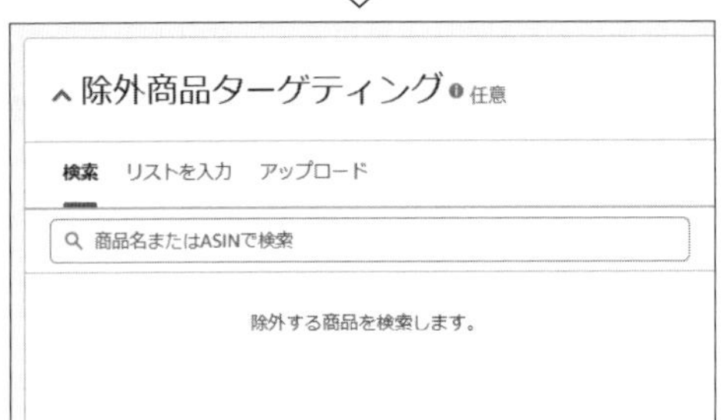

9 除外商品を設定します。除外キーワードと同様、初期設定では使用する必要はありません。広告を配信して一定期間経過してから、まったく購買につながらない商品などを除外していきましょう。除外商品の設定方法には、次の3種類が存在します。

①検索：商品名またはASINを入力して対象商品を検索し、選択します。
②リストを入力：ASINをカンマまたはスペースで区切るか、改行して入力します。
③アップロード：ダウンロードしたCSVテンプレートにASINを入力し、アップロードします。

キャンペーン
キャンペーンの入札戦略
「動的な入札 - アップとダウン」を使用したキャンペーンは、「動的な入札 - ダウンのみ」を使用したキャンペーンと比較して、ROASが9%低く、売上が4.3倍に増加しました（Amazon Internalデータ、2022年）。
動的な入札額 - アップとダウン
Amazonは、広告が販売につながる可能性が高い場合に随時入札額を上げます（最大100%）。販売につながる可能性が低い場合には、入札額を下げます。
動的な入札額 - ダウンのみ
Amazonは、広告が販売につながる可能性が低い場合に入札額を随時引き下げます。
固定入札額
Amazonは、正確な入札額と、出品者様が指定した手動での調整額を使用し、販売の可能性に基づいた入札額の変更はしません。

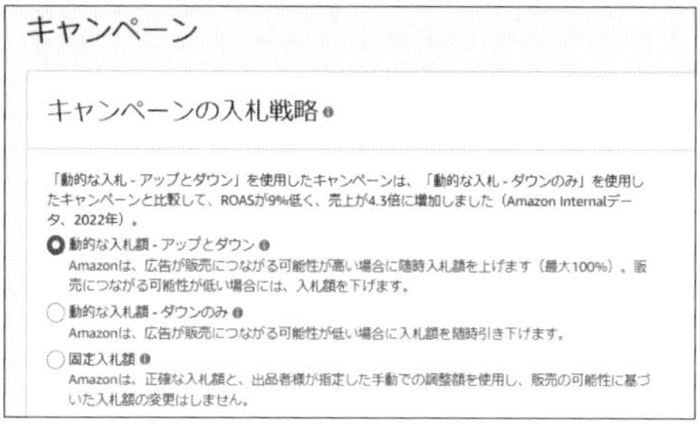

10 キャンペーンの入札戦略を設定します。入札戦略とは、Amazon側で入札額をどのように自動設定させるかを決める、重要な設定になります。それぞれの入札戦略の内容は、以下の通りです。

・動的な入札額ーアップとダウン

状況に応じてAmazon側で入札額の引き上げ、もしくは引き下げを行う設定です。広告費をいくら使ったとしても、とにかく売上を立てたい状況で活用します。

・動的な入札額ーダウンのみ

広告経由の売上につながりにくい場合、Amazon側で入札額の引き下げを自動で行ってくれる設定です。入札額を上げられることがないため、想定以上のコスト消化が発生しない設定になります。特別な意図がない限りは、この設定がおすすめです。

・固定入札額

入札額の変更を、Amazon側で行わない設定です。広告出稿者側で入札額を決めたいときに使用します。SEO対策として、ROASに関わらず、検索結果上位に表示させ続けることで売上実績を作りたい場合などに活用します。固定入札額では、Amazon側で出稿金額に自動で調整をかけることがないため、設定CPCを自動で下げられることがありません。結果として、費用対効果を考慮せず、検索順位の上位に自社の広告出稿対象商品を表示させ続けることができます。

以下に、各入札パターンのメリット・デメリットをまとめました。基本的には、以下の設定がおすすめです。どうしても売上を取りに行く場合は「動的な入札額ーアップとダウン」を選択してもよいですが、予算を確保した上で臨みましょう。

- **費用対効果重視：動的な入札額ーダウンのみ**
- **SEO対策：固定額入札**

入札戦略	メリット	デメリット
動的な入札額ーアップとダウン	・売上機会の最大化が可能 ・売上につながらない場合、コストを抑制できる	・想定よりコストがかかる可能性がある
動的な入札額ーダウンのみ	・コストを予算内か、それ以下に抑えられる	・売上アップの機会損失が発生する可能性がある
固定入札額	・想定予算で、売上アップの機会最大化を図れる	・もっとコストを抑えられたはずの状況でも、定額でコストが発生する

11 掲載枠ごとの、入札額の調整を行います。「検索結果のトップ」と「商品ページ」それぞれについて、入札額の引き上げ（何%UPさせるか）が可能です。表示箇所に応じて、8で設定した入札額が自動で調整されます。

・検索結果のトップ（最初のページ）
検索結果にどうしても表示させたい場合は、この項目の比率を引き上げましょう。商品に関連する検索をしたユーザーからのアクセスを獲得したい場合は、こちらの設定が有効です。

・商品ページ
商品ページに表示させたい場合は、この項目の比率を引き上げましょう。関連商品からのアクセスを獲得したい場合は、こちらの設定が有効です。

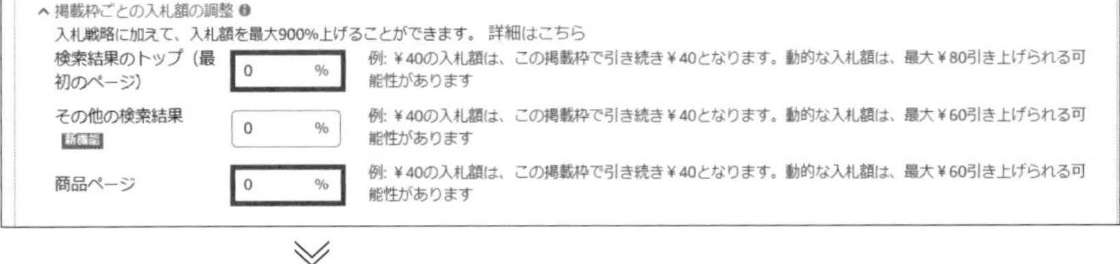

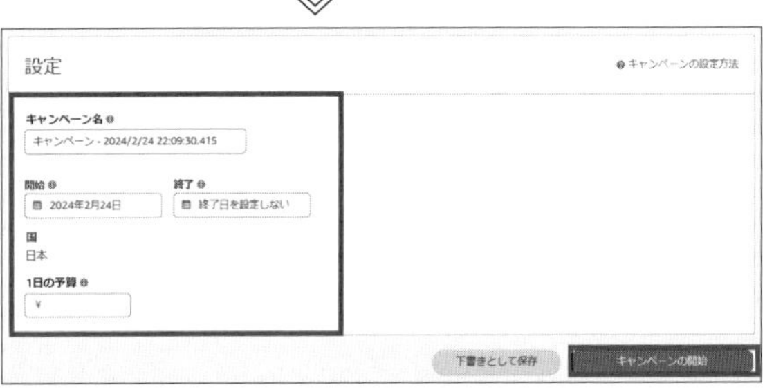

12 キャンペーン名・期間・予算の設定を行います。「キャンペーンの開始」をクリックすると、キャンペーンがスタートします。

・キャンペーン名
キャンペーン名は、利用目的や設定内容がわかりやすくなるような名称をつけましょう。ターゲティングの種類（オート）と商品コード（親ASIN）を入れ込むのがおすすめです。

・期間
キャンペーンの開始日と終了日を設定します。イベントに合わせて設定するなど、有効活用しましょう。終了日が明確に定まっていない場合は、「終了日を設定しない」を選択します。

・1日の予算
平日、休日、イベントによって適切な消化予算が異なるため、設定予算は適宜見直しましょう。また、商品の利益を踏まえた上で商品ごとの予算を設定することも重要です。Amazonにレコメンドされるがままに広告予算を設定すると、赤字の設定になってしまうことがあります。なお、大きなイベント時（プライムデー、ブラックフライデーなど）の広告予算は、平日に対して500%〜1,000%程度の目安で設定するのがよいでしょう。予算引き上げによる機会損失を防ぐことができます。また、商品によるものの、売上の15%程度は広告予算を確保できることが望ましいです。

マニュアルターゲティングのみの設定内容

ここからは、マニュアルターゲティングのみで発生する設定作業を説明していきます。マニュアルターゲティングでは、オートターゲティングに比べて、より詳細な設定が可能となります。そのため、費用対効果の最大化や、特定キーワードに特化した検索結果上位への表示といった施策を実現できます。一方で手間がかかるため、オートターゲティングとうまく組み合わせて活用するのがおすすめです（P.150）。

キーワードターゲティングを設定する場合

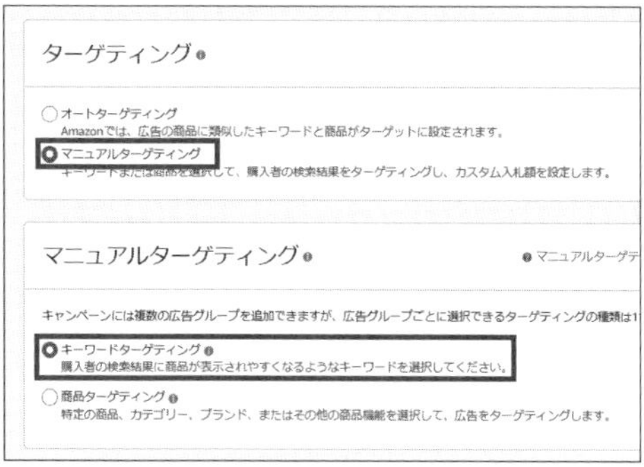

1 P.142～143の方法で、P.143の5の画面を表示します。「マニュアルターゲティング」>「キーワードターゲティング」を選択します。

2 「キーワードターゲティング」が表示されます。キーワードターゲティングでは、キーワードごとに入札額を設定することで、広告効果を調整することができます。設定したキーワードを検索したユーザーに対して、広告が掲載されます。設定内容は、次のページの通りです。

・入札額
入札額の設定方法を選択することができます。

推奨入札額
過去の入札額に基づいて、獲得できそうな入札額を予測します。

カスタム入札額
対象キーワードの追加時、設定した金額を固定で設定することができます。

入札額の初期値
設定した金額すべてを一括で調整可能です。

・カテゴリー／ブランド
「カテゴリー／ブランド」では、3パターンのマッチタイプの中から選択します。それぞれキーワードの一致率が異なり、検索結果への表示回数・精度が変わってきます。

部分一致
部分的に一致すれば検索結果に表示されるため、表示回数を確保できます。

フレーズ一致
設定したフレーズが一致しないと検索結果に表示されないため、表示回数は少なくなります。一方、ROASは高くなります。

完全一致
ユーザーの検索キーワードと設定したキーワードが、完全に一致する場合に表示されます。表示回数が極めて少なくなりますが、適切なキーワードを設定できていれば、ROASが高くなりやすい設定です。

・並べ替え
キーワードを基準ごとに並び替えることで、キーワードを選定しやすくできます。

注文
過去該当のキーワードによる注文が発生した件数が多い順に並べ替えます。

クリック数
過去該当のキーワードによるクリックが発生した回数が多い順に並べ替えます。

✔ 商品ターゲティングを設定する場合

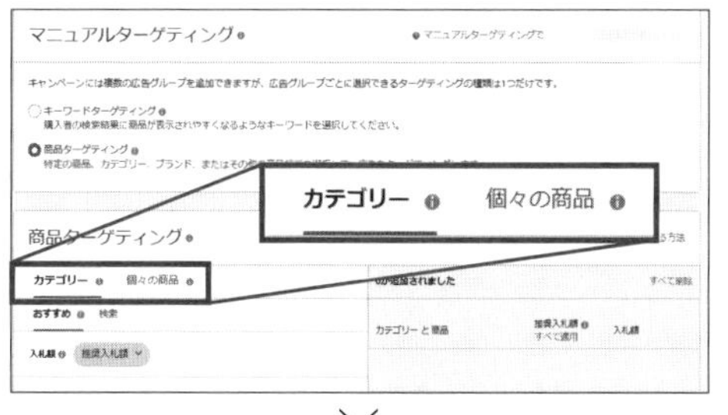

1 「キャンペーンを作成する」→「スポンサープロダクト広告」→「マニュアルターゲティング」→「商品ターゲティング」を選択します。商品ターゲティングの設定画面が表示されます。表示対象を「カテゴリー」で設定するか「個々の商品」で設定するかを選択します。

2 「カテゴリー」を設定すると、設定したカテゴリーに該当する商品が検索された際に広告が表示されます。対象を広く取れるため、自社商品のカテゴリを検討しているユーザーの認知を取りに行けます。カテゴリーでは、「ブランド」「価格帯」「レビューの星の数」「配送」でさらに絞り込むことが可能です。類似商品を一括で表示先に設定できます。

3 「個々の商品」を設定すると、設定した商品が閲覧された際に、広告設定した自社の商品が表示されます。競合商品や関連商品の「追加」をクリックして表示先に設定することで、自社商品の売上に直結する設定が可能です。

POINT

詳しくは後述しますが（P.155）、マニュアルターゲティングではオートターゲティングで購買につながっているキーワードを設定するのがおすすめです。さらに、brand analyticsやキーワードプランナーを使ってキーワードボリュームを把握した上でキーワードを追加していくと、無駄な工数の発生を抑えることができます。

Section 04 Amazonスポンサープロダクト広告の費用対効果を最大化する

スポンサープロダクト広告の考え方

Amazonの「スポンサープロダクト広告」では、最初にオートターゲティングで販売実績を作り、続いて実績がついたキーワードを選んでマニュアルターゲティングに変更していくのがおすすめです。なぜなら、オートターゲティングでAmazon側に自動で商品やキーワード入札をしてもらい、その結果を効果測定レポートで確認したのち、商品・キーワードごとのROASに合わせてマニュアルターゲティングに変更するのが効率的だからです。具体的には、以下のような流れでキャンペーンの作成と設定を行っていきます。

1 最初に、オートターゲティングで「ほぼ一致」と「代替商品」のキャンペーンを作成します。これにより、オートターゲティングの配信時点でROASができるだけ高い設定になります。「おおまか一致」「補完商品」ではROASが低くなりやすいので、こちらの設定を推奨しています。

2 次に、マニュアルターゲティングで「指名系マニュアル配信」キャンペーンを作成します。「指名系」とは、ユーザーのキーワード検索時に、直接ブランドを検索するようなキーワードのことを意味しています。「マニュアル」は、マニュアルターゲティングでキーワードターゲティングを設定することを意味しています。例えばCanonの一眼レフカメラの場合、「Canon」「キャノン」「Canon 一眼レフ」などといったブランド名そのものをキーワードとして設定します。オートターゲティングでROASが高かったキーワードと、オートターゲティングで配信されていなかったが、明らかに追加するべきキーワードを対象とします。

3 最後に、マニュアルターゲティングで「非指名系マニュアル配信」キャンペーンを作成します。「非指名系」とは、ユーザーのキーワード検索時、広く商品ジャンルを検索するようなキーワードのことです。例えばCanonの一眼レフカメラの場合「カメラ」「一眼カメラ」「一眼レフ」といった、まだ購入する商品やメーカーは決めていないが、どのジャンルの商品を購入するかは決まっている購入検討者が検索するキーワードを設定します。

POINT

キャンペーン内の広告グループは、基本的に1商品1グループで設定した方が費用対効果を上げやすいです。なぜなら、1商品1グループで設定することにより、商品単価・CVR別にCPCを調整できるようになるからです。商品数が多い場合は設定が大変になるため、最低限注力すべき商品のみを選んでグループを作成するとよいでしょう。

1～3を設定したあとは、週次やイベントごとに効果測定レポートを確認し、設定の調整を行っていきます。また、これまで説明してきた初期設定を行って1週間程度経過したら、以下のレポートの確認と広告内容の調整作業を行います。

オートターゲティングの設定方法

オートターゲティングの場合の、広告レポートの確認から広告内容の調整方法までを解説していきます。各種レポートの表示項目は、右上にある「表示項目」→「表示項目をカスタマイズ」からカスタマイズできます。表示項目から、チェックボックスで各項目の表示／非表示を選択できます。

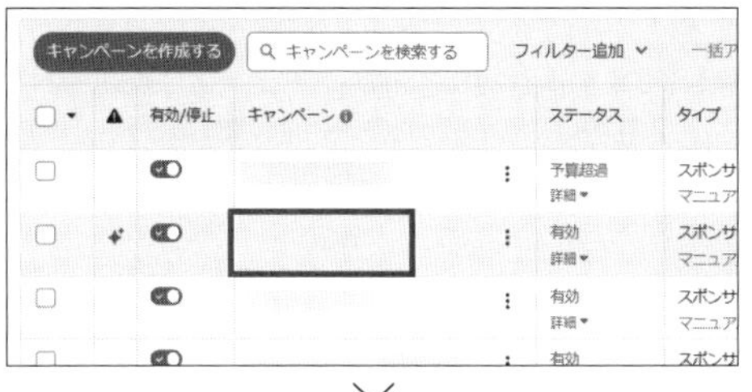

1 seller centralのレフトナビメニューから「広告」→「広告キャンペーンマネージャー」をクリックします。広告レポートを確認したい該当のキャンペーンをクリックします。

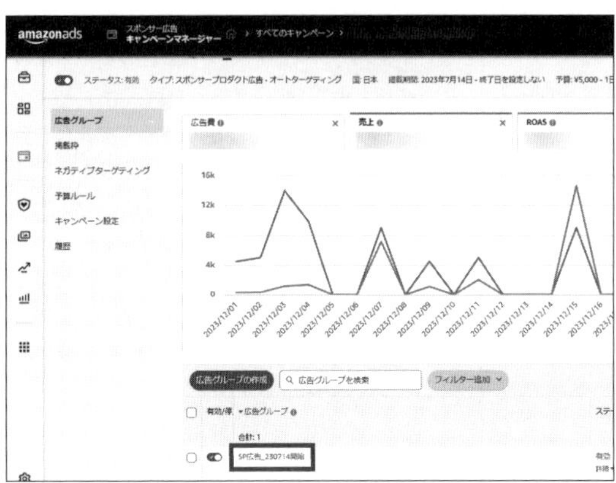

2 広告レポートを確認したい該当の広告グループをクリックします。

3 画面左のレフトナビから「広告」をクリックすると、広告配信対象商品ごとに「広告費」「注文件数」「売上」「ROAS」などの指標を確認できます。「広告」画面では、全体像を把握することを意識しましょう。ここでは、入札額の変更などはできないため、どの商品がどのくらいの広告費でどのくらい売れているか？　ROASが想定より低い商品に異常に広告配信されていないか？　といった観点で確認できるとよいでしょう。初見で数字の良し悪しの判断をすることは難しいため、週に1回は広告レポートを確認する習慣をつけるのがおすすめです。定期的にレポートを見ることで自社の「通常」の数字を把握することができ、数字をさらっと眺めるだけでも異常値を発見できるようになります。

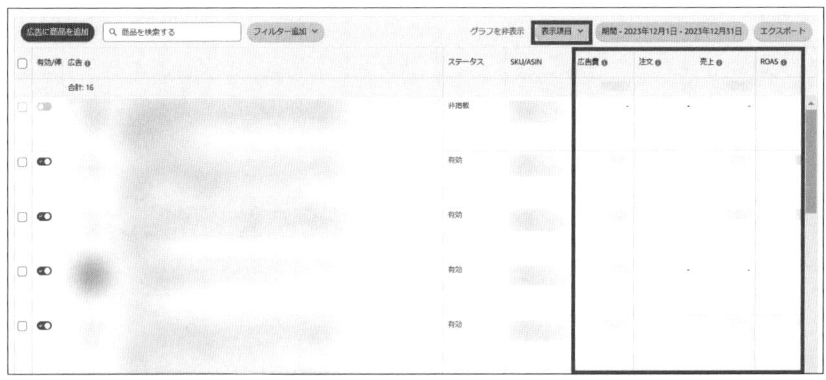

4 画面左のレフトナビから「ターゲティング」をクリックすると、ターゲティングごとに「広告費」「注文件数」「売上」「ROAS」などの指標を確認できます。「ターゲティング」画面では、設定している配信パターンごとに効果測定を確認します。ターゲティングごとの入札額を設定できるため、ROASをもっと上げたい場合は入札額を引き下げます。ROASを下げて、売上を上げる機会を増やしたい場合は、入札額を引き上げましょう。入札額は、Amazonの入札推奨額の範囲内で調整するのが無難です。

5 画面左のレフトナビから「検索用語」をクリックすると、広告が配信されているキーワードや商品ごとに「広告費」「注文件数」「売上」「ROAS」などの指標を確認できます。「検索用語」画面では、商品やキーワードごとのROASを確認できます。売上につながっているキーワードや商品を抽出し、マニュアルターゲティングの配信対象に設定できるよう、右上の「エクスポート」をクリックし、CSVファイルをダウンロードしておきます。CSVファイルは、手元でフィルターをかけながら結果を確認する際にも便利です。

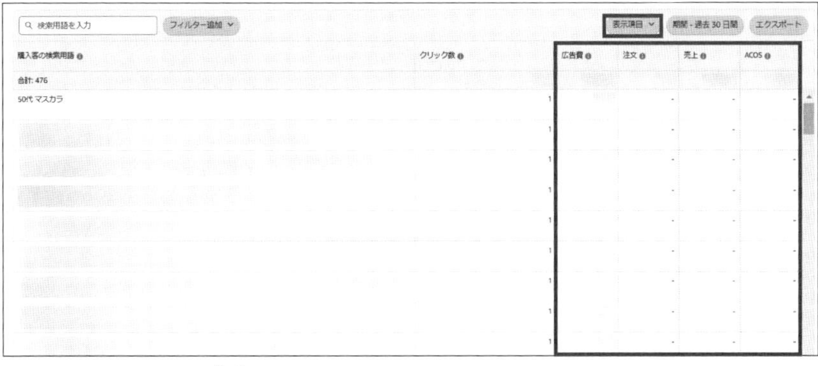

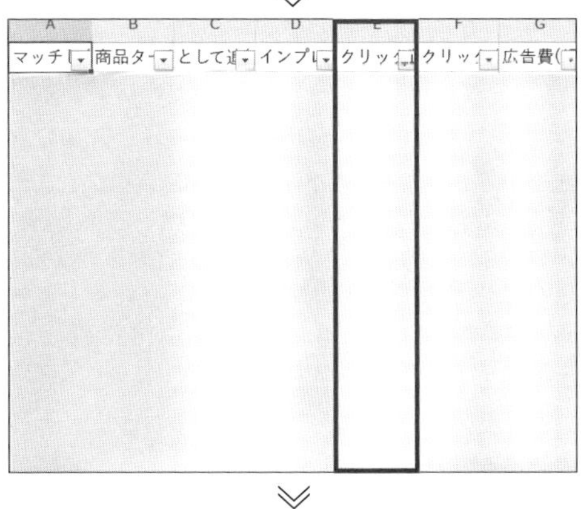

6 「検索用語」画面右上の「エクスポート」から、CSVファイルをダウンロードします。CSVファイル上でフィルターをかけ、クリック数でソートします。クリックが一定数以上（目安は50件程度。商材の転換率に合わせて調整してください）入っているにも関わらず購買につながっていないキーワードや類似商品を抽出します。

7 1の画面で、「ネガティブターゲティング」をクリックします。

POINT

マニュアルターゲティングに商品やキーワードを設定しても、オートターゲティングの配信対象から自動で除外されるわけではありません。マニュアルターゲティングに設定する商品・キーワードは、何か意図がない限りは、オートターゲティングから除外設定するようにしましょう。

8 除外キーワードを設定する場合、「除外キーワード」→「除外するキーワードを追加」をクリックします。

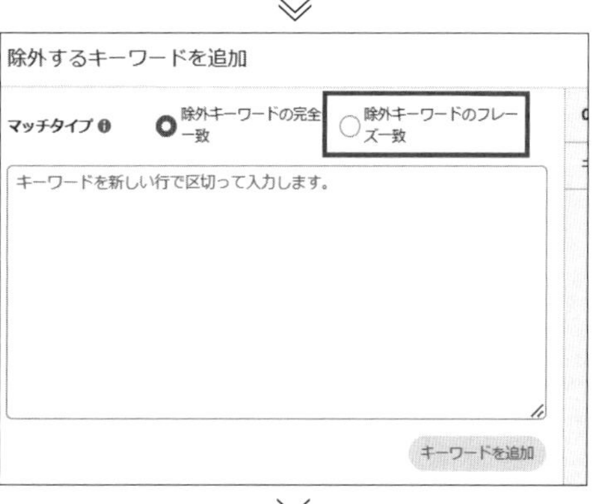

9 「除外キーワードの完全一致」「除外キーワードのフレーズ一致」から、マッチタイプを選択します。購買につながらないキーワードは、語順が変わっても購買につながらない可能性が高いため、基本的には「除外キーワードのフレーズ一致」を選択しましょう。6で抽出したキーワードを、キーワードごとに改行して設定します。

10 除外商品を設定する場合、8の画面で「ネガティブ商品」→「除外する商品のターゲットを追加」をクリックします。「検索」「リストを入力」「アップロード」から自分が設定しやすい方法を選択し、商品を設定します。「検索」は1つ1つ商品を検索する必要がありますが、画面上で設定できるため、準備が不要です。「リストを入力」は対象商品のASINを把握している必要がありますが、ASINを改行して入力することで設定できます。「アップロード」は、ASINの一覧を入力したCSVファイルをアップロードする方法です。商品が少なければ「検索」から設定し、商品が多ければ「アップロード」から設定するのがおすすめです。

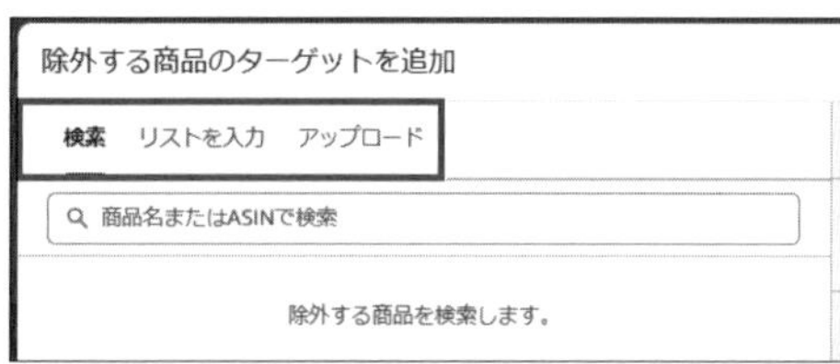

マニュアルターゲティングの設定方法

オートターゲティングの配信結果から、マニュアルターゲティングの「指名系マニュアル配信」「非指名系マニュアル配信」に移行する際の設定方法を解説していきます。

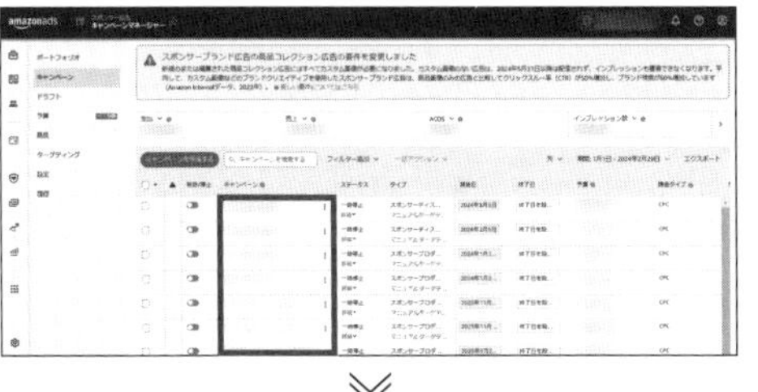

1 seller centralのレフトナビメニューから「広告」→「広告キャンペーンマネージャー」をクリックします。広告キャンペーンマネージャーで、調査対象のキャンペーンをクリックします。

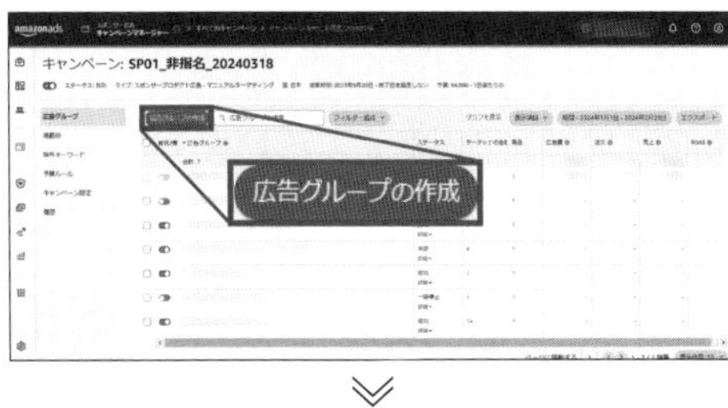

2 調査対象の「広告グループの作成」をクリックします。

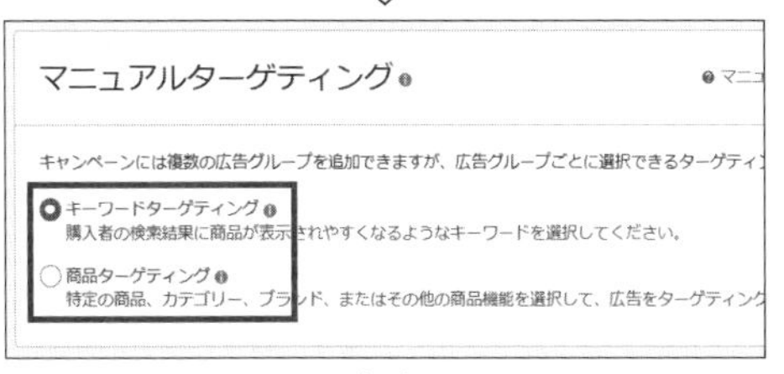

3 「マニュアルターゲティング」を選択して、「キーワードターゲティング」もしくは「商品ターゲティング」にチェックを入れます。

4 「キーワードターゲティング」もしくは「商品ターゲティング」の「リストを入力」から、商品・キーワードを設定します。オートターゲティングの6で抽出したキーワードおよび商品の中で、「指名系」もしくは「非指名系」のキーワードおよび商品を指定します。

5 4ではカバーしきれない商品およびキーワードを、Amazon側の「おすすめ」も参考にしながら、思いつく限り追加します。Amazonの検索欄にキーワードを入力すると表示されるサジェストワードやbrand analytics、キーワードプランナーを活用するとよいでしょう（詳しくはChapter2参照）。

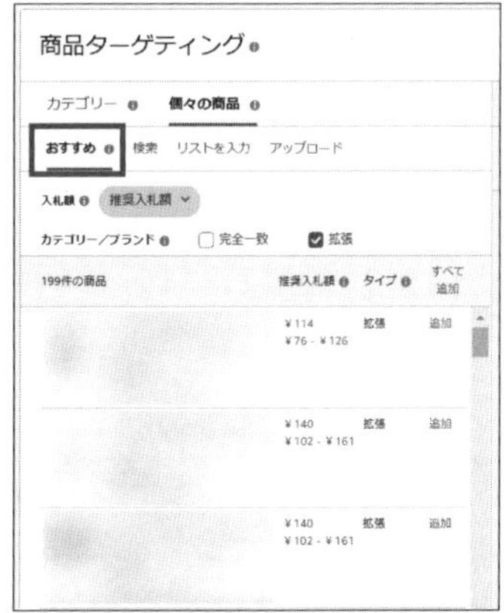

マニュアルターゲティングの広告レポートを確認する

オートターゲティングの場合（P.151）と同様、1週間に1回程度、マニュアルターゲティングの広告レポートを確認します。効果測定に基づき、広告出稿内容を調整しましょう。

1 該当のキャンペーンと広告グループをクリックし、「ターゲティング」をクリックします。すると、設定しているキーワードや商品ごとの効果測定レポートを確認できます。また、キーワードや商品ごとの「入札額」を画面上で修正できます。

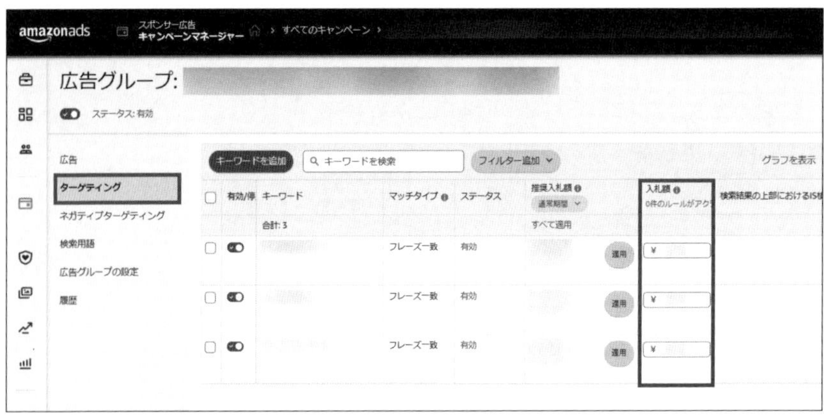

2 キーワードや商品ごとのROASを確認します。想定しているROASに到達できていない場合はCPCを下げ、ROASが基準を超過している場合はCPCを上げて、機会損失を防ぎましょう。

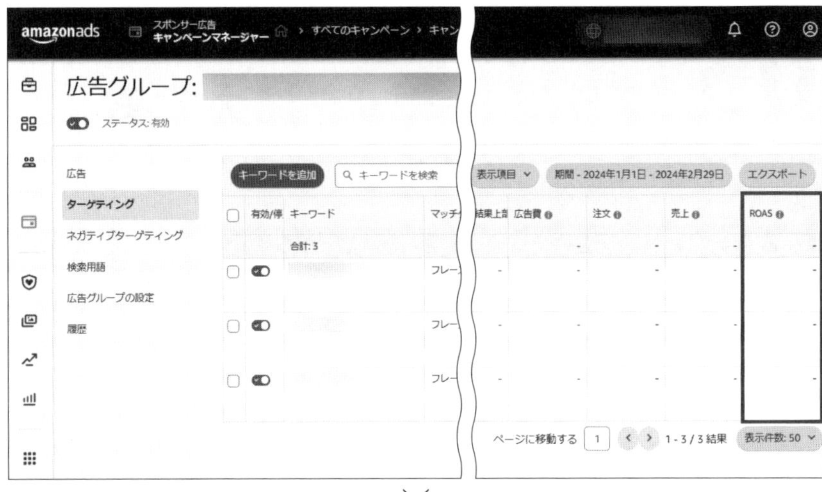

3 クリックが50件以上入っているにも関わらず購買につながっていないキーワードや類似商品をターゲティング対象から除く作業を行います。2と3については、オートターゲティングの調整で説明している内容（P.151～154）と同様になります。定期的に調整していくことで、効果を最大化していきましょう。

Section 05 Amazon スポンサーブランド広告でブランド認知を拡大する

スポンサーブランド広告とは？

Amazonの「スポンサーブランド広告」は、検索キーワードに合わせて、Amazonの検索結果と商品詳細ページにブランドロゴや広告掲載対象商品、商品説明動画が表示される広告です。スポンサープロダクト広告と同様、クリック課金となっており、少額から始められる広告になっています。

スポンサープロダクト広告との最大の違いは、「ブランドを訴求する」点にあります。以下の画像のように、スポンサーブランド広告では「ブランドロゴ」や「見出し」を設定できます。「ブランドロゴ」や「見出し」をクリックした際のページ遷移先は、ストアページ（詳細はP.110）や、専用のランディングページを設定できます。これにより、商品単体ではなくブランド自体を訴求することができます。自社のブランドに興味を持ってくれたユーザーに対して、1つの商品だけでなく、ブランドのさまざまな商品を閲覧してもらえるメリットもあります。

Amazonは、ECモールの中でも特に商品単体を探しやすいレイアウトに最適化されています。商品を販売する側からするとブランドを訴求しにくい面がありますが、スポンサーブランド広告を活用することで、ブランドへのエンゲージメントを向上させることができます。

ブランドロゴや見出しを設定できる

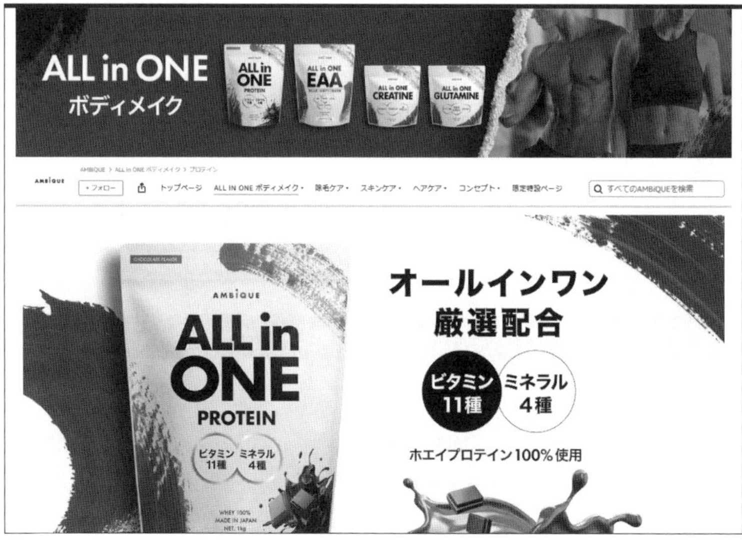

ページ遷移先として専用のランディングページやストアページを設定できる

Amazonスポンサーブランド広告では、動画を設定することも可能です。動画は自動で再生される仕様になっているため、購買を検討していなかったユーザーにも、商品を詳細に説明することができます。

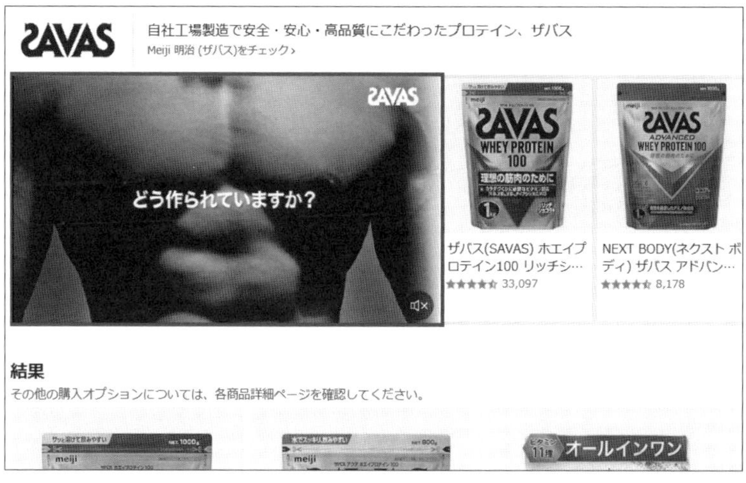

動画を設定することもできる

スポンサーブランド広告を始めるには、P.118の方法で「ブランド登録」を行っておく必要があります。企業の状況によっては、「ブランド登録」に時間がかかるケースもあるため、注意してください。

Section 06

Amazonスポンサーブランド広告を設定する

スポンサーブランド広告の初期設定

それでは、スポンサーブランド広告を設定していきましょう。スポンサーブランド広告は、スポンサープロダクト広告と異なり、キャンペーンの下に広告グループが存在しません。対象商品は3つしか選定できず、キャンペーンのすぐ下で、ターゲティング対象とするキーワード／商品を設定する仕様となっています。

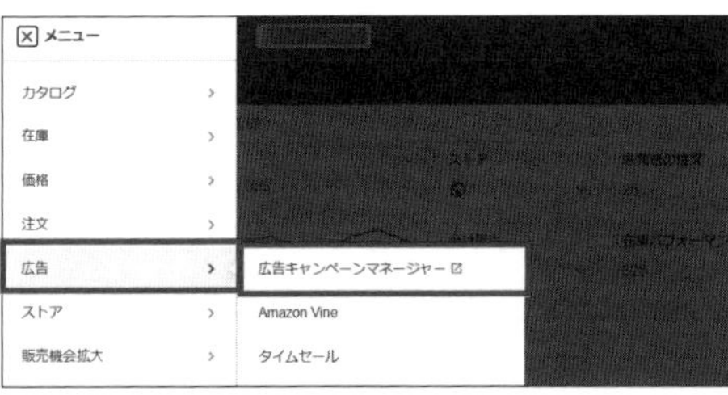

1 seller centralのレフトナビメニューから、「広告」→「広告キャンペーンマネージャー」をクリックします。

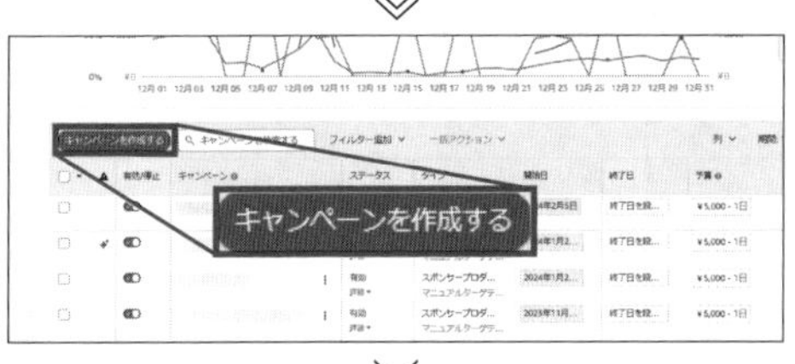

2 「キャンペーンを作成する」をクリックします。

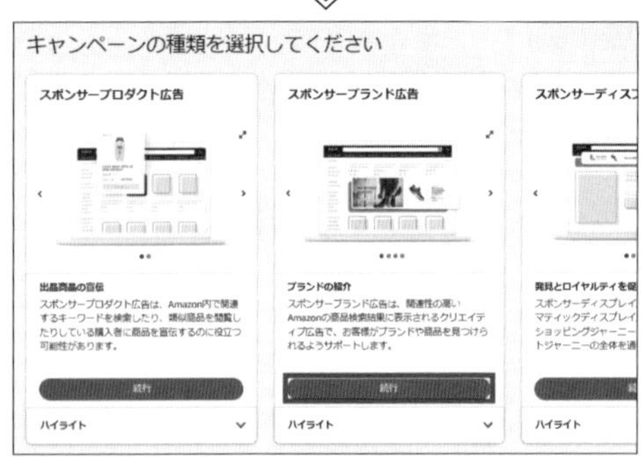

3 「スポンサーブランド広告」をクリックします。

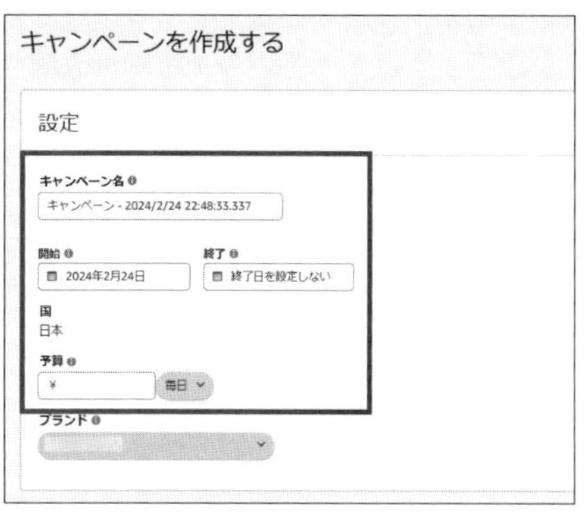

4 キャンペーン名・期間・予算の設定を行います。キャンペーン名は、利用目的や設定内容がわかりやすい名前をつけましょう。設定のポイントは、スポンサープロダクト広告と同様です。詳しくはP.143を参照してください。

5 入札の設定を行います。最初に「目標」を設定します。基本的には「ページ訪問数の促進」を選択しましょう。「ブランドインプレッションシェアの拡大」は、ブランド認知を拡大したいという明確な目的があるケースを除いておすすめしません。「自動入札」をONに設定すると、以下の内容が適用されます。「自動入札」は自動で無駄な広告の出稿を抑えてくれるため、広告効果を最大化したい場合に設定するのがおすすめです。多少ROASを下げてでも、検索結果のトップ以外にも広告を表示し続けたい場合は、「自動入札」をOFFにしましょう。

自動入札の設定内容

- 検索結果のトップ以外の掲載枠への入札額をAmazonが自動で最適化してくれる
- 設定したキーワード入札額は検索結果のトップに適用され、他の掲載枠の入札開始額の上限として使用される
- 広告が購買につながる可能性が低い場合、検索結果のトップ以外の掲載枠の入札額をAmazonが自動で引き下げる可能性がある

6 広告のグループ名を設定します。スポンサープロダクト広告と同様、グループ名を見ただけで、どのような設定なのか、どのタイミングで適用されるグループなのかがわかる名称に設定しましょう。

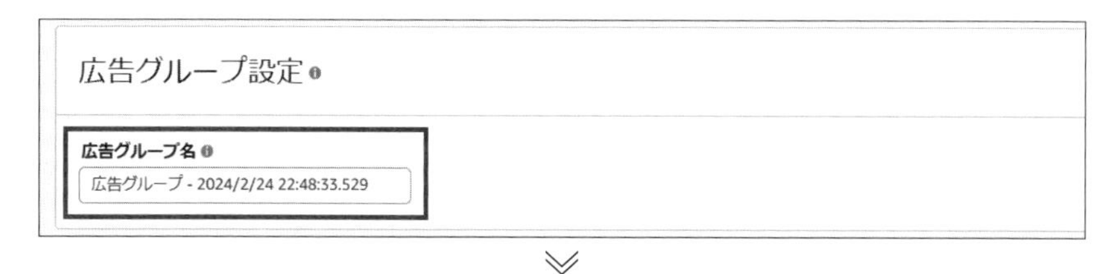

7 広告フォーマットを設定します。広告フォーマットは、次の3パターンから選ぶことができます。自社のブランド広告配信の目的に合わせて選択してください。また、広告をクリックした際の遷移先として、Amazonのストアページか、Amazon側で自動で生成してくれる商品ごとのランディングページを選ぶことができます。

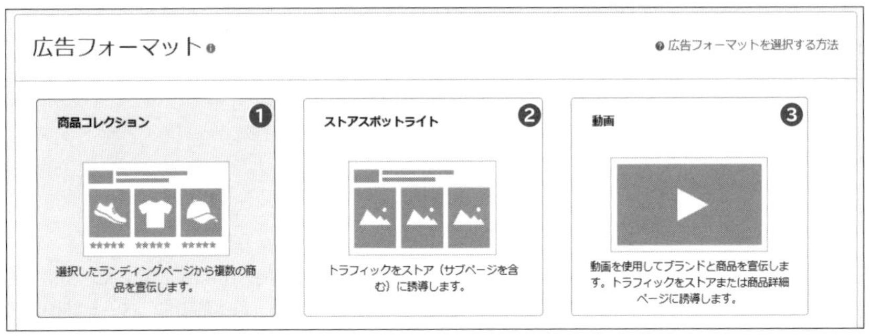

①商品コレクション

商品コレクションは、自社のメイン商材やこれから販売していきたい商材、認知を高めたい商材を宣伝しつつ、自社のストアページへの遷移も狙いたい場合におすすめです。見出しやロゴ、カスタム画像をクリックするとストアページに、各商品コレクションをクリックすると各商品のランディングページに遷移します。ランディングページは、「Amazonのストア（サブページを含む）」と「新しいランディングページ」の2つから選択可能です。

「Amazonのストア（サブページを含む）」選択する場合は「ストアを選ぶ」で表示するストアを選択し、「ページを選択してください」で表示するページを指定します。「新しいランディングページ」を選択した場合は商品選択画面が表示されるので、広告の遷移先に表示させたい商品を3品以上選択します（最大100商品）。

②ストアスポットライト

ストアスポットライトは、自社のストアページに遷移させたい場合におすすめです。ストアページは、ホームページ1つとサブページ3つを設定できます。Amazonは単一の商品を探すレイアウトに特化しているため、自社商品をクリックしたユーザーに他の自社商品を見てもらうことが困難です。しかし、ストアページに遷移してもらうことで、クリック時に興味をもった商品だけでなく、他の商品も見てもらえる可能性が高まり、自社のブランド全体の訴求が可能となります。

③動画

動画は、ユーザーの目に留まりやすく、画像よりも伝えられる情報量が多いため、用途がわかりにくい商品などの宣伝に効果的です。動画は自動再生のため、クリックされなくとも流れます。ただし、デフォルトでミュート設定になっているのと、そもそも音声を流せない環境で閲覧しているユーザーも多いため、テキストを入れるなど、音声なしでも意図が伝わる動画を作成しましょう。

8 ターゲティングを設定します。スポンサープロダクト広告と同様、「キーワードターゲティング」「商品ターゲティング」の設定が可能です。どちらも、スポンサープロダクト広告のオートターゲティングで購買につながっているキーワードを設定する方法がおすすめです。キーワードターゲティングでは、brand analyticsやキーワードプランナーを用いてキーワードボリュームを把握した上で追加キーワードを設定していくと、無駄な工数の発生を抑えることができます。商品ターゲティングでは、ベンチマークとしている商品や競合商品をターゲットに設定するのもよいでしょう。詳細はP.39を参照してください。

キーワードターゲティング
購入者の検索結果に商品が表示されやすくなるようなキーワードを選択してください。
商品ターゲティング
特定の商品、カテゴリー、ブランド、またはその他の商品機能を選択して、広告をターゲティングします。

除外キーワードターゲティング 任意
マッチタイプ 除外キーワードの完全一致 除外キーワードのフレーズ一致
キーワードを新しい行で区切って入力します。
キーワードを追加
0が追加され
キーワード

9 除外キーワードを設定します。スポンサープロダクト広告と同様、除外したいキーワードを入力し、キーワードの切れ目で改行します。初期設定では、使用する必要はありません。広告配信をして一定期間経過してから、まったく購買につながらないキーワードなどを除外していきましょう。

除外商品ターゲティング 任意
ブランドの除外 商品の除外
ブランド名で検索
ブランド すべて除外
除外
0が追加され
ブランドおよ

10 除外商品を設定します。こちらもキーワードと同様、広告配信をして一定期間経過してから、まったく購買につながらない商品などを除外していきましょう。スポンサープロダクト広告と同様、設定方法は以下の３パターンがあります。

①検索：商品名またはASINを入力して対象商品を検索し、選択します。
②リストを入力：ASINをカンマまたはスペースで区切るか、改行して入力します。
③アップロード：ダウンロードしたCSVテンプレートにASINを入力し、アップロードします。

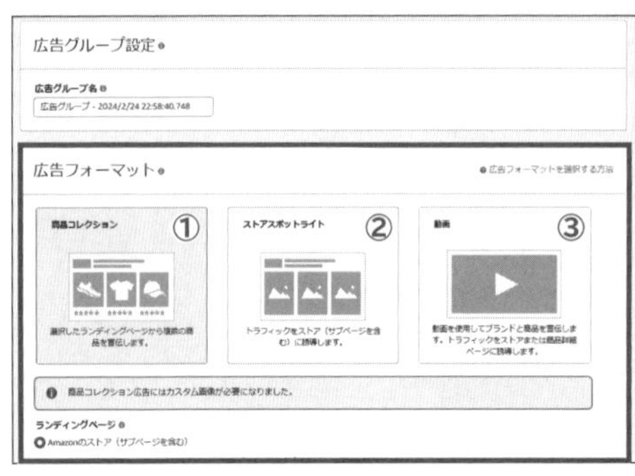

11 クリエイティブを設定します。それぞれのフォーマットについて、設定内容を解説します。

①商品コレクション

- **ロゴ**：登録済みのブランドロゴをアップロードします。
- **ブランド名**：ブランド登録で設定した内容と同じ名称がデフォルトで設定されています。必要に応じて修正してください。
- **見出し**：目を引く見出しを設定します。文字数は35文字が上限です。
- **商品**：商品を3つ設定します。
- **カスタム**：ブランドを紹介する画像を設定します。複数の画像を追加すると、ループスライドショーが作成されます。

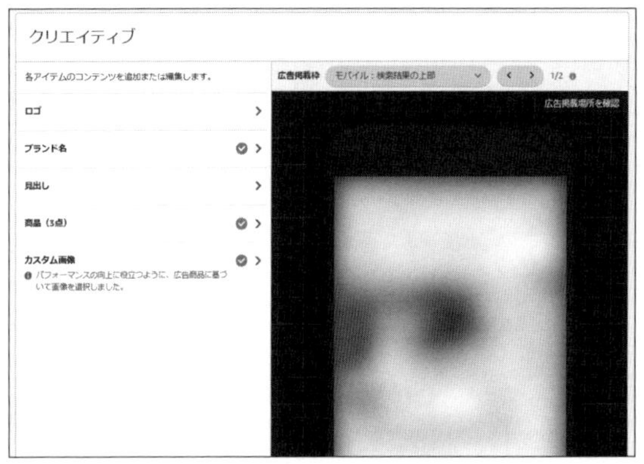

②ストアスポットライト

- **ロゴ**：登録済みのブランドロゴをアップロードします。
- **ブランド名**：ブランド登録で設定した内容と同じ名称がデフォルトで設定されています。必要に応じて修正してください。
- **見出し**：目を引く見出しを設定します。文字数は35文字が上限です。
- **ストアページ**：対象ページを3つ選び、掲載される画像をページごとに選択します。

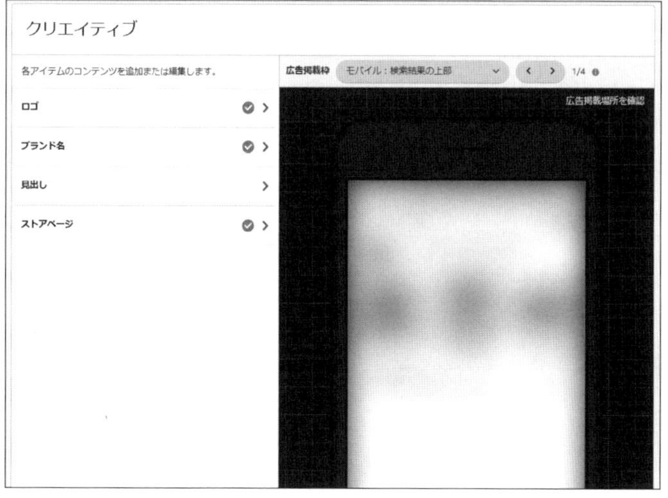

③動画

配信する動画を設定します。動画の仕様は以下の通りです。

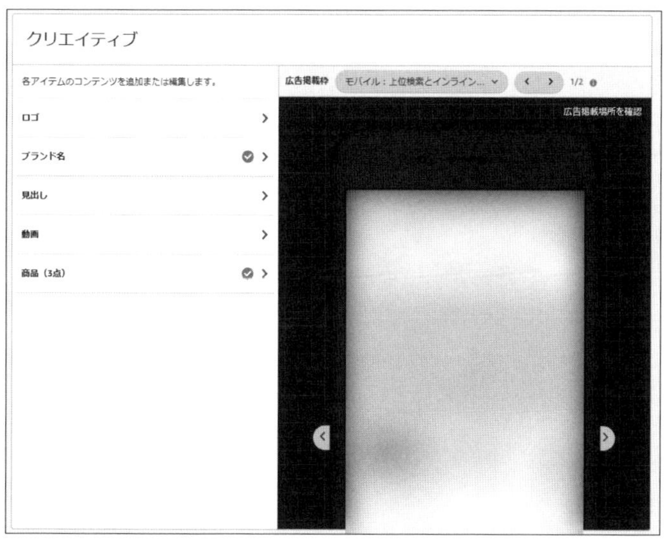

●動画

アスペクト比：16：9
サイズ：1280 x 720ピクセル、1920 x 1080ピクセル、あるいは3840 x 2160ピクセル
ファイルサイズ：500MB以下

ファイル形式：MP4またはMOV
長さ：6～45秒
フレームレート：23.976、23.98、24、25、29.97、あるいは29.98fps
ビットレート：1 Mbps以上
コーデック：H.264またはH.265
プロフィール：メインまたはベースライン
動画ストリーム：1のみ

●音声仕様

言語：広告の地域と一致する必要があります
サンプルレート：44.1 kHz以上
コーデック：PCM、AACまたはMP3
ビットレート：96 kbps以上
フォーマット：ステレオまたはモノラル
オーディオストリーム：1のみ

12 配信対象の商品を選定します。動画を設定したら、「審査に提出する」をクリックします。審査に提出されるので、結果を待ちます。

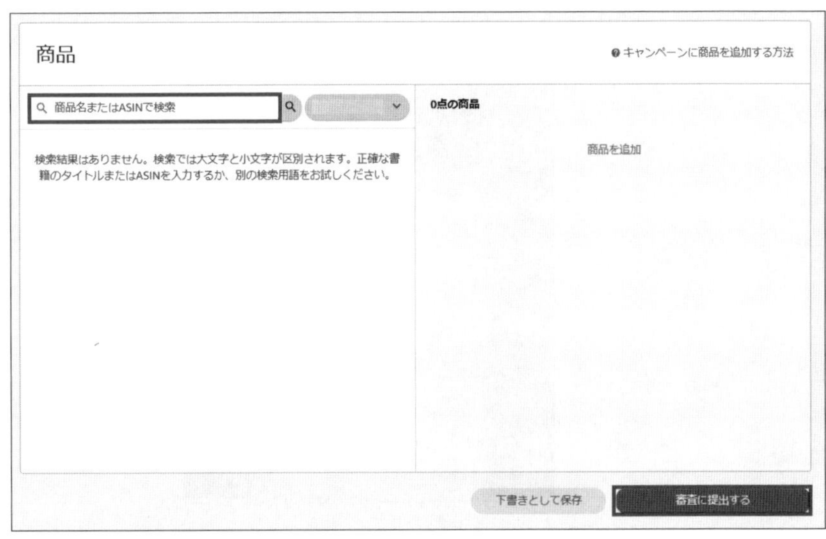

Section 07

Amazonスポンサーブランド広告の費用対効果を最大化する

スポンサーブランド広告の考え方

Amazonスポンサーブランド広告では、配信目的が「ブランド認知」であるケースが多いと思います。しかし、ブランド認知の計測は非常に難しいため、ここではスポンサーブランド広告から購買につなげるケースについて解説します。

スポンサーブランド広告でも、スポンサープロダクト広告のマニュアルターゲティングと同様、スポンサープロダクト広告のオートターゲティングで販売実績がついたキーワードをターゲットに設定していくのが基本的な流れです。スポンサープロダクト広告のオートターゲティングでAmazon側に自動で商品やキーワード入札をしてもらい、効果測定レポートで商品・キーワードごとのROASを確認します。そして、ROASが高い商品・キーワードをスポンサーブランド広告に設定します。

オートターゲティングによる配信 → 効果測定の確認 → マニュアルターゲティングへの調整 → さらなるキーワード調整

商品AUTO / キーワードAUTO →

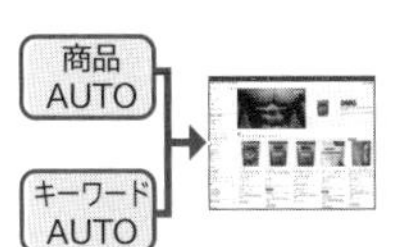

キーワード	消費額	広告売上	ROAS
A	100	600	600%
B	200	1000	500%
C	400	40	10%

商品ターゲティング / キーワードターゲティング →

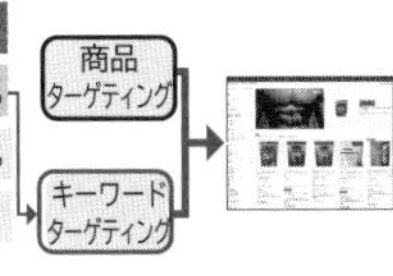

キーワード	消費額	広告売上	ROAS
A	100	600	600%
D	200	2000	1000%
E（除外）	400	40	10%

- 最初はAmazon側に任せたオートターゲティングで効果が高い商品やキーワードを探す
- 自社として許容できる予算だけ設定するように注意

- 効果測定を確認
- 売上が上がっている商品やキーワードの中で、自社の基準に対してROASが高いものを抽出する

- 効果測定を確認することで、抽出した商品やキーワードをマニュアルターゲティングに設定
- 明らかに効果が高いであろう商品やキーワードについても設定

- 配信後1週間以上経過したら、効果測定を確認
- 効果がよい商品やキーワードのCPCを上げる
- 効果が悪い商品やキーワードは除外を検討

スポンサーブランド広告に適用するキーワード／商品の選定

スポンサーブランド広告の設定は、スポンサープロダクト広告の広告レポートを元に行います。スポンサープロダクト広告とスポンサーブランド広告が交互に出てきてわかりにくいと思いますが、間違えないように設定を行ってください。

①キャンペーンの作成

スポンサープロダクト広告のオートターゲティングで、「ほぼ一致」と「代替商品」のキャンペーンを作成します。この設定にする理由は、オートターゲティングの配信時点で、できるだけROASが高い設定とするためです。「おおまか一致」「補完商品」はROASが低くなりやすいので、こちらの設定を推奨しています。

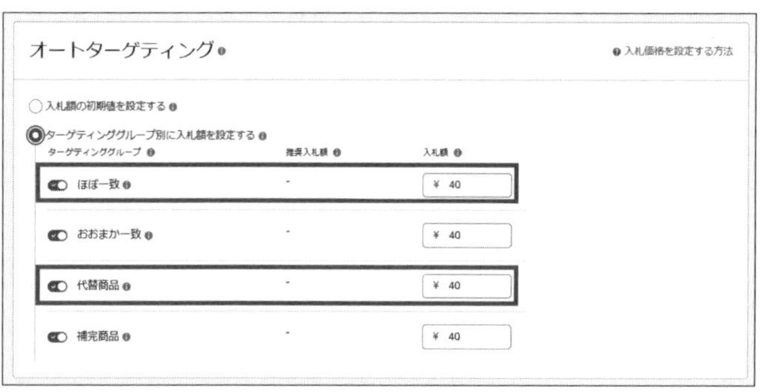

②スポンサーブランド広告の設定

①で設定したスポンサープロダクト広告を配信して1週間程度経過したら、スポンサーブランド広告の設定に入ります。スポンサープロダクトのオートターゲティングで配信した内容について、「検索用語」画面から効果を確認し、ROASが会社として許容できる水準を超えている商品・キーワードを抽出し、設定します。具体的には、次のような手順で設定を行います。

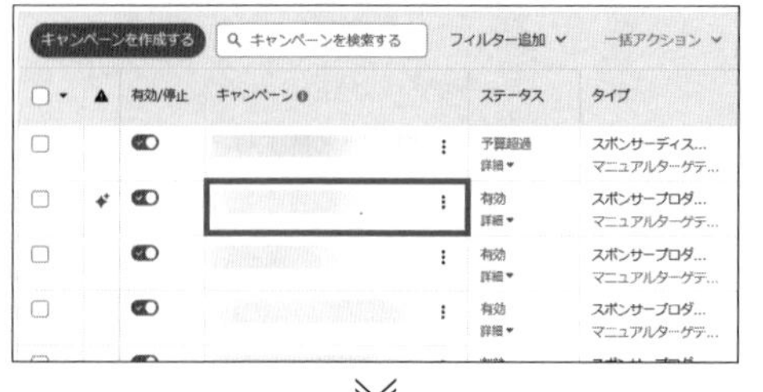

1 スポンサープロダクト広告で、広告レポートを確認したいキャンペーンをクリックします。

2 広告レポートを確認したい広告グループをクリックします。

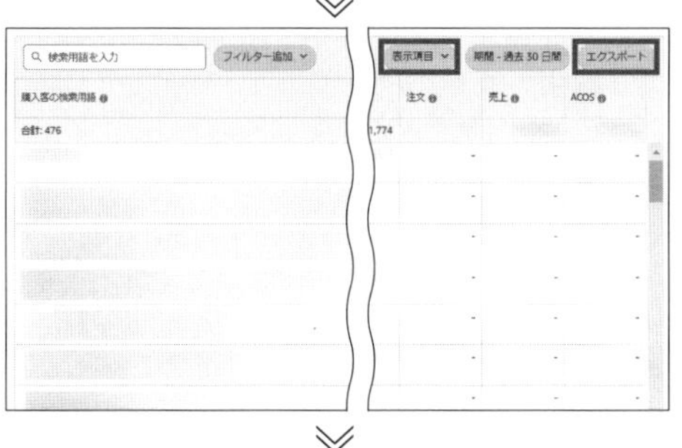

3 レフトナビから「検索用語」をクリックすると、商品やキーワードごとのROASを確認できます。売上につながっているキーワードや商品を抽出します。右上の「エクスポート」をクリックし、CSVファイルをダウンロードしておきましょう。CSVファイルは、手元でフィルターをかけながら結果を確認する際にも便利です。

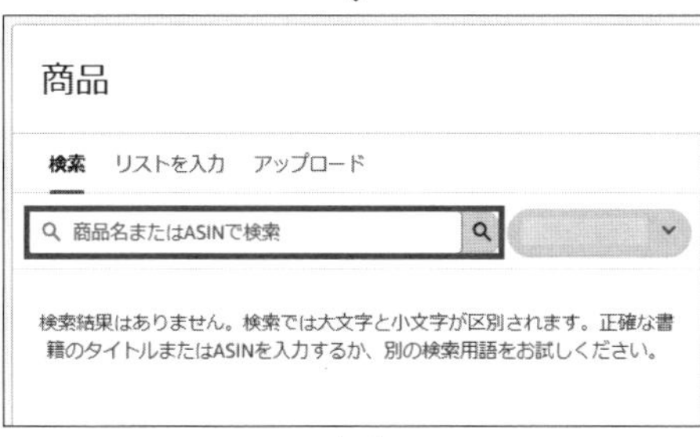

4 スポンサーブランド広告のキャンペーンで、3で抽出したキーワードおよび商品を設定します。

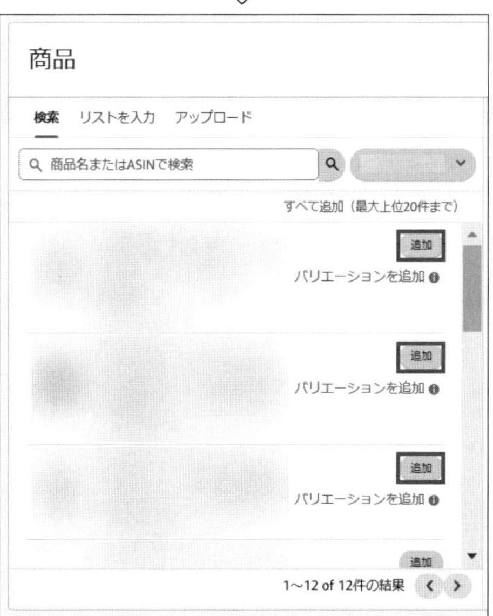

5 スポンサープロダクト広告のレポートだけではカバーしきれない商品およびキーワードを、Amazon側のレコメンドも参考にしつつ、思いつく限り設定します。Amazonの検索欄にキーワードを入力することで表示されるサジェストキーワードや、brand analytics、キーワードプランナーで調査できるキーワードを参考にします（詳細はChapter2参照）。

③効果測定に基づき広告出稿内容を調整

広告を配信したら、1週間に1回程度、スポンサーブランド広告の広告レポートを確認します。基本的な考え方はP.150のスポンサープロダクト広告の場合と同様ですが、ここではスポンサーブランド広告ならではの広告レポートの確認方法や、広告出稿内容の調整方法について説明します。

1 該当のキャンペーンの広告グループで、「ターゲティング」をクリックします。設定しているキーワードや商品ごとに、効果測定レポートを確認できます。また、キーワードや商品ごとの「入札額」を画面上で修正できます。

2 画面左のレフトナビから「検索用語」をクリックします。商品やキーワードごとの詳細なROASを確認し、想定しているROASに到達できていない場合はCPCを下げ、ROASが基準を超過している場合はCPCを上げ、機会損失を防ぎましょう。

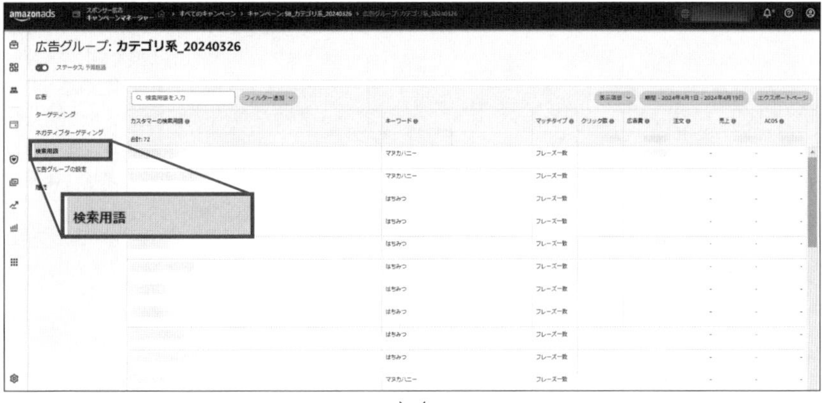

3 クリックが50件以上入っているにも関わらず購買につながっていないキーワードや類似商品は、ターゲティング対象から除く作業をします。

Section 08 楽天市場 RPP広告で購買意欲が高いユーザーを獲得する

RPP広告とは？

楽天市場の「RPP (Rakuten Promotion Platform) 広告」は、楽天市場内の検索連動型広告です。楽天市場の検索欄にユーザーがキーワードを入力し、検索をかけると、検索結果一覧の最上位にPCの場合は4枠、スマートフォンやアプリの場合は6枠、広告として表示されます。

検索連動型広告であるRPP広告は、楽天市場内の広告の中で費用対効果がもっとも高くなりやすい広告です。運用次第で、600%程度のROASを維持できるケースが多く、高くても100%程度までしかROASの出ない楽天の通常広告と比較すると、非常に高い費用対効果があります。

また、運用型広告であるRPP広告は、予算やCPC（1クリックあたりの単価）を自分で設定することができ、コストを抑えた状態で実施できるのも魅力の1つです。一方、楽天市場に出店したもののRPP広告の運用がよくわからず、手をつけられていないというストアの声も聞こえてきます。

ここでは、RPP広告の運用を誰でもわかるように、かつ、ほぼ確実に成果が上がる方法の解説をしていきます。ぜひ実践してみてください。

RPP広告は検索結果一覧の最上位に表示される

RPP広告の構造

最初に、RPP広告の構造について知っておきましょう。RPP広告は、次の3つの要素で構成されています。

①キャンペーン
②商品CPC
③キーワードCPC

以下で、それぞれについて詳しく解説していきます。

①キャンペーン

キャンペーンでは、RPP広告全体の月次予算の上限とCPCを設定します。キャンペーンで設定するCPCは、対象から除外している商品を除いて、すべての商品に適用されます。月次予算の上限を設定できるため、想定よりもコストを使ってしまった、という状態を防ぐことができます。また、月の途中でも予算を追加できるため、売上や広告予算の消化状況に応じて適宜広告予算を調整することで、リスクを抑えつつ売上機会の最大化を狙えます。ただし、キャンペーンの予算が切れた場合、自分でキャンペーンの予算消化状況を見に行かなければ気づくことができません。特にイベント中は定期的に予算消化状況を確認し、売上の機会損失が発生しないように注意しましょう。設定の詳細は、P.176で解説します。

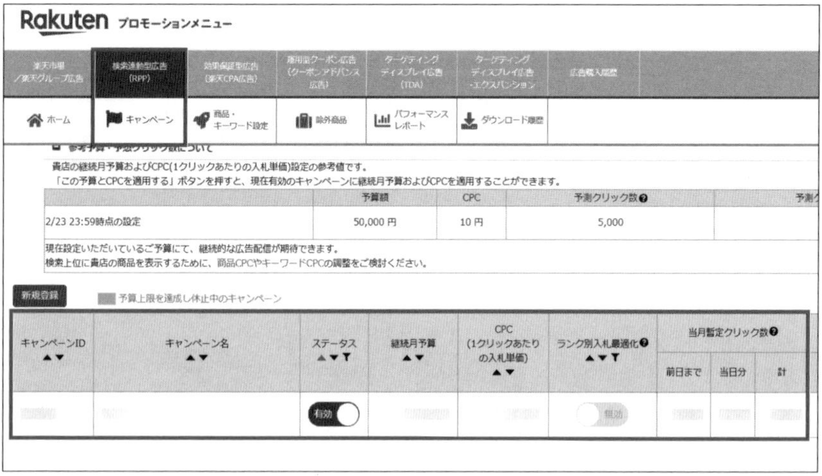

②商品CPC

商品CPCは、商品ごとに表示されたRPP広告がクリックされた際に発生するコストを設定する項目です。商品CPCを設定すると、該当の商品の売上につながりやすいキーワードであると楽天市場側が判断した場合、検索結果のRPP広告掲載枠に該当商品の広告が表示されます。商品CPCを設定した商品がRPP広告経由でクリックされた場合、その商品に設定されているキーワードに関わらず、設定した商品CPC分のコストがかかります。商品CPCのメリットは、想定していなかったキーワードからの流入が確保できることです。デメリットは、本来もっと安いコストで獲得できるキーワードからクリックされた場合でも、商品CPCに設定したコストがかかってしまう点です。詳しくはP.182で解説しますが、商品CPCとキーワードCPCをうまく組み合わせて、配信内容の効率化を図りましょう。

商品管理番号 検索

設定削除 ＋新規登録 一括アップロード 全件ダウンロード キーワード検索順位ダウンロード 1~7件（全7件）

□	商品管理番号 ▲▼	商品名	商品画像	価格	商品CPC	キーワード
□				4,950 円	10 円	登録済みキーワード数：4
□				5,390 円	10 円	登録済みキーワード数：2
□				8,250 円	10 円	

③キーワードCPC

キーワードCPCは、商品ごとに設定したキーワードごとに表示されたRPP広告がクリックされた際に発生するコストを設定する項目です。該当商品の購買につながりやすいキーワードを設定することで、RPP広告の効果を最大化することができます。キーワードは、1商品につき10キーワードまで設定できます。キーワードCPCの運用を極めた者がRPP広告を制すると言っても過言ではありません。具体的な調整方法については、P.182で解説します。

商品管理番号 検索

設定削除 ＋新規登録 一括アップロード 全件ダウンロード キーワード検索順位ダウンロード 1~7件（全7件）

□	商品管理番号 ▲▼	商品名	商品画像	価格	商品CPC	キーワード
□				4,950 円	10 円	登録済みキーワード数：4
□				5,390 円	10 円	登録済みキーワード数：2
□				8,250 円	10 円	

Section 09

楽天市場RPP広告の費用対効果を最大化する

RPP広告の効果を最大化する運用の考え方

RPP広告の効果を最大化する運用の考え方について解説していきます。RPP広告の効果と一口に言っても、さまざまな効果があります。ここでは、RPP広告の利用目的を以下の3種類に分類して考えていきます。

①売上の機会損失を最小限に抑えつつも、とにかくROASを最大化する
②ROASの低下は一定量許容しつつ、特定の検索キーワードからの売上を上げ、検索順位獲得を狙う
③他社のRPP広告表示を防ぐためにキーワードを設定する

①は、自社として守りたいROAS基準を下限として、できるだけ売上を獲得できるようにRPP広告を設定する考え方です。売上を大きくしながらROASも高くしたいという考え方は、利益を考えると当然です。まずはこちらの方針に則って進めるのが、もっともRPP広告の効果を実感できる方法でしょう。

②は、RPP広告をあくまでも検索キーワード経由での売上実績作りに活用する考え方です。この場合、検索ボリュームが大きく、売上につながりやすいビッグワードをキーワードCPCに設定することが多いです。しかし、ビッグワードは競合も入札をかけてくるため、通常はCPCの入札金額を高くしなければ表示されません。それでも該当検索キーワード経由での売上実績を作り、今後表示されるために必要なCPCを下げていくために、採算を無視してRPP広告を設定するというのがこの考え方です。
例えば、「プロテイン」をRPP広告の対象キーワードに設定する場合、売上実績が少ない場合、表示に必要なCPCは1,000円を超えます。それでも、「プロテイン」キーワードで検索した際の自然検索結果上位に表示される状態を目指し、かつ、RPP広告による掲載CPCも売上実績がつくことによって下がることを狙って、あえて「プロテイン」キーワードをRPP広告の配信キーワードに設定するという方法です。

③は、自社商品があるキーワードで検索されたときに自然検索結果で1位に表示される状態にある場合でも、あえて該当キーワードを設定することで、RPP広告の掲載面を独占してしまう、もしくは他社が表示される余地を減らしてしまう、という考え方です。
よくあるパターンとしては、メーカー企業が他社に商品を卸しているケースです。何かしらの約束をしていなければ、卸先がECモールでメーカー企業よりも安く販売するケースがほとんどです。結果として、メーカーはECモール経由での売上を上げられない状態になってしまうことがあります。そもそも卸先にECモールでの販売をやめさせることができればよいのですが、力関係によっては難しいこともあるでしょう。そういった状況にあるとき、RPP広告を使って掲載面を独占することが有効です。
例えば、自社のブランド名をRPP広告に設定し、自社ブランド名で検索された場合はRPP広告掲載面に自社が販売している商品しか表示されない状態にします。RPP広告のロジック上、自社ブランド名は比較的安いキーワードCPCで表示することができ、ROASも担保されるため、実施しやすい施策です。
また、今回は自社ブランド名での広告表示について説明しましたが、「非指名キーワード」(対象商品は明確になっていないが商品ジャンルが明確なキーワード。例えば「プロテイン」「洗濯機」など)を設定することも可能です。

実際の運用では、これら3種類の考え方を商品ごとに選んで適用していくのが効率的です。例えば、売れ筋商品ではないものの、ファンが一定数存在していて、毎月確実に売上が上がる商品には①の考え方を適用。売れ筋商品や今後売れ筋に育てていきたい商品があり、競合もそこまで強くないと考えている場合は②の考え方を適用。圧倒的な売れ筋商品で自社のブランド名や購買につながりやすいビッグワードで検索順位上位を獲得できている場合は③の考え方を適用し、他社商品に売上が上がる機会を与えない。といった運用を行うと、盤石な運営ができるでしょう。

RPP広告の初期設定

ここからは、RPP広告の初期設定の方法について解説していきます。すでにRPP広告を設定しているという方も、ポイントだけでも読んでいただけると、RPP広告に対する理解を深めていただけると思います。

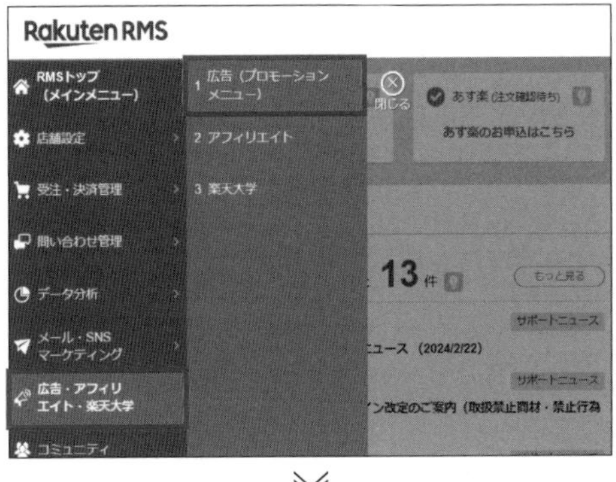

1 RMSの「広告・アフィリエイト・楽天大学」→「広告（プロモーションメニュー）」をクリックします。

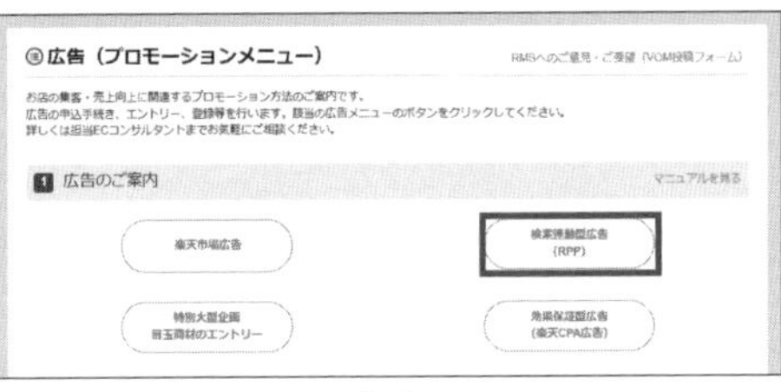

2 「広告（プロモーションメニュー）」が開くので、「検索連動型広告（RPP）」をクリックします。

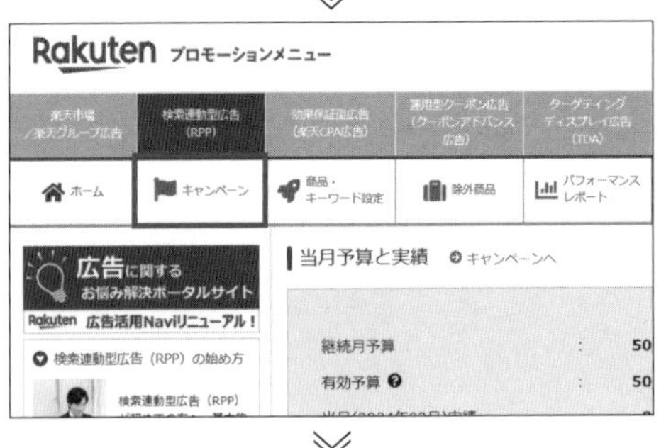

3 RPP広告の管理画面に遷移します。ページ上部のメニューから、「キャンペーン」をクリックします。

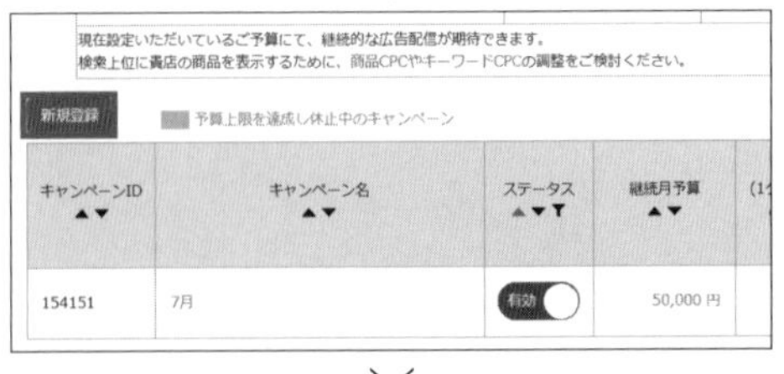

4 キャンペーン画面左上にある「新規登録」をクリックします。

キャンペーン新規登録
新しいキャンペーンの情報を入力し、「登録する」をクリックしてください。
ご利用についての重要なお知らせ
検索連動型広告（RPP）は、「継続月予算」に設定していただいた金額が、今月以降のご予算として継続的に適用されます。
キャンペーンのステータスが有効の場合、翌月以降も同じご予算で配信が継続されます。
翌月以降の配信を希望されない場合は、当月末日21:00までにキャンペーンのステータスを「無効」にしてください。
（停止までに最大3時間かかる可能性があるため）
キャンペーン名[必須]:
ステータス:
有効
無効
継続月予算[必須]:
円
1クリックあたりの入札単価[必須]:
円
ランク別入札最適化:
有効
無効
こちらのページに記載の通り、キャンペーンのステータスが「有効」の場合は翌月以降も「継続月予算」と同額の予算にて配信が継続されることを確認した。
キャンセル
登録する

5 キャンペーンの登録画面が表示されます。キャンペーンの登録画面では、以下の項目を設定できます。「登録する」をクリックすると、キャンペーンが登録されます。

●キャンペーン名

キャンペーンの名称を設定します。複数のキャンペーンを作成することがあるため、キャンペーン名だけで、どのような設定のキャンペーンなのかがわかるように設定しておきます。例えば「イベント名_予算額_CPC」のような形式で「SS_2,000,000円_20円」といった名前をつけておくと、用途と内容が一目瞭然です。文字数の上限が20文字なので、注意してください。

●ステータス

「有効」と「無効」を選択できます。

●継続月予算

予算を設定します。ステータスを「無効」に設定しない限り、設定した予算が継続して翌月以降も設定されます。予算の最低設定金額は5,000円です。ステータスを「無効」に修正してから実際に適用されるまで、最大で3時間かかります。翌日以降に設定を適用したい場合は、21時までに設定を完了しましょう。

●1クリックあたりの入札単価

RPP広告経由で獲得するクリック単価を設定できます。キャンペーン全体でCPC設定を高くしすぎると、想定以上にクリックが進んでしまう可能性があります。まずは最低金額で設定するとよいでしょう。最低設定金額は10円です。

ここまでで、キャンペーンの登録は完了です。次から「商品・キーワード設定」の説明に移ります。

RPP広告の対象商品を新規登録する

対象商品を新規登録することで、CPCの設定が可能となります。対象商品の設定方法は2つあります。1つは管理画面の「新規登録」から登録する方法、もう1つは「一括アップロード」から登録する方法です。

「新規登録」ボタンから登録する

RPP広告の出稿対象商品を、「新規登録」から登録する方法を解説していきます。

1 「商品・キーワード設定」タブで、「新規登録」をクリックします。

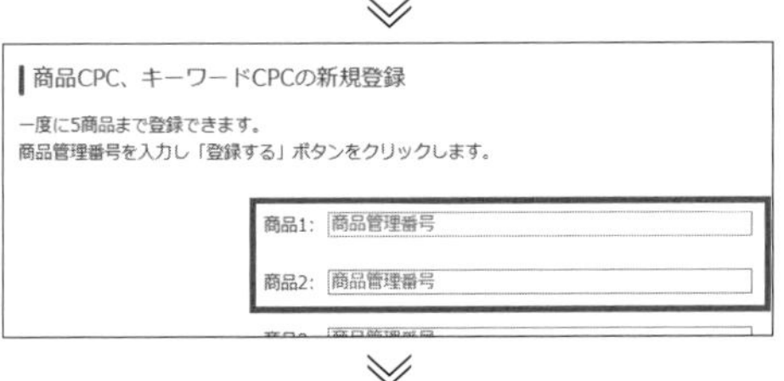

2 商品管理番号を使い、一度に5商品まで設定できます。商品管理番号を入力し、「登録する」をクリックします。

3 対象商品の商品CPC・キーワードCPCの設定画面に遷移します。商品CPCは、10円以上1,000円以下で設定できます。数字を入力し、「Enter」キーを押すと設定されます。キーワードCPCは、対象キーワードを入力し、それぞれのCPCを入力すると設定されます。設定が完了したら、右上の「×」をクリックします。

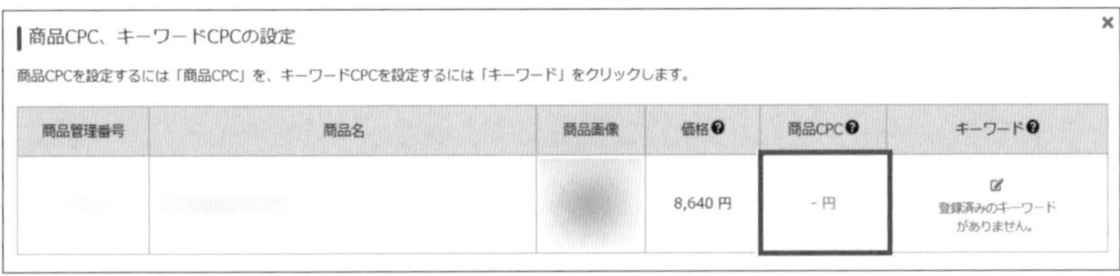

4 「商品・キーワード設定」画面に、設定した商品が表示されます。

✔「一括アップロード」から登録する

次に、一括アップロードから登録する方法を解説します。「新規登録」から登録する方法では、一度に5つの商品しか登録できないのに対し、「一括アップロード」を使えば、大量の商品があっても文字通り一括でアップロードすることができます。

1 「商品・キーワード設定」タブで、「一括アップロード」をクリックします。「商品CPCの登録／更新」「キーワードCPCの登録／更新」というメニューが表示されます。ここでは「商品CPCの登録／更新」をクリックします。「キーワードCPCの登録/更新」については、P.181のPOINTを参照してください。

2 「サンプルフォーマットはこちら」をクリックします。一括アップロード用のCSVファイルをダウンロードできます。

	A	B	C	D
1	コントロー	商品管理番	商品CPC	
2	u		20	
3	u		20	
4	u		20	
5	u		20	
6	u		20	
7	u		20	
8	u		20	
9	u		20	
10	u		20	
11	u		20	
12	u		20	
13	u		20	
14	u		20	

sample_items_upload

3 サンプルフォーマットに、対象商品を入力します。サンプルフォーマットには、左から「コントロールカラム」「商品管理番号」「商品CPC」が表示されています。「商品管理番号」「商品CPC」には、設定したい商品の商品管理番号と商品CPCを設定します。

POINT

商品管理番号は、RMSの「店舗設定」＞「商品管理」＞「商品一覧・登録」＞「CSVダウンロード」＞「全項目」の「ダウンロード」からCSVファイルをダウンロードできます。全商品をRPP広告の対象にする場合は、そのまま貼り付ければよいので便利です。

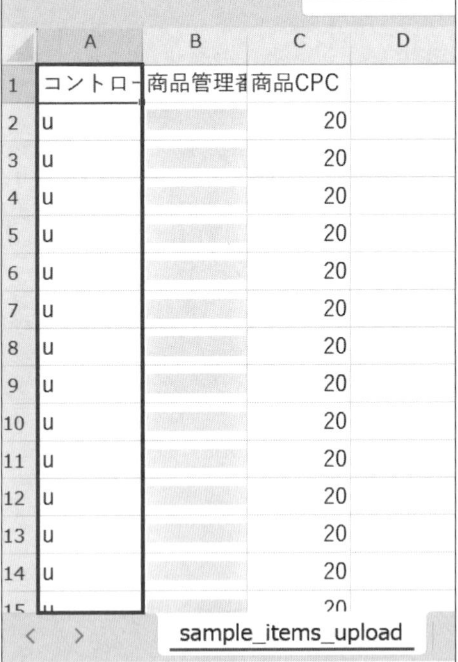

	A	B	C	D
1	コントロー	商品管理番	商品CPC	
2	u		20	
3	u		20	
4	u		20	
5	u		20	
6	u		20	
7	u		20	
8	u		20	
9	u		20	
10	u		20	
11	u		20	
12	u		20	
13	u		20	
14	u		20	

sample_items_upload

4 「コントロールカラム」では、その行の商品を新規登録するのか、削除するのか、CPCを更新するのかという指示を行います。新規登録する場合は「n」、削除する場合は「d」、CPCを更新する場合は「u」と入力します。まれに、意図せず「d」と入力してデータを削除してしまう方がいるので、注意が必要です。

5 「ファイル参照」をクリックすると、アップロードするファイルを選択する画面になります。作成したCSVファイルを選択して「アップロード」をクリックすると、新規登録もしくは更新完了です。

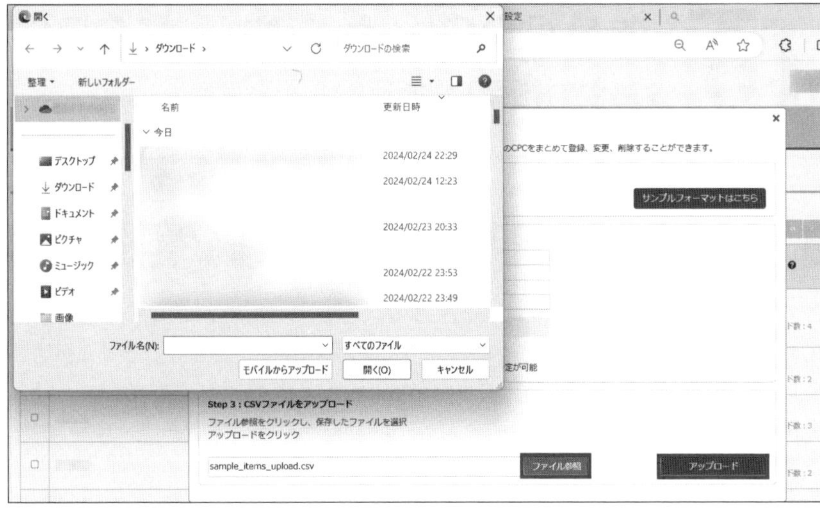

POINT

「キーワードCPCの登録／更新」については、商品CPCの場合と設定方法がほとんど同じであるため、詳細な説明は割愛します。商品CPC設定との違いは、作成するCSVファイルのレイアウトです。キーワードCPCのCSVファイルは、左から「コントロールカラム」「商品管理番号」「キーワード」「キーワードCPC」が表示されています。商品CPCの場合と異なり、「キーワード」欄が追加されています。これは、キーワードCPCの場合、1商品あたり10キーワードまで設定できるからです。登録時は「商品管理番号」と「キーワード」を忘れずに設定するようにしましょう。

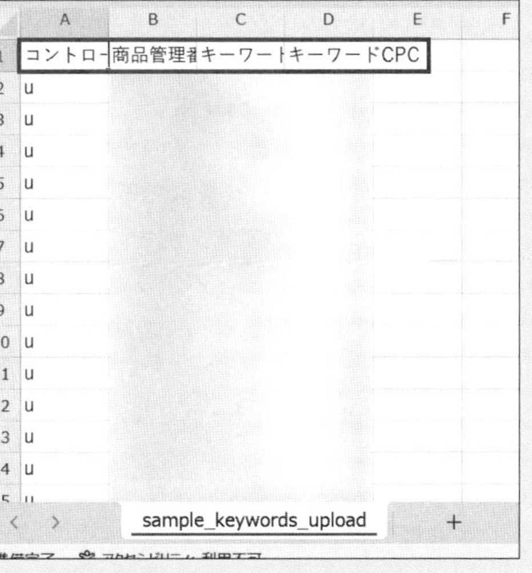

Section 10

楽天市場 商品CPC・キーワードCPCの初期設定

商品CPC・キーワードCPCをコストの無駄なく設定する

ここまで、RPP全般の設定の考え方について解説しました。ここでは、初期設定時にCPCをいくらに設定すべきかについて解説していきます。まず「初期設定」という観点では、「とりあえず最低金額で設定する」のがおすすめです。最低金額は、商品CPCは10円、キーワードCPCは40円になります。なぜなら、リスクを最小限に抑えながら、いくらなら広告金額が消化され、どのくらい売上が上がるのかを把握し、またキーワードCPCについては目安となるCPCを知りたいからです。設定しないことには効果測定を出せないので、どう調整すればいいのかわかりません。まずはリスクを抑えてやってみましょう。

一度最低金額で設定したら、続いて商品CPCを40円までに抑えながら、キーワードCPCで40円以上の金額を設定するのがおすすめです。商品CPCは、楽天市場独自のロジックで購買につながりやすいキーワードに露出し、アクセスを獲得するために設定します。そのため、商品CPCを高く設定していると、本来もっと安い金額でクリックを取れるはずのキーワードでも、商品CPC分のコストが発生してしまうのです。例えば商品CPCを100円で設定し、キーワードCPCを設定していないと、本来キーワードCPC50円でクリックを取れるはずのキーワードで100円取られてしまいます。そのため、機会損失を防ぐために商品CPCは設定するものの、できるだけ商品CPCは低く設定し、キーワードCPCでCPCが高いキーワードを設定していく方法がおすすめです。

RPP広告管理画面

RPPを配信してからのCPC調整方法

続いて、RPP広告を配信してからCPCを調整していく方法を解説していきます。調整の大まかな流れは、以下の通りです。

①RPP広告の効果測定を確認する
②ROASやクリック数、CVRを確認し、調整する商品・キーワードを決定する
③CPCを微修正し、状況に応じてキーワードの追加や除外を行う

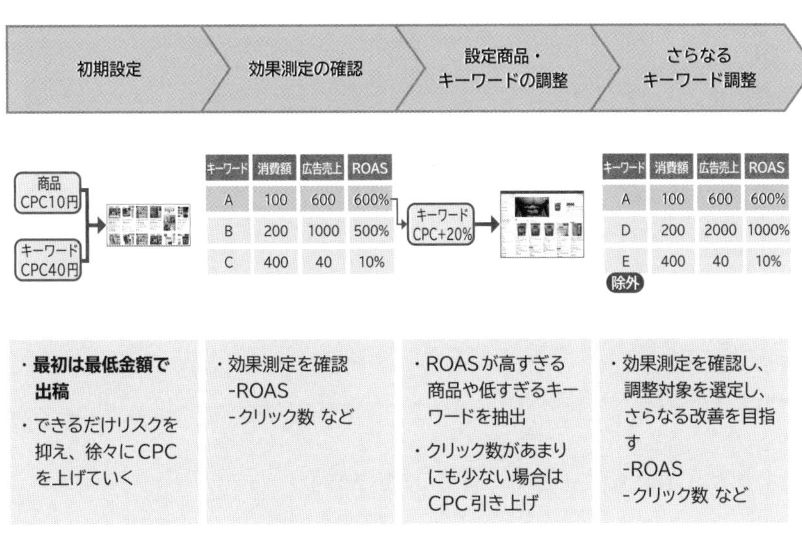

以上で、それぞれについて詳しく解説していきます。

✔ ①RPP広告の効果測定を確認する

RPP広告の効果測定の確認方法には、以下の2種類があります。

1.全体観を知るため、キャンペーンの消化額を確認する

RPP広告の管理画面を開き、「キャンペーン」をクリックします。キャンペーンごとに、以下の項目について確認します。

- **継続月予算**
- **CPC**
- **当月暫定クリック数**
- **当月暫定ご利用金額**
- **消化率**

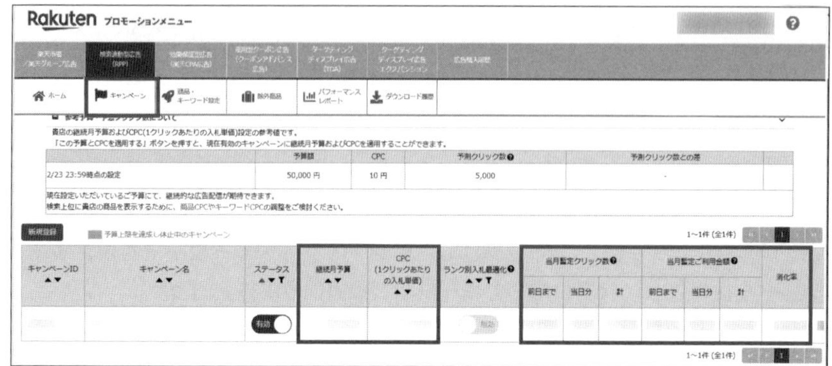

2.商品・キーワードごとに詳細な効果測定を確認する

RPP広告の管理画面を開き、「パフォーマンスレポート」をクリックします。RPP広告の効果測定レポートは、以下の方法で出力できます。

a.集計単位
b.集計期間
c.絞り込み
d.表示／出力項目
e.出力方法の選択

それぞれの項目について、簡単に説明していきます。

a.集計単位

どの単位で集計するかを決定します。

- **すべての広告**：全RPP広告を対象にした効果測定が表示されます。全体像を把握するには、このレポートがよいでしょう。
- **キャンペーン**：設定したキャンペーンごとの効果測定が表示されます。異なる期間で設定したキャンペーンごとの効果の違いを確認したい場合に活用します。
- **商品別**：商品ごとの効果測定が表示されます。商品CPCを中心に設定している場合に、利用頻度の高いレポートになります。
- **キーワード別**：キーワード別の効果測定が表示されます。商品とそこに紐づくキーワード別の効果を確認できるため、本書で紹介する調整方法の中ではもっとも利用頻度が高いレポートになります。

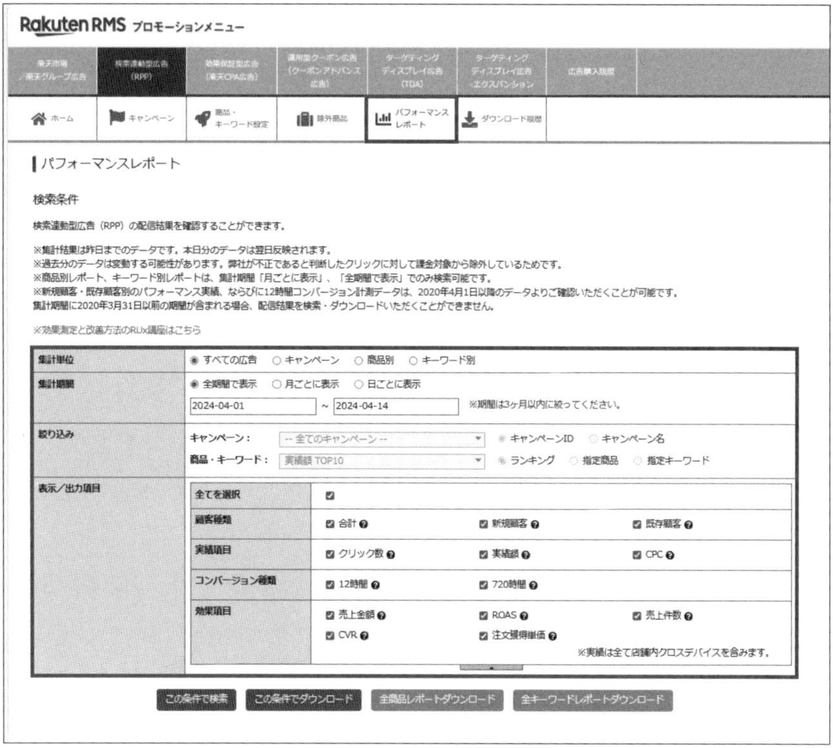

Rakuten RMS プロモーションメニュー

楽天市場／楽天グループ広告 | 検索連動型広告（RPP） | 効果保証型広告（楽天CPA広告） | 運用型クーポン広告（クーポンアドバンス広告） | ターゲティングディスプレイ広告（TDA） | ターゲティングディスプレイ広告-エクスパンション | 広告購入履歴

ホーム | キャンペーン | 商品・キーワード設定 | 除外商品 | パフォーマンスレポート | ダウンロード履歴

パフォーマンスレポート

検索条件

検索連動型広告（RPP）の配信結果を確認することができます。

※集計結果は昨日までのデータです。本日分のデータは翌日反映されます。
※過去分のデータは変動する可能性があります。弊社が不正であると判断したクリックに対して課金対象から除外しているためです。
※商品別レポート、キーワード別レポートは、集計期間「月ごとに表示」、「全期間で表示」でのみ検索可能です。
※新規顧客・既存顧客別のパフォーマンス実績、ならびに12時間コンバージョン計測データは、2020年4月1日以降のデータよりご確認いただくことが可能です。
集計期間に2020年3月31日以前の期間が含まれる場合、配信結果を検索・ダウンロードいただくことができません。

※効果測定と改善方法のRUx講座はこちら

集計単位	◉ すべての広告 ○ キャンペーン ○ 商品別 ○ キーワード別
集計期間	◉ 全期間で表示 ○ 月ごとに表示 ○ 日ごとに表示 2024-04-01 ～ 2024-04-14 ※期間は3ヶ月以内に絞ってください。
絞り込み	キャンペーン： -- 全てのキャンペーン -- ◉ キャンペーンID ○ キャンペーン名 商品・キーワード： 実績額 TOP10 ◉ ランキング ○ 指定商品 ○ 指定キーワード
表示／出力項目	全てを選択 ☑ 顧客種類：☑ 合計 ☑ 新規顧客 ☑ 既存顧客 実績項目：☑ クリック数 ☑ 実績額 ☑ CPC コンバージョン種類：☑ 12時間 ☑ 720時間 効果項目：☑ 売上金額 ☑ ROAS ☑ 売上件数 ☑ CVR ☑ 注文獲得単価 ※実績は全て店舗内クロスデバイスを含みます。

この条件で検索 | この条件でダウンロード | 全商品レポートダウンロード | 全キーワードレポートダウンロード

b.集計期間

どの期間で集計するかを決定します。

- **全期間で表示**：設定した全期間の効果をまとめて確認できます。どの集計単位でも利用できます。
- **月ごとに表示**：設定した月の効果を確認できます。どの集計単位でも利用できます。
- **日ごとに表示**：設定した期間の効果を日ごとに確認できます。イベントなどの影響を確認する際に重宝します。「すべての広告」と「キャンペーン」の集計単位でのみ利用できます。

c.絞り込み

e.の「出力方法の選択」で「この条件で検索」「この条件でダウンロード」を選択した場合の条件を設定します。

- **キャンペーン**：出力するキャンペーンを選択できます。「集計単位」で「キャンペーン」を設定した場合に利用できます。

- **商品・キーワード**：出力する商品・キーワードを選択できます。「集計単位」で「商品別・キーワード別」を設定した場合に利用できます。
  -**ランキング**：「実績額TOP10」「売上件数（合計720時間）TOP10」「ROAS（合計720時間）TOP10」から選択できます。各項目のTOP10が表示されます。
  -**指定商品**：「商品管理番号」を設定することで、1商品のみの効果測定レポートを出力できます。
  -**指定キーワード**：「キーワード」を1つ設定することで、確認したいキーワードの効果測定レポートを出力できます。

d.表示／出力項目

確認したい項目を設定できます。各項目は次ページで詳しく解説しますが、こだわりがなければデフォルトのまま、すべてを表示するのがよいでしょう。

e.出力方法の選択

出力方法によって、レポート内容や確認方法が変わります。

- **この条件で検索**：設定した集計単位などの項目に合わせた効果測定レポートが、画面下部に表示されます。その場ですぐに効果測定を確認したい場合に便利な機能です。
- **この条件でダウンロード**：設定した集計単位などの項目に合わせた効果測定レポートをCSVファイル形式でダウンロードできます。Excelなどで数字を加工したい場合に活用します。
- **全商品レポートダウンロード**：設定した期間の全商品に関するレポートをCSVファイル形式でダウンロードできます。「この条件でダウンロード」では商品やキーワードについては対象が絞られてしまうため、より詳細な分析をしたいという場合に利用します。
- **全キーワードレポートダウンロード**：設定した期間の全キーワードに関するレポートをCSVファイル形式でダウンロードできます。「この条件でダウンロード」では商品やキーワードの対象が絞られてしまうため、より詳細な分析をしたいという場合に利用します。

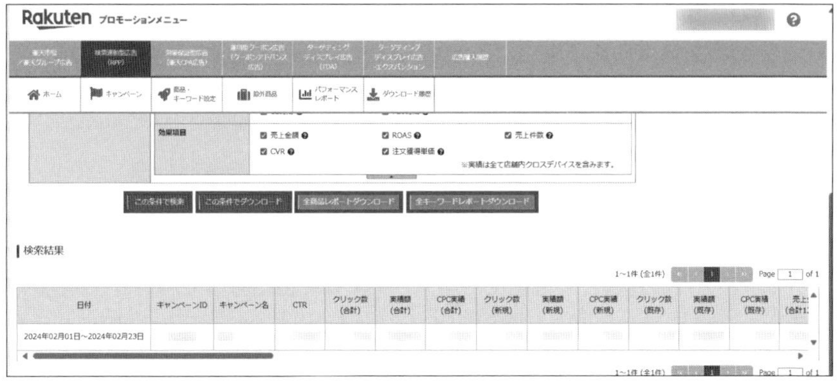

出力したレポートの中で、特に確認しておくべき指標は以下になります。

- **CTR**：クリック率を示します。楽天市場内で表示された回数のうち、実際にクリックされた回数の比率です。
- **目安CPC**：RPPの掲載枠に表示される目安となるCPCです。
- **クリック数**：掲載RPP広告経由でのクリック数です。
- **実績額（合計）**：RPP広告の消費金額です。
- **CPC実績（合計）**：RPP広告での実際のCPCです。
- **売上金額（合計720時間）**：RPP広告をクリックしたユーザーが、720時間以内に自社店舗で商品を購入した金額です。
- **売上件数（合計720時間）**：RPP広告をクリックしたユーザーが、720時間以内に自社店舗で商品を購入した件数です。
- **CVR（合計720時間）**：RPP広告をクリックしたユーザーが、720時間以内に自社店舗で商品を購入した件数の比率です。
- **ROAS（合計720時間）**：RPP広告をクリックしたユーザーが、720時間以内に自社店舗で商品を購入した金額をRPP広告費用で割った指標です。費用対効果を表しており、広告効果を確認するために使われます。
- **注文獲得単価（合計720時間）**：RPP広告費用を、購入につながった件数で割った指標です。1件分の購入あたりにかかっている広告費がわかるため、利益を確保できる構造になっているかを把握するために使われます。

✔ ②ROASやクリック数、CVRを確認し、調整する商品・キーワードを決定する

効果測定レポートを出力できたら、レポートに書かれている数字を確認することで現状を把握し、どのように調整すればよいかを検討していきます。効果測定レポートで確認したい数字は、以下の3種類です。これらの数字を用いて、RPP

広告のCPCの調整を行います。なお、ここではRPP広告の利用目的をP.174の「①売上の機会損失を最小限に抑えつつも、とにかくROASを最大化する」こととして解説を行います。②③の利用目的については人によって考え方がさまざまなため、ここでは割愛します。

1.ROAS(広告費に対する売上高比率)

ROASは、自社の商品の利益率を考えたときに許容できる範囲に広告費が収まっているかどうかの指標として活用します。例えば売上に対して広告費を20%まで使っても利益が出るという場合、ROASが500%あれば、RPP広告のコストとして問題ないという判断になります。もう1つの考え方として、LTV(ライフタイムバリュー)に対する広告比率があります。LTVとは、あるユーザーが商品を購入してから、生涯に渡ってその企業の商品を購入する金額を示すものです。ECの場合は、1年間でのLTVを指標にすることが多いです。その場合のLTVは、商品を購入してから1年以内に、同じユーザーがどれだけ自社の商品を購入してもらえるかを示します。「LTVに対する広告比率で考える」ということは、例えば商品単価は5,000円でも、一度購入してもらえれば広告費を使わなくても30,000円購入してもらえるとわかっているのであれば、LTV30,000円の20%分である6,000円分の広告費を使えるという考え方です。自社商品の特徴を理解した上で、RPP広告に必要な基準ROASを設定し、データから状況を把握しましょう。

2.クリック数

クリック数は、継続して出稿するべきかどうかを判断できる程度に広告が表示されているかの指標として活用します。なぜなら、一定のクリック数がなければ、売上につながるキーワードかどうかの判断がつかないためです。例えばクリック数が1クリックしかない場合、売上が上がっていなくても、そのキーワードの問題かどうかの判断ができません。弊社の場合は、100クリック以上入っているキーワードを判断の対象としています。

3.CVR(購買率)

CVRは、店舗CVR(店舗全体での売上件数/アクセス数)と比較して良し悪しを判断します。通常、店舗CVRよりも広告経由のCVRのほうが低くなります。そのため、RPP経由のCVRが店舗CVRよりも高い場合、機会損失が発生している可能性が高いです。この場合、CPC単価を引き上げて表示回数を増やし、クリック回数を増やすことで、さらなる売上アップを狙うことが可能です。

✔ ③CPCを微修正し、状況に応じてキーワードの追加や除外を行う

調整対象となる商品やキーワードを選定できたら、前述した3つの指標を活用して、選定した調整対象の商品やキーワードのCPC調整基準（CPC増減調整時の比率）を設定します。例えば、以下のように設定します。

- **基準クリック数**：このクリック数が入っていれば、転換につながる可能性が高いと言える水準のクリック数を設定します。例えば店舗CVRが5%あるとすると、100クリックあれば5件売れるという計算になります。そこで、広告経由の場合も1件は売れるだろうという形で設定します。
- **基準ROAS**：許容できる広告比率から、ROASを設定します。例えば許容できる広告比率が25%の場合、ROASは400%に設定します。
- **基準店舗CVR**：店舗全体のCVRを設定します。
- **CPC調整基準**：2つの設定方法があります。1つは、CPCの調整比率を固定で設定し、着実に調整を進める方法です。筆者の経験則では、固定で+20%、▲30%に設定すると、最適な値に調整しやすいです。

以下のような設定です。

店舗に応じてカスタマイズ

項目	商品CPC変数	キーワードCPC変数
基準クリック数	50	50
基準ROAS	400%	400%
店舗CVR	2.0%	―
CPCブースト	20%	20%
CPC下げ	30%	30%
上限CPC	30	150

それでは、実際に付録のCPC調整ツールを活用してみましょう。具体的な調整方法については付録にて解説しておりますので、そちらをご参照ください。

RPP広告の調整方法

それでは、実際にRPP広告の管理画面を開いて設定を行いましょう。基本的な操作方法は初期設定と同様のため、ここでは調整時に発生する作業のみを紹介します。不明な点があれば、P.178を参照してください。

1 RPP広告管理画面の「商品・キーワード設定」>「一括アップロード」をクリックします。

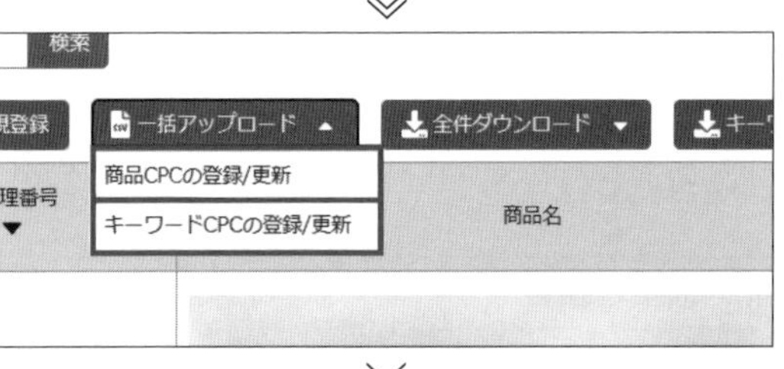

2 「商品CPCの登録／更新」（商品CPCを更新する場合）もしくは「キーワードCPCの登録／更新」（キーワードCPCを更新する場合）をクリックします。

3 「サンプルフォーマットはこちら」をクリックします。

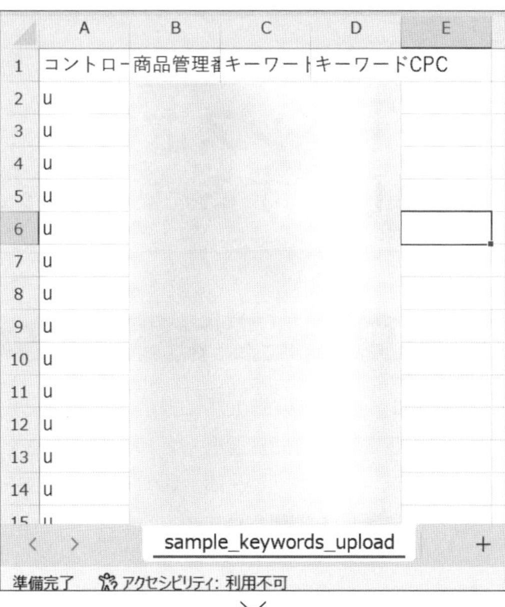

4 2で選択した内容に応じて、以下の列が設定されたCSVファイルが出力されます。この表に、調整したい内容、または付録のツールで作成したデータを貼り付けます。

・商品CPCの登録／更新
「コントロールカラム」「商品管理番号」「商品CPC」

・キーワードCPCの登録／更新
「コントロールカラム」「商品管理番号」「キーワード」「キーワードCPC」

5 「ファイル参照」をクリックしてアップロード対象ファイルを選択し、「アップロード」をクリックします。

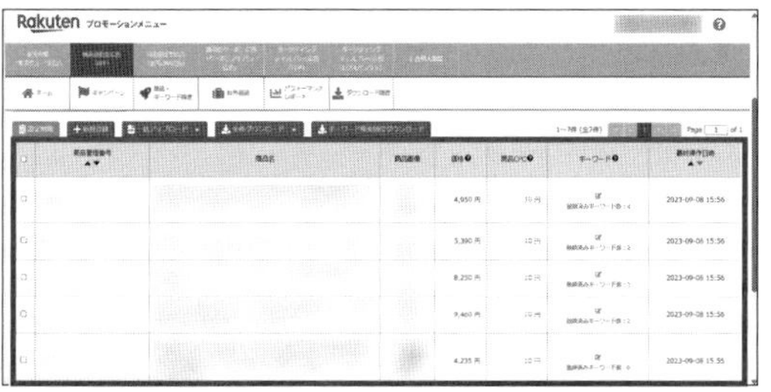

6 アップロードした内容がRPP広告管理画面に正しく反映されたことを確認すれば、更新完了です。RPP広告の設定は、一定時間（数時間程度）経過してから反映されます。

Section 11 楽天市場 クーポンアドバンス広告で最後の一押しをする

クーポンアドバンス広告とは？

楽天市場の「クーポンアドバンス広告」は、検索結果最上部に表示される商品別のクーポン広告です。検索キーワードや購買履歴、閲覧履歴などのデータをもとに、楽天市場独自のロジックに則って表示されます。クーポンの割引額は、楽天推奨額か自社の手動設定金額のどちらかによって決められます。

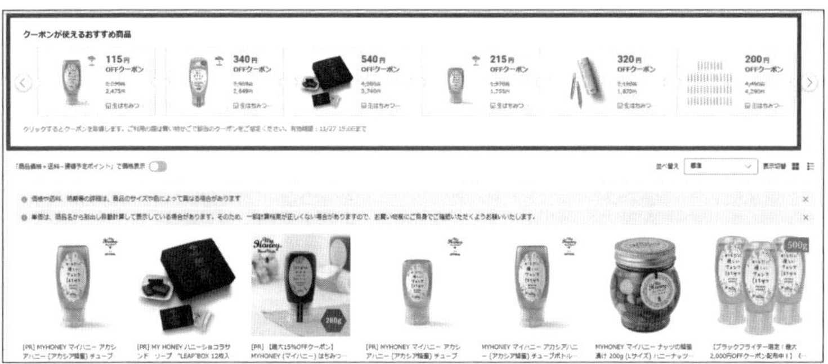

楽天市場の「クーポンアドバンス広告」

クーポンアドバンス広告の設定方法

クーポンアドバンス広告の設定方法は、以下の通りです。

1 RMSの「広告・アフィリエイト・楽天大学」>「広告（プロモーションメニュー）」>「運用型クーポン広告（クーポンアドバンス広告）」をクリックします。

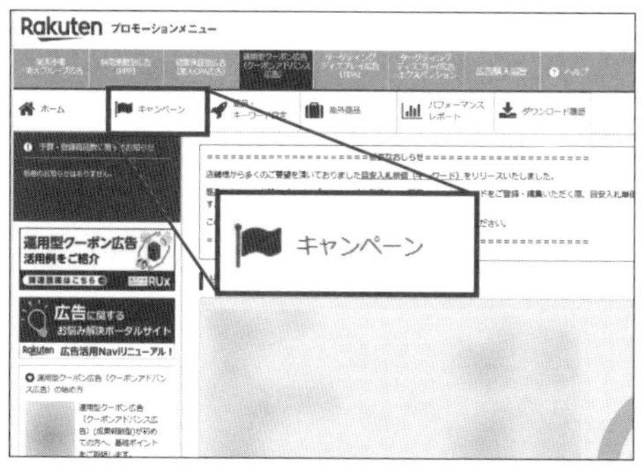

2 クーポンアドバンス広告の「ホーム」画面が開きます。ホーム画面では、当月の設定予算と消化状況などの実績を確認できます。「キャンペーン」をクリックします。

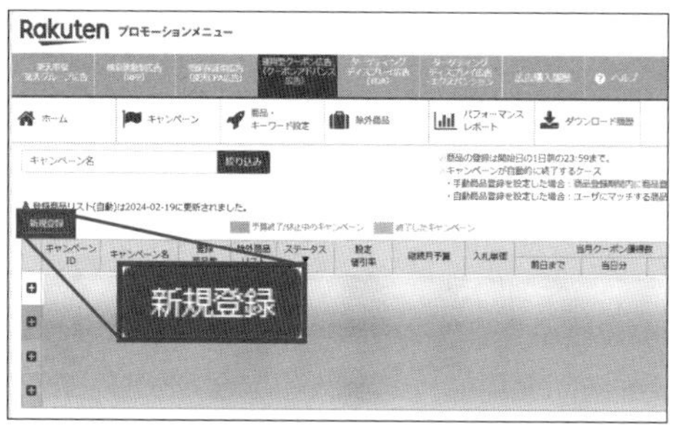

3 キャンペーンの管理画面が開き、キャンペーンごとの効果測定を確認できます。「新規登録」をクリックします。新規登録画面が開くので、以下の項目を入力していきます。「確認する」をクリックすると、設定完了です。

- **キャンペーン名**：キャンペーン名を設定します。「通常時_自動_値引き率4%」や「SS_手動_値引き率10%」のように、設定内容がわかる名前にしておきます。
- **キャンペーン開始日時**：キャンペーンを開始する日時を設定します。
- **継続月予算**：継続で使用する月ごとの予算を設定します。ここで設定した予算は変更しない限り、毎月同じ金額が予算として設定されます。
- **クーポン1獲得あたりの入札単価**：クーポンが1つ獲得されるごとにかかるコストを設定します。入札単価が高いほうが、掲載されやすい傾向にあります。
- **1ユーザーあたりの利用回数上限**：「無制限」と「上限回数の指定」から選択します。クーポンアドバンスの効果を最大化するのであれば、「無制限」がおすすめです。割引をできるだけ減らしたいといった意図がある場合は、上限回数を指定するのがよいでしょう。
- **クーポン併用可否**：クーポンアドバンス広告のクーポンを他のクーポンと併用してよいか設定します。クーポンアドバンスの効果を最大化するには、「併用可」の設定がおすすめです。
- **値引率と配信商品設定**：「自動最適化（推奨）」と「手動」から選択します。詳しくは、次ページを参照してください。
- **除外商品リストの適用**：「除外商品」に登録した商品を、配信対象から除外します。詳しくは、P.195で後述します。

「値引率と配信商品設定」では、「自動最適化（推奨）」と「手動」から選択することができます。「自動最適化（推奨）」にチェックを入れると予測平均値引き率が表示されるので、「高・中・低」から選択します。

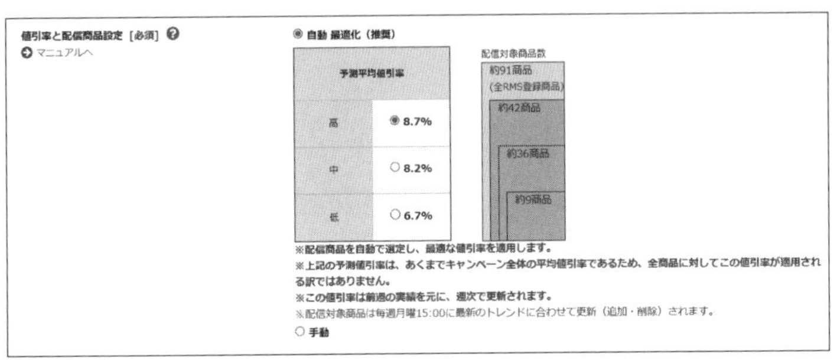

「手動」にチェックを入れると、下記の設定が表示されます。「配信商品」は、最初に設定する場合は「自動で選定（除外商品適用可）」がおすすめです。配信してみなければ、どの商品にいくらぐらいの値引き率と入札価格を設定すべきか判断できないためです。「自動で選定（除外商品適用可）」の設定で効果を把握してから、「手動で選定（除外商品適用不可）」で細かな調整を行いましょう。

- **値引率**：4%以上で設定します。
- **配信商品**：「自動で選定（除外商品適用可）」「手動で選定（除外商品適用不可）」から選択します。

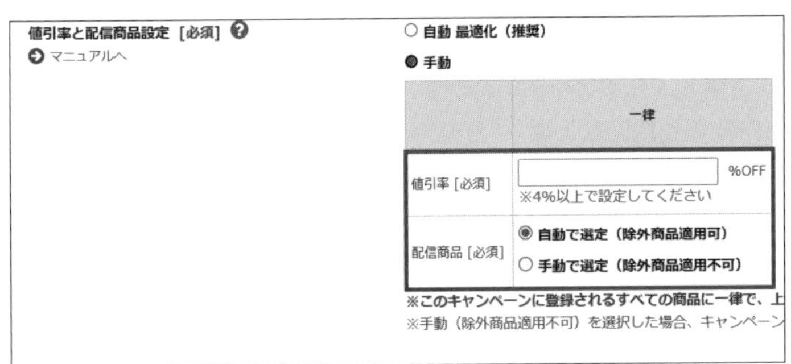

ただし、キャンペーンの場合に「手動で選定（除外商品適用不可）」を設定すると、割引率を一律設定する上、対象商品を手動で選択する手間が発生するため、すべての商品へのクーポンアドバンス広告を適用しにくくなります。特別な意図がなければ、「自動で選定（除外商品適用可）」で設定し、個別にクーポン値引き率などを設定するのがおすすめです。

「手動で選定（除外商品適用不可）」を選択した場合の操作

P.193の**3**で「値引率と配信商品設定」の「手動」にチェックを入れ、「手動で選定（除外商品適用不可）」を選択した場合は、引き続き以下の操作を行い、商品登録を行います。「自動で選定（除外商品適用可）」を選択している場合、以下の操作は不要です。

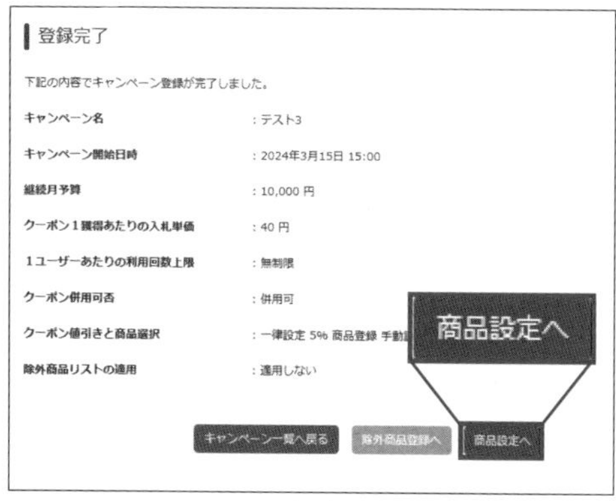

1 「商品設定へ」をクリックします。

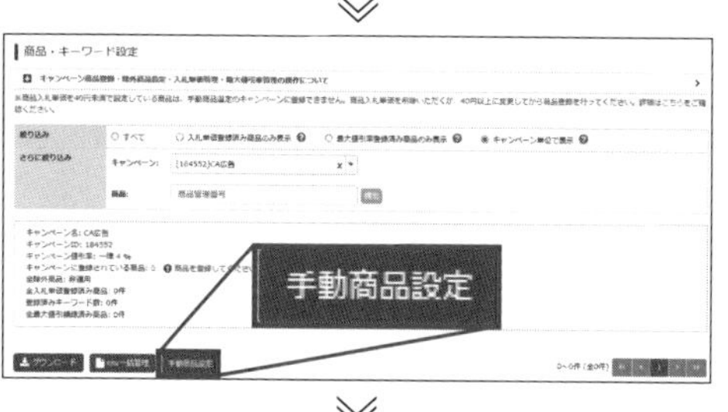

2 「商品・キーワード設定」画面に遷移します。「手動商品設定」をクリックします。すると、3つの項目が表示されます。以下の方法で、商品の登録と除外を行います。

商品を検索して登録
登録したい商品にチェックを入れて、「登録する」をクリックします。検索欄に「商品管理番号」を入力して、対象商品を検索できます。

商品を検索して削除

対象商品から削除したい商品にチェックを入れて、「登録する」をクリックします。検索欄に「商品管理番号」を入力して、対象商品を検索できます。

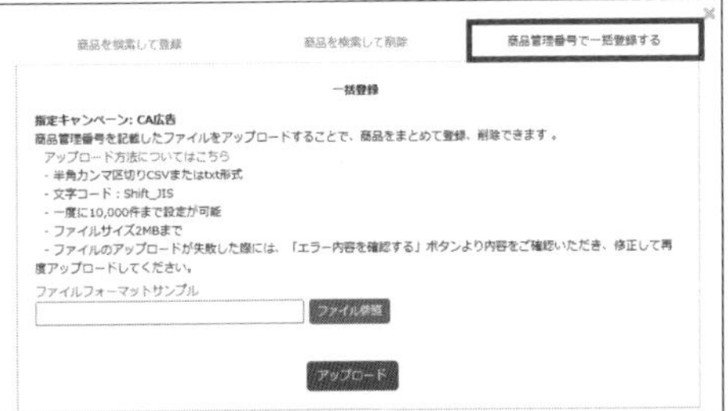

商品管理番号で一括登録する

「ファイルフォーマットサンプル」をクリックすると、アップロード用CSVファイルをダウンロードできます。ファイルには「コントロールカラム」と「商品管理番号」が表示されています。対象商品の商品管理番号を入力して、クーポンアドバンス広告の配信対象を設定できます。

「商品別入札単価」「キーワード」「最大値引率」の設定

ここまでで商品登録が完了し、クーポンアドバンス広告の配信準備が整えられました。必要に応じて、さらに細かい設定を行うことも可能です。

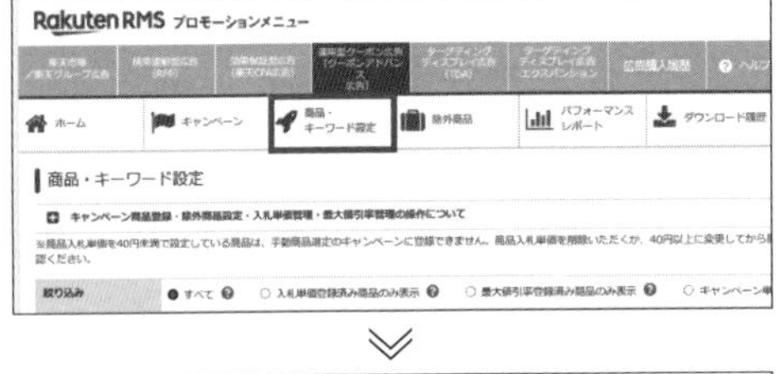

1 P.193の画面で、「商品・キーワード設定」をクリックします。

2 以下の中から、自分が設定したい商品が該当する項目を選択します。迷ったら「すべて」を選択するのがよいでしょう。

- すべて
- 除外商品のみ表示
- 入札単価登録済み商品のみ表示
- 最大値引き率登録済み商品のみ表示
- キャンペーン単位で表示

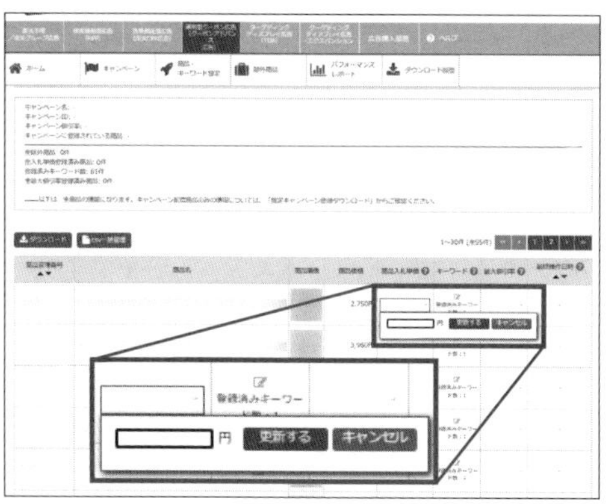

3 「商品入札単価」を設定します。通常はキャンペーンで設定した入札単価が全商品に適用されますが、ここで商品別の入札単価を設定すると、商品別の設定が優先されます。設定のポイントは、定期的に効果測定を行いながら調整をかけていくことです。いきなり高単価を設定するのではなく、40円から始めるのがよいでしょう。詳しい調整方法は、P.202で解説します。

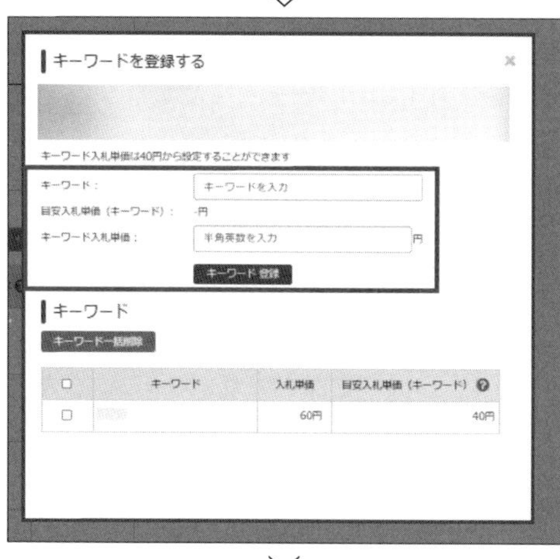

4 「キーワード」の入札単価を設定します。キーワードごとに入札単価を設定すると、「キャンペーン」「商品入札単価」の入札単価よりも優先されます。設定のポイントは、商品別の入札単価と同様、定期的に効果測定を行いながら調整をかけていくことです。いきなり高単価を設定するのではなく、40円から始めるのがよいでしょう。詳しい調整方法は、P.202で解説します。

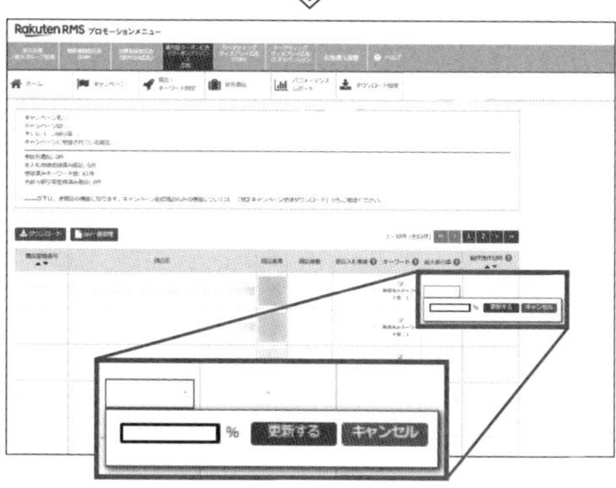

5 商品ごとに「最大値引率」を設定します。商品によって許容できる割引率が異なると思いますので、キャンペーン設定時点での割引率が許容できない場合は、最大値引率を設定するとよいでしょう。

ここまで設定できれば準備万端です。1週間程度広告を配信し、どのような効果が出るか確認しましょう。

Section 12 楽天市場 クーポンアドバンス広告の効果測定を行う

クーポンアドバンス広告の効果測定レポートを確認する

クーポンアドバンス広告を設定できたら、広告運用が始まります。しかし、そのまま放置してしまうと、単に広告費を使うだけで、売上につながらないといったことも起きてしまいます。1週間に1回は効果測定レポートを確認し、配信方法に問題がないか確認しましょう。以下で、クーポンアドバンス広告の効果測定レポートの確認方法について解説します。

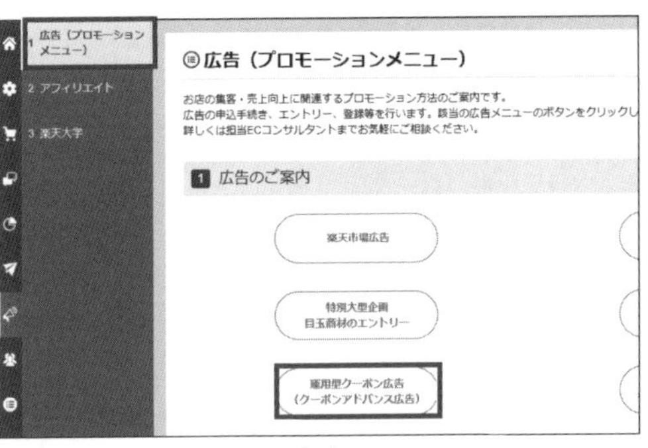

1 RMSの「広告・アフィリエイト・楽天大学」>「広告（プロモーションメニュー）」>「運用型クーポン広告（クーポンアドバンス広告）」をクリックします。

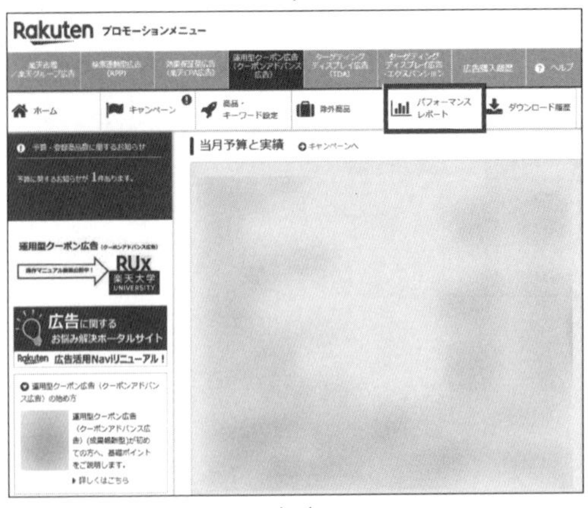

2 クーポンアドバンス広告の「ホーム」画面が開きます。ホーム画面では、当月の設定予算と消化状況などの実績を確認できます。「パフォーマンスレポート」をクリックします。

3 レポートの出力画面が表示されます。レポートの出力方法は、以下の内容で設定できます。RPPの設定内容（P.184）とほとんど変わりませんが、各項目について簡単に説明します。

①集計単位
②集計期間
③絞り込み
④表示／出力項目
⑤出力方法の選択

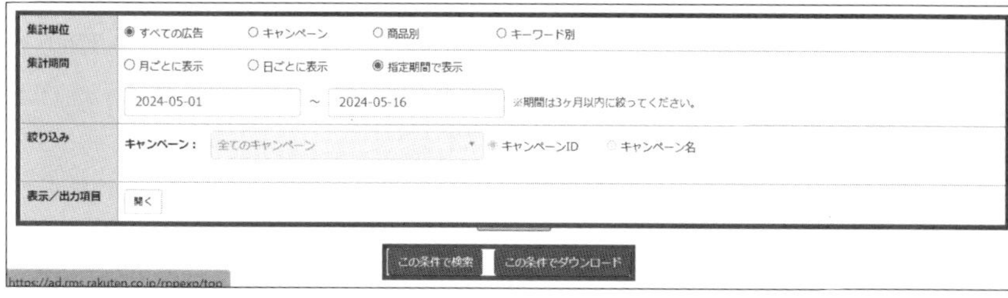

①集計単位

以下のうち、どの集計単位で出力するかを設定します。

- **すべての広告**：すべてのクーポンアドバンス広告を対象にした効果測定が表示されます。全体像を把握するには、このレポートがよいでしょう。
- **キャンペーン**：設定したキャンペーンごとの効果測定が表示されます。異なる期間で設定したキャンペーンごとの効果を測定したい場合に活用しましょう。
- **商品別**：商品ごとの効果測定が表示されます。商品CPCを中心に設定している場合に利用頻度の高いレポートになります。
- **キーワード別**：キーワード別の効果測定が表示されます。商品とそこに紐づけられたキーワード別の効果を確認できます。本書で紹介する調整方法の中で、もっとも利用頻度が高い効果測定レポートになります。

②集計期間

どの期間で集計するかを決定します。

- **月ごとに表示**：設定した月の効果を確認できます。どの集計単位でも利用できます。
- **日ごとに表示**：設定した期間の効果を日ごとに確認できます。イベントなどの影響を確認する際に重宝します。「すべての広告」と「キャンペーン」の集計単位でのみ利用できます。
- **指定期間で表示**：設定した期間の効果をまとめて確認できます。どの集計単位でも利用できます。

③絞り込み

⑤の「出力方法の選択」で「この条件で検索」「この条件でダウンロード」を選択した場合の条件を設定します。

- **キャンペーン**：出力するキャンペーンを選択できます。「集計単位」で「キャンペーン」を設定した場合に利用できます。
- **商品・キーワード**：出力する商品・キーワードを選択できます。「集計単位」で「商品別・キーワード別」を設定した場合に利用できます。

  ランキング：「実績額TOP10」「売上件数（合計720時間）TOP10」「ROAS（合計720時間）TOP10」から選択できます。各項目のTOP10が表示されます。

  指定商品：「商品管理番号」を設定することで、1商品のみの効果測定レポートを出力できます。

  指定キーワード：「キーワード」を1つ設定することで、確認したいキーワードの効果測定レポートを出力できます。

④表示／出力項目

出力したい項目を設定できます。詳しくは次ページで解説しますが、こだわりがなければデフォルトのまま、すべてを表示するのがよいでしょう。

⑤出力方法の選択

出力方法によって、レポート内容や確認方法が変わります。

- **この条件で検索**：設定した集計単位などの項目に合わせた効果測定レポートが、画面下部に表示されます。その場ですぐに効果を測定したい場合に便利です。
- **この条件でダウンロード**：設定した集計単位などの項目に合わせた効果測定レポートをCSVファイル形式でダウンロードできます。Excelなどで数字を加工したい場合に活用するとよいでしょう。
- **全キーワードレポートダウンロード**：設定した期間の全キーワードに関するレポートをCSVファイル形式でダウンロードできます。「この条件でダウンロード」では商品やキーワードの対象が絞られてしまうため、より詳細な分析をしたいという場合に利用するとよいでしょう。

レポートを出力すると、RPP広告と同様、大量の項目の数字が出力されます。出力したレポートの中で、特に確認しておくべき指標は以下の通りです。

- **クーポン獲得数**：獲得されているクーポンの枚数を示します。クーポンの獲得状況を見て、入札単価の調整を検討します。
- **実績額**：入札単価×クーポン獲得数として、クーポン獲得にかかっている広告費がわかります。費用がどのくらいかかっているかを把握し、広告費の消化額が予算内で推移しているかどうかを確認しましょう。
- **クーポン利用枚数**：獲得されたクーポンの中で、実際の購入に利用された枚数がわかります。利用枚数が少ない場合は、値引き率が魅力的でないのかもしれません。クーポン利用状況から、値引き率や対象商品の選定を調整していきましょう。
- **クーポン利用率(%)**：クーポン獲得数のうち、実際に利用されたクーポンの割合です。
- **売上金額(クーポン掲載商品)**：クーポンを獲得したユーザーが、クーポンアドバンス広告に掲載されている自社商品を購入した金額が表示されます。クーポンアドバンス広告の効果としては、もっとも見るべき数値と言えます。
- **売上金額**：クーポンを獲得したユーザーが、クーポンアドバンス広告掲載商品ではない自社商品を購入した金額が表示されます。間接的ではありますが、クーポンアドバンス広告をきっかけに購入につながっている状況を把握できます。
- **ROAS(%)**：クーポンアドバンス経由での売上÷クーポンアドバンス広告費(実績額)です。クーポンアドバンスの費用対効果がわかるため、クーポンアドバンス広告の調整を行っていく上で、非常に重要な指標です。
- **ROAS(値引コスト含む)(%)**：クーポンアドバンス経由での売上÷(クーポンアドバンス広告費(実績額)＋クーポンコスト)です。値引きコストも含めたクーポンアドバンスの費用対効果がわかるため、クーポンアドバンス広告の調整を行っていく上で、こちらも非常に重要な指標です。
- **注文獲得単価**：1つの注文を獲得するのにかかった、クーポンアドバンス広告の費用を示しています。1商品あたり、利益が出る範囲で広告を設定できているかどうかを確認するために活用しましょう。

レポートの項目説明としては以上です。ここまで解説してきた効果測定方法を活用することで、現状を正しく把握し、どのように調整すればよいかを検討しましょう。

クーポンアドバンス広告の調整方法

調整対象となる商品やキーワードを選定できたら、実際にクーポンアドバンス広告管理画面を開いて、設定を行いましょう。基本的な操作方法は初期設定と同様のため、ここでは調整時に発生する作業のみを紹介します。不明な点があれば、P.192を参照してください。

1 クーポンアドバンス広告管理画面の「商品・キーワード設定」>「CSV一括管理」をクリックします。

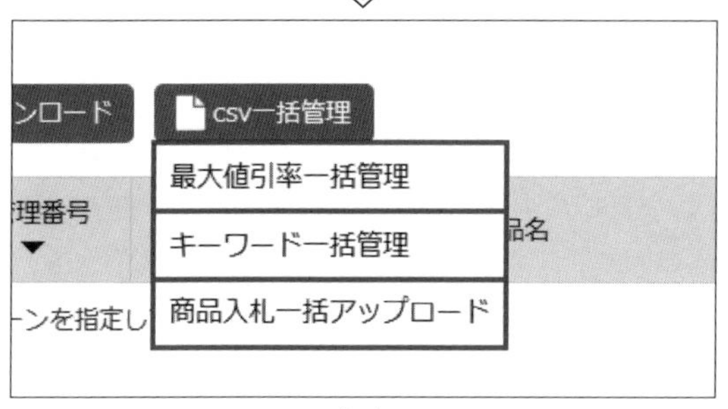

2 「最大値引き率一括管理」（最大値引率を更新する場合）、「キーワード一括管理」（キーワードCPCを更新する場合）、「商品入札一括アップロード」（商品CPCを更新する場合）のいずれかを選択します。

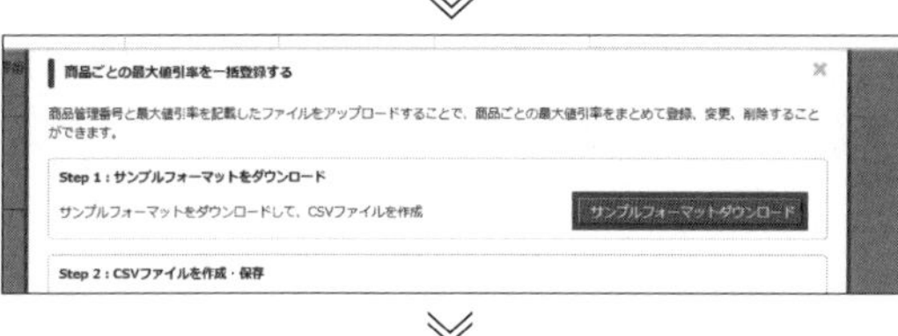

3 「サンプルフォーマットダウンロード」をクリックします。

Chapter 4 確実に成果を出す！ショップ広告を極める

	A	B	C	D
1	コントロー	商品管理番	最大値引率	
2	d	_item_2		
3	n	_item_1	50	
4	u	_item_3	55	
5				
6				
7				
8				
9				
10				

4 2で選択した内容に応じて、以下の列が設定されたCSVファイルが出力されます。このファイルに、調整したい内容、もしくは付録のツールで作成したデータを貼り付けます。

- 最大値引き率一括管理：「コントロールカラム」「商品管理番号」「最大値引率」
- キーワード一括管理：「コントロールカラム」「商品管理番号」「キーワード」「キーワード入札単価」
- 商品入札一括アップロード：「コントロールカラム」「商品管理番号」「商品入札単価」

5 「ファイル参照」からアップロード対象ファイルを選択し、「アップロード」をクリックします。

6 アップロードした内容がクーポンアドバンス広告管理画面に正しく反映されたことを確認すれば、更新完了です。クーポンアドバンス広告の設定は、一定時間（数時間程度）経過してから反映されます。

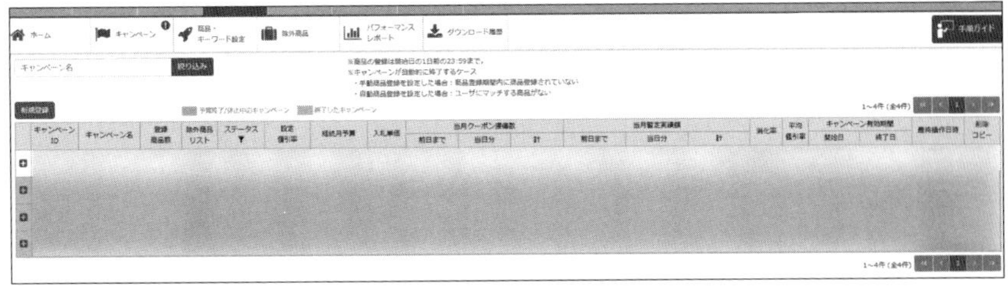

Section 13 Yahoo！ショッピングアイテムマッチ広告でROASを最大化させる

アイテムマッチ広告とは？

Yahoo！ショッピングの「アイテムマッチ広告」は、入札した商品に関連するキーワードが検索されると検索結果最上部に表示される検索連動型広告です。PCでは検索結果の上位5枠、下部5枠。スマートフォンでは、上位4枠に商品が表示されます。入札金額によっては売上実績がない商品でも表示が可能なため、売上を作る上で非常に重要な役割を担う広告です。

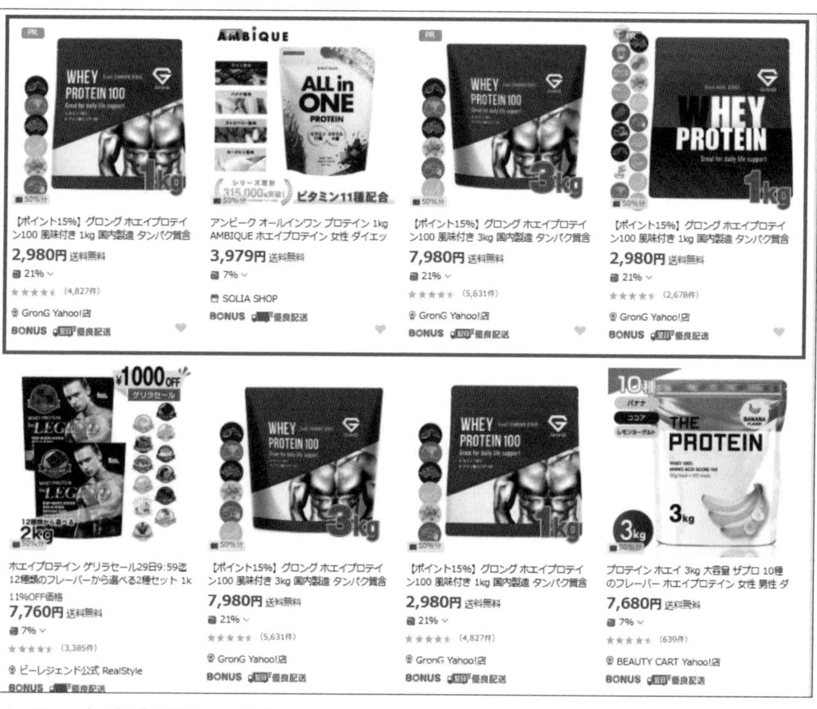

Yahoo!ショッピングの「アイテムマッチ広告」

アイテムマッチ広告の設定について

アイテムマッチ広告の設定について解説します。アイテムマッチ広告には、以下の3種類の出稿方法があります。

①全品おまかせ入札
②全品指定価格入札
③個別入札

それぞれについて、特徴を説明していきます。

①全品おまかせ入札

全品おまかせ入札は、「現在の予算」と「1クリックあたりの上限入札金額」を設定するだけで、ストアの全商品（現在販売中の商品）をまとめて入札できる方法です。各商品の入札金額は、Yahoo！ショッピング側で蓄積された膨大な実績データをもとに、設定した上限入札金額以下でよりよい費用対効果が得られるように自動で日次更新されます。
全品おまかせ入札は、自分で細かい広告設定をする時間がない場合におすすめです。ただし、設定した予算を期間内にできるだけ早く消化するように配信されるため、予算管理には注意する必要があります。本来は広告消化しても広告効果の最大化にはつながらないような場合でも、広告予算が使われてしまうケースが散見されます。

アイテムマッチ 全品おまかせ入札

1クリックあたりの上限入札価格を入力するだけで、出店者様の全商品（現在販売中の商品）がまとめて簡単に入札できます。
各商品の入札金額は、膨大な実績データを元に、設定した上限入札金額以下でよりよい費用対効果が得られるように自動で毎日決定されます。

※入札は翌日から開始します。
※掲載ガイドラインに準拠しない広告は、ご利用いただけません。

現在の予算　**500000** 円 / 月　予算を設定する
※全品おまかせ入札（未来の期間設定含む）は、現在の予算が日次1,500円以上、月次5万円以上の場合のみ可能です。

1クリックあたりの上限入札金額　円
※35円から999円まで設定が可能です。

設定期間
◉ 設定する
開始日　設定なし　〜終了日　設定なし
※開始日は翌日以降の日付が指定可能です。
○ 設定しない
※入札は翌日から開始します。

※全品おまかせ入札を設定されると、個別入札をしている商品については、**入札金額設定が高い場合のみ、個別入札の金額が適用されます。**
※個別入札とは、広告管理で確認できる個別に入札が完了している広告のことです。
※全品おまかせ入札は最大５件まで設定できます。

設定を保存する

②全品指定価格入札

全品指定価格入札は、「現在の予算」と「1クリックあたりの上限入札金額」を設定するだけで、ストアの全商品（現在販売中の商品）を一律の金額で入札できる方法です。販売中の全商品が、同じ入札金額に設定されます。全品指定価格入札は、個別入札よりも優先して設定されます。例えば、個別入札で商品Aに対して100円での入札を設定していたとします。全品指定価格入札で50円に設定すると、全品指定価格入札の50円が優先されます。個別に設定したい商品がある場合は注意が必要です。

全品指定価格入札は、一律の条件で設定した場合に、どの商品に広告を設定すると効果が出やすいのかを確認したい場合などにおすすめです。例えば、アイテムマッチ広告をまったく使ったことがなく、どの商品にアイテムマッチ広告を適用すればよいかわからないといった場合、全品指定価格入札を活用して一律の条件でどの商品に広告を設定するともっとも効果が出るのかを確認すると、その後の広告調整の参考として有意義なデータを獲得することができます。

アイテムマッチ 全品指定価格入札

1クリックあたりの入札金額を入力するだけで、出店者様の全商品（現在販売中の商品）がまとめて簡単に入札できます。
一律で入札金額を設定したいときに便利です。

全品入札履歴を見る

現在の予算　**500000** 円 / 月　予算を設定する

※全品指定入札（未来の期間設定含む）は、現在の予算が日次1,500円以上、月次5万円以上の場合のみ可能です。

1クリックあたりの入札金額　円

※全品指定価格入札を設定されると、個別入札をしている商品については、**個別入札の入札金額設定の上下に関わらず優先して適用されます。**
※個別入札とは、広告管理で確認できる個別に入札が完了している広告のことです。
※入札金額は25円から999円まで設定が可能です。
「全品おまかせ入札」の設定期間中は「全品指定価格入札」は適用されません。「全品おまかせ入札」の設定期間は全品入札設定履歴をご確認ください。

設定を保存する

③個別入札

個別入札は、広告配信対象の商品を選定し、商品ごとにCPCを設定する方法です。詳細な広告の運用を実現できます。おそらく、利用される方がもっとも多い出稿方法になります。

個別入札は、商品ごとに広告費を最適化し、広告効果を最大化したい場合におすすめです。ただし、広告運用の工数が大きくなる点に注意が必要です。例えば商品A、商品B、商品Cの3商品を販売しているとして、商品によって単価や利益率が大きく異なるため、販売にかけられる広告費も商品ごとに異なるとします。

このような場合に、商品AにはCPC25円、商品BにはCPC50円、商品CにはCPC100円というように設定を分けることで、広告効果の最大化を図ることが可能です。

アイテムマッチ 個別入札

※ Yahoo!ショッピングストア運用ガイドライン 準拠していても、弊社が掲載を不適当と判断した場合は掲載をお断りさせていただく場合がありますのでご了承ください。

※ 掲載ガイドライン に準拠しない広告は、ご利用いただけません。

カテゴリ選択　カテゴリ検索　商品検索　履歴から選択　商品一括入札/削除　広告管理

商品が表示されない、入札できない場合はヘルプページをご確認ください。

カテゴリ：

大カテゴリ

家電　絞り込む ＞

(11/32)

アイテムマッチ広告の設定方法

アイテムマッチ広告の設定方法について解説します。RPP広告などと比較すると非常にシンプルなので、理解しやすいと思います。

①全品おまかせ入札

最初に、「全品おまかせ入札」の設定方法について解説していきます。

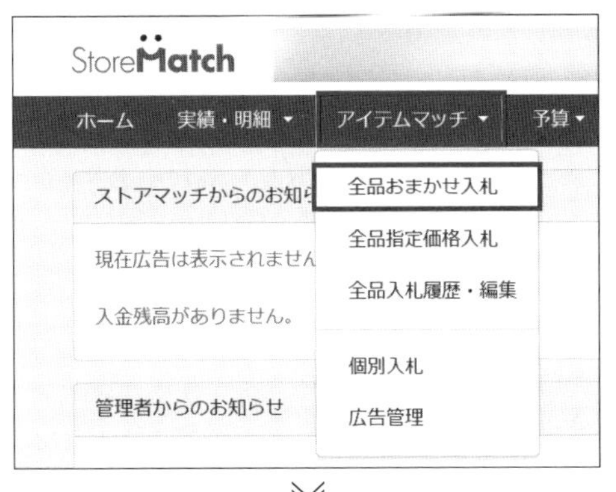

1 StoreMatchの管理画面で、「アイテムマッチ」＞「全品おまかせ入札」をクリックします。

2 「現在の予算」にある「予算を設定する」をクリックします。

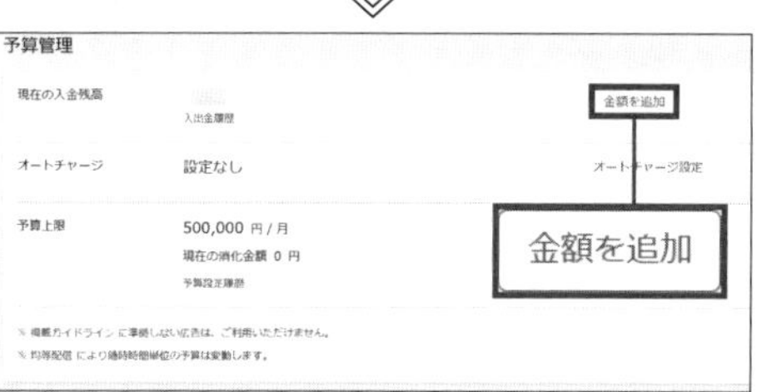

3 「金額を追加」をクリックします。

4 「決済方法」を選択します。決済方法は2種類あります。どちらを選択しても問題ありませんが、クレジットカードのほうが毎回振り込みをする手間が少なくすみます。

・クレジットカードで入金
・PayPay銀行の口座から振込

5 「入金金額」を設定します。予算として設定する予定の金額を入力します。消費税（10%）込みの金額を設定する必要があります。

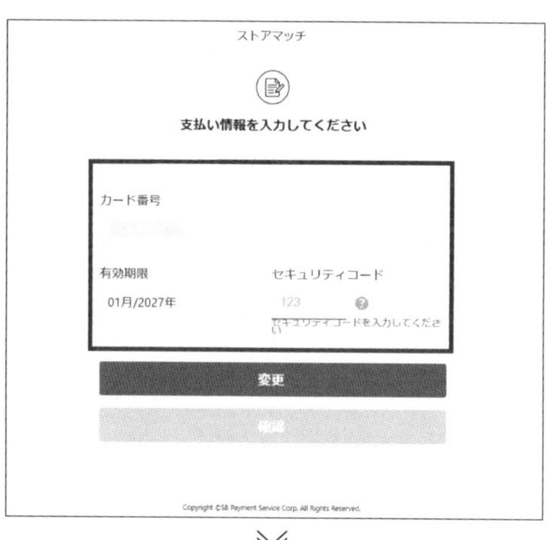

6 「クレジットカード情報を入力する」をクリックし、クレジットカード情報を入力します。

オートチャージ設定
オートチャージ有無　設定しない
オートチャージ金額　設定なし
残高下限　設定なし
※オートチャージをご利用になる場合は予算の追加で「クレジットカード」を選択し、決済を完了してください。
戻る　確認画面へ

7 オートチャージ機能を設定できます。予算の機会損失を防ぎたい場合は、設定しておくと便利でしょう。オートチャージ機能では、以下の3つを設定する必要があります。

- オートチャージ有無：「設定する」「設定しない」から選択できます。
- オートチャージ金額：オートチャージ時にいくら自動で入金するのか設定できます。
- 残高下限：どの金額を下回ったらオートチャージで入金するのか設定できます。

予算管理
現在の入金残高　-21 円　入出金履歴　金額を追加
オートチャージ　設定なし　オートチャージ設定
予算上限　500,000 円 / 月　現在の消化金額 0 円　予算設定履歴　予算上限の変更
予算上限の変更

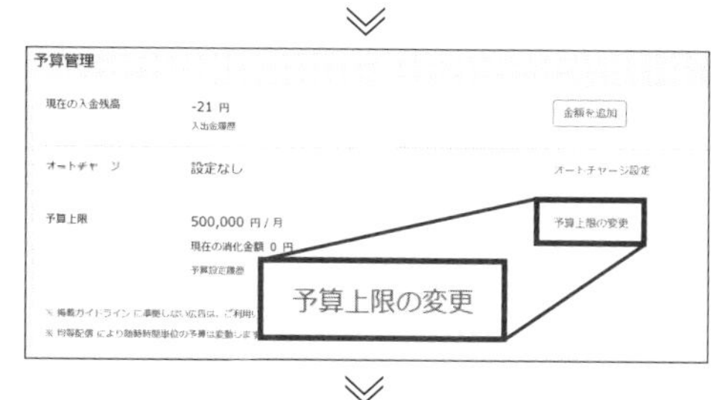

8 「予算管理」で、「予算上限の変更」をクリックします。

予算上限設定
予算上限を設定します。設定いただいた予算上限は即時反映されます。
予算　月次　500000　円　設定可能金額：0円 - 15,000,000円
日次　円　設定可能金額：0円 - 1,000,000円
戻る　送信

9 「月次」もしくは「日次」の消化予算上限を設定できます。月次だと予算が消化されすぎる傾向があるため、まずは日次で設定するのがおすすめです。予算上限を設定したら、「送信」をクリックします。

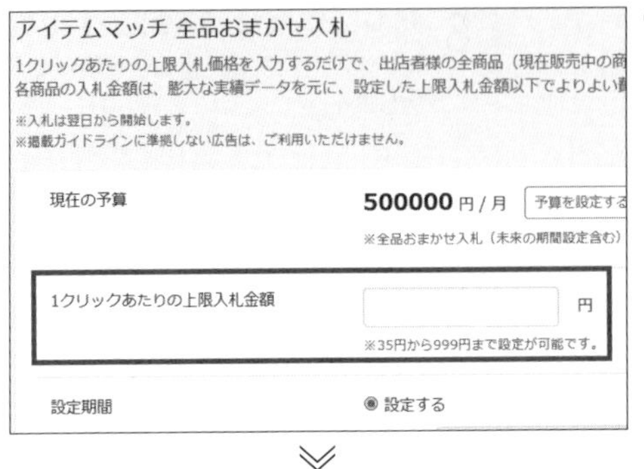

10 「1クリックあたりの上限入札金額」を設定します。最初は、35～50円程度で設定するのがよいでしょう。効果を見て、少しずつ引き上げていくのがおすすめです。

11 最後に「設定期間」を設定します。以下の2つの方法で設定できます。

- 設定する：「開始日」と「終了日」を設定します。翌日以降から設定可能で、設定した期間で配信が終了します。
- 設定しない：翌日から入札が開始されます。終了日は設定しないため、ずっと継続配信されます。

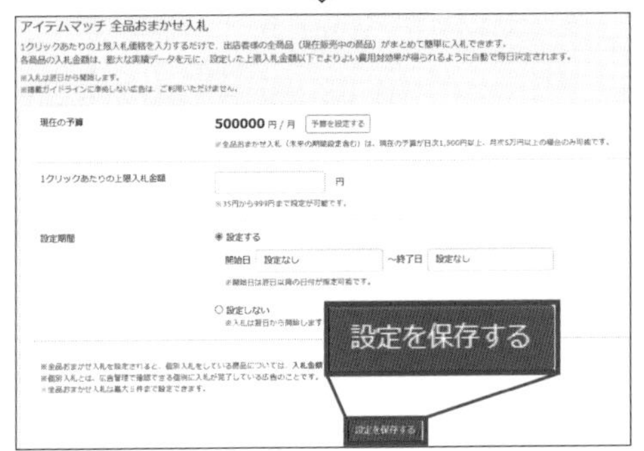

12 「設定を保存する」をクリックして、「全品おまかせ入札」の設定が完了します。

②全品指定価格入札

「全品指定価格入札」の設定方法を解説します。

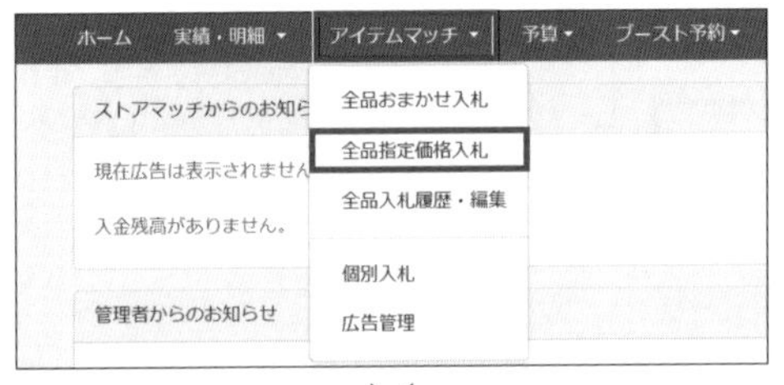

1 StoreMatchで、「アイテムマッチ」＞「全品指定価格入札」をクリックします。

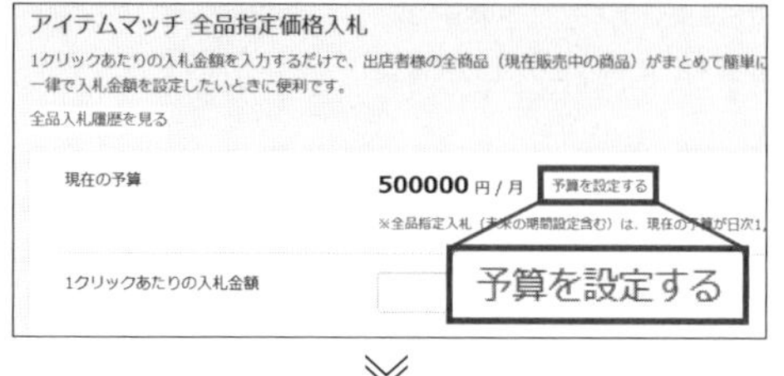

2 「現在の予算」にある「予算を設定する」をクリックします。予算の設定方法は、「全品おまかせ入札」と同様です。P.208の3～9の解説を参照してください。

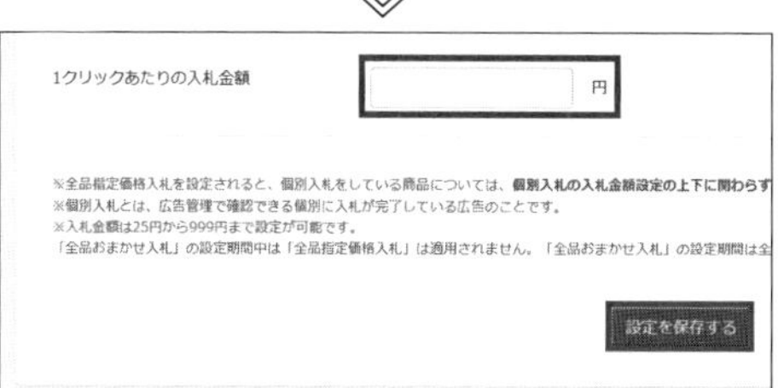

3 「1クリックあたりの入札金額」を設定します。すべての販売中の商品が一律でクリック単価を設定されるため、注意して設定しましょう。最初は25～40円程度に設定するのがおすすめです。「設定を保存する」をクリックします。

③個別入札

「個別入札」の設定方法を解説します。

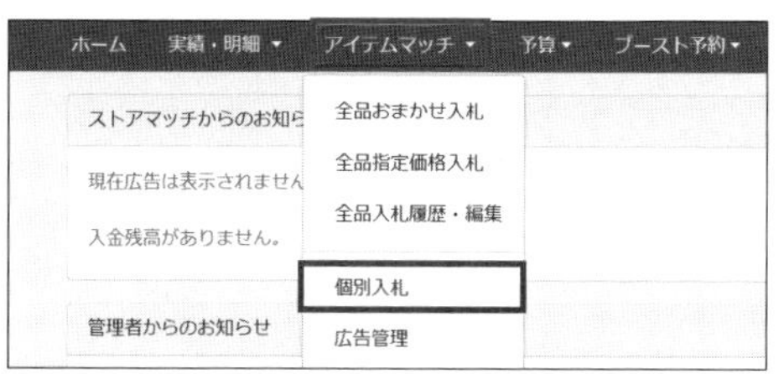

1 StoreMatchで、「アイテムマッチ」>「個別入札」をクリックします。個別入札の設定方法は、5種類あります。それぞれについて解説していきます。

カテゴリ選択：自社商品の該当カテゴリを選択すると、該当カテゴリの商品が一覧で表示されます。一覧画面で対象商品を選択し、CPCを設定します。

アイテムマッチ 個別入札

※ Yahoo!ショッピングストア運用ガイドライン 準拠していても、弊社が掲載を不適当と判断した場合は掲載をお断りさせていただく場合がありますのでご了承ください。

※ 掲載ガイドライン に準拠しない広告は、ご利用いただけません。

カテゴリ選択　カテゴリ検索　商品検索　履歴から選択　商品一括入札/削除　広告管理

商品が表示されない、入札できない場合はヘルプページをご確認ください。

カテゴリ：

大カテゴリ

家電　絞り込む ＞

(11/32)

カテゴリ検索：カテゴリ名でカテゴリを検索できます。カテゴリを検索すると、該当カテゴリの商品が一覧で表示されます。一覧画面で対象商品を選択し、CPCを設定します。

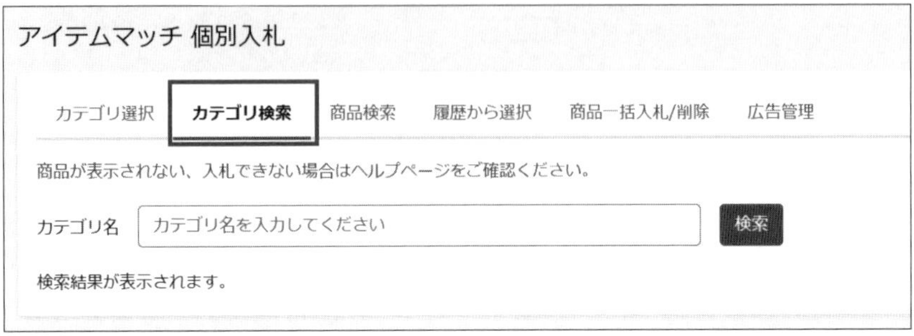

アイテムマッチ 個別入札

カテゴリ選択 | **カテゴリ検索** | 商品検索 | 履歴から選択 | 商品一括入札/削除 | 広告管理

商品が表示されない、入札できない場合はヘルプページをご確認ください。

カテゴリ名 [カテゴリ名を入力してください] 検索

検索結果が表示されます。

商品検索：商品コードで該当商品を検索できます。該当商品が表示されたら、CPCを設定します。

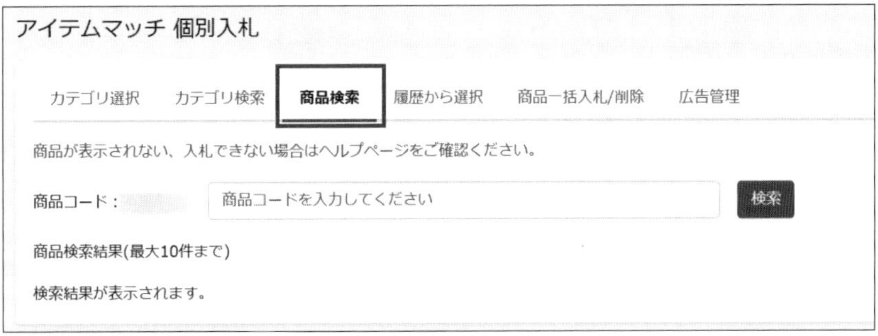

アイテムマッチ 個別入札

カテゴリ選択 | カテゴリ検索 | **商品検索** | 履歴から選択 | 商品一括入札/削除 | 広告管理

商品が表示されない、入札できない場合はヘルプページをご確認ください。

商品コード： [商品コードを入力してください] 検索

商品検索結果(最大10件まで)

検索結果が表示されます。

履歴から選択：過去に設定した履歴から設定できます。

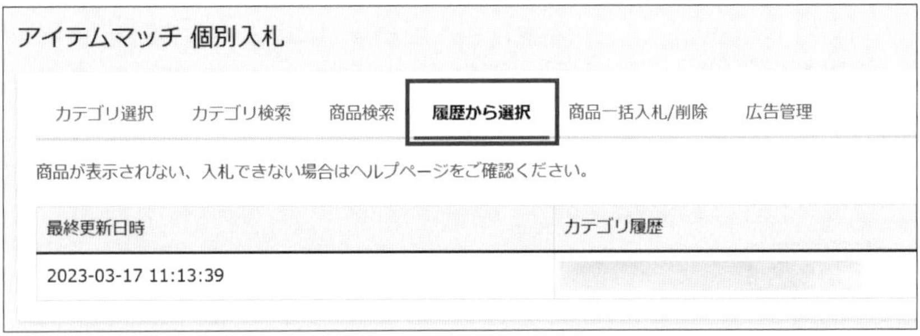

アイテムマッチ 個別入札

カテゴリ選択 | カテゴリ検索 | 商品検索 | **履歴から選択** | 商品一括入札/削除 | 広告管理

商品が表示されない、入札できない場合はヘルプページをご確認ください。

最終更新日時	カテゴリ履歴
2023-03-17 11:13:39	

商品一括入札／削除：CSVファイルを活用して、対象商品を一括で設定できます。慣れてくると利用頻度が高くなる設定方法です。

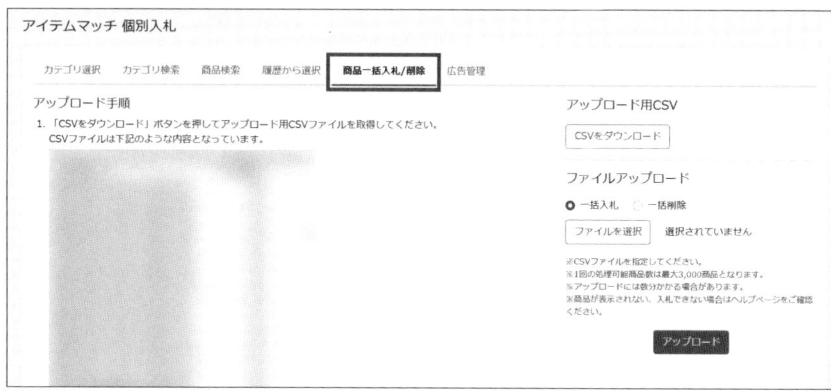

ここでは、管理画面だけでは設定が難しい、「商品一括入札／削除」のCSVファイルを活用した設定方法を解説していきます。

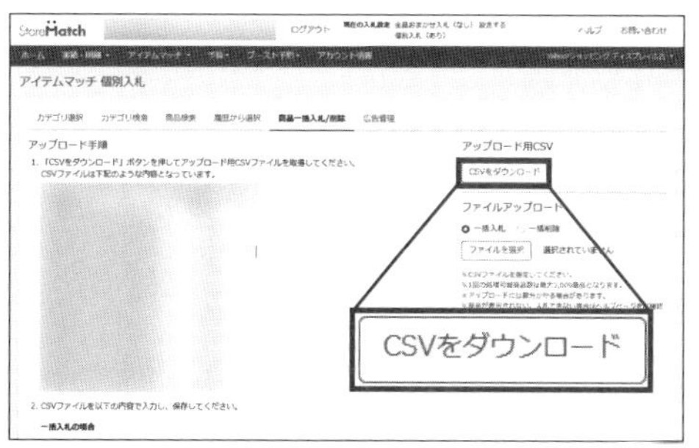

2 「商品一括入札／削除」の画面で、「CSVをダウンロード」をクリックします。

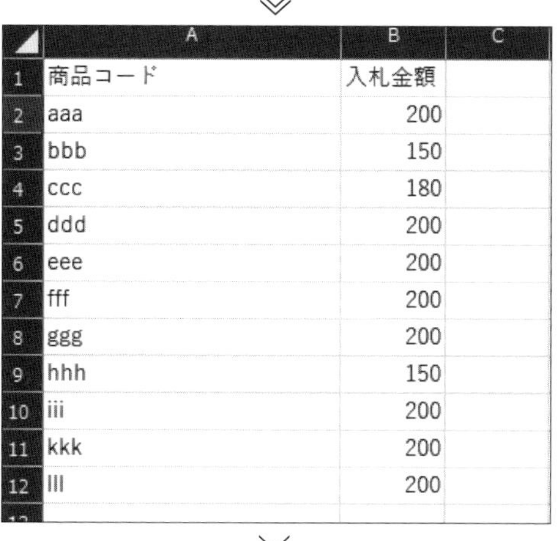

	A	B	C
1	商品コード	入札金額	
2	aaa	200	
3	bbb	150	
4	ccc	180	
5	ddd	200	
6	eee	200	
7	fff	200	
8	ggg	200	
9	hhh	150	
10	iii	200	
11	kkk	200	
12	lll	200	

3 ダウンロードしたファイルに、広告配信を設定したい商品の「商品コード」と「入札金額」を入力していきます。すでにCPCを設定している場合は、広告配信を設定している商品の「商品コード」と「入札金額」が出力されます。商品コードは『（ストアアカウント）_（商品コード）』の形式で、半角英数字および記号で入力する必要があります。「商品コード」がわからない場合の調べ方を次ページにまとめたので、必要に応じて参照してください。

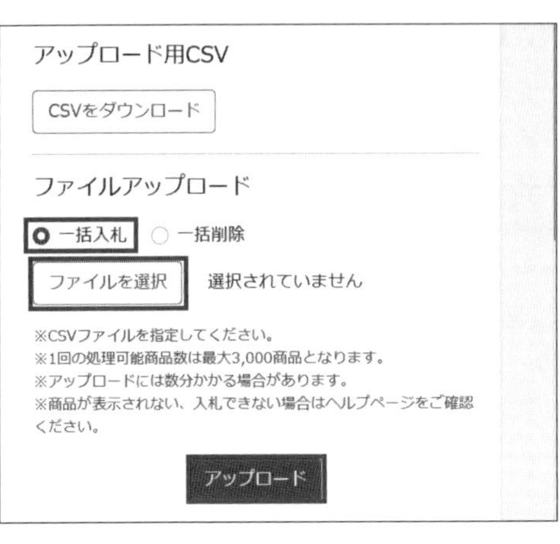

4 「ファイルアップロード」で「一括入札」を選択し、「ファイルを選択」をクリックします。作成したアップロード用ファイルを選択し、「アップロード」をクリックします。これでアイテムマッチ広告の配信設定が完了します。

POINT

個別入札ではじめてCPCを設定する場合、基準となるCPCがないため、どのくらいの数値を設定すればよいのかわからないと思います。いきなりCPCを高く設定してしまうとコスト超過につながるため、最初は30円程度から始めるとよいでしょう。想定よりコストが消化されすぎていないかは、P.217の方法で日次のレポートを確認するのがおすすめです。

商品コードと商品名を一括で調べる方法

「商品コード」を入力する際、「商品コード」をすべて覚えているという方は少ないと思います。「商品コード」と「商品名」を一括で調べるための方法をお伝えします。

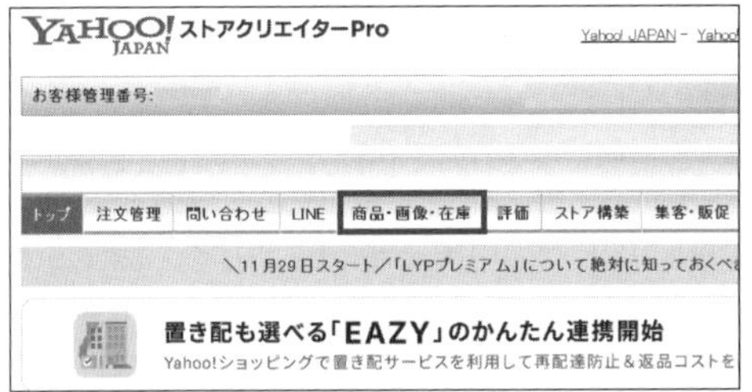

1 ストアクリエイターProを開きます(StoreMatchの画面を開く過程で、開いていると思います)。「商品・画像・在庫」をクリックします。

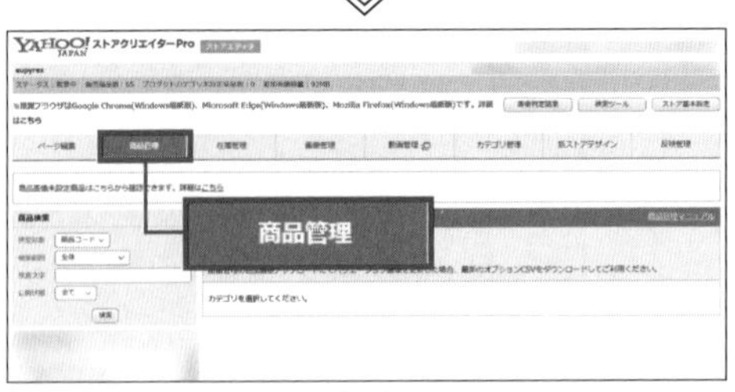

2 「商品管理」をクリックします。

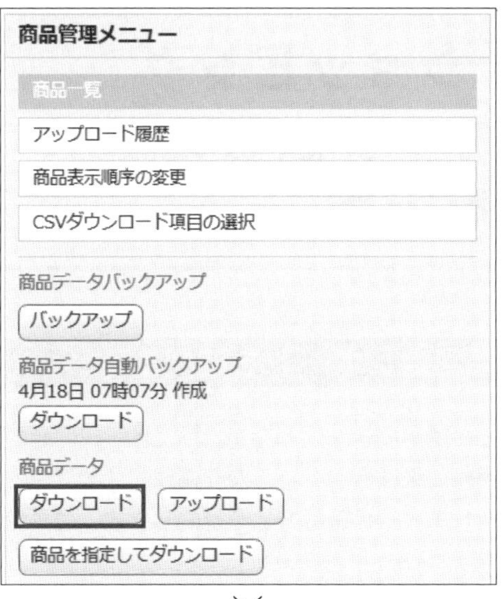

3 管理画面の左下に、「商品管理メニュー」があります。その中の「商品データ」の「ダウンロード」をクリックします。

項目指定商品データダウンロード

ダウンロードタイプを選択してください。

◉ 全ての商品データ	ストア内に登録されている全ての商品デ
○ プロダクトカテゴリ 未設定商品	プロダクトカテゴリが設定されていない （いずれのプロダクトカテゴリにも紐付
○ その他カテゴリ 設定商品	プロダクトカテゴリが「その他」に設定
○ 販売期間終了商品	販売期間が終了している商品データ

ダウンロード　キャンセル

4 ダウンロードタイプの選択画面になります。「全ての商品データ」を選択し、「ダウンロード」をクリックします。これで、商品コードと商品名がまとめられたファイルをダウンロードすることができます。

Section 14

Yahoo！ショッピング アイテムマッチ広告の効果測定を行う

アイテムマッチ広告の効果測定レポートを確認する

アイテムマッチ広告は、設定してからが運用のスタートです。設定内容に問題がないか、売上が上がっているか、費用対効果は合っているかを確認し、調整を行う必要があります。最初に、効果測定レポートの確認方法を解説します。効果測定レポートの出力項目は以下の通りです。

- **表示回数**：検索結果に表示された回数
- **クリック数**：クリックされた数
- **CTR**：クリック数÷表示回数。表示された回数のうち、クリックされた回数の比率を示す
- **CPC**：1クリックあたりの実績金額
- **利用金額**：対象期間のアイテムマッチ広告の消化広告コスト
- **注文数**：アイテムマッチ広告をクリックしたユーザーの自社商品注文数
- **注文個数**：アイテムマッチ広告をクリックしたユーザーの自社商品注文個数
- **売上金額**：アイテムマッチ広告をクリックしたユーザーの自社商品購入金額
- **CVR**：アイテムマッチ広告をクリックしたユーザーのうち、購買につながったユーザー数の比率
- **ROAS**：アイテムマッチ広告をクリックしたユーザーの自社商品購入金額÷アイテムマッチ広告の広告費。広告の費用対効果を示す

広告レポートは、対象の日もしくは月単位で確認できます。該当の期間をクリックすると、レポートがCSVファイルでダウンロードされます。なお、広告レポートは最低でも週に1回は確認しましょう。自分が満足するレベルの広告効果が得られていても、競合の入札価格の変更やYahoo！ショッピングが主催するモール内イベントによって、頻繁に効果が変わります。状況に合わせて、最適な設定に調整していくことが重要です。広告レポートの出力手順は、以下の通りです。

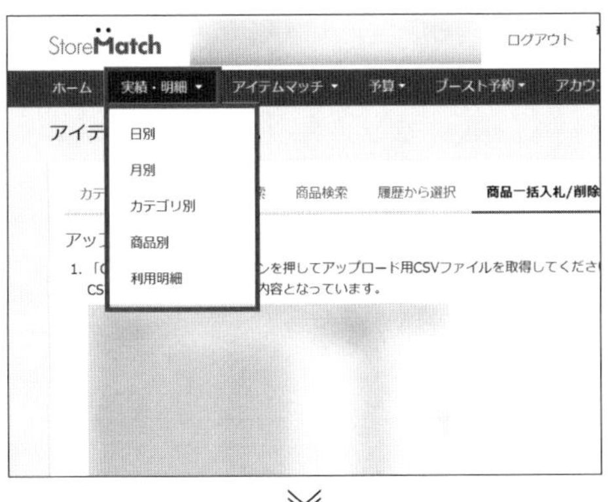

1 「実績・明細」から、レポートの種類を選択します。

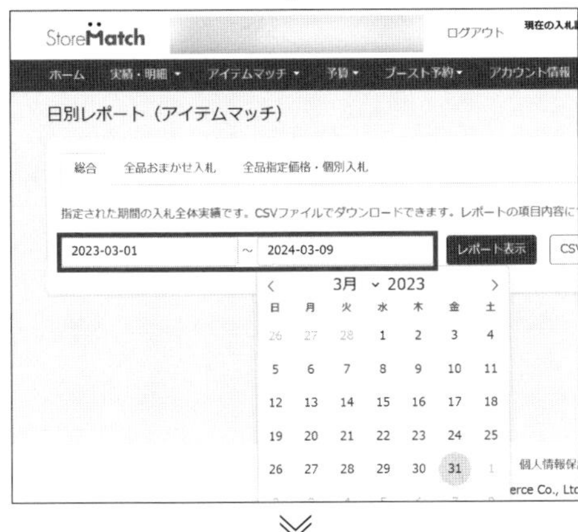

2 対象期間を設定します。

3 「CSVでダウンロード」をクリックします。

1で選択できるレポートの種類は、次ページのようになります。

●日別

設定した期間の効果を日次で確認できます。以下の3つのパターンから選択できます。全体の効果を把握するのに活用するとよいでしょう。日次の単位で大きく問題がなければ、一安心です。

総合：入札しているアイテムマッチ広告全体の効果を確認できます。

全品おまかせ入札：「全品おまかせ入札」による広告配信の効果を確認できます。

全品指定価格・個別入札：「全品指定価格」「個別入札」の効果を確認できます。

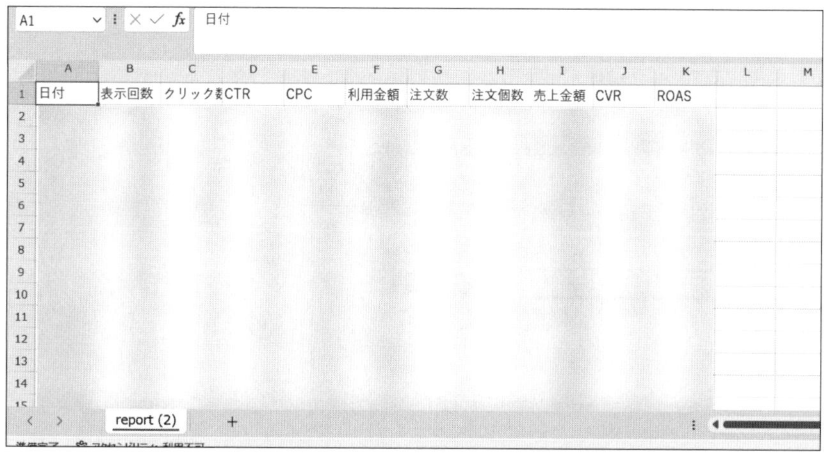

●月別

設定した期間の効果を月次で確認できます。日次と同様の3パターンで確認できます。日次よりもより大きな単位で、全体の効果を把握するのに活用するとよいでしょう。

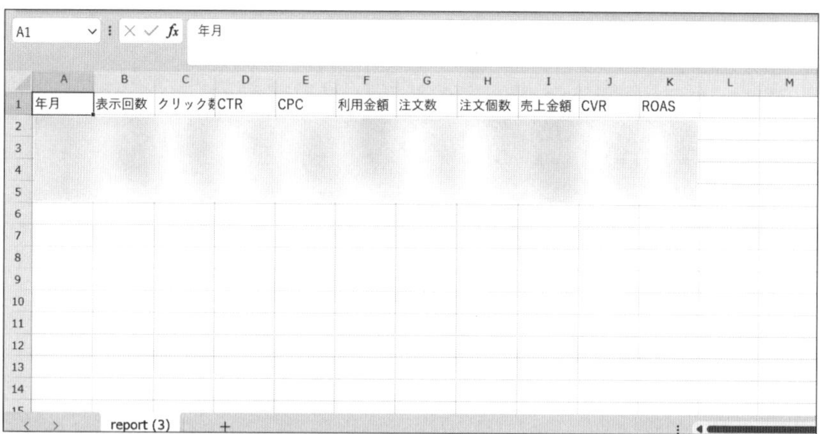

● カテゴリ別

設定した期間の効果をカテゴリー単位で確認できます。複数のカテゴリーの商品を扱っている場合に有用なレポートです。

	A	B	C	D	E	F	G	H	I	J	K
1	カテゴリ	表示回数	クリック数	CTR	CPC	利用金額	注文数	注文個数	売上金額	CVR	ROAS
2											
3											
4											
5											
6											
7											
8											
9											
10											

● 商品別

設定した期間の効果を商品別に確認できます。アイテムマッチ広告の配信効果を最大化する場合、もっとも利用頻度が高いレポートになります。次ページで解説しますが、今回紹介する広告の調整方法も、このレポートのデータをもとに実施します。

	A	B	C	D	E	F	G	H	I	J	K	L	M	N
1	ストアアカウント	カテゴリ	商品コード	商品名	表示回数	クリック数	CTR	CPC	利用金額	注文数	注文個数	売上金額	CVR	ROAS
2														
3														
4														
5														
6														
7														
8														
9														

アイテムマッチ広告の調整方法

アイテムマッチ広告について、定量的にある程度間違いがないと言えるような調整方法を解説します。ここでは、P.217でダウンロードしたCSVファイルを活用し、一括で商品全体を調整する方法を解説します。調整方法の考え方は、RPP広告とほとんど同じです。アイテムマッチ広告のCPC調整は、下記の数字を用いて行います。

①ROAS：自社の商品の利益率を考えたときに許容できる範囲に広告費が収まっているかどうかの指標として活用します。例えば売上に対して広告費を20%まで使っても利益が出るという場合、ROASが500%あれば、アイテムマッチ広告のコストとして問題ないという判断になります。

②クリック数：クリック数は、継続して出稿するべきかどうかを判断できる程度に広告が表示されているかの指標として活用します。

③CVR（購買率）：CVRは、店舗CVRと比較して良し悪しを判断します。

Section 15

Yahoo！ショッピング メーカーアイテムマッチ広告で購買意欲が高いユーザーを獲得する

メーカーアイテムマッチ広告とは？

Yahoo！ショッピングの「メーカーアイテムマッチ広告」は、ストアではないメーカーがアイテムマッチ広告に出稿できる機能の名称です。メーカーアイテムマッチ広告は、Yahoo！ショッピングの担当営業の方を介して申し込む必要があります。メーカー以外の一般のストアも申し込むことができるので、出稿を希望する場合は、担当営業の方に確認してみてください。

メーカーアイテムマッチは、まずキャンペーンがあり、キャンペーンの中に広告グループが複数存在する形になっています。広告グループの中には、さらに「商品広告」「キーワード広告」「ブランド広告」を設定することができます。キャンペーンという予算を決める枠を設定し、その予算内で実施したい広告を1つのキャンペーンに紐づけることで、予算を管理するイメージです。

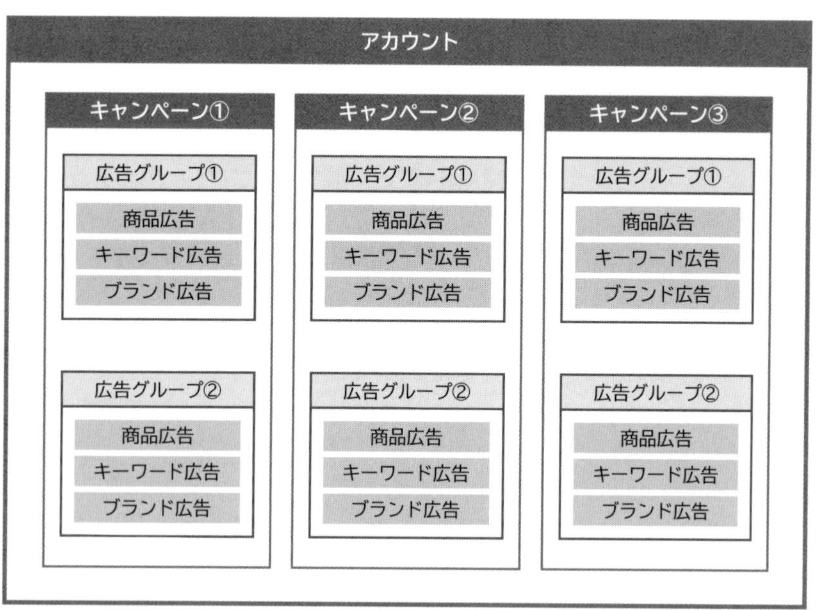

メーカーアイテムマッチ広告の設定について

メーカーアイテムマッチ広告では、通常のアイテムマッチ広告よりも詳細な運用が可能です。一番の特徴は、キーワードごとに入札ができることでしょう。通常のアイテムマッチ広告は商品単位での入稿が最小単位だったため、自社として本当に表示したいキーワードへの出稿コントロールが難しい状況でした。しかしメーカーアイテムマッチ広告ではキーワード単位での出稿が可能なので、自社として獲得したいキーワードからのアクセスを獲得することができます。なお、メーカーアイテムマッチ広告の最低出稿金額はCPC40円からとなっています。通常のアイテムマッチ広告の最低出稿金額CPCは10円からなので、商品CPCを40円未満で設定したい場合は、アイテムマッチ広告を活用する方がよいということになります。

メーカーアイテムマッチ広告で設定できる「商品広告」「キーワード広告」「ブランド広告」の概要は、以下の通りです。

● 商品広告

商品広告は、名前の通り商品ごとにCPCを設定する方法です。通常のアイテムマッチ広告と特に変わるところはありません。ただし操作方法が少し異なるので、詳しくは次ページで解説します。

● キーワード広告

キーワード広告は、広告配信するキーワードを商品ごとに設定する方法です。メーカーアイテムマッチ広告ならではの方法で、どの検索キーワードが検索されたら表示するかを設定できるため、非常に有効な広告です。

● ブランド広告

ブランド広告は、検索結果上部やカテゴリー検索結果上部に表示される広告です。潜在購買ユーザーに対して、ブランドを訴求することが可能です。ブランド広告は検索最上部に表示されるため、商品広告やキーワード広告と同時に利用することで検索結果ページを自社商品で埋めることも可能になります。

検索結果上部に表示されるブランド広告

メーカーアイテムマッチ広告の初期設定の流れは、以下の通りです。

①キャンペーンを作成する
②広告グループ(商品広告、キーワード広告、ブランド広告)を作成する

以下で、実際の設定方法について解説していきます(ブランド広告の設定については、P.265で解説しています)。

メーカーアイテムマッチ広告の初期設定①商品広告

最初に、「商品広告」の設定方法を解説します。

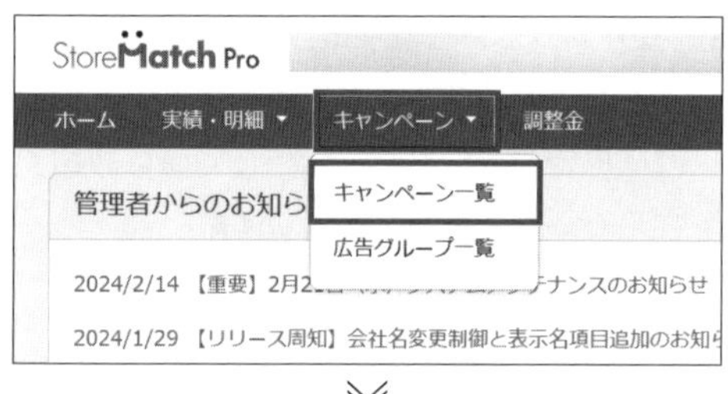

1 メーカーアイテムマッチ広告の管理画面を開きます。StoreMatch上部タブの「キャンペーン」から、「キャンペーン一覧」をクリックします。

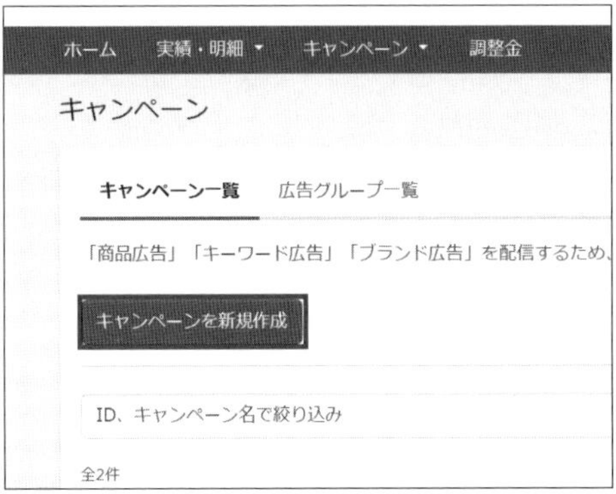

ホーム　実績・明細 ▾　キャンペーン ▾　調整金

キャンペーン

キャンペーン一覧　広告グループ一覧

「商品広告」「キーワード広告」「ブランド広告」を配信するため、

キャンペーンを新規作成

ID、キャンペーン名で絞り込み

全2件

2 画面上部に表示される「キャンペーンを新規作成」をクリックします。

3 キャンペーンの作成画面が開くので、以下の項目の登録を行います。

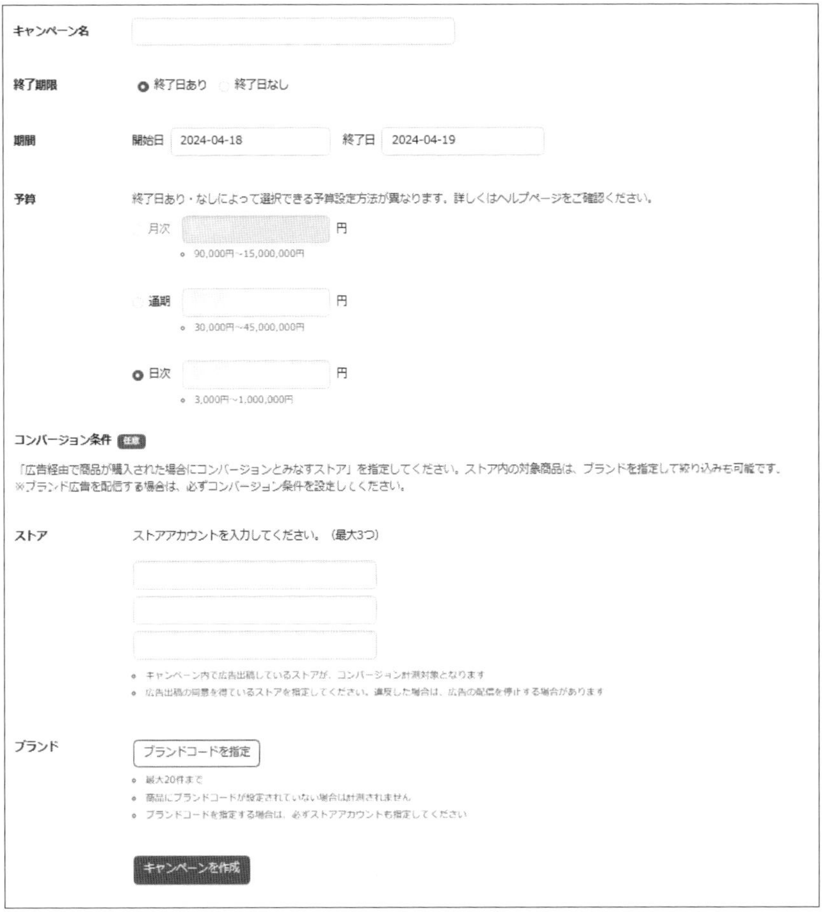

キャンペーン名

終了期限　終了日あり　終了日なし

期間　開始日 2024-04-18　終了日 2024-04-19

予算　終了日あり・なしによって選択できる予算設定方法が異なります。詳しくはヘルプページをご確認ください。

月次 円
- 90,000円~15,000,000円

通期 円
- 30,000円~45,000,000円

日次 円
- 3,000円~1,000,000円

コンバージョン条件 任意

「広告経由で商品が購入された場合にコンバージョンとみなすストア」を指定してください。ストア内の対象商品は、ブランドを指定して絞り込みも可能です。
※ブランド広告を配信する場合は、必ずコンバージョン条件を設定してください。

ストア　ストアアカウントを入力してください。（最大3つ）

- キャンペーン内で広告出稿しているストアが、コンバージョン計測対象となります
- 広告出稿の同意を得ているストアを指定してください。違反した場合は、広告の配信を停止する場合があります

ブランド　ブランドコードを指定

- 最大20件まで
- 商品にブランドコードが設定されていない場合は計測されません
- ブランドコードを指定する場合は、必ずストアアカウントも指定してください

キャンペーンを作成

- **キャンペーン名**：キャンペーンごとに管理するため、各キャンペーンでどのような設定をしているのかがわかるような名前を設定しましょう。例えば、「設定日_目的」といった内容で設定するとよいでしょう。
- **終了期限**：終了日の有無を選択できます。イベント用など、掲載終了期限を設定しておきたい場合は、「終了日あり」を選択し、終了期限を設定してください。特に明確な期限設定をする必要がない場合は、「終了日なし」を選択しましょう。
- **期間**：開始日と（終了日ありの場合は）終了日を設定します。
- **予算**：予算を「月次」「通期」「日次」の3項目で設定できます。「終了日あり」の場合は「通期」と「日次」の設定が、「終了日なし」の場合は「月次」と「日次」の設定が可能です。広告は、設定した期間で予算を均等に消化できるように配信されます（均等配信）。イベントなど、売上が大きく上がる期間と通常日とでは必要になる広告消化金額が変わってきます。配信期間に合わせて、配信設定を変更しましょう。
- **コンバージョン条件**：広告経由で商品が購入された場合にコンバージョンとみなすストアのストアアカウントを入力します。ブランド広告を配信する場合は、必ずコンバージョン条件を設定してください。

POINT

コンバージョン条件では、コンバージョン対象とするブランドを指定することもできます。「ブランドコードを指定」をクリックします。

ストア　ストアアカウントを入力してください。（最大3つ）

- キャンペーン内で広告出稿しているストアが、コンバージョン計測対象となります
- 広告出稿の同意を得ているストアを指定してください。違反した場合は、広告の配信を停止する場合があります

ブランド　ブランドコードを指定

ブランドコードを指定

- 最大20件まで
- 商品にブランドコードが設定されていない場合は計測されません
- ブランドコードを指定する場合は、必ずストアアカウントも指定してください

キャンペーンを作成

ブランド名を入力すると、対象商品の候補が表示されます。設定したいブランドにチェックを入れ、「設定」をクリックします。

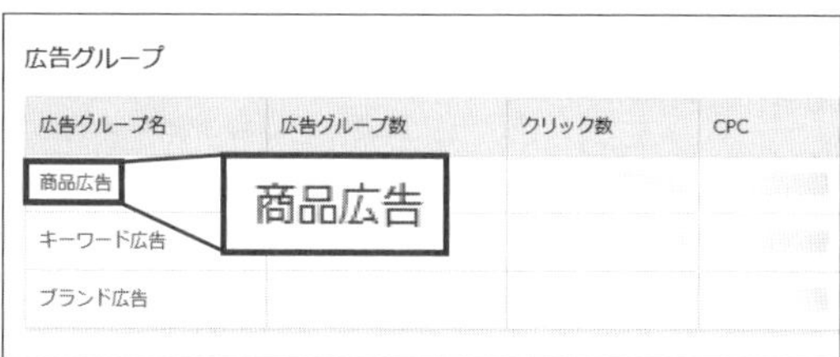

4 次は、「広告グループ」の設定を行います。「広告グループ」の「商品広告」をクリックしてください。

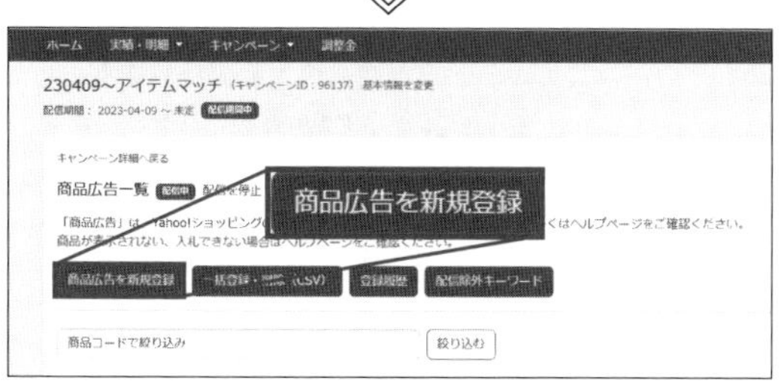

5 「商品広告を新規登録」をクリックします。

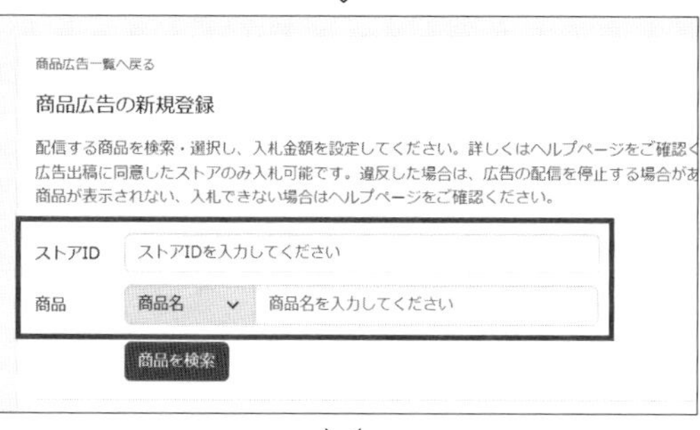

6 「ストアID」を入力し、「商品名（商品コード、JANコード）」を入力します。対象商品の一覧が表示されるので、対象商品を選択します。

7 対象商品の「入札価格」に金額を入力し、「入札」をクリックすれば設定完了です。一覧の一番左のチェック欄にチェックを入れることで、「価格の一括入力」や「削除」が可能です。

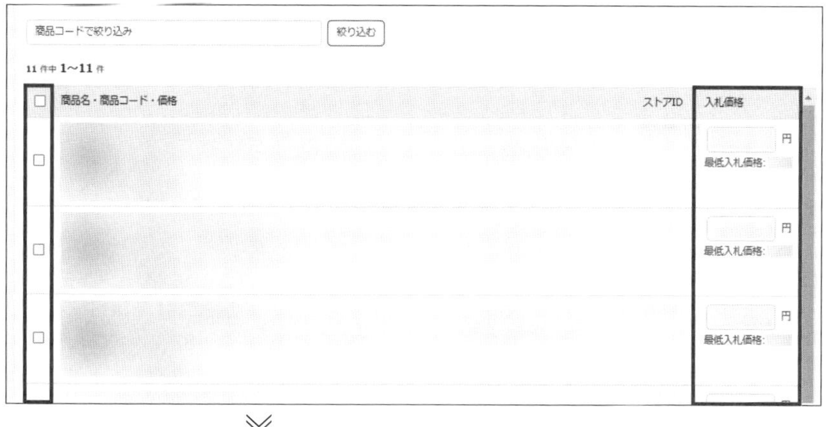

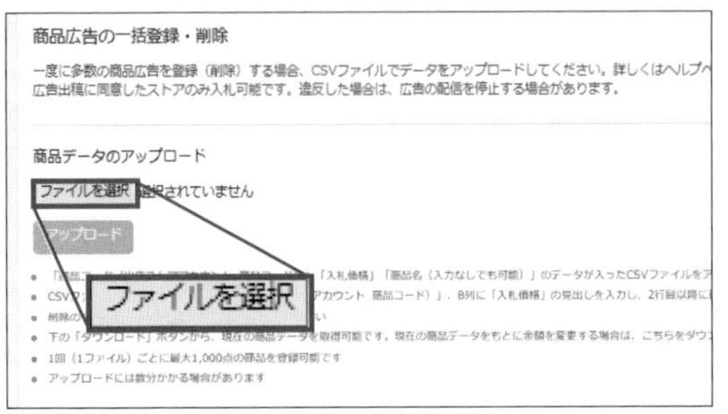

8 5の画面で「一括登録・削除（CSV）」をクリックすると、商品の一括登録・削除を行う画面が表示されます。「ファイルを選択」をクリックし、アップロードファイルを選択することで、広告配信対象商品を設定します。広告配信対象商品を一括で削除する場合は、削除したい商品の入札価格を空欄にしたファイルをアップロードします。

なお、アップロードファイルの作成には、2種類の方法があります。1つ目は、アップロード用ファイルを新規に作成する方法です。

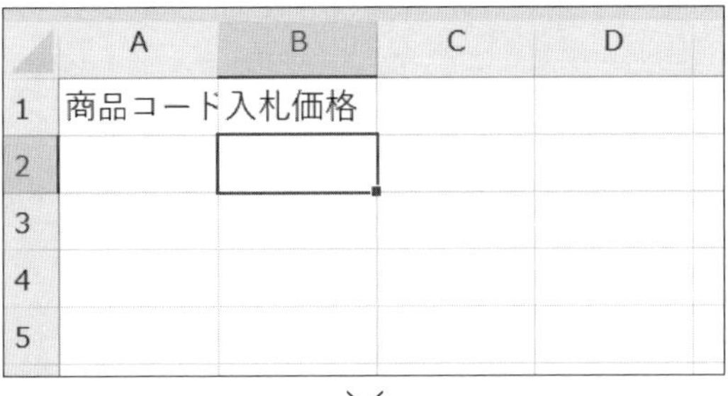

1 ExcelやGoogleスプレッドシートを開きます。CSVファイルの1行目A列に「商品コード（出店ストアアカウント_商品コード）」、B列に「入札価格」の見出しを入力し、2行目以降に商品情報を入力します。ファイル保存時に、CSVファイル形式で保存します。

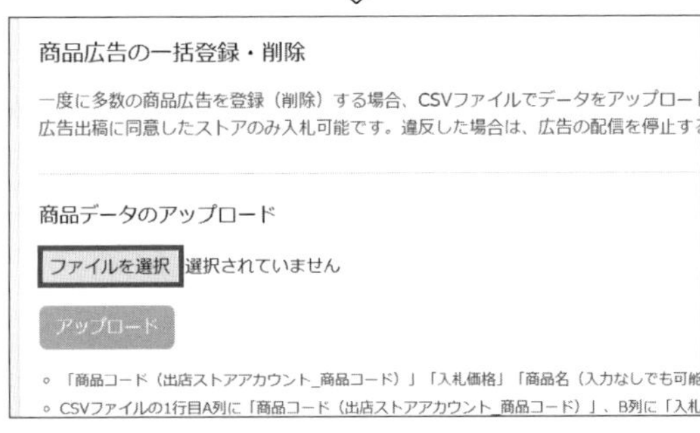

2 「ファイルを選択」をクリックして、作成したCSVファイルをアップロードしましょう。

2つ目は、すでに設定しているデータを活用する設定方法です。

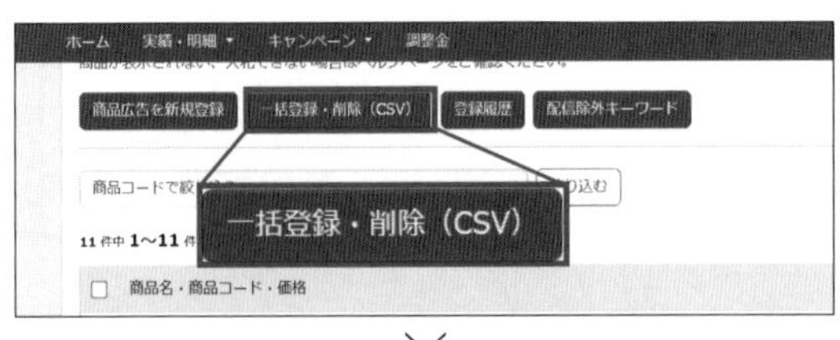

1 対象キャンペーンを選択後、「商品広告」を選択し、「一括登録・削除（CSV）」をクリックします。

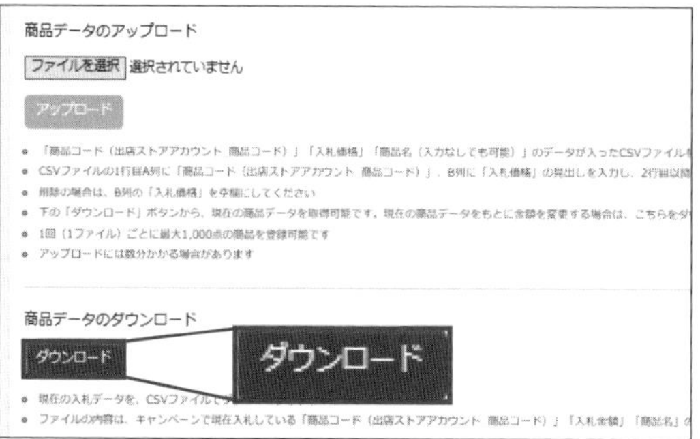

2 「商品データのダウンロード」にある「ダウンロード」をクリックします。すると、すでに広告配信設定をしているデータが出力されます。

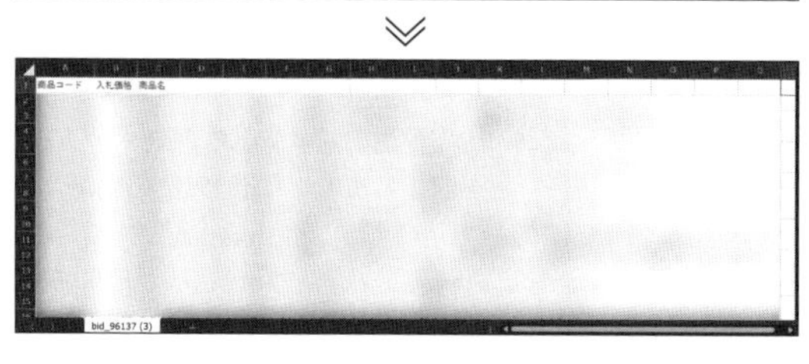

3 出力されたCSVファイルに該当の項目を入力し、アップロード用ファイルを作成します。「商品名」の入力は任意です。

メーカーアイテムマッチ広告の初期設定②キーワード広告

次は、「キーワード広告」の設定方法を解説していきます。

1 P.225の4の画面で、「キーワード広告」をクリックします。

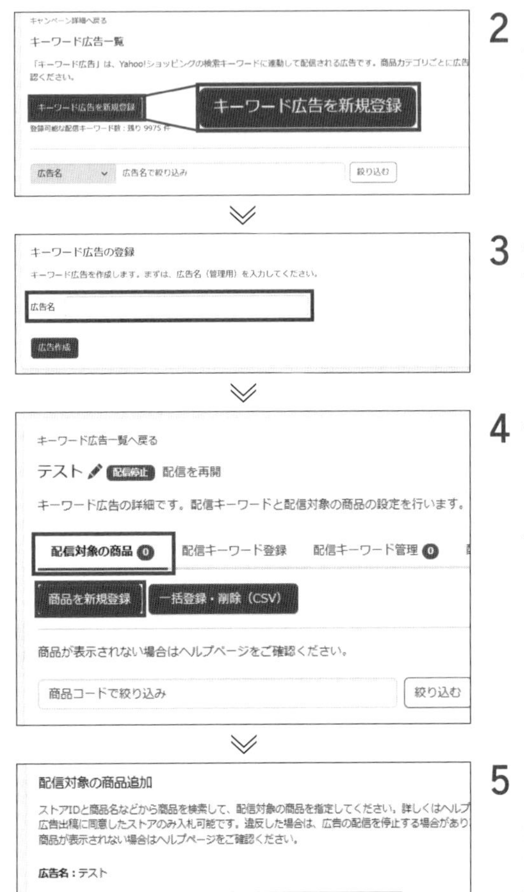

2 「広告グループ」→「キーワード広告」→「キーワード広告を新規登録」をクリックします。

3 広告グループ名を設定します。どのキーワードを設定しているのかがわかるような名称に設定しましょう。例えば、「設定日時_設定対象商品名_メインキーワード」などです。

4 広告配信の対象商品と対象キーワードを設定します。「配信対象の商品」をクリックします。広告配信対象の商品が一覧で表示されますが、今回は初期設定なので、まだ商品は表示されないはずです。「商品を新規登録」をクリックします。

5 「ストアID」を入力し、「商品名（商品コード、JANコード）」を入力します。対象商品の一覧が表示されるので、対象商品を選択します。こちらでも、広告配信対象商品の一括登録・削除が実施可能です。

広告配信対象商品は、以下の順番で設定するとよいでしょう。

①TOP10-30位の売れ筋商品を設定する
②自社として販売したい商品を設定する
③①②の配信結果を踏まえ、効果測定に応じて配信内容を調整する

最初は、どのような商品が広告効果を出しやすいのか、どのように設定すれば広告の費用対効果を最大化できるのか、といったことがわかっていません。しかし、上記の順番で設定していけば、自社内でもっとも売れる可能性が高い商品から広告で配信することになるため、広告経由で売れる可能性がもっとも高く、広

告の効果を実感できる可能性が一番高くなります。①の方法で広告を配信する過程で、どのように調整すればよいのか？自社で売上が高い商材の中でもどのような商品が広告配信に適しているのか？といったことがわかってきます。自分の中で方法論がある程度固まってきたら、②③と広告配信対象を広げていくとよいでしょう。

6 「配信キーワード登録」をクリックします。「配信キーワード」の登録画面が開き、配信対象キーワードとして設定しているキーワードとそれぞれの実績データが表示されます。対象の実績データは以下の通りです。

- **キーワード**：配信設定可能なキーワードを選定し、設定できます。また、一覧に表示されていないキーワードも任意で設定できます。
- **順位**：該当のカテゴリーにおける検索ボリューム順位が表示されます。検索順位が高いほど、検索数が多くなります。

- **検索数**：検索ボリュームの目安が表示されます。
- **入札数**：入札されている数が表示され、競合の出稿状況がわかります。
- **最低入札価格**：入札クリック単価の最低金額です。
- **最高入札価格**：入札クリック単価の最高金額です。
- **最低CPC**：実際のクリック単価の最低単価です。
- **最高CPC**：実際のクリック単価の最高単価です。
- **入札状況**：自社の入札状況が表示されます。入札しているのか、入札している場合、いくらで、どの形式で入札しているのかが表示されます。

7 「配信キーワード登録」画面に表示されるキーワードを確認し、その中から自社の商品の購買につながりやすいと考えられるキーワードを設定していきます。一番左の列にチェックを入れ、「登録」をクリックします。

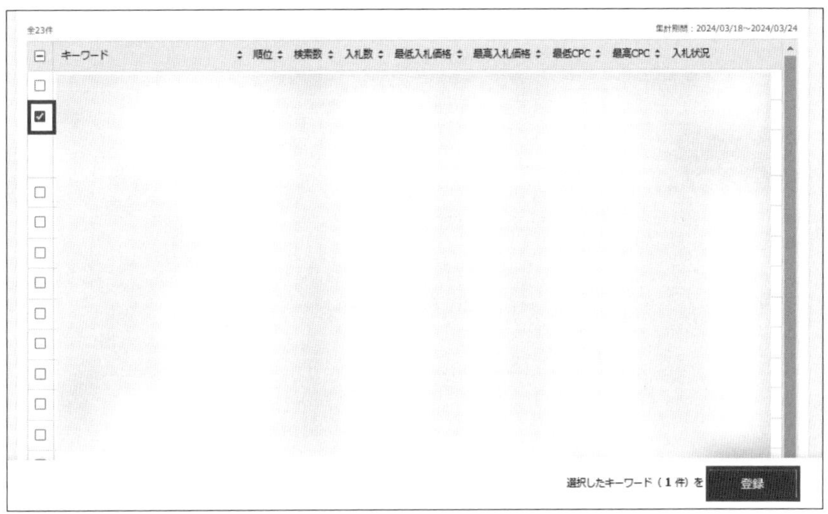

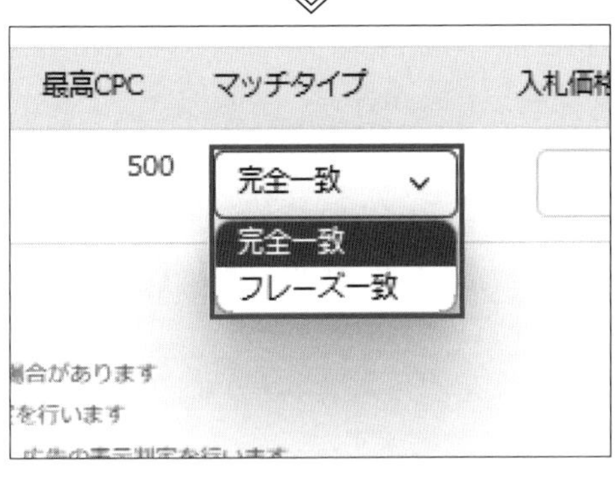

8 「マッチタイプ」で、検索キーワードとの一致方法を設定します。キーワードの一致方法は、2種類あります。

- **完全一致**：設定したキーワードが完全に含まれている場合のみ表示されます。例えば「プロテイン　1kg」と設定した場合、「プロテイン　1kg」のキーワードが商品名などに含まれている場合のみ広告が表示されます。「1kg　プロテイン」と設定されている場合は表示されません。

- **フレーズ一致**：登録されているフレーズが一致していれば表示されます。例えば「プロテイン　1kg」と設定している場合、商品名などに「プロテイン　1kg」が含まれている場合に加え、「1kg　プロテイン」と含まれている場合も広告が配信されます。

9 キーワードごとに入札価格を設定します。「入札価格」に金額を入力し、「登録」をクリックすると登録が完了します。入札価格を設定する際のポイントは以下の通りです。

まずは、最低入札金額70円で設定します。最低入札金額に設定することで、どのくらいの効果が得られるのかを確認します。最低入札金額に設定することで、最低金額でも売上につながるキーワード、最低金額だと表示もされないキーワードなど、各キーワードごとのデータを得ることができます。それらのデータをもとに、それぞれのキーワードごとに入札単価をいくら上げればよいのか、逆に下げたほうがよいのか、広告配信をやめたほうがよいのか、といったことがわかります。そこから、広告効果を最大化する調整につなげることができます。細かい調整方法について、基本的な考え方はアイテムマッチ広告と同様です(P.219)。

メーカーアイテムマッチ広告の効果測定レポートを確認する

広告運用は、広告配信の設定が完了するだけでは終わりません。広告の配信を設定してからは、効果測定レポートを定期的に確認し、より費用対効果を高くするための調整を行っていく必要があります。効果測定レポートでは、以下の項目について確認することができます。

- **アカウント**
- **キャンペーン**

  全商品：すべての商品の効果測定の合計を確認できます。

  商品別：指定した期間の効果測定を商品別に確認できます。

  広告別：指定した期間の効果測定を広告別に確認できます。
- **広告グループ**

①商品広告

商品別：該当の広告グループの指定した期間の効果測定を商品別に確認できます。

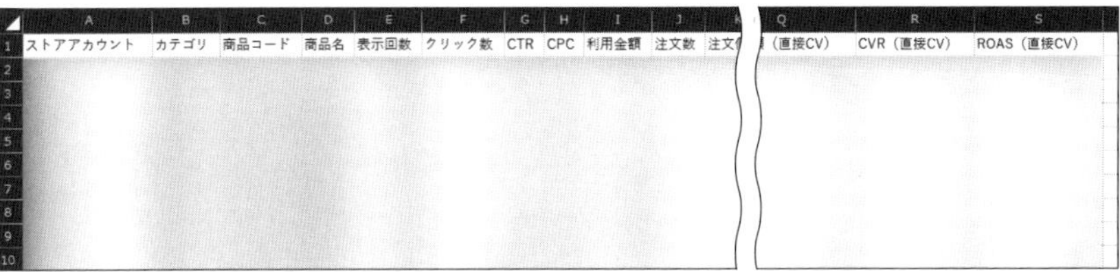

検索キーワード×商品別：該当の広告グループの指定した期間の効果測定を検索キーワードと商品ごとに紐づけて確認できます。

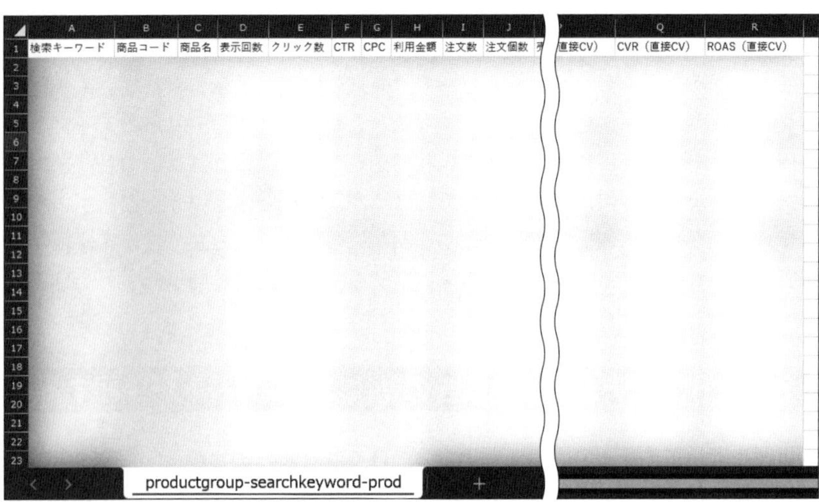

②キーワード広告

配信キーワード別：配信キーワード別に効果測定を確認できます。

配信キーワード別×商品別：配信キーワードと商品別に効果測定を確認できます。

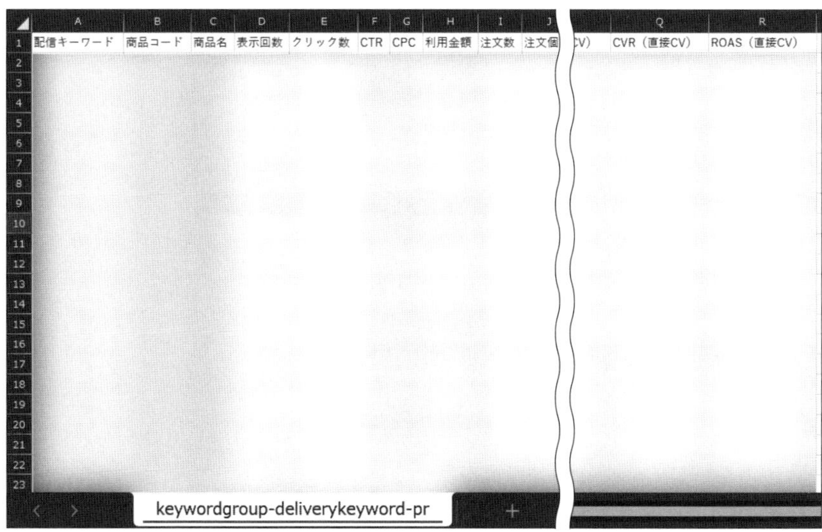

③ブランド広告

配信キーワード×検索キーワード別：配信キーワードと検索キーワード別に効果測定を確認できます。

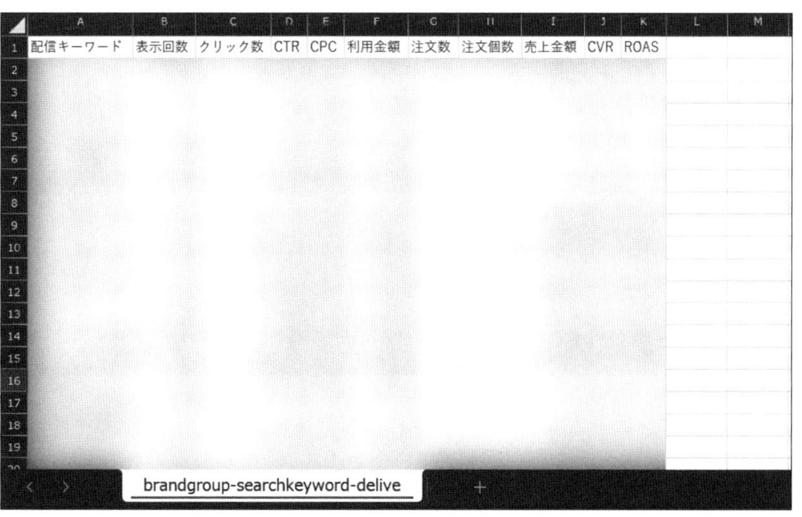

配信カテゴリー別：配信カテゴリー別に効果測定を確認できます。

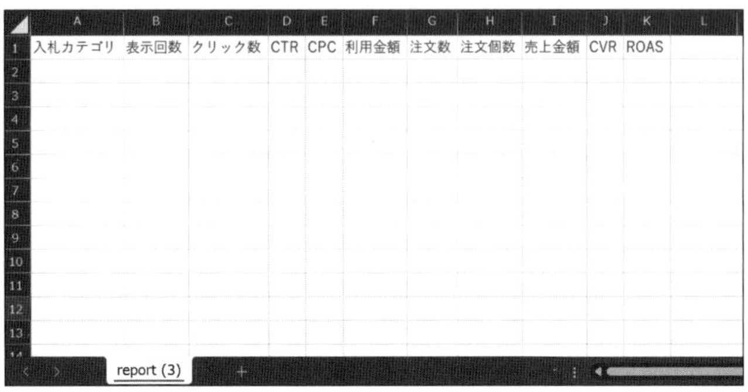

入札カテゴリ	表示回数	クリック数	CTR	CPC	利用金額	注文数	注文個数	売上金額	CVR	ROAS

商品別：商品別に効果測定を確認できます。

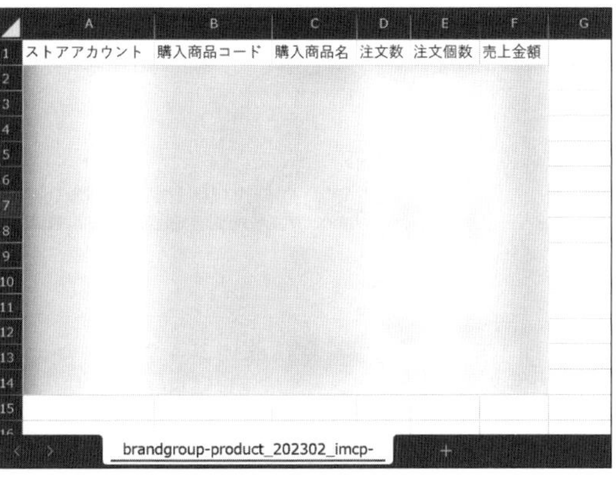

ストアアカウント	購入商品コード	購入商品名	注文数	注文個数	売上金額

テンプレート×ポジション別：ブランド広告を設定した際のテンプレートと広告の表示位置別に効果測定を確認できます。

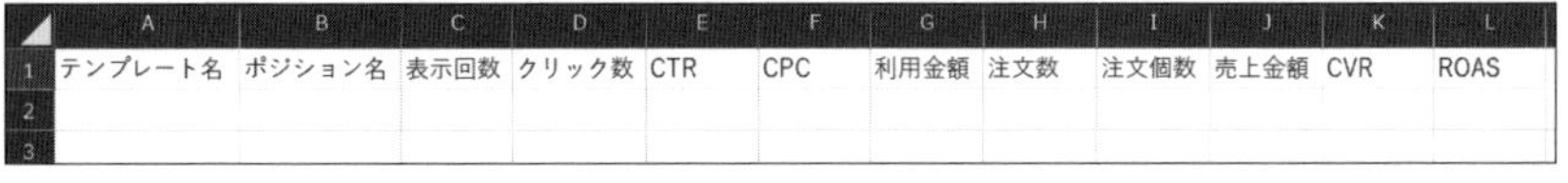

テンプレート名	ポジション名	表示回数	クリック数	CTR	CPC	利用金額	注文数	注文個数	売上金額	CVR	ROAS

メーカーアイテムマッチ広告の効果を最大化する調整方法

メーカーアイテムマッチ広告の効果を最大化する調整方法について、基本的な考え方はアイテムマッチ広告と同様です (P.219)。対象が商品のみから、キーワードや配信枠に広がるだけだと考えてください。

Section 16 Yahoo！ショッピングPRオプションを使って最速で売上を上げる

PRオプションとは？

Yahoo！ショッピングの「PRオプション」は、Yahoo！ショッピングで商品が売れた際の販売手数料（＝PRオプション料率）を支払うことで、Yahoo！ショッピング内の検索結果の上位に表示される確率が上げることができる広告サービスです。つまり、「検索結果順位の商品スコアを料率分アップさせてくれるサービス」ということになります。

また、PRオプションに登録していると露出が強化され、検索結果以外にカテゴリリストやYahoo!ショッピングのトップページ、季節販促ページなどにおすすめ商品として表示されます。販売手数料は、0.1％～30％の範囲で0.1％ごとに設定できます。広告をクリックされただけではコストがかからず、商品が売れた場合にのみ広告費が発生する、成果報酬型の広告です。販売金額に対して支払う料率の割合を設定するだけという、シンプルな設定方法も特徴です。PRオプションを利用している店舗どうしで比較した場合、料率設定の高い店舗の商品が、検索結果の表示順位で優先的に上位に表示されます。

PRオプションに登録した商品は、主に検索結果やカテゴリリスト、もしくはYahoo！ショッピングのトップページや季節販促ページなどにおすすめ商品として表示されることが多いようです。具体的な掲載位置や表示形態は、その時によって変わります。

PRオプションなし

PRオプションあり

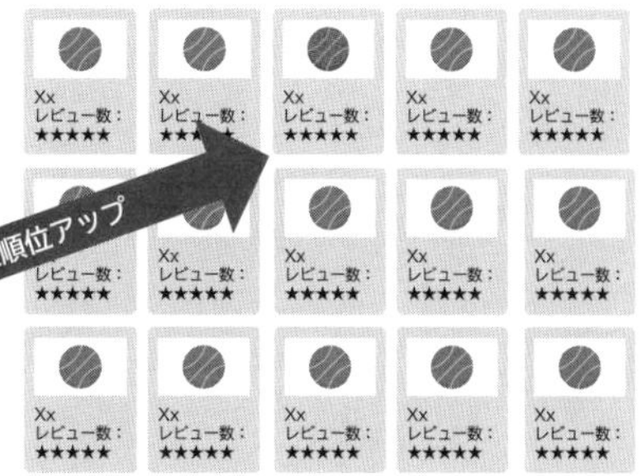

PRオプション活用の考え方

PRオプションは、以下のような考え方で活用するのが効果的です。

- **Yahoo！ショッピング出店時や新商品発売時など、注力したい商品の検索順位が低いときに、自社で許せる限り高い料率を設定することで検索結果上位を獲得する**
- **恒常的に検索上位を獲得できる状態になったら、PRオプションの料率を下げていく**

P.133で解説した通り、検索結果上位に表示されるためには売上実績を作る必要があります。実績のない状態では、検索結果上位に表示される機会はありません。そこで、PRオプションの出番です。PRオプションの料率をできるだけ高く設定することで、少しでも売上実績がつけば検索結果上位に表示されるという状況を作ります。検索結果上位に表示されることで、さらに売上が立つようになり、最終的にはPRオプションがなくても検索結果上位に表示される状態を作り出します。検索結果上位を維持できることを確認したら、少しずつPRオプションの料率を下げていくとよいでしょう。

PRオプションの設定条件・タイミング

PRオプションの設定は、はじめて月商11万円を越えた翌月の中旬ごろから行うことができるようになります。まずは、売上が月商11万円を越えることを目指しましょう。
PRオプション設定のタイミングとしては、売上が上がる可能性が高い商品群の検索順位が1ページ目のPR枠を除いた1～8枠に上がってきたタイミングで、商品別に切り替えていくのがよいでしょう。

PRオプションの設定方法

PRオプションの設定方法は、以下の通りです。

全商品（ストア全体）に料率を設定する方法

まだ自社のどの商品の売上が上がりやすいのかがわかっていなかったり、自社として注力する商品が定まっていなかったりする場合は、一度全体に設定してみるのがおすすめです。

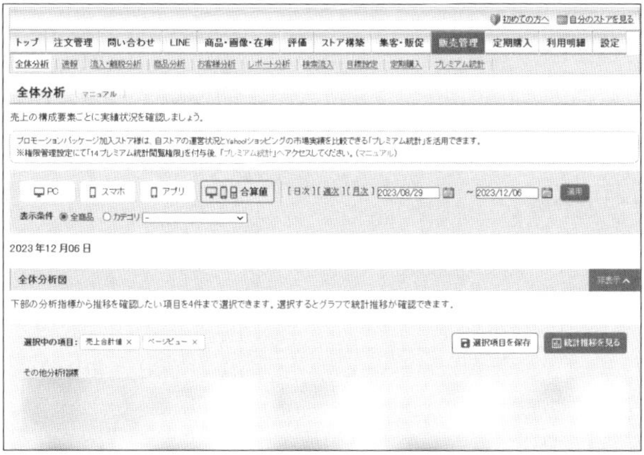

1 Yahoo！ショッピングの管理画面ストアクリエイターProにログインします。

2 「設定」をクリックします。

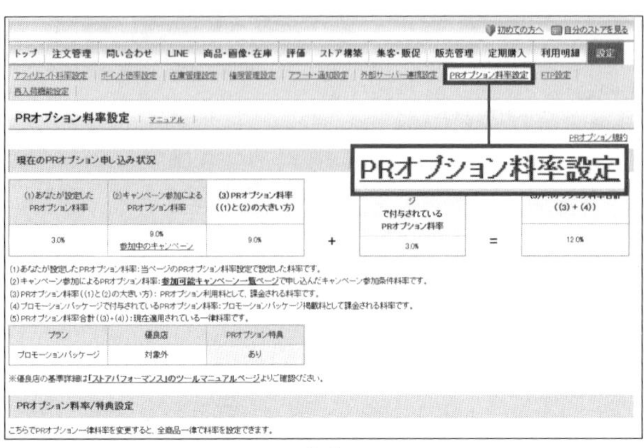

3 「PRオプション料率設定」をクリックします。

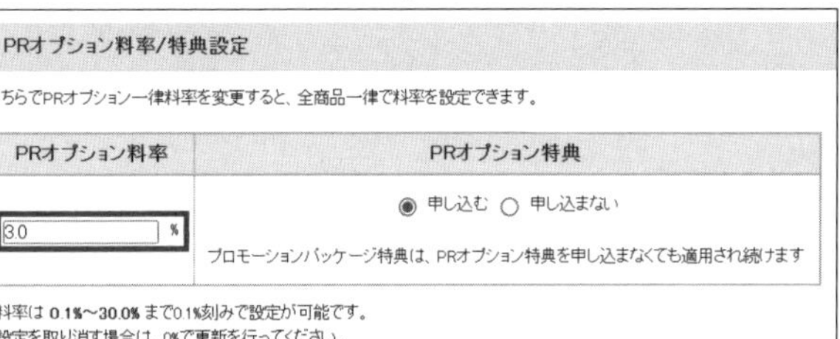

4 「PRオプション料率」の欄に、料率を入力します。

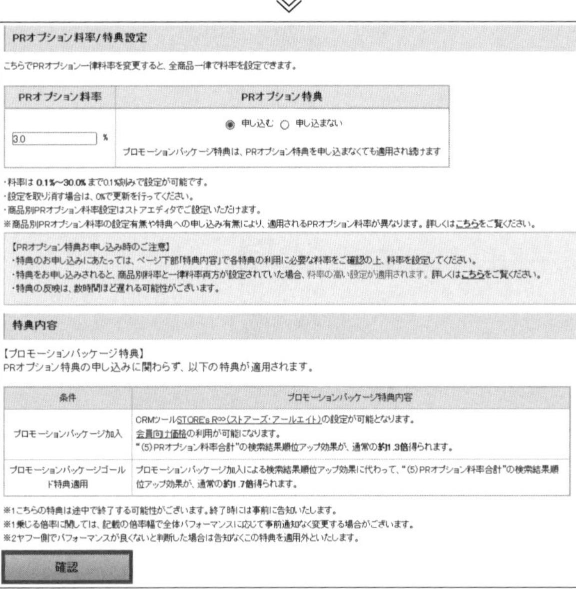

5 「確認」をクリックします。

商品別に料率を設定する方法

商品別に料率を設定することで、該当商品の検索順位を上昇させることができます。

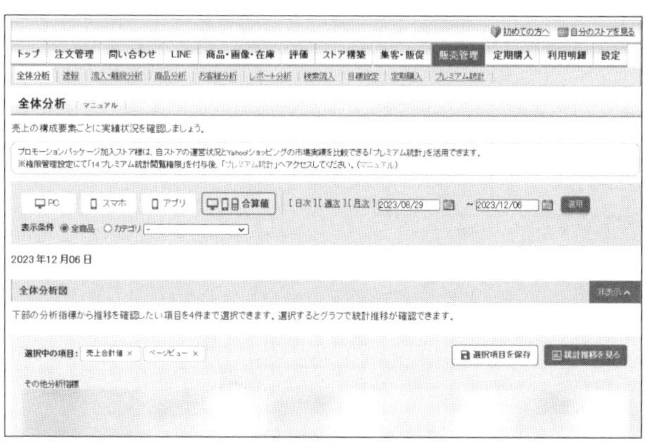

1 Yahoo!ショッピングの管理画面ストアクリエイターProにログインします。

2 「商品・画像・在庫」をクリックします。

3 「商品管理」をクリックします。

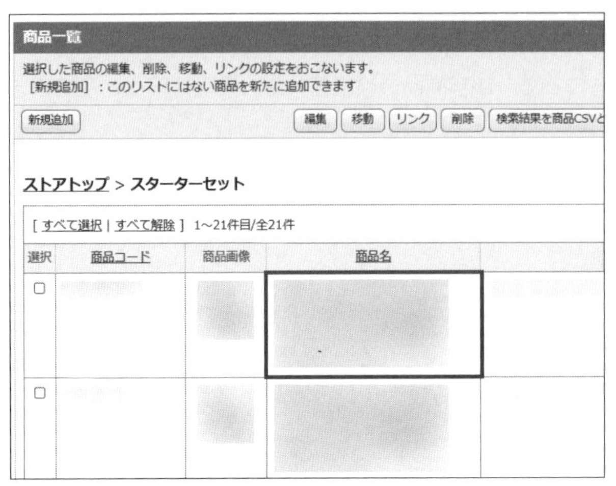

4 広告表示順位を上げたい商品を選択します。

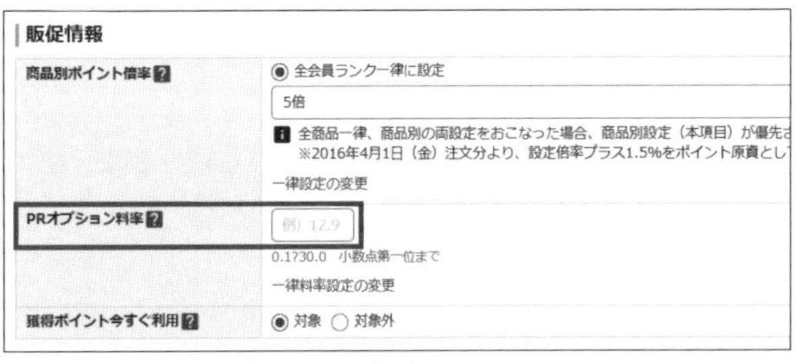

5 「PRオプション料率」を設定します。

6 「保存してプレビュー」をクリックします。画面遷移後、下部の「反映」をクリックします。

PRオプションの調整方法

PRオプションは、設定したまま放置していると、必要以上のコストをかけることになってしまいます。継続的なレポートの確認と調整が必要です。PRオプションの効果測定レポートは、ストアクリエイターProで「販売管理」＞「レポート分析」＞「PRオプション」を選択して確認することができます。
効果を確認し、PRオプションがなくても検索結果上位を獲得できると判断したら、PRオプションの料率を下げたり、設定を停止したりするとよいでしょう。

Section 17 ディスプレイ広告を最大限活用する

ディスプレイ広告とは?

ディスプレイ広告は、Webサイトやアプリなどの画面上に表示される「画像とテキスト」や「動画とテキスト」による広告です。バナー広告と呼ばれることもあります。ユーザーの興味を引くため、Webサイトやアプリとの関連性が高い広告が表示されます。視認性が高い画像や動画をクリエイティブとして使用するため、ブランドや商品のイメージを伝えやすいというメリットもあります。
ディスプレイ広告の利用に際して、ターゲットを絞らず、とにかく多くの人に見てもらうという運用方法は誤りです。理由として、次のようなことが挙げられます。

- **サイトを見ている際に広告が表示されても、興味がないユーザーの目には入っていない**
- **ユーザーが広告を目にしても、そもそも購入意欲が低い**

ディスプレイ広告を利用する際には、リターゲティングとしての運用を行うことを推奨します。リターゲティングとは、一度以上自社サイトに訪問したユーザーに対して広告を配信し、再び訪問することを促す手法です。一度広告を見ただけでは強い印象を与えるのは難しいですが、何度も繰り返し目にすることで、ブランドや商品を認知することにつながります。
ディスプレイ広告の設定は、Webサイト上にタグ（広告の効果を測定したり広告機能を拡張したりするためにWebページに埋め込むコード）を設定し、訪問ユーザーのリストを蓄積した上で配信設定を行う必要があります。

ディスプレイ広告を最大限活用する方法

ここで、ディスプレイ広告のメリットとデメリットを整理しておきましょう。ディスプレイ広告のメリットとしては、下記のような点があります。

- **自社サイトを訪問したユーザーに対してリターゲティングができる**
- **画像や動画などを活用してさまざまな表現ができる**
- **検索などのアプローチをしていない（リスティング広告で訴求できていない）潜在層にアプローチできる**

一方、デメリットとしては下記のような点があります。

- **広告費を消化しやすい**
- **コンバージョン率が他の広告と比較して低い**

これらを踏まえた上で効果的にディスプレイ広告を活用するためには、次に挙げる２点を事前に定義しておくことが重要です。これらを意識した上で、上手に運用していきましょう。

①配信の目的と目標値

目的や目標値を決めずに運用を開始してしまうと、ターゲットや広告の訴求軸が定まらず費用対効果が悪い広告になってしまいます。定義の例としては「既存の自社商材ターゲット層に表示させる」「新規顧客を500人獲得する」などがあります。

②ターゲットユーザー層

興味がまったくないユーザーに広告が表示されると、運用効率が悪くなってしまいます。自社として表示させたい、表示させると目的達成につながりやすいと考えられるターゲットを明確に設定しましょう。また、ディスプレイ広告は訴求するターゲットが思わずクリックしたくなるようなクリエイティブが重要になります。年代や性別、世帯収入などのユーザー像を持った上で制作に取り掛かることで、より効果の高い広告配信が可能になります。

Section 18 Amazonスポンサーディスプレイ広告を活用する

スポンサーディスプレイ広告とは？

Amazonの「スポンサーディスプレイ広告」は、ユーザーの興味関心や過去の行動データをもとにターゲティングを行い、配信されるディスプレイ広告です。商品詳細ページやカスタマーレビュー、商品検索結果ページの横、おすすめ商品の下の広告枠に表示されます。

スポンサーディスプレイ広告を利用するには、自社のブランドをAmazonに登録する「ブランド登録」が必要です。ブランド登録は、商標登録をしている事業者が行うことができます。ブランド登録について、詳しくはP.118で解説をしています。

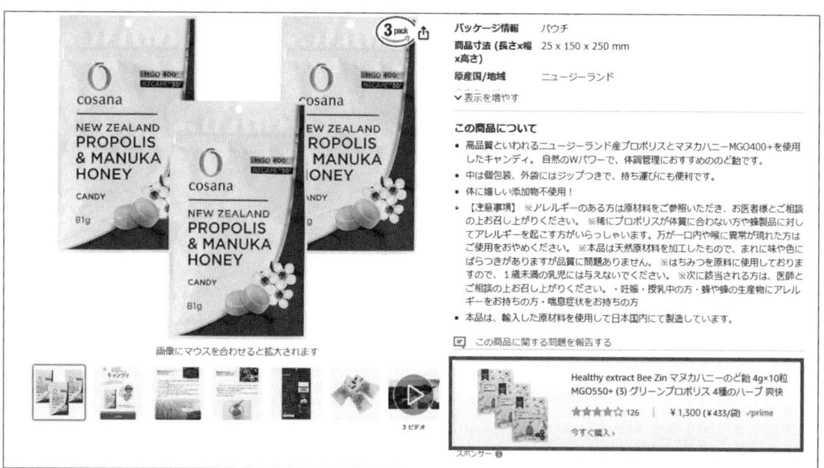

Amazonの「スポンサーディスプレイ広告」

スポンサーディスプレイ広告の入札方法

スポンサーディスプレイ広告では、以下のような入札方法が用意されています。広告自体を見てもらう回数を増やしたい場合は「リーチに合わせた最適化」、商品ページを見てもらう回数を増やしたい場合は「ページの訪問数に合わせた最適化」、商品の購入回数を増やしたい場合は「コンバージョンに合わせた最適化」を選択します。

入札方法	課金方式	詳細
リーチに合わせた最適化	1,000件のビューアブルインプレッションの単価(VCPM)	ビューアブルインプレッションを高めるために入札額を最適化。Amazonの関連性の高いオーディエンスに広告を表示してリーチを最大化することにより、商品の認知度を高める(ビューアブルインプレッションでは、広告面積の少なくとも50%がお客様の表示領域に1秒間以上表示されると1回とカウントされます)。
ページの訪問数に合わせた最適化	クリック課金制(CPC)	詳細ページの訪問率が高くなるように入札単価が最適化される。広告をクリックする可能性が高い買い物客に広告を表示することで、商品の検討を促す。
コンバージョンに合わせた最適化	クリック課金制(CPC)	コンバージョン率を向上させるために、入札額を最適化する。商品を購入する可能性が高い購入者に広告を表示することで、売上を伸ばす。

出典：Amazon seller central広告キャンペーンマネージャー

スポンサーディスプレイ広告のターゲティング手法

スポンサーディスプレイ広告では、いくつかのターゲティング手法を扱うことができます。除外設定をすることはできず、以下の図のような内容に分類されます。

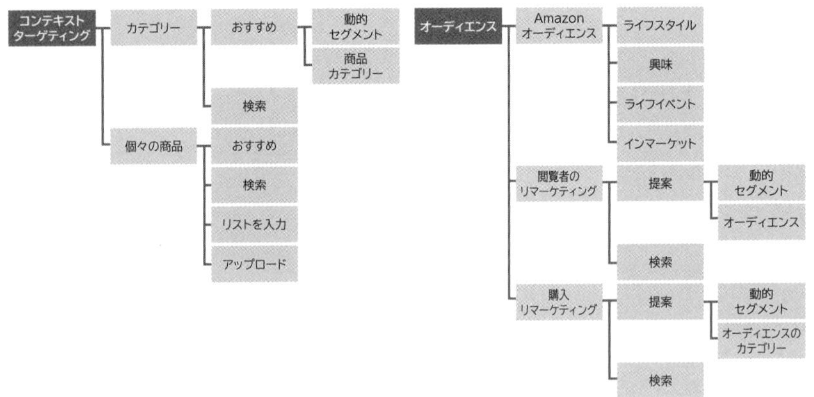

✔ コンテキストターゲティング

コンテキストターゲティングは、商品を中心としたターゲティング手法です。コンテキストターゲティングを利用すると、選択しているカテゴリーや検索キーワード、商品や類似商品にアクセスしているユーザーに広告を表示することができます。コンテキストターゲティングでは、「カテゴリー」と「個々の商品」からターゲティング対象を選択することができます。

● カテゴリー

選択したカテゴリーに含まれる商品の商品詳細ページや、関連する検索キーワードの検索結果に広告が表示されます。ターゲットは、カテゴリー名を手動で検索することで指定できます。また、Amazonが推奨するカテゴリーから選んで追加することもできます。カテゴリーの項目については、「動的セグメント」と「商品カテゴリー」の2種類があります。広告商品と類似した商品に関連したページに広告を掲載したい場合は「動的セグメント」、任意のカテゴリーに含まれる商品に関連したページに広告を出したい場合は「商品カテゴリー」を選択します。

カテゴリー	詳細
動的セグメント	広告商品に類似した商品を一括して選択できる。
商品カテゴリー	Amazonが設定した商品カテゴリーに含まれる商品を一括して選択できる。

● 個々の商品

商品カテゴリーではなく、個々の商品単位で広告を表示する対象を選択できます。競合商品のみに広告を表示したい場合に向いています。

✔ オーディエンス

オーディエンスは、ユーザーを中心としたターゲティング手法です。オーディエンスを利用すると、ユーザーの属性を利用してターゲティングすることができます。オーディエンスでは、以下のユーザーからターゲティング対象を選択することができます。

● Amazonオーディエンス

Amazonが蓄積している行動データをもとに、ユーザーを分類したセグメントをターゲティングすることができます。配信対象のセグメントは、複数選択できます。セグメントは、大きく以下の4種類に分かれています。「ライフスタイル」では、Amazon内での購入履歴や動画視聴履歴などに基づいてセグメントが設定されます。「興味」では、特定のカテゴリーでの購入履歴に基づいてセグメントが設定されます。「ライフイベント」では、これから発生するイベントに基づいてセグメントが設定されます。「インマーケット」では、Amazon内での最近の購買履歴に基づいてセグメントが設定されます。

項目	詳細
ライフスタイル	Amazon内でのショッピング、IMDbの閲覧、Prime VideoやTwitchのストリーミングなど、集計されたショッピングや閲覧のさまざまな行動を反映している。共有された好みを反映しており、「グルメ愛好家」「スポーツ愛好家」「テクノロジー愛好家」などのライフスタイルセグメントにマッピングされる。
興味	ショッピング活動が特定のカテゴリーへの継続的な関心を示唆しているオーディエンス。これらのオーディエンスの例としては、「カナダの歴史に興味・関心がある」「インテリアデザインに興味・関心がある」などがある。
ライフイベント	ライフイベントのオーディエンスは、休暇に出かける予定がある購入者の「まもなく旅行」などの人生の瞬間に基づいて、関連商品の認知度と検討を促進する機会を提供する。
インマーケット	インマーケットオーディエンスを使用すると、「売場内」にいて、最近特定カテゴリーの商品を購入したオーディエンスに働きかけることができる。シェアオブマインド（ブランドに対する好感度）を獲得するために、広告対象商品と同じカテゴリーのオーディエンスにリーチして、検討を促進するだけでなく、新規のセグメントを試して、商品の認知度の向上を図る。

出典：Amazon ads

●閲覧者のリマーケティング

選択した項目に該当する商品詳細ページを閲覧したことのあるユーザーをターゲティングすることができます。「オーディエンスのカテゴリー」を選択すれば、広告対象ではない商品のページを閲覧したユーザーもターゲティングできます。「ルックバック」の項目では、ユーザーが商品ページに訪れてからの経過日数を選択できます。期間は、7日、14日、30日、60日、90日の中から選択できます。

項目	小項目	詳細
動的セグメント	広告商品	以前広告対象商品の商品詳細ページを閲覧した購入者に表示される。
	広告対象商品に類似	以前広告対象商品と類似する商品の商品詳細ページを閲覧した購入者に表示される。
オーディエンスのカテゴリー		選択したカテゴリーに含まれる商品の商品詳細ページを閲覧したユーザーに広告が表示される。

出典：Amazonスポンサーディスプレイ広告キャンペーン作成ページ

●購入リマーケティング

選択した項目に該当する商品を購入したユーザーをターゲティングすることができます。「オーディエンスのカテゴリー」を選択すれば、広告対象ではない商品を購入したユーザーもターゲティングできます。

項目	小項目	詳細
動的セグメント	広告対象商品	広告対象商品の購入者に表示される。
	広告対象商品に関連	広告対象商品と類似する商品の購入者に表示される。
オーディエンスのカテゴリー		選択したカテゴリーに含まれる商品を購入したユーザーに広告が表示される。

出典：Amazonスポンサーディスプレイ広告キャンペーン作成ページ

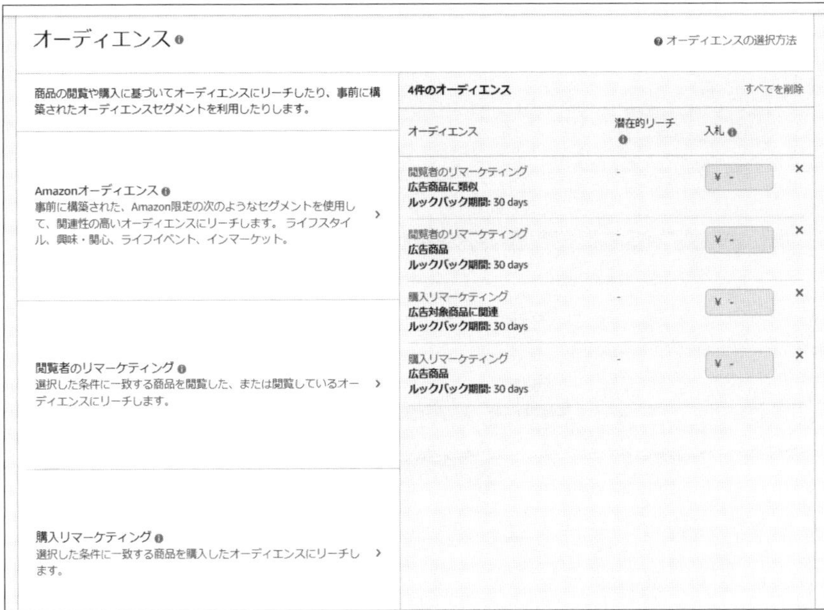

オーディエンスのターゲティング手法

スポンサーディスプレイ広告の初期設定

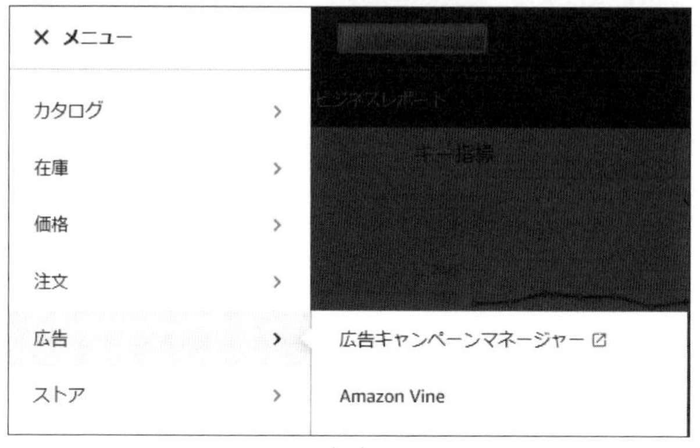

1 seller centralのレフトナビメニューから、「広告」→「広告キャンペーンマネージャー」をクリックします。

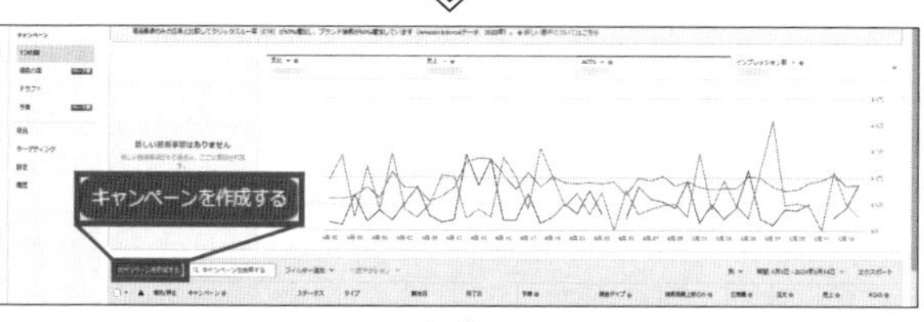

2 「キャンペーンを作成する」をクリックします。

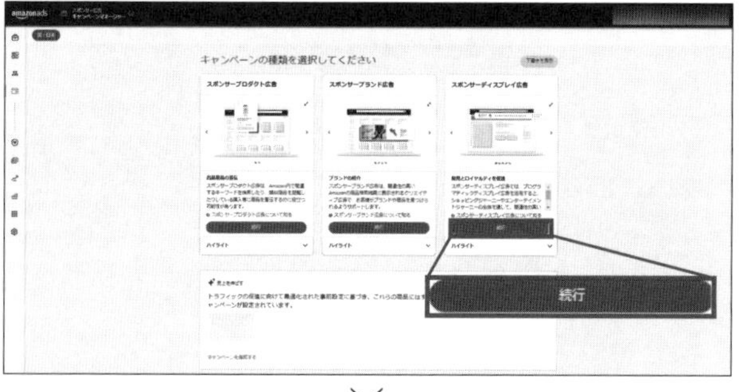

3 「スポンサーディスプレイ広告」の「続行」をクリックします。

キャンペーンを作成する

設定　キャンペーンの設定方法

キャンペーン名
キャンペーン - 2024/6/5 17:56:41.485

開始　2024年6月5日　終了　終了日を設定しない

国　日本

1日の予算　¥ 10,000

¥10,000を超える予算を設定したキャンペーンのほとんどは、終日実施されます。

4 キャンペーン名・期間・予算の設定を行います。キャンペーン名は、利用目的や設定内容がわかりやすい名前をつけましょう。設定のポイントは、スポンサープロダクト広告と同様です。詳しくはP.138を参照してください。

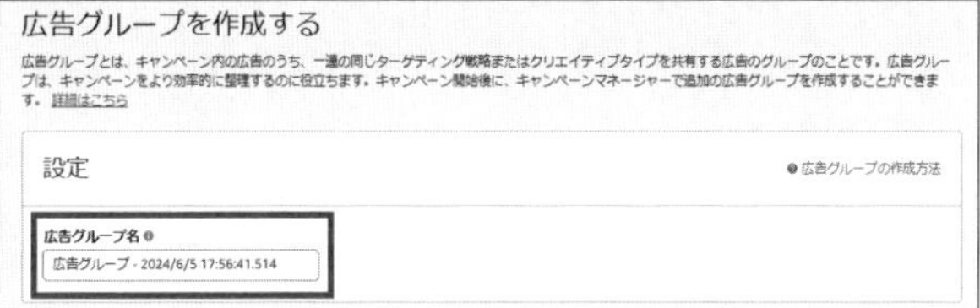

5 広告のグループ名を設定します。スポンサープロダクト広告と同様、グループ名を見ただけで、どのような設定なのか、どのタイミングで適用されるグループなのかがわかる名称に設定しましょう。

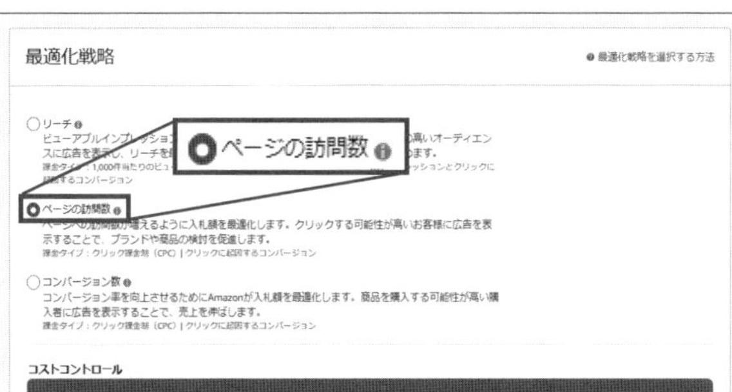

6 最適化戦略を選択します。ブランドの認知度を向上したいなどの特別な目的がない限りは「ページ訪問数」を選択しましょう。コストコントロールで課金金額を設定することで、指定した指標値以下に保たれるよう、Amazon側でコントロールしてくれます。

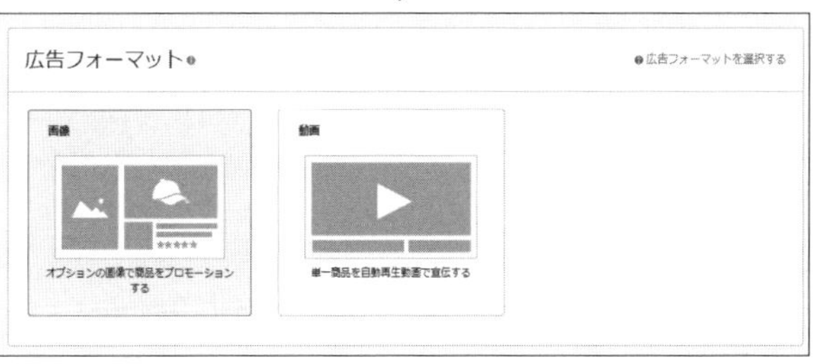

7 広告フォーマットを選択します。画像か動画を選択可能です。広告の利用目的と制作リソースからどちらを選択するか、検討しましょう。認知拡大には、動画のほうがおすすめです。

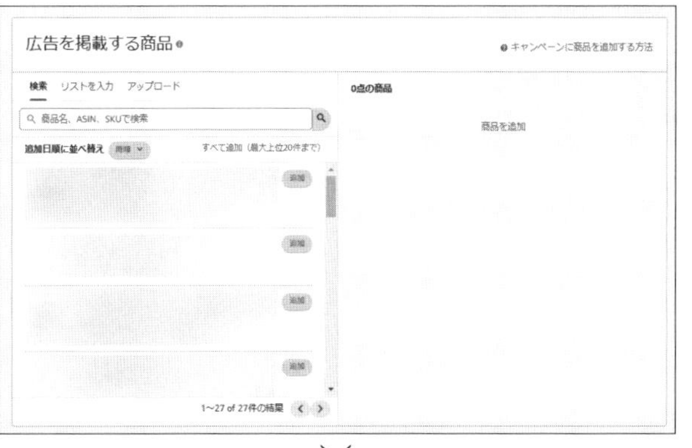

8 広告を掲載する商品を選択します。

9 ターゲティングを選択します。コンテキストターゲティングで自社商品への回遊を促進したり、競合他社商品からの流入を狙うのがおすすめです。それぞれのターゲティングについては、P.245で解説しています。

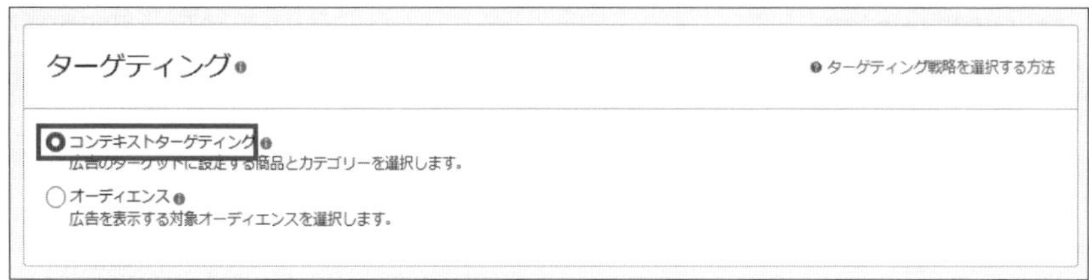

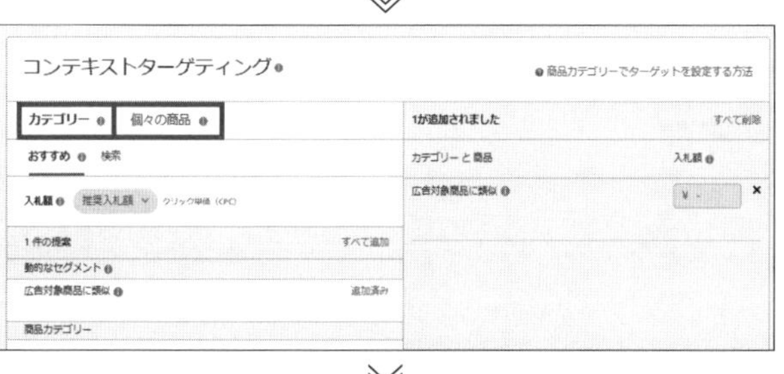

10 ターゲティング内容を設定します。「カテゴリー」と「個々の商品」で設定することが可能です。

11 クリエイティブへの掲載項目を選択します。

画像の場合

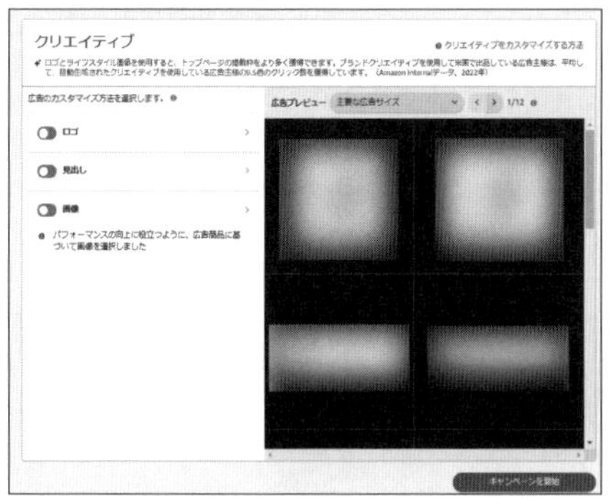

画像の場合、掲載する内容を以下から選択します。

・ロゴ

・見出し

・画像

・画像の仕様

画像サイズ：1200×628ピクセル以上

ファイルサイズ：5MB以下
ファイル形式：PNGまたはJPEG
コンテンツ：画像にテキスト、グラフィック、ロゴが追加されていません

動画の場合

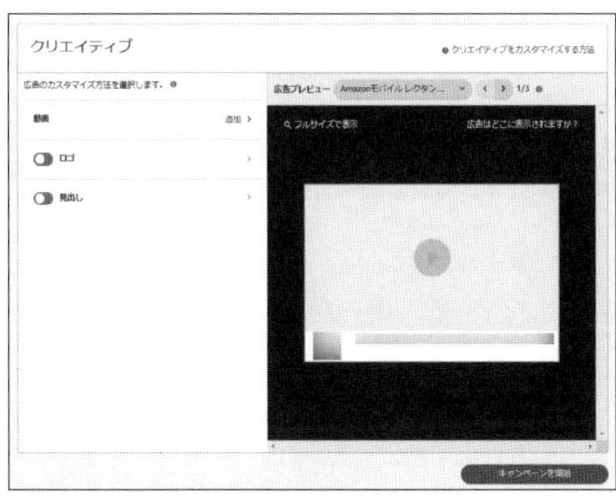

動画の場合、掲載する内容を以下から選択します。
・動画
・ロゴ
・見出し
・動画の仕様
アスペクト比：16:9
サイズ：1920×1080（最小）
最大ファイルサイズ：500MB
ファイル形式：H.264、MPEG-2、MPEG-4
長さ：6～45秒
フレームレート：23.976 fps、24 fps、25 fps、29.97 fps、29.98 fps、30 fps
ビットレート：1Mbps（最低）
動画ストリーム：1のみ
音声仕様
言語：広告の地域と一致する必要があります
サンプルレート：44.1kHzまたは48kHz
コーデック：PCMまたはAAC
ビットレート：96kbps（最低）
フォーマット：ステレオまたはモノラル
オーディオストリーム：1のみ

Section 19 楽天市場 TDA広告を活用する

楽天市場TDA広告とは？

楽天市場の「楽天市場TDA広告」は、「Targeting Display Advertisement」の略称であり、楽天市場にてストア側が希望するユーザーセグメントに対象を絞って表示されるバナー広告です。セグメントとは、ユーザーの年齢や性別、居住地域、特定ジャンルの閲覧・購買履歴、自店舗への訪問歴や購入歴など、特定の区分で区切った集まりのことを指します。広告費は、ユーザーに表示された回数に配信単価を掛けた金額が課金されるしくみになっており、ビューアブルインプレッション（Vimp）課金と呼ばれています。「配信期間」「予算」「入札単価」「対象セグメント」を設定すると、セグメントに合致するユーザーが楽天市場に訪れた際に、入稿したバナーが表示されます。

TDA広告は、楽天市場内の「トップページ」「ランキング」「閲覧履歴ページ」「購買履歴ページ」「お気に入りページ」などに掲載されます。また、「楽天市場外配信」という機能を利用すると、楽天市場以外の楽天グループメディア、例えば「Rakuten Link」「Rakuten レシピ」「「Rakuten Infoseek」「Rakuten Card」などにも配信されます。

楽天市場の「TDA広告」

「TDA広告」を配信するメリット

TDA広告を配信するメリットとしては、以下の3点が挙げられます。

①楽天が保有するユーザーデータを活用できる
②配信面が多いので認知拡大が狙える
③バナーによって視覚的に訴求できる

以下で、それぞれについて詳しく解説していきます。

✔ ①楽天が保有するユーザーデータを活用できる

TDA広告の最大のメリットは、楽天市場が保有しているユーザーデータを用いてセグメントを設定できるということです。RMSの「データ分析」→「販促効果測定」→「顧客分析レポート」から自店舗で購入しているユーザーの楽天市場内での行動データなどを確認し、そのデータを参考にセグメントを設定することができます。また、自店舗訪問者にリターゲティングを行うことも可能です。

✔ ②配信面が多いので認知拡大が狙える

前述の通り、TDA広告は楽天市場内の「トップページ」「ランキング」「購入履歴ページ」など、さまざまなページに掲載されます。また、楽天市場外配信の設定をすることで、楽天市場以外の楽天グループメディアにバナーを掲載することができるため、幅広い掲載箇所で認知獲得につなげることが可能です。

✔ ③バナーによって視覚的に訴求できる

TDA広告は、バナーを用いて視覚的に訴求することが可能です。バナーのデザインは自由に作成できるので、目的に合わせたキャッチコピーやデザインを作成して配信することができます。

「TDA広告」のキャンペーン設定方法

「TDA広告」のキャンペーンは、以下の方法で設定します。

1 RMSへのログイン後、楽天プロモーションメニューを開き、「ターゲティングディスプレイ広告（TDA）」をクリックします。

2 「キャンペーン」をクリックし、「新規登録」をクリックします。

3 必要な項目を設定し、「登録」をクリックします。

「TDA広告」入稿時の注意点

広告キャンペーンを作成した後は、バナークリエイティブの入稿を行います。TDA広告のバナー作成では、以下の仕様を守る必要があります。

●バナーサイズ（4種類入稿必須）

1280px×200px（PC/SP用）
880px×320px（SP用）
400px×800px（PC用）
480px×360px（PC用）

●ファイル形式・最大ファイルサイズ

jpg/gif/png 150KB以下

●基本構成

商品画像必須。テキストまたはロゴ（ブランドロゴ、店舗ロゴ）必須

●枠線と背景

枠線不要
背景色2色まで（背景色が分割されている場合のみ。グラデーションの場合は背景色数に制限はなし）
黒背景を使用したい場合は#262626以上の明るさを推奨

●Typography

テキスト・ロゴの外側に16px以上のマージンをとる
テキストはバナーの面積の1/3以下に収める
フォントサイズは28～80px

●禁止事項

楽天のブランドカラー（#BF0000）の使用
テキストに袋文字装飾
クリックを促すようなアイコン・ボタン表示・テキスト表示
画像の1/3を超える肌（顔を除く）露出。また、モデルやマネキンが着用している下着の画像の掲載。ただし、補正下着で、胸部と腹部～大腿部が隠れている場合はモデル・マネキンが着用していても掲載可

Section 20 楽天市場 楽天市場広告を活用する

楽天市場広告とは？

楽天市場の「楽天市場広告」は、基本的にバナーなどの形式で楽天市場内のトップページやキャンペーンページなどに掲載されるディスプレイ広告のことを指します。楽天スーパーSALEやお買い物マラソンなどのイベントの企画ページや、母の日、父の日といったシーズナルイベントの特集ページ、各ジャンルページに、入稿した広告が掲載されます。

「楽天市場広告」は掲載期間保証型のため、決まった価格で広告枠を購入します。成果が保証されていないため、販売商材と相性のよい広告枠を見極められるかどうかが重要となります。また、ディスプレイ広告は掲載枠数が決まっているため、人気の広告枠は希望しても購入できない場合があります。一般販売の前にまとまった金額を購入することで優先的に広告枠を買える「優先販売」というしくみがあるため、検討する場合は担当の楽天ECCに相談してみてください。

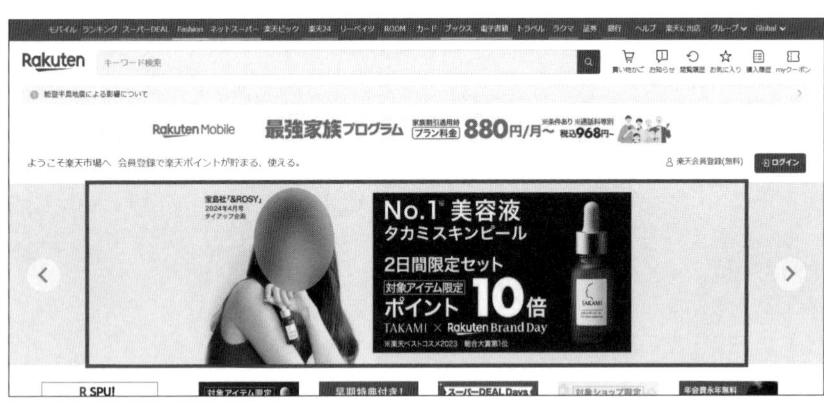

楽天市場の「楽天市場広告」

「楽天市場広告」の入稿方法

「楽天市場広告」を掲載するための流れは以下の通りです。

①「楽天市場広告」を購入する
②バナー素材を入稿する

✔ ①「楽天市場広告」を購入する

前述の通り、楽天市場広告は掲載期間保証のディスプレイ広告となるため、希望する広告枠を事前に購入する必要があります。RMSのプロモーションメニューから「楽天市場／楽天グループ広告」をクリックし、「検索して購入」から希望の広告枠を購入します。

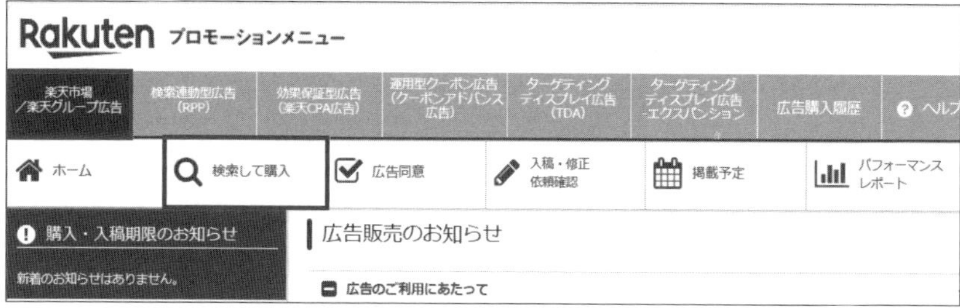

✔ ②バナー素材を入稿する

広告枠を購入すると、RMSのプロモーションメニューの「入稿・修正依頼確認」からバナー素材の入稿が可能となります。

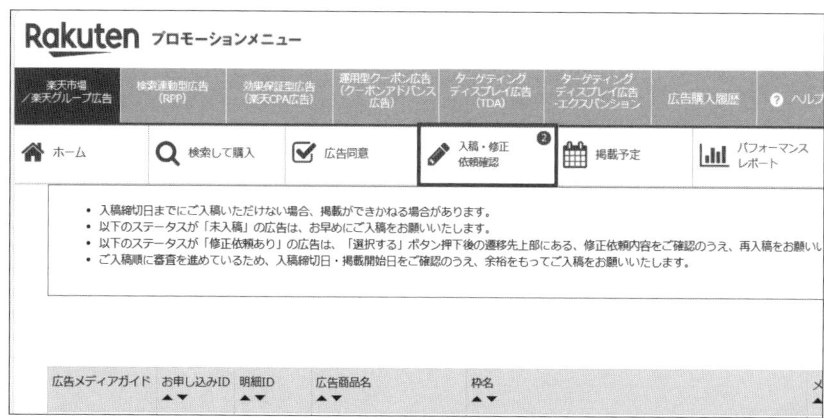

楽天市場広告では、種類によって入稿画像のルールが異なります。各広告枠の広告メディアガイドから、入稿画像の大きさ、テキスト挿入の可否などを必ず確認するようにしましょう。「入稿・修正依頼確認」の画面で「メディア」をクリックすると、以下のように各広告の詳細な仕様が確認できます。

楽天市場広告の入稿画像のルール

Section 21 楽天市場 特別大型企画期間内の広告枠を活用する

特別大型企画期間内の広告枠とは？

楽天市場の「特別大型企画」期間内は、期間限定の「楽天市場広告」が購入可能です。また、優先的に広告枠を購入できる「優先販売」という仕組みがあり、対象店舗は文字通り優先的に広告を購入できます。優先販売は、申請すれば必ず選ばれるというわけではなく、楽天市場側が売上実績や広告予算の高い店舗の中から掲載できる店舗を選定します。

優先販売

「優先販売」は、楽天スーパーSALEやお買い物マラソンなどの楽天市場内で開催されるイベント期間に100万円以上の広告枠を購入するストアだけが適用される権利となります。前述の通り、申請すれば必ず選定されるというわけではなく、広告予算がより高いストアや、期間内の広告購入金額が高い店舗から優先的に広告枠が確保されます。条件である広告費100万円を達成するために、希望していない広告枠を購入する必要も出てきます。

Section 22 Yahoo！ショッピング バナー・テキスト広告を活用する

バナー・テキスト広告とは？

Yahoo！ショッピングの「バナー・テキスト広告」は、Yahoo！ショッピングのトップページや総合ランキング、検索結果ページに掲載されるディスプレイ広告です。トップページなど、多くの人の目に触れる箇所に掲載されるため、多くの集客を見込むことができます。バナー・テキスト広告には、「通常広告」と「販促広告」の2種類があります。

通常広告

「通常広告」は、年間を通してYahoo！ショッピングのトップページや各カテゴリページに用意されている広告枠です。Yahoo！ショッピング内で、出品している商品や店舗の認知度を高めたい場合に掲載を検討するとよいでしょう。

Yahoo!ショッピングの「通常広告」

✔ 販促広告

「販促広告」は、季節性の高い特集の時などに掲載できる広告枠です。ギフト商材や季節限定商品などを出品する際におすすめの広告枠となります。

Yahoo! ショッピングの「販促広告」

バナー・テキスト広告を配信するメリット／デメリット

バナー・テキスト広告は集客や認知拡大を狙える広告枠となりますが、特有の注意点があります。以下のメリット・デメリットを理解し、広告費に対する費用対効果を考慮した上で利用するようにしましょう。

✔ メリット

- **掲載期間保証型のため、購入すれば必ず露出される**
- **ユーザーの目に留まりやすい箇所に掲載されるため、認知拡大につながる**

✔ デメリット

- **広告掲載費用は3万円からのため、他の広告と比較してコストが高い**
- **掲載枠や掲載期間によって費用が変動する**
- **検索連動型の広告と違い、セグメントなどの調整ができない**

Section 23 Yahoo！ショッピング ショッピングブランドサーチアド広告を活用する

ショッピングブランドサーチアド広告とは？

Yahoo！ショッピングの「ショッピングブランドサーチアド広告」は、Yahoo！ショッピングの検索結果ページのファーストビューにバナーや商品を掲載できる広告枠です。「ショッピングブランドサーチアド広告」では、キーワードやカテゴリーに基づいて、商品単体だけではなくブランド全体のプロモーションができるため、ブランド軸での売上・認知向上に効果的です。
「ショッピングブランドサーチアド広告」の効果をさらに高めるには、P.220で解説した「メーカーアイテムマッチ広告」との併用をおすすめします。どちらの広告枠も検索連動型広告ですが、それぞれ以下のような目的で利用します。

●ショッピングブランドサーチアド広告

クロスセル・アップセル、ブランド認知拡大

Yahoo! ショッピングのショッピングブランドサーチアド広告

● **メーカーアイテムマッチ広告**

特定商品の検索結果最上位への露出、競合キーワードでの露出、ショッピングブランドサーチアドでリーチしたユーザーのクリックの後押し

Yahoo! ショッピングのメーカーアイテムマッチ広告

この２つの広告枠を同時に運用することで、特定のキーワードで検索した検索結果ページの最上位面が自社の商品で埋まることになり、売上の向上を見込めます。なお、「ショッピングブランドサーチアド広告」は、Yahoo！ショッピングの出店メーカー向け広告である「Store Match Pro」の広告サービスの１つです。

「ショッピングブランドサーチアド広告」利用までの流れ

「ショッピングブランドサーチアド広告」の利用の流れは、「クリエイティブ設定」と「配信条件設定」を行い、「審査」を経て「配信」となります。

✔ ①クリエイティブ設定

「クリエイティブ設定」では、以下の情報が必要になります。

- **ブランドロゴ＋商品バナー**
- **遷移先の設定（商品ページ、ストアページ、キャンペーンページ他）**

また、デザインの設定項目は以下の通りです。

- **ブランドロゴ**：ヨコ400px×タテ200px（PC・スマホ）
- **キャッチコピー**：14文字以内
- **ブランド紹介文**：34文字以内
- **商品画像**：ヨコ300px×タテ300px
- **商品名**：14文字以内
- **商品価格**：商品情報から自動設定

②配信条件設定

「配信条件設定」では、広告の配信条件を設定していきます。設定にあたっては、特に注力したいキーワード（ビッグワード、サジェストワードなど）を入札するようにしましょう。キーワードの入札設定に加えて、カテゴリーにも入札設定をすると広告掲載範囲が広がるので、検索結果ページでの表示回数を増やすことが可能になります。

【キーワード】

- **配信条件**：入札キーワードとユーザーの検索キーワードが一致した場合
  最大30キーワードまで（最低入札価格100円）マッチタイプは完全一致のみ

【カテゴリー＋除外キーワード】

- **配信条件**：入札カテゴリーとユーザーの検索カテゴリーが一致した場合
  第3、4階層を最大200個まで指定可能（最低入札価格100円）
  配信除外キーワードを指定可能（フレーズ一致）

③審査依頼

クリエイティブ設定と配信条件設定が完了したら、審査依頼を行います。審査期間は薬事審査がない場合は約5営業日、薬事審査が必要な場合は約8営業日かかるので注意してください。

「ショッピングブランドサーチアド広告」の設定方法

それでは、「ショッピングブランドサーチアド広告」の設定方法を解説していきます。

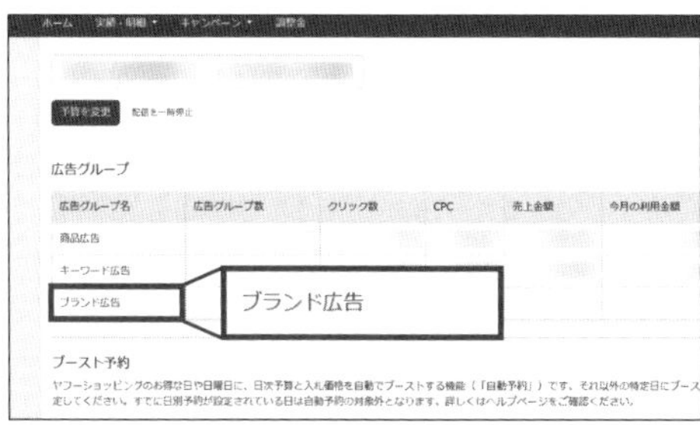

1 StoreMatchで、作成したキャンペーンの「広告グループ」から「ブランド広告」をクリックします。

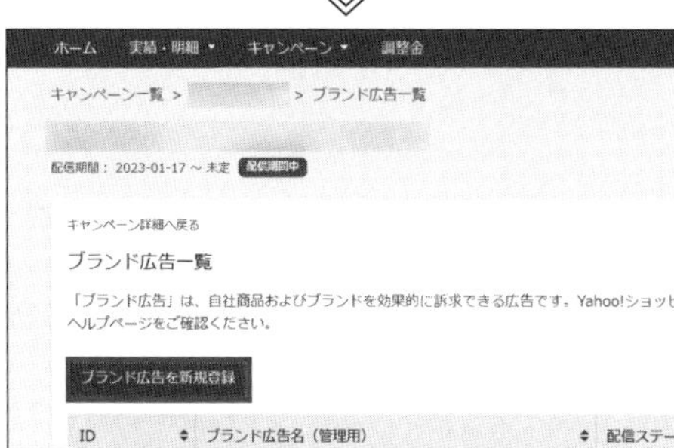

2 「ブランド広告を新規登録」をクリックします。

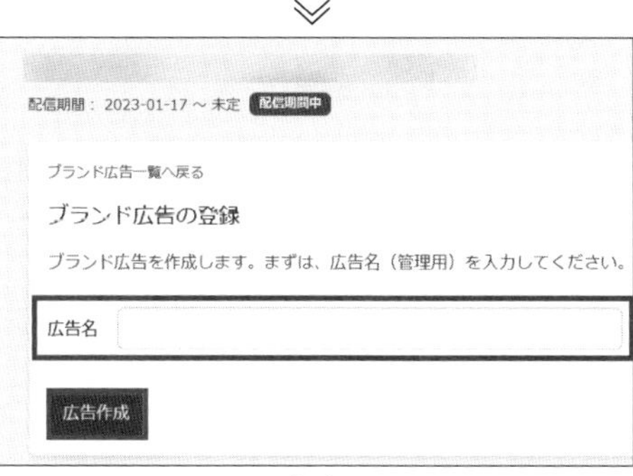

3 「広告名」を入力し、「広告作成」をクリックします。

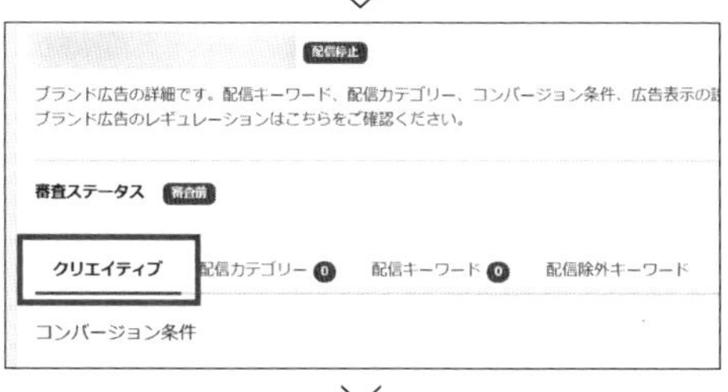

4 検索結果に表示されるブランド広告の、クリエイティブの設定を行います。「クリエイティブ」をクリックし、ロゴ、キャッチコピー、ブランド紹介文を入力します。

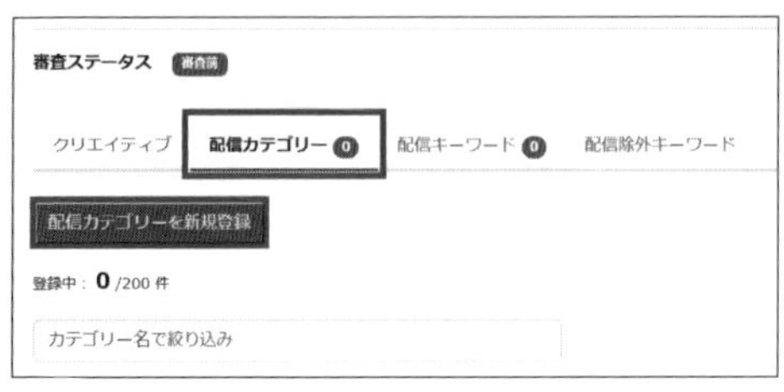

5 どのカテゴリーで検索された場合に広告を配信するかを設定します。「配信カテゴリー」をクリックし、「配信カテゴリーを新規登録」をクリックします。

6 カテゴリー名を検索してカテゴリーを選択した後、「価格を入力」をクリックします。カテゴリーは、第3、4階層のみ入札が可能です。ここでは、ブランド広告のクリエイティブに掲載している商材が含まれるカテゴリーを選択することが多いです。カテゴリーでは配信範囲が広すぎるという場合はカテゴリーを選択せず、特定キーワードのみ設定を行いましょう。

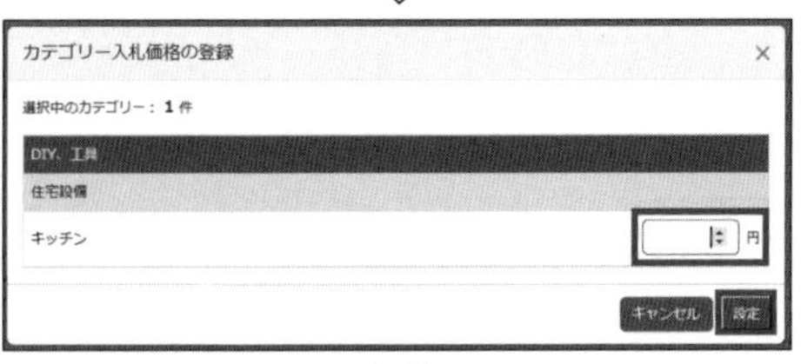

7 選択したカテゴリーの入札価格を入力し、「設定」をクリックします。最低入札価格は、全カテゴリー共通で100円となります。カテゴリーでの表示回数が伸びない場合は、こちらで入札単価を調整していきます。

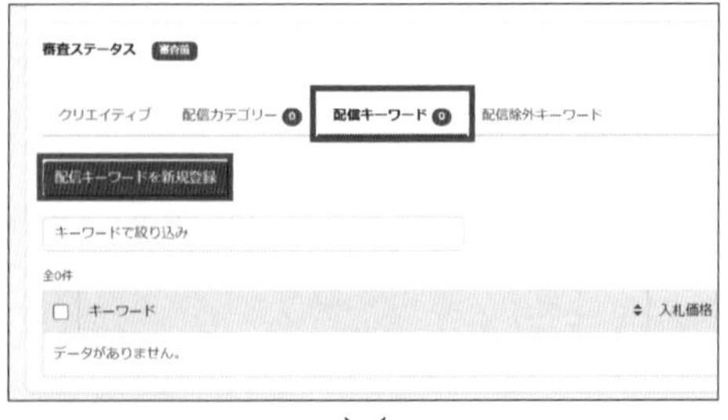

8 「配信キーワード」をクリックし、「配信キーワードを新規登録」をクリックします。配信キーワードを登録して入札単価を入力し、「登録」をクリックします。

9 配信キーワードを登録して入札単価を入力し、「登録」をクリックします。

POINT

配信キーワードは、ブランド広告に掲載している商品に対して獲得したいキーワードを設定しましょう。「メーカーアイテムマッチ広告」と併用する場合は、そちらにも同じキーワードを設定します。配信キーワード設定に当たっての注意点は、以下の通りです。

- 配信キーワードは30個まで登録できます。最低入札価格は100円です。
- ユーザーが検索したキーワードと完全一致した場合に、広告の表示判定が行われます。
- 最大50字。漢字、ひらがな、カタカナ、数字、アルファベット、スペースが使用できます。
- 英数字・カタカナ・スペースの全角半角、アルファベットの大文字小文字は区別されません。
- 例えば次のようなキーワードはすべて同じものと見なされ、重複して登録することはできません。
  「iPhone」「iphone」「iphone」
- 語順は区別されません。例えば次のようなキーワードは同じものと見なされ、重複して登録することはできません。
  「iPhone SIMフリー」「SIMフリー iPhone」

10 カテゴリーで配信する場合は、配信対象外とするキーワードを指定できます。「配信除外キーワード」をクリックし、除外したいキーワードを入力して「設定」をクリックします。

審査ステータス 審査済
広告審査の申請
クリエイティブ　配信カテゴリー 0　配信キーワード 0　配信除外キーワード
広告を配信したくない検索キーワードを設定してください。
0 キーワード登録済みです
1
0 / 30
設定

POINT

配信除外キーワードを設定するにあたっての注意点は、以下の通りです。

- ユーザーが入力した検索キーワードに指定されたキーワードが含まれる（部分一致）場合に除外されます。
- 1行1キーワードで入力します。
- 最大30キーワード（1キーワード50文字以内）まで登録できます。
- 重複したキーワードは登録できません。
- 数字の全角半角、アルファベットの大文字小文字は区別されません。
- 例えば次のようなキーワードは、すべて同じものとして見なされます。
「iPhone」「iphone」「ｉｐｈｏｎｅ」
- 設定が反映されるまで、4時間程度かかります。

11 ブランド広告の設定がすべて完了したら、「広告審査の申請」をクリックして申請を行います。配信中のブランド広告や、一度審査が承認されたブランド広告に対して設定を変更する場合も、再審査が必要となります。以下の画面は、申請中の画面です。配信中の設定を変更する場合は、「設定の変更」をクリックします。

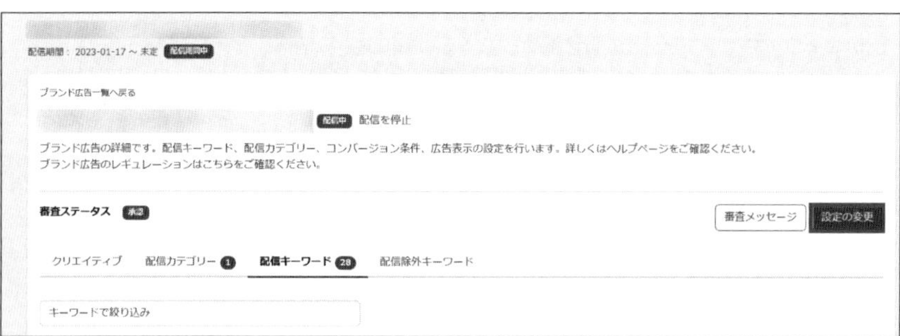

POINT

再審査が必要な項目は、以下の通りです。入札金額の変更は審査対象ではないので、表示回数が少ない場合は入札単価の調整から行いましょう。新たにキーワードを追加する場合は再審査となり、審査完了まで日数がかかるので注意しましょう。

- クリエイティブ
- 配信キーワード（入札金額の変更は対象外）
- 配信カテゴリー（入札金額の変更は対象外）

Yahoo!ショッピング プロモーションパッケージを活用する

プロモーションパッケージとは

Yahoo!ショッピングのプロモーションパッケージとは、検索結果の露出アップ、ストア運営の役立つデータ・販促活動に役立つツール提供などの特典を受けることができる販促オプションです。プロモーションパッケージの加入には、3%の手数料が必要になります。プロモーションパッケージで提供される特典は、下記の条件によって異なります。

- **条件1 プロモーションパッケージに加入しているストア**
- **条件2 プロモーションパッケージに加入している。かつゴールド特典適用対象**
- **条件3 プロモーションパッケージに加入している。かつゴールド特典適用かつ優良店**

「ゴールド特典適用対象」については、プロモーションパッケージの申し込み時に「ストアクリエイターPro」「プロモーションパッケージ」欄に「プロモーションパッケージゴールド特典」の記載があれば、申し込みから初回更新（申込月の翌月末）までの期間に限り、「優良ストア」バッジ以外の「プロモーションパッケージ特典」を受けることができます。

POINT

PRオプションとプロモーションパッケージの違いについて、解説します。PRオプションとプロモーションパッケージで一部被る機能があるため、似たものだと理解されている方がいますが、実はまったく異なるものです。PRオプションは、設定料率が変更でき、設定料率に応じて検索結果の表示順位が上がり、売上が上がったら、「販売価格×設定料率」分の費用が発生します。一方、プロモーションパッケージは、設定料率は3%と決まっており、PRオプションの設定料率を3%とした場合と同じ効果が望めます。つまり、PRオプションを3%以上で設定しているストアは、プロモーションパッケージの申請を行ったほうがよいということになります。

プロモーションパッケージの特典内容

プロモーションパッケージの特典内容は、以下の通りです。

①PRオプション3%分の検索結果順位アップ効果

PRオプションを設定していなくても、PRオプション3%分の検索結果順位アップの効果を受けられます。PRオプションの設定を行っている場合は、+3%分の検索結果順位アップ効果を得られます。

②検索結果順位アップ効果の上乗せ

「①PRオプション3%分の検索結果順位アップ効果」および設定したPRオプションの検索結果順位アップ効果が、通常の約1.3倍得られます。プロモーションパッケージゴールド特典適用のストアは、通常の約1.7倍の効果を得られます。

③CRMツール「Store's R∞」提供

バリューコマース株式会社提供のCRMツール「STORE's R∞（ストアーズ・アールエイト）」を利用できます。「STORE's R∞」は、PRオプション対象出店者が利用可能な顧客育成CRMツールです。詳しくはP.329を参照してください。

④「プレミアム統計」機能提供

通常提供されている「販売管理」機能におけるレポート・統計情報に加え、Yahoo!ショッピングの市場での実績をもとにした高度なデータ分析ツール「プレミアム統計」を利用できます。「プレミアム統計」で閲覧できるレポートは、下記の通りです。

- **健康診断レポート**
- **適正価格・最安値価格レポート**
- **他ストア流出レポート**
- **モール内カテゴリ別商品／製品ランキングレポート**
- **在庫なしアラートレポート**
- **商品別詳細分析レポート**

- 検索流入レポート
- 商品別新規既存レポート

⑤「あなただけのタイムセール」機能提供

ストアの商品に対する購買意欲の高いユーザーに対して、24時間限定でセール価格を設定できます。有料オプション機能です。タイムセール対象商品または商品タグに設定すると、対象者に対してセールの通知、Yahoo!ショッピングのトップページに特設モジュールが表示され、タイムセールが開催できます。

⑥「VIPスタンプサービス」機能提供

VIPスタンプサービスとして、以下の機能が利用できます。ただし、Yahoo!ショッピングが別途定める付与率の上限を超過する場合は、当該上限に応じた倍率までの付与となります。

- **購入顧客に対してスタンプカードおよびVIPカードを発行する機能**
- **本スタンプ付与条件をYahoo!ショッピング所定の範囲で任意に設定する機能**
- **本スタンプ付与条件に従いスタンプカードにスタンプを記録・表示する機能**
- **本特典倍率に従いVIPカード取得者に本特典を付与する機能**

⑦「会員向け価格」機能提供

「会員向け価格」機能を利用できます。「会員向け価格」機能とは、LYPプレミアム会員のユーザーが「会員向け価格」を設定した商品にアクセスした場合に、自動で「会員向け価格」が表示される機能です。

⑧加入ストア限定キャンペーンへの参加

ボーナスストア増刊号や買う！買う！サンデーなどの加入ストア限定キャンペーンを毎月実施します。

⑨ボーナスストアキャッシュバックキャンペーン

プロモーションパッケージのゴールド特典適用のストアが「ボーナスス

トア」に参加する際、「ボーナスストア」対象注文金額の一部がキャッシュバックされます。

⑩「プロモーションパッケージゴールド特典」ストア専用ヘルプデスク

プロモーションパッケージゴールド特典適用ストア専用のヘルプデスクが設定されます。

⑪「優良ストア」バッジの装飾

「プロモーションパッケージに加入している。かつゴールド特典適用かつ優良店」の場合に、検索結果・商品ページに金色の優良ストアバッジが付与され、他ストアとの差別化ができます。

⑫キャンペーンページの「プロモーションパッケージゴールド特典」ストア限定検索窓

大型販促のセールページ上部に、プロモーションパッケージゴールド特典適用ストア専用の検索窓が設置されます。

⑬Yahoo!ショッピング トップページへの露出

Yahoo!ショッピングのトップページに、プロモーションパッケージゴールド特典適用ストア専用のモジュールが設置されます。

⑭「プロモーションパッケージゴールド特典」ストア限定紹介ページ

プロモーションパッケージゴールド特典適用ストア専用の紹介ページが用意されます。

⑮優良配送遅延お見舞い

プロモーションパッケージゴールド特典適用ストアの「優良配送」商品に配送遅延が発生した場合、Yahoo!ショッピングがユーザーに対して「500円クーポン」を補償してくれます。

Chapter 5

売上を押し上げる！ メルマガ・LINEを極める

Section 01

ECモールにおける「メルマガ」の考え方

ECモールにおけるメルマガ送付の役割

ECにおいて、メルマガ（メールマガジン）にはたくさんの役割があります。売上を上げることはもちろん、来店動機を作ったり、お店のファンを作ったりする役割もあります。楽天市場では「R-Mail」、Yahoo！ショッピングでは「ストアニュースレター」という名前でメルマガを配信できます。Amazonには、メルマガの機能はありません。以降で、メルマガの作成と活用の方法について解説していきます。メルマガは、一方的な宣伝ばかりだとユーザーの心が離れてしまいます。読み手を意識して、もらったときにうれしくなるような内容を心がけることが重要です。

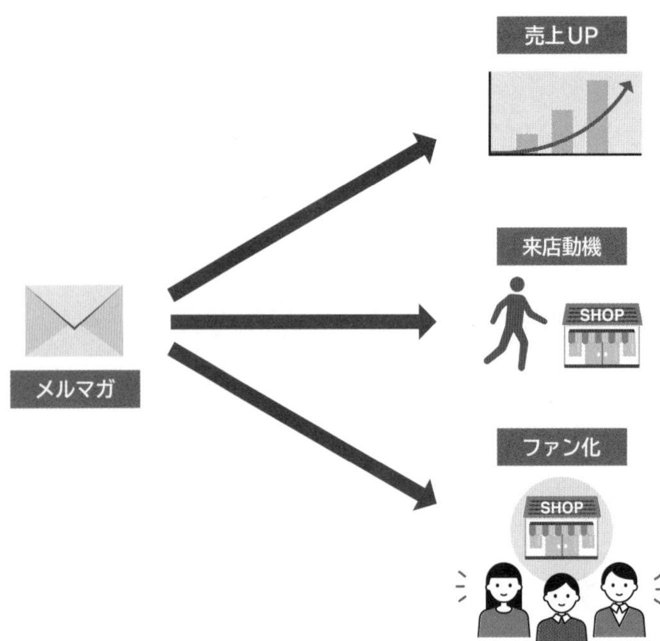

ECモールにおけるメルマガには、さまざまな役割がある

楽天市場「R-Mail」とは？

楽天市場のメルマガ機能「R -Mail」は、RMS上で申し込みを行うことで利用できるようになります。R-Mailの主な特徴は、以下の通りです。

- **メールの配信数に応じて1通1円の配信料が発生（基本料・月額費用は無料）**
- **送信先リストを作成してユーザーのターゲティングが可能**
- **一定の条件を満たすことで週1回無料での配信が可能**
- **効果測定データに基づいた戦略的な配信が可能**
- **テンプレートを用いたデザイン性・機能性に優れたメールが作成可能**

週1回の無料配信の利用条件は、以下の通りです。

- **期間：毎週日曜日 0:00から土曜日23:59まで**
- **セグメント：楽天提供の「週1回無料配信対象ユーザへ送信」リストを使用**
- **頻度：週に1回まで**

この「週1回無料配信対象ユーザ」は、「メールに対する反応12ヶ月以内もしくは購読開始日6ヶ月以内」のユーザーが該当します。除外条件として、「6ヶ月以内にリスト広告にて獲得した新規アドレス」が設定されています。
R-Mailの申し込みは、以下の手順で行います。申請後は、3営業日程度で開通されます。

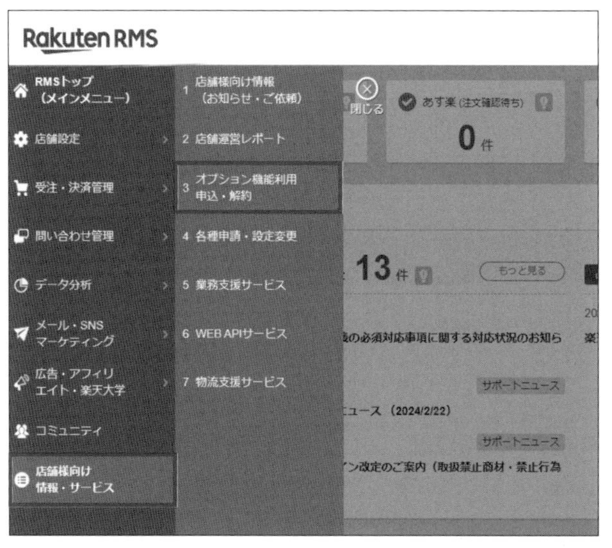

1 RMSの「店舗様向け情報・サービス」から、「オプション機能利用申込・解約」をクリックします。

運用型ポイント変倍	さらに、最適化することによって、上限変倍率に対して削減できたポイント付与額が発生した場合、「検索連動型広告（RPP）」へ再投資するように自動連携します。詳しく見る>>	無料	申込・解約
注文時送付先設定	お買い物かごで「送付先」の選択画面を明示的に表示し、ユーザーへ選択・入力を促す機能です。ギフト注文が多い店舗様がご利用することで、送付先の選択漏れを減らすことができます。詳しく見る>>	無料	申込・解約
CSV商品一括編集	商品情報をCSVファイルでアップロードすることで、一括で登録、編集、削除する機能です。登録済みの商品情報をCSVファイルでダウンロードすることも可能です。詳しく見る>>	有料	申込・解約
楽天GOLD	店舗様が作成したHTMLなどのファイルを自由にアップロードできるディスクスペースの利用が可能になります。（利用容量変更申請フォームが表示される場合は、すでに申込済みです。）詳しく見る>>	無料	申込
楽天ペイ用受注データ一括ダウンロード	注文情報のCSV形式でのダウンロードが可能になります。詳しく見る>>	無料	申込・解約
R-Mail（メール配信）	登録したユーザーにメールマガジンを送る機能です。送付リスト作成、保存や絞込み、原稿の作成や保存、即時または予約配信、様々なメールの種類を提供します。詳しく見る>>	有料	申込・解約
R-SNS（アール・エス・エヌ・エス）	Facebook、Instagram、LINE公式アカウント、ROOMを、楽天市場の店舗運営にご活用いただけるサービスです。詳しく見る>>	有料	申込 / 解約

※配送方法に関するお申込は、こちらをご参照ください。

2 「R-Mail（メール配信）」の「申込・解約」をクリックします。

R-Mailご利用申し込み

■ ご利用規約

■R-Mail利用規約

第1条（総則）
本規約は、楽天グループ株式会社（以下「甲」という）が運営するインターネットショッピングモール「楽天市場」（以下「モール」という）の出店者が、モール出店に付随するメール送信サービス「R-Mailサービス」（以下「本サービス」といい、詳細は第2条第4号で定める）を利用するにあたり、当該出店者（以下「乙」という）が遵守しなければならない条件および甲と乙との間の契約関係につき定めるものである。

第2条（用語の定義）
本規約において以下の用語は、以下の意味を有するものとする。
（1）ユーザー
ユーザーとは、モール上で乙が運営する出店ページにおいて商品を購買、資料請求、プレゼント申込などをする際に、乙からメールによる情報提供を受けることを許諾した者、または第9条に基づき甲が電子メールの送信対象者として登録した者をいう。

■ 申込利用状況

サービス名	状態
R-Mail	お申込みされていません

お申込み

戻る

3 「R-Mailご利用申し込み」画面が表示されたら、利用規約を確認して「お申込み」をクリックします。

Yahoo！ショッピング「ストアニュースレター」とは？

Yahoo！ショッピングのメルマガ機能は、「ストアニュースレター」と呼ばれます。主な特徴は、以下の通りです。

- **メルマガ配信登録者に無料で配信可能**
- **購入履歴、ユーザー属性に応じてセグメント設定が可能**
- **テンプレートを用いたデザイン性・機能性に優れたメール作成が可能**

ストアニュースレターの申込方法は、以下の通りです。

1 ストアクリエイターProで「集客・販促」>「販促(基本機能)」>「ストアニュースレター」をクリックします。

2 ニュースレターツールが開きます。はじめて利用する場合は「利用開始」ページが表示されるので、以下の項目を入力します。

・Fromアドレス:ストアニュースレターの配信元になるメールアドレスを設定します。
・テスト配信先アドレス(PC・モバイル):テスト配信の受信先となるアドレスを設定します。PC用とモバイル用、それぞれ3つまで設定できます。

入力できたら、「利用開始」をクリックします。

メルマガ配信の流れを知る

メルマガ機能の利用ができるようになったら、配信の準備を行いましょう。メルマガ配信の流れは、以下の通りです。

①メルマガ配信リストを獲得する(メルマガ配信対象者を確保する必要がある)
②メルマガ配信の準備を行う(配信リストの作成、配信内容の作成、配信予約)
③メルマガを配信する

①~③を定期的に実施することで、リピーターを育成し、最終的には商品自体のファン育成を目指します。次ページからは、メルマガを使った具体的な売上UPの方法を解説していきます。

Section 02

メルマガによる売上向上効果を最大化する

メルマガ会員数の増やし方

メルマガによる売上効果を最大化するには、メルマガ会員の充実が必要不可欠です。楽天市場、Yahoo！ショッピングでメルマガを配信するためには、自社で保有している顧客リストが必要になります。このリストが少ないと、せっかく時間をかけてメルマガを作成しても、そのメルマガを届けられる人数が限られてしまいます。ここでは、顧客リストの増やし方について解説していきます。リストを増やす方法は、下記の２点に限られています。

- **商品を購入してもらう**
- **ページ内で購読を促す**

店舗側からの働きかけで商品を購入してもらうことはもちろんですが、商品購入だけでは機会が減少してしまうので、ページ内でメルマガ登録を促進することが大切になります。それでは、どのような工夫を行えばよいのでしょうか。メルマガ購読の促進に大切なことは、ページを訪問したユーザーに対して、いかにメルマガを購読したいと思わせられるかです。例えば、商品をお得に買える日をメルマガで告知していることや、メルマガ購読者限定でクーポンを配布していることをページに記載することで、メルマガを購読しようと思ってもらうことができます。「シークレットセール」や「クーポンあり！」といった内容を訴求することで、メルマガ登録の動機づけにつなげるようにしましょう。

ページ内でメルマガ購読を促進する

メルマガの効果的な活用方法

メルマガの効果を最大化するためには、次の観点を抑えてメルマガを作成・配信することが重要です。

①件名
②配信対象
③配信タイミング
④配信内容

以下で、個別に解説をしていきます。

✔ ①件名

メルマガ作成においては、「件名」がすべてといっても過言ではありません。メルマガを開封するかどうかは、件名によって左右されるからです。数あるメールの中から興味を持って読んでもらうために、通常のメールの件名とは異なる、目立つ件名にしましょう。開封される件名には、例えば次のような文言が含まれています。

- **期間限定50%OFF**
- **21時まで限定セール**
- **今だけ！20%OFFクーポン配布中**
- **【最大40%OFF！】**
- **～号外～**
- **◆大人気企画◆**
- **■■様限定の～～～（実名を入れる）**

※Yahoo！ショッピングは実名を入れられません

◆などの記号は、他のメルマガと差別化するためにもうまく使いこなせるとよいでしょう。また、【本日最終日】といった文言よりも、【あと3時間】などと具体的な数字が入っている方がわかりやすく、開封率が高まる傾向があります。さらに、「特別」「今だけ」「限定」「最終」といった「今しかない」という気持ちを駆り立てるワード、「新作」「予約」「先行」といった旬な情報であることを示す文言を使うことで、ユーザーからの反応を高めることができます。

②配信対象

楽天市場やYahoo！ショッピングのメルマガでは、購入回数や購入商品、性別などの顧客条件によって配信対象を絞り込むことができます。例えば以下のような方法で、集客の目的に合わせた絞り込みを検討してみましょう。

- **休眠会員を掘り起こしたい場合は、過去3ヶ月以上購入されていない方のみに配信する**
- **お試し商品からのアップセルを狙う場合は、お試し商品購入者のみに配信する**

③配信タイミング

メルマガは、ユーザーの購買意欲が高まるタイミングを狙って配信しましょう。メルマガの最適な配信時期、配信時間は、以下の通りです。特に、セール前の配信は非常に重要です。ECモールの場合、セール開始時間付近は配信予約が混んでしまう傾向にあるので、早めの準備が必要です。

【最適な配信時期】

- **モール内のイベント日の前日や当日**
- **セール開始日の前夜、セール期間中**
- **シーズンイベントの3週間前～1週間前（例：入学式、卒業式、クリスマス、バレンタイン、ハロウィン、敬老の日、母の日など）**

【最適な配信時間】

メールは読むまでに時間が空くと他のメールに埋もれてしまうため、メールが読まれそうなタイミングで配信することが重要です。最適な配信時間には、「メールが読まれる時間帯」と「お買い物がしやすい時間帯」があります。ユーザーの属性によって、メールを読む時間は以下のように想定されます。

- **会社員：通勤時の8時台、お昼休みの12時台、帰宅後の19時以降**
- **主婦：子供達を送り出した後の10時～14時台、子供が寝た21時以降**
- **シニア：朝、午前中**

また、1日の中でもっとも「お買い物がしやすい時間帯」は、21時ごろです。そのため、属性を考えずに配信する場合は、20時～21時の配信が効果的でしょう。また、深夜1時くらいにも購買の波があります。扱う商品に合わせて検討するとよいでしょう。

メルマガの配信内容

ここまでに解説したユーザー属性と配信時期に合わせて、メルマガで紹介する商品を選び、配信内容を決めていきます。メルマガの配信内容を考える際は、以下のポイントを押さえておきましょう。

●商品画像にもリンクを設定する

ユーザーが興味を持って商品画像をクリックした際に商品ページに遷移できるように、商品画像にもリンクを設定しましょう。

●説明文は簡潔にする

商品説明が長いと最後まで読まれず、離脱する可能性があります。簡潔な説明文を心がけましょう。

●購入を後押しする特典（クーポン）をつける

件名に「クーポンつき」と書いてあると、開封率が上がります。購入の後押しになり、購買率UPにもつながります。

メルマガを送る際は、クーポンや新商品発売時など「通常よりお得な情報がある」ことをしっかりアピールしましょう。毎回、メルマガ購読者だけに先行してリリースする情報があってもよいでしょう。

Section

03 楽天市場 R-Mailを配信する

楽天市場で使えるメルマガの種類

楽天市場のR-Mailでは、以下の5種類のメルマガを配信することができます。

①PCテキストメール

PCテキストメールは、PC宛に送信する目的で作成・配信される、テキスト形式のメルマガです。画像や装飾のない、文字のみを使用して作成されたメールになります。

②HTMLメール

HTMLメールは、HTML形式で送信されるメルマガです。通常のテキストではなく、フォントやサイズ、カラーを変更できるほか、画像や動画も入れることができます。自由度が高く、豊かな表現力で訴求力の高いアプローチができます。

③レスポンシブメール

レスポンシブメールは、1つのメールを作成すればPCやスマートフォン、タブレットの画面サイズに自動で適応して配信されるメルマガです。キャリアのアドレスには送信できないので注意が必要です。

④モバイルテキストメール

モバイルテキストメールは、キャリアのアドレス宛に送信することを目的としたテキスト形式のメルマガです。PCテキストメールと大きくは変わりませんが、スマートフォンの画面サイズに最適化されたメルマガになります。

⑤モバイルHTMLメール

モバイルHTMLメールは、キャリアのアドレス宛に送信することを目的としたHTML形式のメルマガです。PC用のHTMLメールと大きくは変わりませんが、スマートフォン用の画面サイズに最適化されたメルマガになります。

R-Mailの配信設定方法

楽天市場におけるメルマガ（R-Mail）の作成・配信設定の方法を解説します。ここでは、メルマガ作成の工程を以下の3つのステップに分けて説明を進めます。

①メルマガの本文を作成する
②送信先リストを作成する
③メルマガの送信設定を行う

①メルマガの本文を作成する

メルマガ本文を作成する手順を解説していきます。

Rakuten RMS
RMSトップ（メインメニュー）
店舗設定
受注・決済管理
問い合わせ管理
データ分析
メール・SNSマーケティング
1 メルマガ配信
2 メルマガ配信（自動）
3 R-SNS
4 LINE公式アカウント for R-SNS

1 RMSの「メール・SNSマーケティング」から「1 メルマガ配信」をクリックします。

メルマガ配信
1 配信設定
メール本文編集
› PCメールの混雑状況
› モバイルメールの混雑状況

2 「配信設定」の中から、「メール本文編集」をクリックします。

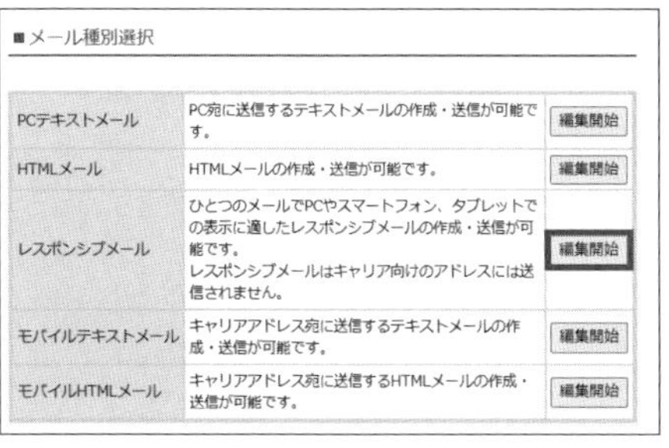

■メール種別選択

PCテキストメール	PC宛に送信するテキストメールの作成・送信が可能です。	編集開始
HTMLメール	HTMLメールの作成・送信が可能です。	編集開始
レスポンシブメール	ひとつのメールでPCやスマートフォン、タブレットでの表示に適したレスポンシブメールの作成・送信が可能です。 レスポンシブメールはキャリア向けのアドレスには送信されません。	編集開始
モバイルテキストメール	キャリアアドレス宛に送信するテキストメールの作成・送信が可能です。	編集開始
モバイルHTMLメール	キャリアアドレス宛に送信するHTMLメールの作成・送信が可能です。	編集開始

3 「メール種別選択」から、作成したいメール種別の「編集開始」をクリックします。ここでは「レスポンシブメール」を例として解説します。レスポンシブメールは作成が簡単で、商品をすぐに入れ替えられることからABテストを行いやすいため、おすすめです。

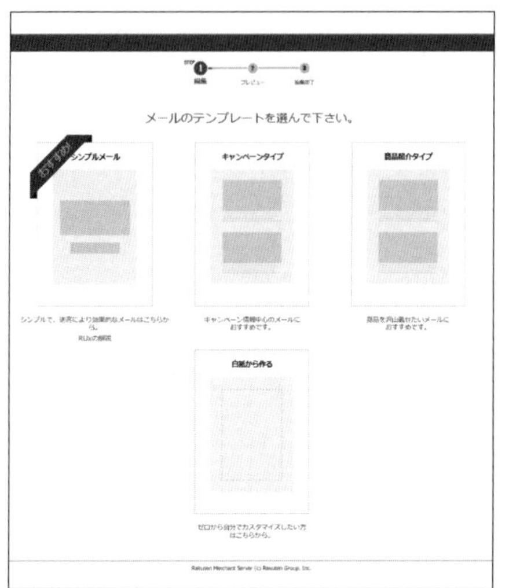

4 利用するテンプレートを選択します。レスポンシブメールには、以下の4種類のテンプレートがあります。

・シンプルメール
大きなバナーを1つ配置して、シンプルかつ効果的なメルマガを作成できます。
・キャンペーンタイプ
キャンペーンのタイトルや説明文、バナーなど、キャンペーン情報が伝わりやすいメルマガを作成できます。
・商品紹介タイプ
商品画像や値段、ランキングなど、商品紹介がしやすいメルマガを作成できます。
・白紙から作る
テンプレートを使用せずに、1からメルマガ本文を作成できます。

5 「ブロックを選ぶ」から、使用したいブロックを選択します。

6 R-cabinetから、バナーに使用する画像を選択します。表示された画像推奨サイズに合わせて、バナー画像を作成します。

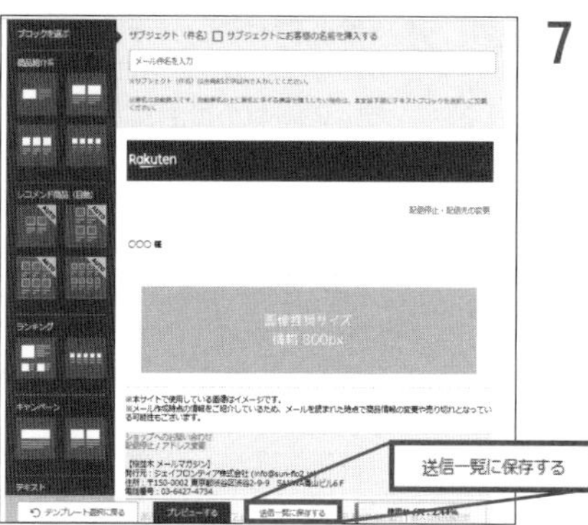

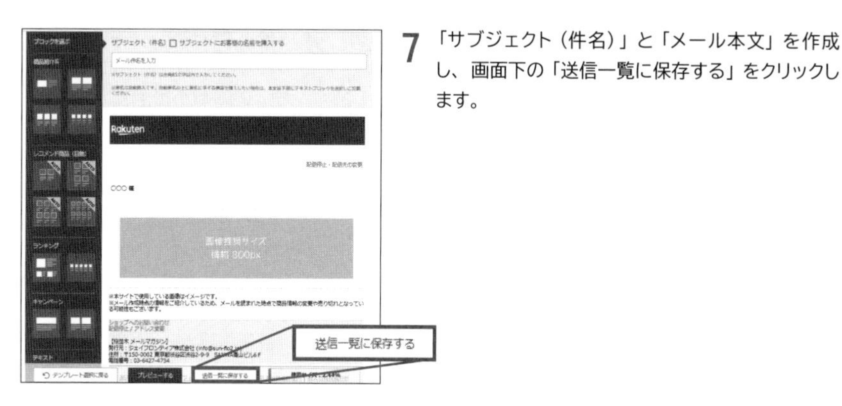

7 「サブジェクト（件名）」と「メール本文」を作成し、画面下の「送信一覧に保存する」をクリックします。

②送信先リストを作成する

メルマガ本文を作成したあとは、送信先リストの作成に移ります。送信先リストは文字通り、メルマガの送付対象になります。

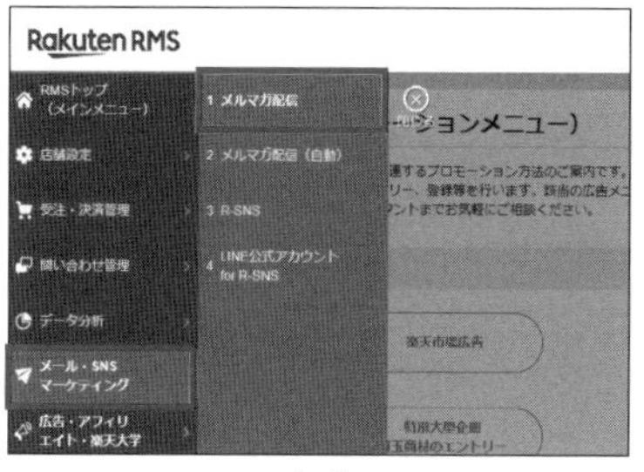

1 RMSの「メール・SNSマーケティング」から「1 メルマガ配信」をクリックします。

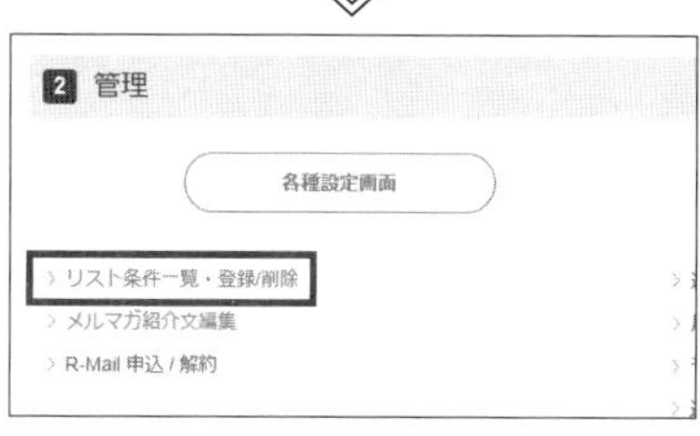

2 「管理」の「リスト条件一覧・登録/削除」をクリックします。

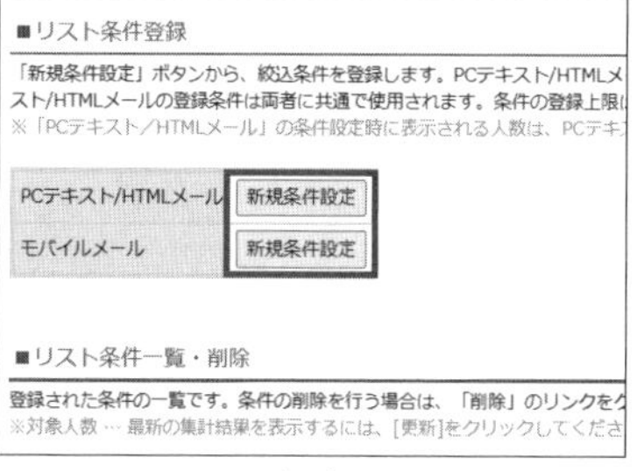

3 「リスト条件登録」の中から、「PCテキスト/HTMLメール」「モバイルメール」どちらかの「新規条件設定」をクリックします。ここでは「PCテキスト/HTMLメール」を例として解説します。

4 「新規条件設定」から、「ユーザのアクションによるリスト条件設定」「ユーザの属性によるリスト条件設定」の各項目を入力または選択して、ユーザーの絞り込みを行います。指定した条件に当てはまるユーザーを抽出して、送信先リストを作成していきます。モバイルメールの場合は、「メルマガ購読に使用しているデバイス」や「携帯電話のキャリア」などの条件で絞り込むことができます。

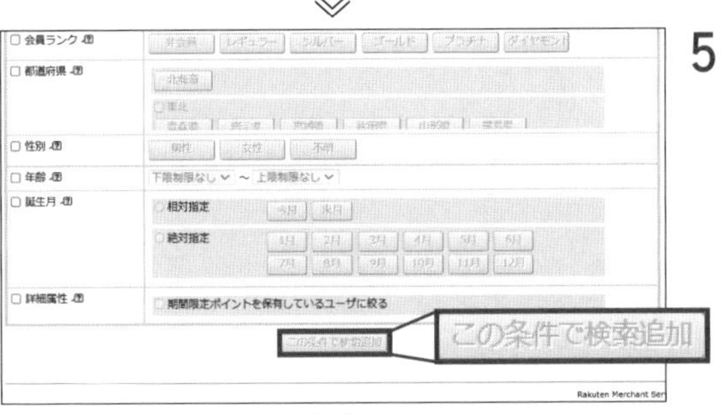

5 条件の設定が完了したら、画面下部の「この条件で検索追加」をクリックします。

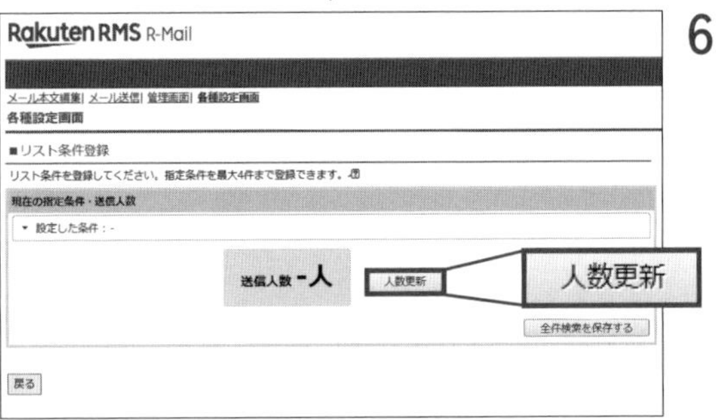

6 「人数更新」をクリックし、送信リストを作成します。

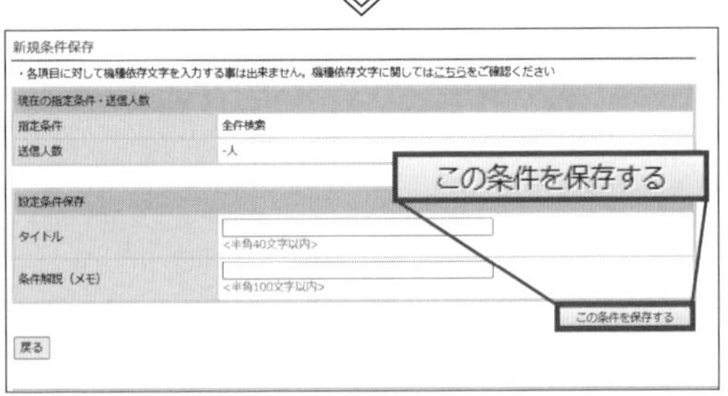

7 「指定条件」「送信人数」を確認し、内容に問題がなければ「この条件を保存する」をクリックします。これで、送信リストの作成は完了となります。

③メルマガの送信設定を行う

最後に、メルマガの送信日時などの設定について解説していきます。

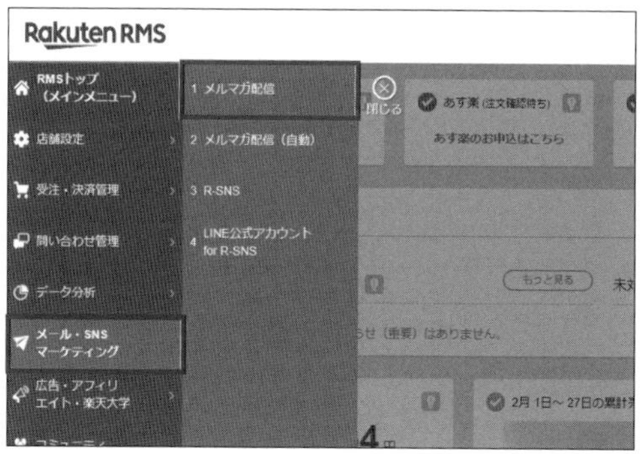

1 RMSの「メール・SNSマーケティング」から「1メルマガ配信」をクリックします。

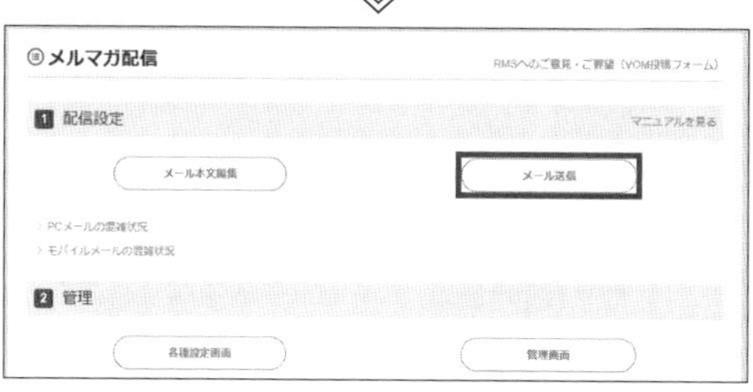

2 「配信設定」から「メール送信」をクリックします。

■メール種別選択

PCテキストメール	PC宛に送信するテキストメールの作成・送信が可能です。	次へ
HTMLメール	HTMLメールの作成・送信が可能です。	次へ
レスポンシブメール	ひとつのメールでPCやスマートフォン、タブレットでの表示に適したレスポンシブメールの作成・送信が可能です。レスポンシブメールはキャリア向けのアドレスには送信されません。	次へ
モバイルテキストメール	キャリアアドレス宛に送信するテキストメールの作成・送信が可能です。	次へ
モバイルHTMLメール	キャリアアドレス宛に送信するHTMLメールの作成・送信が可能です。	次へ

予約混雑状況を見る

3 「メール種別選択」から、送信したいメール種別の「次へ」をクリックします。ここでは「レスポンシブメール」を例として、「レスポンシブ」の「次へ」をクリックします。

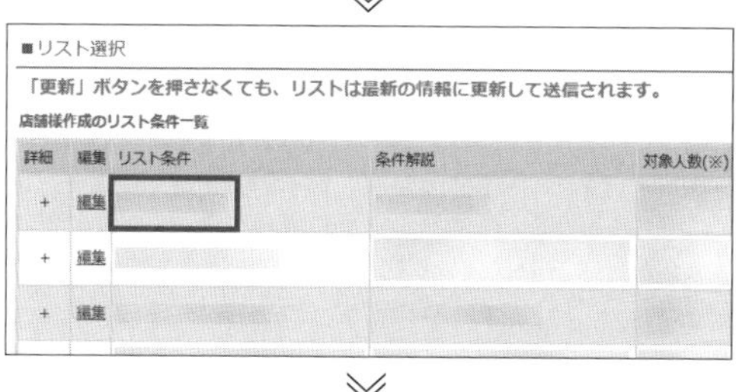

4 「リスト選択」から、作成した送信先リストの「リスト条件」をクリックします。

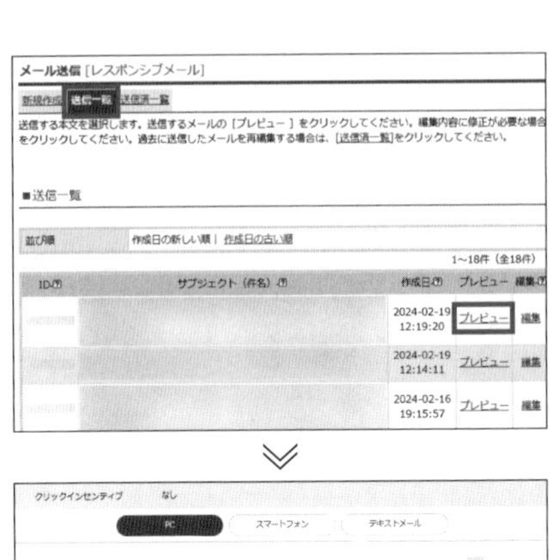

5 「メール送信」画面で「送信一覧」をクリックし、作成したメルマガ本文の「プレビュー」をクリックします。

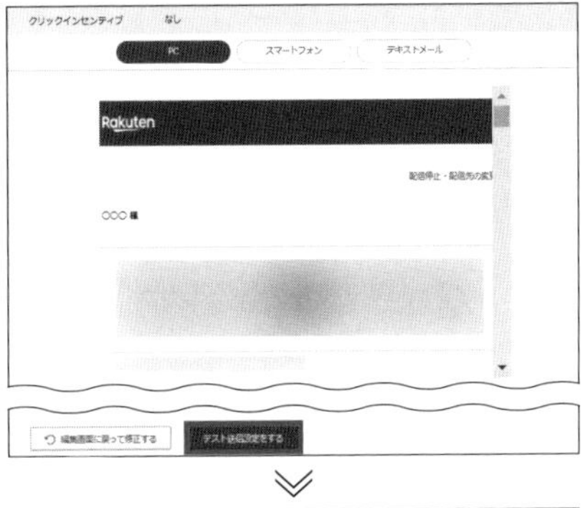

6 メルマガの内容を確認し、問題がなければ「テスト送信設定をする」をクリックします。

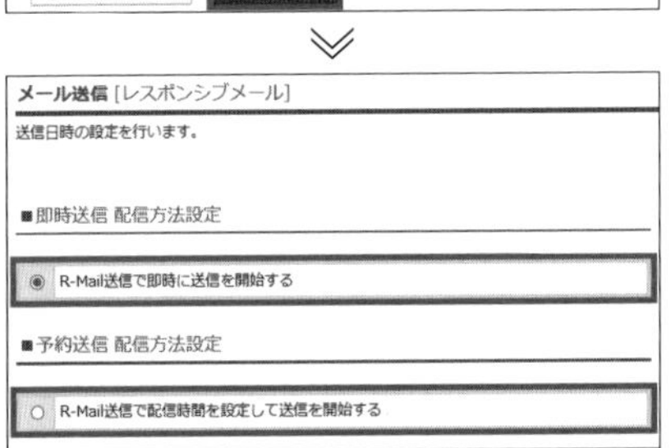

7 「即時送信」または「予約送信」を選択し、「次の画面へ」をクリックします。

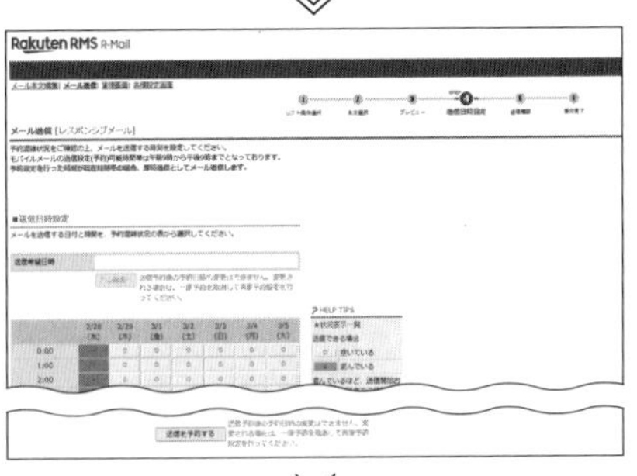

8 予約送信の場合は、この次に希望の送信日時を設定します。お買い物マラソンのスタートや5と0の日と重複する日は予約が埋まりやすいので、早めに作成、予約設定をするようにしましょう。

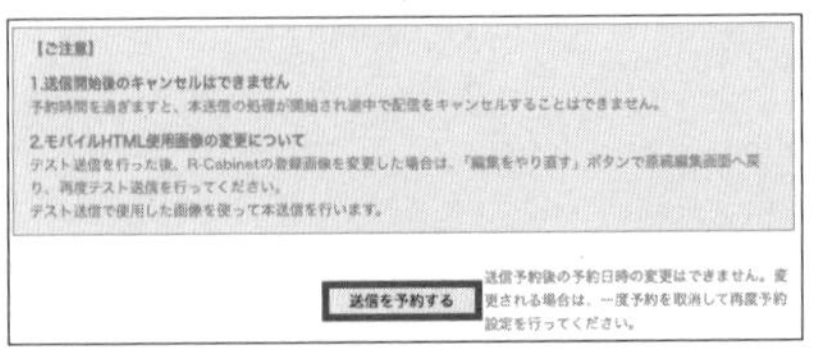

9 送信確認画面で、送信日時やメール種別、送信人数やメルマガの内容を確認します。問題がなければ「送信する（本送信）」をクリックします。予約送信の場合は、「送信を予約する」をクリックします。

Section 04 Yahoo！ショッピング ストアニュースレターを配信する

ストアニュースレターの配信設定方法

Yahoo！ショッピングにおけるメルマガ機能「ストアニュースレター」の作成・配信設定の方法を解説します。

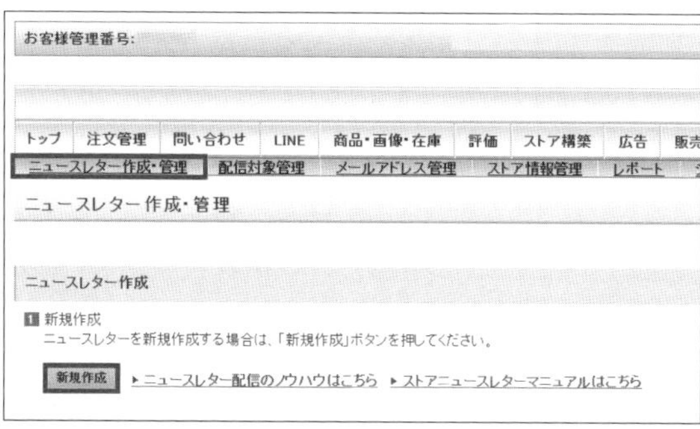

1 ストアクリエイターProの「ストアニュースレター」から、「ニュースレター作成・管理」をクリックします。次の画面で、「新規作成」をクリックします。

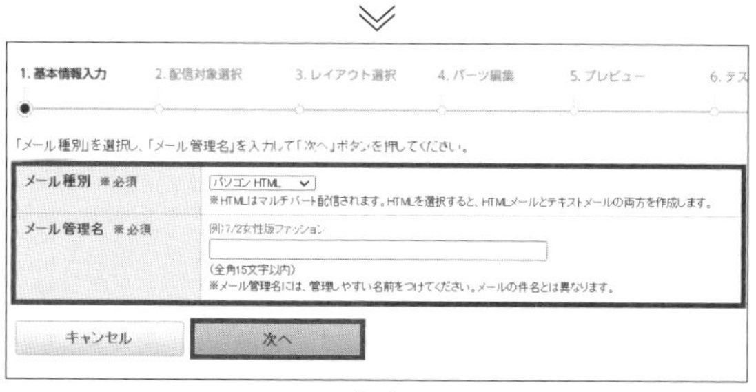

2 「メール種別」を選択し、「メール管理名」に管理タイトルを入力します。「次へ」をクリックします。

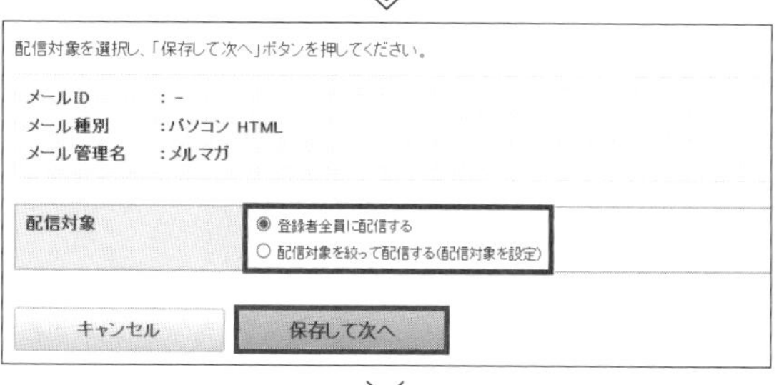

3 メルマガを配信する対象を「登録者全員に配信する」か「配信対象を絞って配信する（配信対象を設定）」のどちらかを選択します。「保存して次へ」をクリックします。

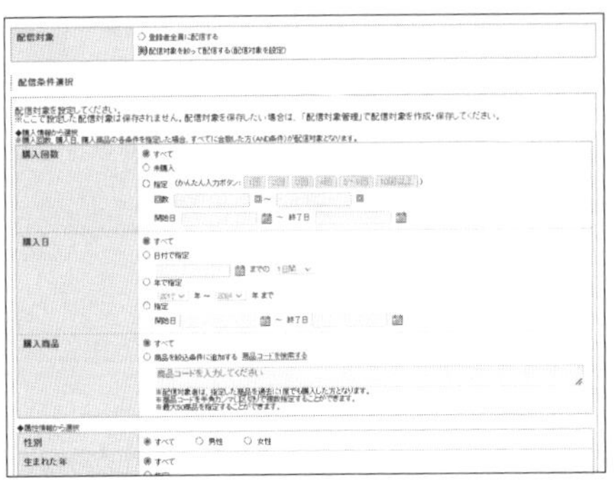

4 配信対象を絞る場合は、「購入情報から選択」「属性情報から選択」の各項目で条件を設定します。

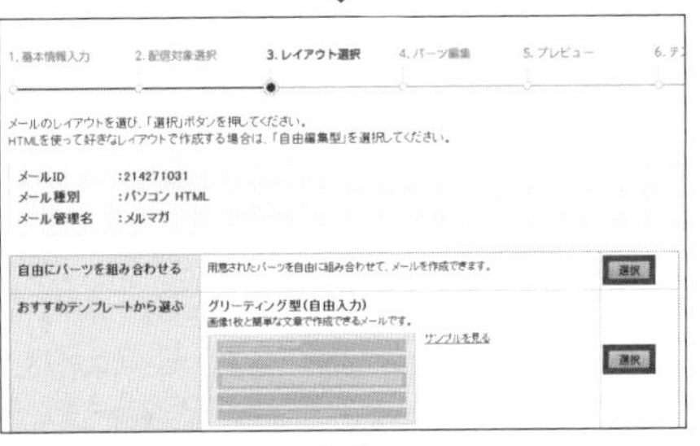

5 あらかじめテンプレートが決まっている「おすすめテンプレートから選ぶ」または「自由にパーツを組み合わせる」のどちらかの「選択」をクリックします。「自由にパーツを組み合わせる」では、独自のテンプレートを作成することができます。

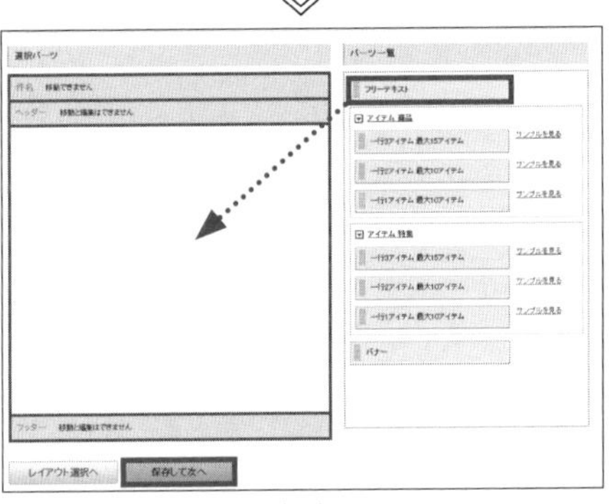

6 「パーツ一覧」から使用するパーツを選び、「選択パーツ」の枠内にドラッグ&ドロップします。「保存して次へ」をクリックすると、パーツの編集画面に進みます。

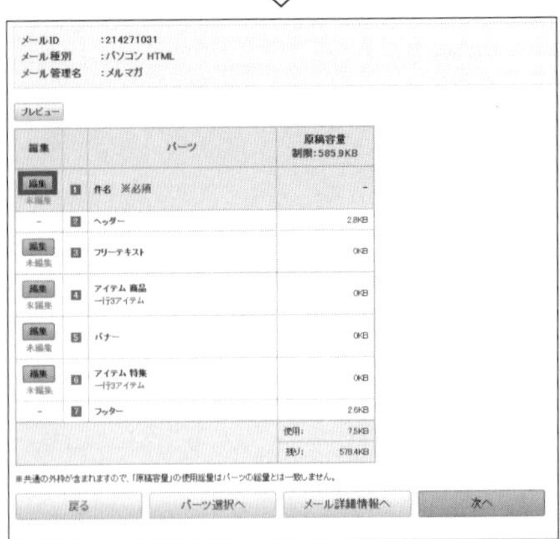

7 各パーツの「編集」をクリックして、各パーツの設定を行います。「件名」は必須です。以下では、頻繁に使うことが多いパーツの入力方法を解説します。

●「商品アイテム」パーツ

商品コードを入れるだけで、画像やリンク先などが自動入力されます。ただし、メルマガでは文字数制限があるため、商品名やタイトルなどは適宜文字数を修正してください。

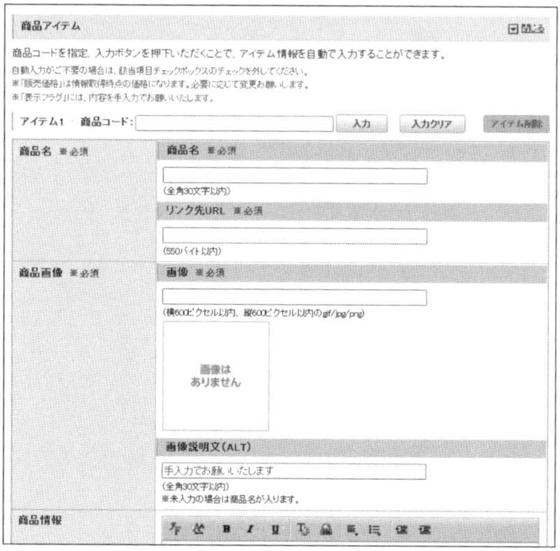

●「フリーテキスト」パーツ

「通常入力」を選択すると、メールのようなフォームで文字色やフォントサイズなどを変更できます。HTMLを書くのは自信がないという方におすすめの入力方法です。

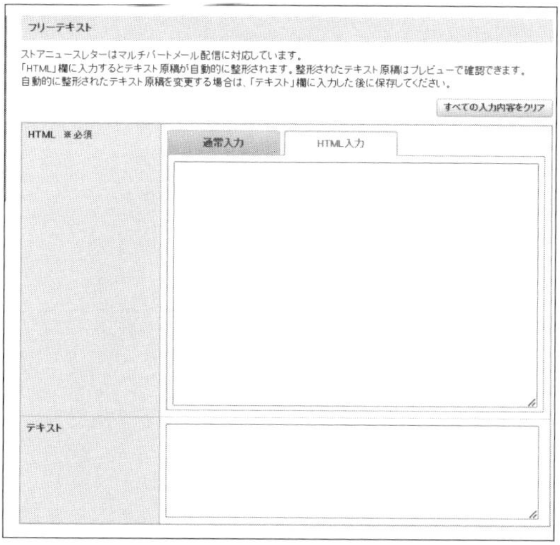

●「バナー」パーツ

ストアエディタの「画像管理」にあらかじめバナー画像を保管しておき、URLを「https://～」から入力して挿入します。ニュースレター作成前に画像を用意しておきましょう。

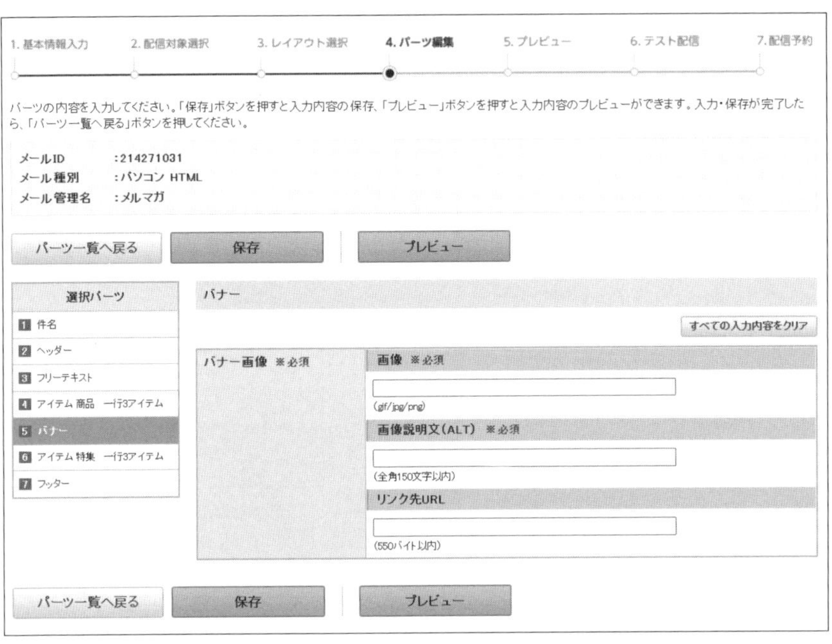

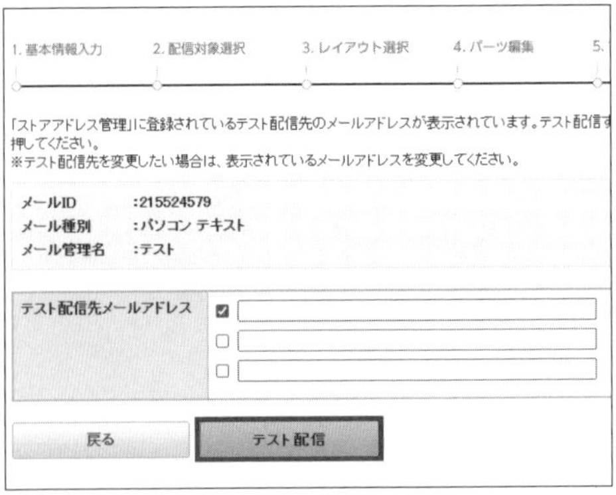

1. 基本情報入力　2. 配信対象選択　3. レイアウト選択　4. パーツ編集　5.

「ストアアドレス管理」に登録されているテスト配信先のメールアドレスが表示されています。テスト配信す
押してください。
※テスト配信先を変更したい場合は、表示されているメールアドレスを変更してください。

メールID :215524579
メール種別 :パソコン テキスト
メール管理名 :テスト

テスト配信先メールアドレス

戻る　テスト配信

8 テンプレートの編集が終わったら、「プレビュー」をクリックしてプレビューを確認します。プレビューの確認後、「テスト配信」をクリックし、テスト配信の内容を確認します。

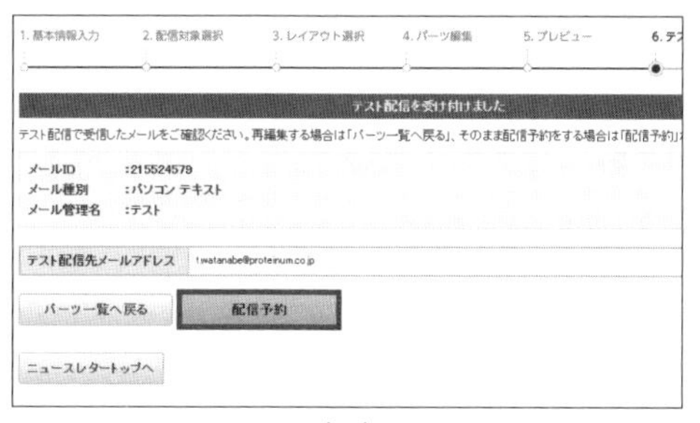

9 「配信予約」をクリックし、メール詳細を確認します。

配信予約状況確認

1. 基本情報入力 2. 配信対象選択 3. レイアウト選択 4. パーツ編集 5. プレビュー 6. テスト配信 7. 配信予約

以下のニュースレターの配信予約をします。詳細を確認し、よろしければ「配信日時選択」ボタンを押してください。

メールID	215524579 (メールを確認する)
メール管理名	テスト　メール管理名編集
メール種別	パソコン テキスト
件名	テスト
編集日時	2024年04月05日 14時30分
ステータス	テスト配信済み
配信数	136 (見込み)

配信対象　配信対象編集

購入回数	すべて(指定なし)
購入日	すべて
購入商品	すべて
性別	すべて
生まれた年	すべて
生まれた月	すべて
地域	すべて
登録時期	すべて
登録場所	すべて
LYPプレミアム会員	すべて
Yahoo! BB会員	すべて

ニュースレタートップへ　配信日時選択

10 問題がなければ「配信日時選択」をクリックします。

配信する日と時間帯を選択し、「予約」ボタンを押してください。

- 予約が空いています。
- 予約がやや混雑しています。
- 予約が混雑しています。
- 予約が集中しているため、これ以上予約できません。
- メンテナンスや過去の時間のため配信予約はできません。

次の週▶

	4/5 (金)	4/6 (土)	4/7 (日)	4/8 (月)	4/9 (火)	4/10 (水)	4/11 (木)
08:00~08:59		○	○	○	○	○	○
09:00~09:59		○	○	○	○	○	○
10:00~10:59		○	○	○	○	○	○
11:00~11:59		○	○	○	○	○	○
12:00~12:59		○	○	○	○	○	○
13:00~13:59		○	○	○	○	○	○
14:00~14:59		○	○	○	○	○	○
15:00~15:59		○	○	○	○	○	○
16:00~16:59	○	○	○	○	○	○	○
17:00~17:59	○	○	○	○	○	○	○
18:00~18:59	○	○	○	○	○	○	○
19:00~19:59	○	○	○	○	○	○	○
20:00~20:59	○	○	○	○	○	○	○
21:00~21:59	○	○	○	○	○	○	○
22:00~22:59	○	○	○	○	○	○	○
23:00~23:59	○	○	○	○	○	○	○

次の週▶

メール詳細情報へ　予約

11 空いている日時を選択し、「予約」をクリックすることで、配信予約が完了します。

Section 05

ECモールにおける「LINE」の考え方

ECモールにおけるLINE配信の役割

商品やサービス、企業、ブランドに対して愛着や信頼を持っている顧客のことを、「ロイヤル顧客」といいます。ECの売上UPには、ロイヤル顧客の育成が重要です。ロイヤル顧客の育成にもっとも効果的、かつ手っ取り早いのが、LINEの配信です。LINEは日本人にとって最大規模のメッセージアプリであり、月間で9,500万人が利用しているとされています（出典：LINEキャンパス／LINEアプリ月間アクティブユーザー2023年6月末時点）。

LINEアプリは高い頻度で開く上に、メールと比較してストレスなく開封してもらえます。また、メールよりもLINEのほうが画像で訴求しやすいため、顧客育成に最適なツールであると言えます。ECモールで行うLINE配信の目的は、商品を購入してくださったお客さまに定期的にお店に関連する情報を送付し、リピーターになってもらうことです。具体的には、以下のような流れでLINE配信を行っていきます。

①LINE配信の申し込みを行う
②LINEの配信者リストを獲得する
③LINEの配信内容を作成する
④LINEの配信を予約する

ここからは、LINE配信の効果を最大化する方法について解説していきます。

LINE会員を増やす基本的な考え方

LINE配信で重要になるのが、LINEの会員数です。そのためには、店舗や商品ページ上でLINE登録を促進する必要があります。楽天市場とYahoo！ショッピングについて、それぞれの促進施策を解説していきます。

楽天市場の場合

楽天市場の場合、以下の箇所がLINEの登録を促進しやすいポイントになります。

①TOPページ

②PC：商品ページ-フローティング

③SP：スマホスライダー

④項目選択肢

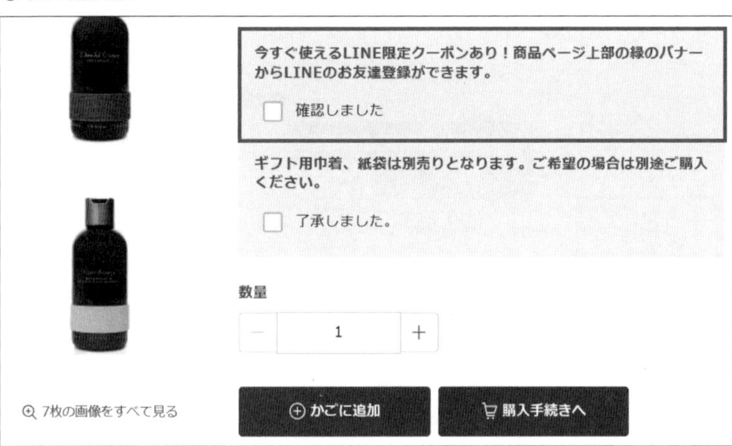

楽天市場でLINEを配信する上で、弊社で実施した施策の中で圧倒的に再現性が高く効果が高いのが、「項目選択肢への追加」です。これにより、LINEへの登録者数が確実に増加していきます。主要商品には、できるだけ設定しておきたいところです。ただし、組み合わせ販売を設定している商品には、「項目選択肢への追加」を行えません。施策の優先順位を検討し、優先度の高いものから設定していきましょう。

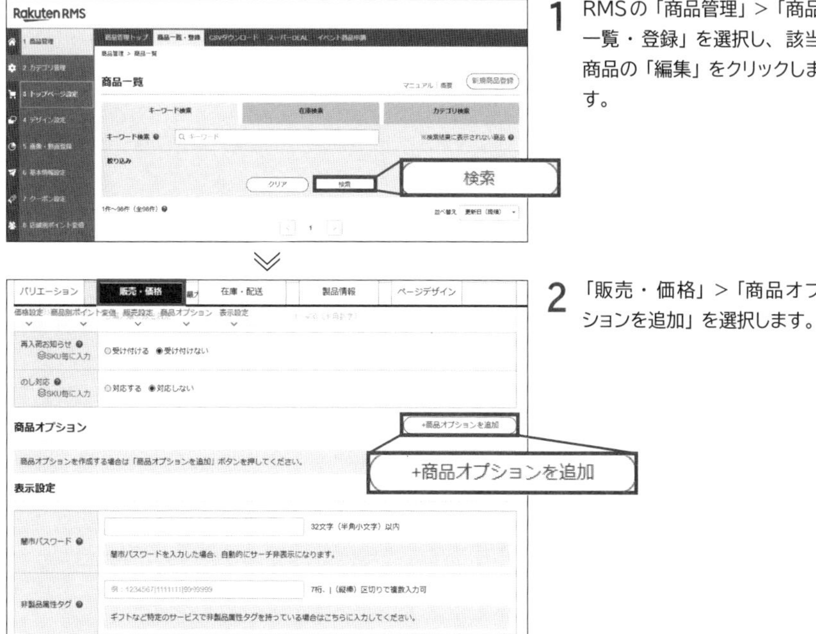

1 RMSの「商品管理」>「商品一覧・登録」を選択し、該当商品の「編集」をクリックします。

2 「販売・価格」>「商品オプションを追加」を選択します。

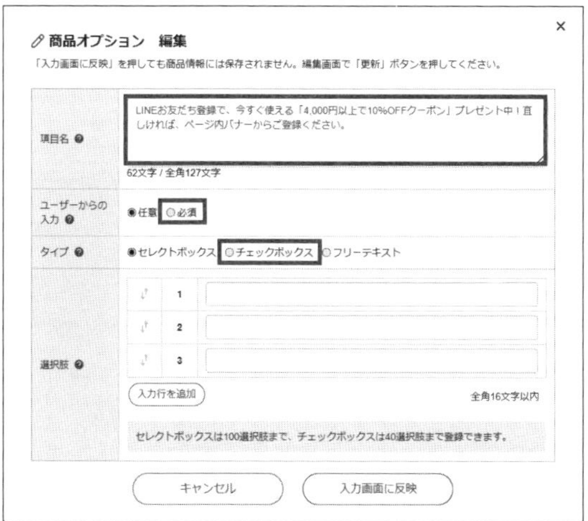

3 商品オプションの編集画面では、各項目について以下のように設定します。

- 項目名：LINEへのお友達登録を促す文言を入力します。特典や登録方法なども入れましょう。
- ユーザーからの入力：必須
- タイプ：チェックボックス

設定が完了したら「入力画面に反映」をクリックし、編集画面で「更新する」をクリックします。

Yahoo！ショッピングの場合

Yahoo！ショッピングでは、商品ページにLINE登録への導線を設定することで、商品の購買検討をしてくれた方との接点を確保します。ただし導線を設定するだけでは、LINE登録してくれる方は限られてしまいます。導線に、クーポンやLINE限定キャンペーンを開催することを明記しましょう。以下の箇所が、LINEの登録を促進しやすいポイントになります。

①TOPページ

②PC：商品ページ-TOP

③SP：購入カートの確認事項

④ストアコメントにバナー設置

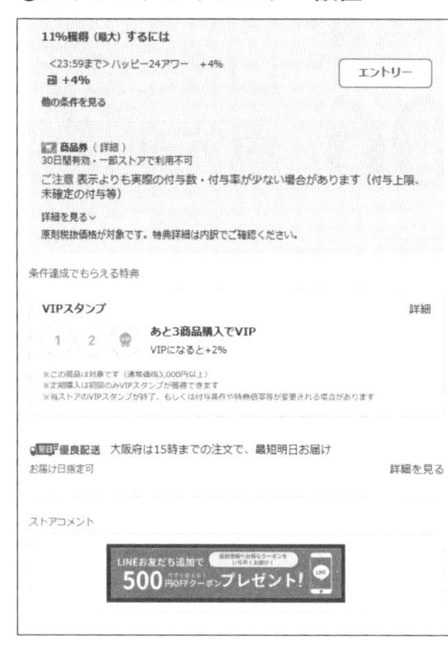

楽天市場の「項目選択肢への追加」ほどではありませんが、LINE登録に誘導しやすい方法が「ストアコメント」へのバナーの設置です。「ストアTOPページ」や「カテゴリページ」には、ページ上部に「LINE友だち追加」ボタンがあります。「ストアコメント」にバナーを貼り付け、バナーの遷移先を「ストアTOPページ」や「カテゴリページ」に設定することで、LINE登録を促進できます。

Section 06

LINEによる売上向上効果を最大化する

定期的な売上UPにLINEを活用する

LINEの会員を集めたら、次は売上につなげていきましょう。LINE配信は、定期的に行うことが重要です。おすすめの配信タイミングは、以下になります。モール全体や店舗独自のキャンペーンによって売上UPが見込めるタイミングにアクセスを集めましょう。

①イベントの初日
②イベント中の5のつく日
③イベントの最終日前日
④5のつく日
⑤自社独自キャンペーン

まずは、①「イベントの初日」が売上の大きな波になるので、必ず配信しましょう。ECモールの検索ロジックの関係もあり、初動で売上を上げられるかどうかは、イベント期間の売上全体に影響を与えます。次に楽天市場、Yahoo！ショッピングの場合は、②「イベント中の5のつく日」（楽天市場なら0がつく日も）は必ず配信しましょう。初日と最終日以外でもっとも売れる日になります。そして、③「イベントの最終日前日」も重要です。初日同様、最終日も売れやすいので、前日から告知をしておくことで売上を最大化できます。メインのイベント以外にも、④「5のつく日」は売上があがりやすいので、外さずに送りましょう。最近（2024年4月時点）では、Yahoo！ショッピングだと日曜日の方が売れやすい傾向もあったりします。最後に⑤「自社独自キャンペーン」の日は、もちろんLINE配信が必須になります。
配信内容は、以下のような内容がおすすめです。ブロックされないためにも、顧客にとってより有益な情報を配信するように心がけましょう。

①期間限定クーポン　**③期間限定セール**
②期間限定ポイント　**④新商品発売告知**

楽天市場でLINEを配信する

楽天市場では、R-SNSを利用することでLINEを配信することができます。R-SNSに申し込む方法は、以下の通りです。なお、R-SNSの利用には月額3,000円がかかります。また、R-SNSを解約するとLINEのアカウントが削除されてしまうので注意が必要です。

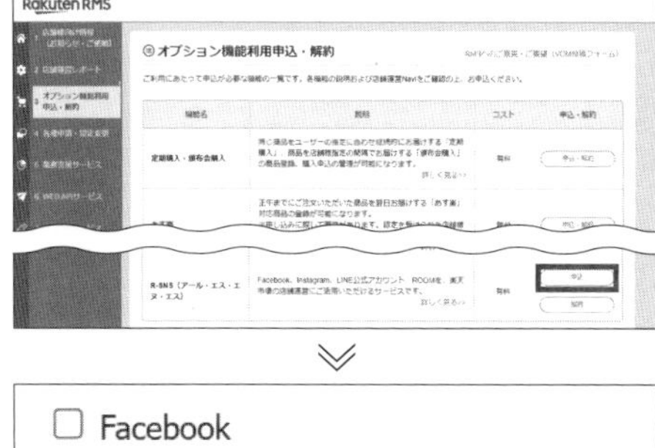

1 R-SNS利用申込フォームから、「オプション機能利用申込・解約」>「R-SNS（アール・エス・エヌ・エス）」の「申込」をクリックします。

2 「申請希望SNS」で、「LINE公式アカウント」にチェックを入れて、申し込みを進めてください。登録作業については特に難しい点はないため、ここでは割愛します。登録作業が完了すると、審査の完了を待つだけとなります。

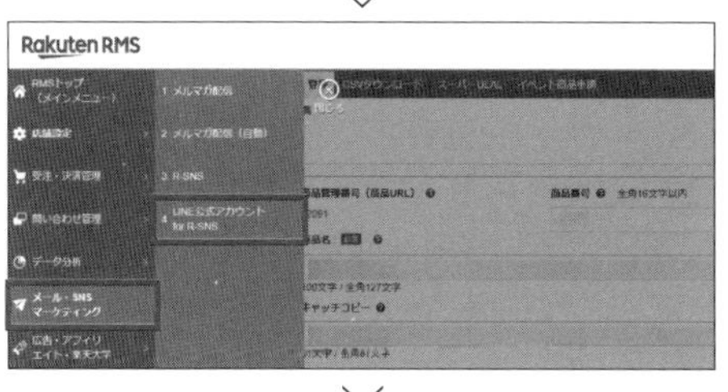

3 アカウントの開設が完了したら、配信の準備を進めていきましょう。最初に、タグ付きのURLを発行します。タグ付きのURLによって、LINEの配信結果の効果測定レポートを確認できるようになります。「メール・SNSマーケティング」から、「LINE公式アカウント for R-SNS」をクリックします。

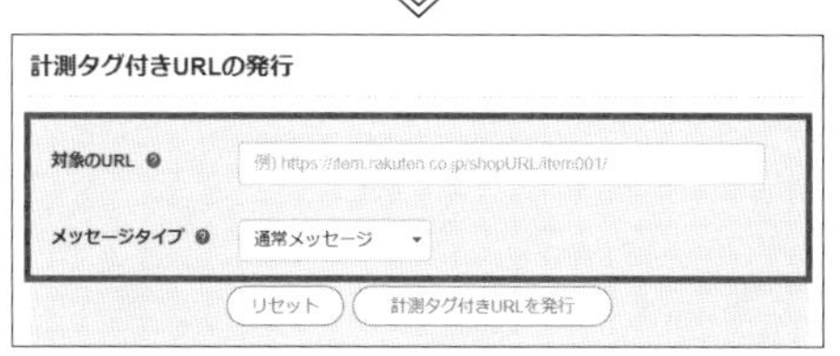

4 計測タグ付きURLの発行画面で、計測したいURLとメッセージタイプを選択します。これで、発行は完了です。メッセージタイプ別に計測タグ付きURLを発行することで、レポート上でタイプ別にLINEの配信効果を確認できます。発行したURLをLINEメッセージのリンク先にすることで、計測が可能となります。

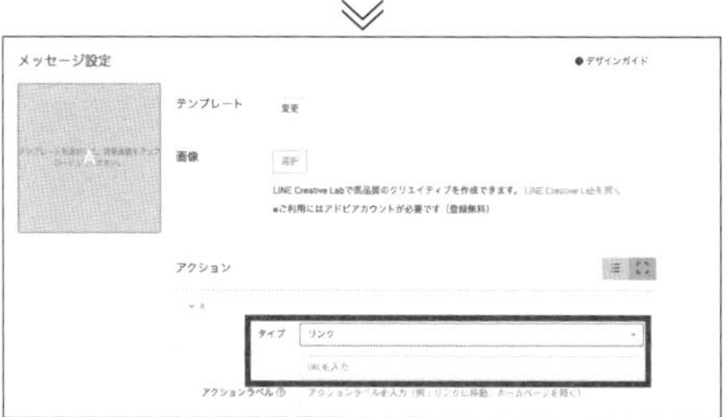

5 P.294からの方法を参考に、メッセージを配信します。なお、通常のメッセージにタグ付きURLを入力してしまうと、長くなり見にくくなります。画像に直接URLを設定するのがおすすめです。

6 「LINE公式アカウント for R-SNS」から「パフォーマンスレポート」をクリックすることで、レポートの閲覧ができます。以下の内容を確認することができます。

● **月次主要指標**

対象期間の売上・訪問者数・転換率・客単価、顧客属性（性別、会員ランク、地域分布、新規・既存）を確認できます。

● **メッセージ効果推移**

効果を月次推移で確認できます。LINE全体、メッセージタイプ別、購入者属性（新規・既存）の3パターンで確認できます。

POINT

LINE公式アカウントの管理画面にある「分析」タブから、売上とは異なる軸での効果測定を実行できます。以下の項目の確認が可能なので、ぜひ活用してください。

・メッセージ通数
「配信」「応答」「あいさつ」の通数を確認できます。

・友だち
「友達追加数」「ターゲットリーチ」「ブロック」の推移を確認できます。

・チャット
「アクティブルーム」（やりとりがあったチャットルーム）「受信メッセージ」「送信メッセージ」を確認できます。

Yahoo！ショッピングでLINEを配信する

Yahoo！ショッピングでLINEを配信する方法は、以下の通りです。

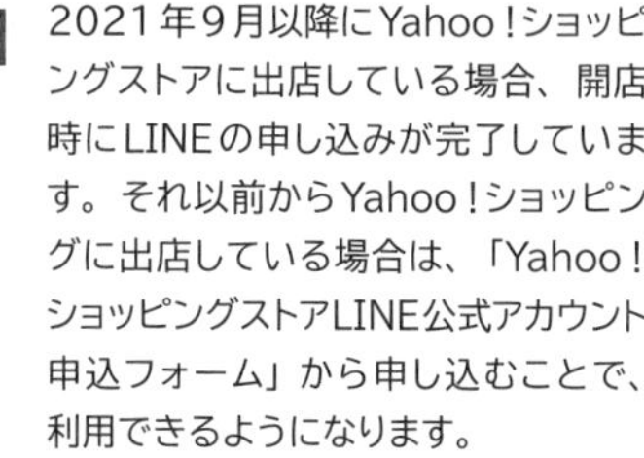

1 2021年9月以降にYahoo！ショッピングストアに出店している場合、開店時にLINEの申し込みが完了しています。それ以前からYahoo！ショッピングに出店している場合は、「Yahoo！ショッピングストアLINE公式アカウント申込フォーム」から申し込むことで、利用できるようになります。
URL：https://forms-business.yahoo-net.jp/SHPLINEOAApplicationTop?prm=ストアアカウント

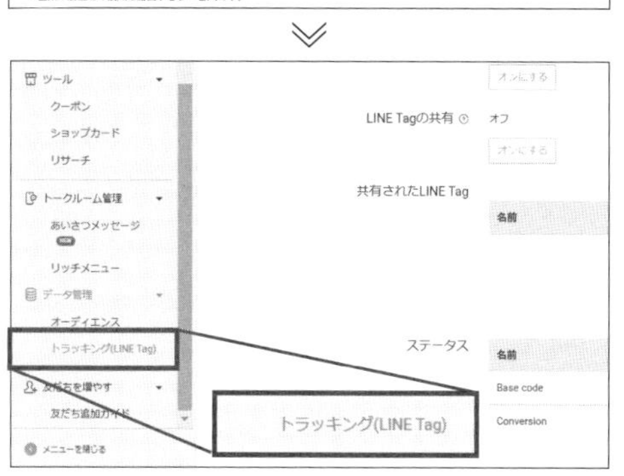

2 下記の貴社LINE Official Account Manager（OAM）にログインし、「ホーム」タブの「データ管理」から「トラッキング（LINE Tag）」をクリックします。

●LINE Official Account Manager（OAM）のログインページ
URL：https://account.line.biz/login?redirectUri=https%3A%2F%2Fmanager.line.biz%2F

配信結果を計測するには、下記URLの@以降に貴社のLINE公式アカウントベーシックIDを入力し、LINETagの設定を行います。
URL：https://manager.line.biz/account/@○○○/linetag

3 LINETagのトラッキングがオンになっていれば、ストアクリエイターProのレポート集計対象となります。LINETagの共有のオン／オフの設定は、ストアクリエイターProのレポートに影響はありません。

POINT

LINEのリッチメニューやVOOM等での配信を計測する場合は、配信するURLの末尾に「?」または「&」でつなげて以下のパラメーターを設定することで、レポートの計測対象となります。

パラメーター：sc_e=line_so_ot_ストアID

●設定例

ストアIDがyahoostoreでリッチメニューにパラメーター付URLを設定する場合

他にパラメーターがついていないURLの場合	
元URL	https://store.shopping.yahoo.co.jp/yahoostore/
パラメータ追加後のURL	https://store.shopping.yahoo.co.jp/yahoostore/?sc_e=line_so_ot_yahoostore ※「yahoostore」部分は、自ストアのストアIDに変更してご利用ください。

他にパラメーターがついているURLの場合	
元URL	https://store.shopping.yahoo.co.jp/yahoostore/search.html?p=line
パラメータ追加後のURL	https://store.shopping.yahoo.co.jp/yahoostore/search.html? p=line&sc_e=line_so_ot_yahoostore ※「yahoostore」部分は、自ストアのストアIDに変更してご利用ください。

アンカーリンクがついているURLの場合	
元URL	https://store.shopping.yahoo.co.jp/yahoostore/search.html?p=line#CentSrchFilter1
パラメータ追加後のURL	https://store.shopping.yahoo.co.jp/yahoostore/search.html? p=line&sc_e=line_so_ot_yahoostore#CentSrchFilter1 ※「yahoostore」部分は、自ストアのストアIDに変更してご利用ください。

出典：Yahoo!ショッピング ストアクリエイターProツールマニュアル

4 LINETagの設定が完了したら、メッセージの作成に移ります。管理画面を開き、画面左側メニューの「ホーム」>「メッセージを作成」をクリックします。メッセージ配信画面が表示されるので、「配信先」「配信日時」の設定を行います。

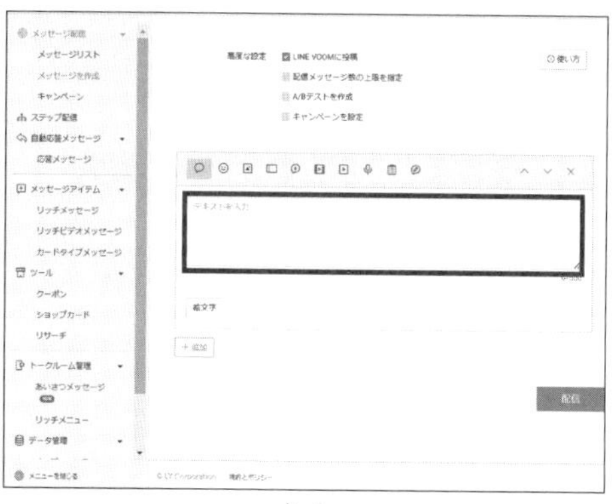

5 「テキストを入力」と表示されている入力項目に、配信したいメッセージを入力していきます。メッセージを複数に分けて配信したい場合は、「+追加」をクリックして吹き出しを追加することができます。

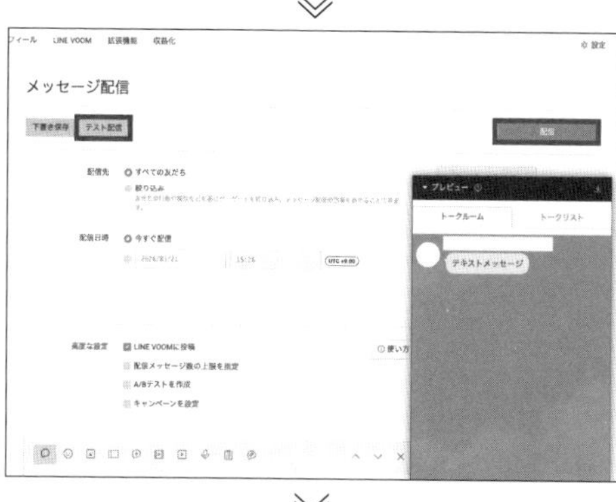

6 テキストが準備できたら、配信です。できるだけ「テスト配信」を行ってから、配信するようにしましょう。思っていた表示と異なるケースが発生する場合があります。

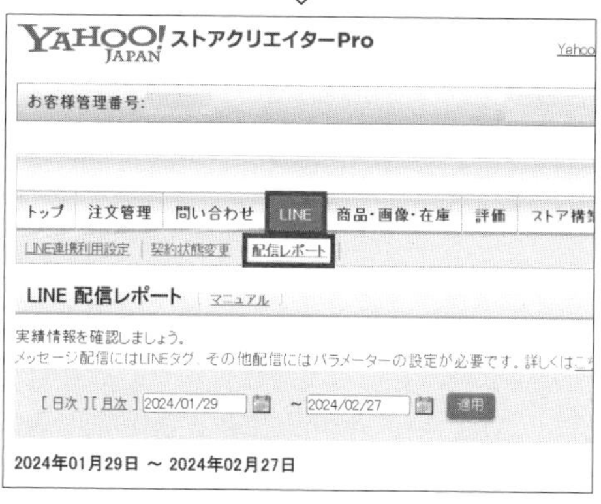

7 ストアクリエイターProの「LINE」>「配信レポート」から、LINEの配信レポートを確認できます。

LINEでここまで売上を上げられる！成功事例をご紹介

弊社の担当した、LINEによって売上UPを実現した事例をご紹介します。ここで紹介する事例では、もともと商品のポテンシャルが高く、これからさらに売上を上げていきたいというタイミングでLINEの配信を開始しました。リピート率の高い商材で、いかにリピーターからの売上を上げていくかが重要だったことと、配信開始3か月程度でメルマガと同程度の売上につながったことから、本格的にLINEに取り組むことになりました。今回の事例の背景としては、以下のようになります。

背景

- **状況：これまでメルマガ配信を定期的に行っていたが、LINE配信にはあまり力を入れてこなかった**
- **対象モール：楽天市場**
- **月商規模：1,000万円程度**
- **商品ジャンル：健康食品**

今回の事例では、以下のような登録者増加促進施策を徹底的に丁寧に実施していきました。LINEである意味もっとも重要と言っても過言ではないのが、LINE友達の登録者数を獲得することです。最初はLINEの友達の数が少なく、どうしても売上に与えるインパクトが小さくなってしまうので、とにかく早くLINEの友達を増やすことが重要です。そこで、ECサイトへの流入を漏れなくLINE友達の獲得につなげられるよう、バナーの貼り付けや購買導線の途中にLINE友達促進メッセージを入れるといった工夫を最初に行いました。また、クーポンを発行することでLINEの登録率を上げていくことで、初速から一気に友達数を獲得できました。本格的にLINE友達を増やす施策を実施する前の約5.5倍のスピードで、LINEの友達獲得が進みました。

- **LINE友達登録者増加促進**
  300～500円OFFクーポンの発行
  LINE項目選択肢の追加
  商品ページへの各種バナー掲載

LINEの友達を獲得できてからは、定期的にLINE配信を行うことが重要です。新商品の発売やシーズナル商品の発売に合わせた告知、イベントに合わせた告知を定期的に配信することで、自社のブランドを忘れられないようにするための継続的な接点を確保することができます。

● **定期的なLINE配信**

イベントの初日、5の倍数日での配信
自社独自キャンペーン時の配信

また、消費者から見て、見る価値がある内容を配信をしていくことが重要です。今回のケースでは、LINE友達しか獲得できないクーポンの発行やアウトレットセールを定期的に実施することで、無駄な値引きによってブランド価値を棄損することなく売上に結びつけることができました。

● **お得な配信内容**

楽天市場ページ上では獲得できない割引金額のクーポン配布
在庫一掃セールなどのLINE登録者限定セールの実施

こうしたLINE施策の結果、LINE経由での売上がそれまで30万円程度だったところから、1,000万円以上に到達しました。地に足のついた施策実施で、売上の大きな柱を作ることができました。自社の商品にしか遷移しないチャネルを持っていることは、ECにとって非常に重要な要素です。広告費をほとんどかけずに売上を上げられるチャネルを獲得したことで、このクライアントは売上拡大スピードがさらに上昇していきました。

最短で成果を出す！価格・クーポン・ポイント・レビューを極める

Section 01 ECモールで「価格をコントロールする」考え方

ただ安くすればいいというわけではない

ECで商品を販売していく上で、価格をいくらに設定すればよいのかという課題は、常につきまといます。もちろん、安くすればするほど商品は売れやすくなりますが、その分、利益を圧迫することになります。ここでは、商品の価格をコントロールするために考えるべきポイントを、楽天市場を例に解説していきます。楽天市場で検索結果に表示される商品は、売上が高い商品順に並ぶ傾向にあると説明しました（P.31）。例えば「オールインワン」というキーワードで検索した場合、1個当たり2,000円前後の商品から、4,000円前後の商品、高いものでは6,000円を超える商品が表示されます。このように高くても売れている商品があることからも、ただ安くすればいいというわけではないということがわかると思います。具体的には、以下の2点について考えていくことで、自社商品の価格をいくらにすればいいのかが見えてきます。以降で、具体的に説明していきます。

- **競合商品、メーカーをベンチマークにする**
- **価格を調整するタイミングを図る**

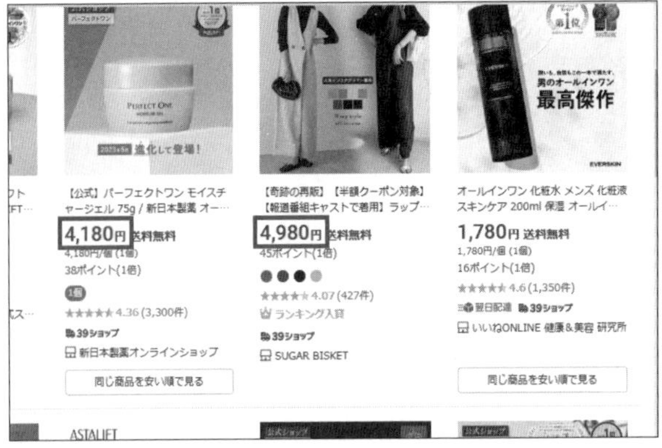

「オールインワン」で検索すると、価格の高い商品も上位に表示される

Section

02 ベンチマークとなる競合価格を調査する

ベンチマークとの価格比較

最初に、「競合商品、メーカーをベンチマークにする」について解説します。ECにおけるベンチマークとは、多くの場合、競合他社の商品（もしくは商品を販売しているメーカーそのもの）のことを指します。自社で販売している商品と、ターゲットとなるユーザー層が同じであったり、商品の成分や原材料、デザインの傾向が似ていたりする商品が、ベンチマークとして該当します。ベンチマークの設定を誤ると、その後のマーケティング施策がうまくいかない根本的な原因にもつながりかねません。まずは自社商品を徹底的に分析することで、ベンチマークに該当する商品を検討していくことが重要です。自社商品の分析には、P.99で解説した6W2Hのフレームワークが有効です。各項目を洗い出した上で、ベンチマークを検討していくとよいでしょう。ベンチマークとなる商品は、以下のような手順で探すと効率的です。

①自社商品が購入される可能性が高いと考えられるキーワードで検索する
②検索結果上位に表示される商品の中で、自社商品にスペック（価格・容量）が近い商品を探す
③スペックが近い商品のページを確認し、価格・容量以外の機能に大きな違いがないか確認する
④ベンチマークを選定する

ベンチマークの選定が完了したら、次は自社商品とベンチマークの価格の比較を行い、自社商品の価格を調整していきます。このときの注意点は、単に競合よりも安くすればよいというわけではないということです。もちろん、安ければ安いほど売れる可能性は高くなりますが、ユーザーの購買心理を考慮した上での価格設定が重要となります。ユーザーが商品の購入を検討している際、価格帯が同じであれば、自分が求めている要素をより多く含んだ商品を購入しようとするはずです。そのための要素を検討した上で、価格調整を行っていきましょう。

例えばシャンプーを例にすると、下記のような項目で商品を定量的に分類する方法がおすすめです。

- **容量**
- **価格**
- **レビューの数**
- **レビューの平均点**
- **商品の形状**

定量的な観点だけでは商品特性の判断が難しい場合は、例えばレビュー内容を読み込み、以下のような定性的な情報を抽出し、比較してみるとよいでしょう。

- **使用感について**
- **髪質について**
- **髪の悩みについて**
- **香りについて**
- **価格について**
- **その他**

レビューから定性情報を抽出する場合は、以下のような手順で行うのがおすすめです（レビューは50個程度が目安）。

①ざっとレビューを読み、どのようなポイントに対するコメントが多いか確認し、抽出要素とする項目を決定する
②設定した項目のそれぞれについて、よいコメント、悪いコメントをカウントしていく
③特徴的なコメントを抽出し、競合商品の特徴として把握する

ベンチマークとの比較を行った内容は、以下のような表にまとめて整理するのがおすすめです。

		商品名	商品A	商品B	商品C	商品D	商品E	商品F
基本情報		対象商品URL	xxx	xxx	xxx	xxx	xxx	xxx
		サムネイル						
		ASIN	xxx	xxx	xxx	xxx	xxx	xxx
		容量	1L	660ml	400ml	500ml	380g	400ml
		価格	1,287	602	1,086	1,935	4,480	3,174
		レビューの数	5,610	577	1,106	14,347	4,218	2,001
		レビューの平均点	4.0	4.3	4.5	4.3	4.0	4.1
		商品の形状	詰め替え	詰め替え	詰め替え	ボトル	ボトル	ボトル
レビュー集計 （最新50のレビュー）	good	使用感について	5	5	6	8	11	11
		髪質について	3	1	3	1	2	3
		髪の悩みについて	4	4	5	0	0	4
		香りについて	4	5	6	9	7	1
		価格について	7	5	3	3	1	2
		その他	5	6	4	5	5	5
	bad	使用感について	3	1	3	1	2	3
		髪質について	5	6	4	5	5	5
		髪の悩みについて	4	5	6	9	7	1
		香りについて	7	5	3	3	1	2
		価格について	5	5	6	8	11	11
		その他	4	4	5	0	0	4

Section 03 価格を調整するタイミングを図る

いつでも値引きをすればいいというわけではない

次に、「価格を調整するタイミングを図る」について解説します。価格調整、特にセール等の割引設定は、いつでも実施すればよいというわけではありません。セールを実施すると確かに売上は伸びる傾向にありますが、セールを実施してばかりいると、ユーザーから「いつでも安売りをしているお店」という印象を持たれ、値引きに対しての感覚が麻痺してしまうことになります。結果、セールの効果が少しずつ薄れてくることになり、売上を伸ばすためにはさらに値引き率を上げなければならないという状況に陥ってしまいます。このような負のスパイラルにはまってしまうと、利益率をどんどん圧迫することになり、取り返しのつかないことになります。

それでは、価格調整やセールはいつ実施すればよいのでしょうか。ECモールの場合は、モールのイベントが開催されるタイミングに合わせて実施するのがおすすめです。ECモールのイベント時は、ユーザーの購買意欲が特に高くなるため、高い効果を期待することができます。各モール別の主要なイベントを以下にまとめましたので、ぜひ実践してみてください。

【Amazon】
- Prime Day
- Black Friday
- Cyber Monday
- プライム感謝祭
- タイムセール祭

【楽天】
- スーパーSALE
- お買い物マラソン
- 大感謝祭
- 5と0のつく日
- ワンダフルデー
- ご愛顧感謝デー

【Yahoo！ショッピング】
- 超PayPay祭
- 5のつく日
- 買う！買う！サンデー
- ゾロ目の日

各イベントの内容、対策については、Chapter7で詳しく解説します。

価格調整の際の注意点

イベントに合わせて価格調整、セールを実施することで、価格調整の効果が高くなることはわかりました。しかし、セールを実施する際には注意点があります。それは、ベンチマークに選定した競合の割引率に対して、自社が大きく負けてないか？　もしくは割引しすぎていないか？　ということです。

イベントの規模が大きいほど、どの店舗も割引率を大きくする傾向にあります。その割引率で大きく負けてしまうと、購入金額に大きな差が生まれ、シェアを他社に獲られることになります。イベント時は特に流通額が大きくなるため、このタイミングでの機会損失は避けたいところです。そのため、イベントごとに他社の割引率をウォッチしておくことが非常に重要になります。過去の他社のセール状況の傾向から、自社の割引率を検討しておくのです。

一方で、割引しすぎてしまうケースもあります。本来であればもっと少ない割引金額でも同じ水準で売上が上がったはずなのに、必要以上に割引コストをかけてしまうというケースです。こちらも同様に競合のセール状況を確認しつつ、自社の許容可能な割引率と相談しながら設定していくとよいでしょう。

価格調整の際の注意点

割引率で負けてしまう

競合　自社

¥8,000　¥9,000

競合他社のほうが商品が安い

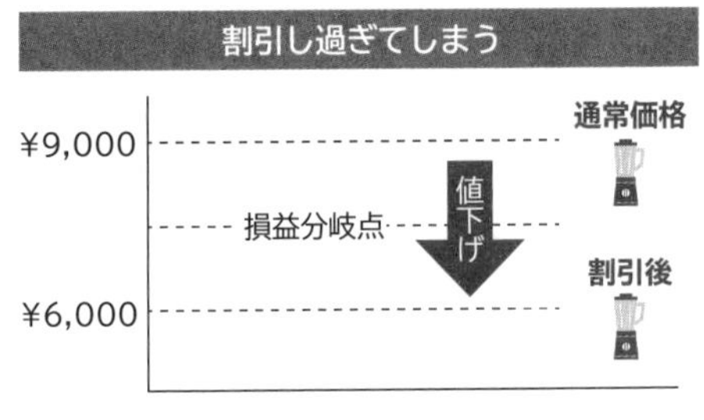

売上のために商品価格を下げ過ぎてしまい、利益が取れない

複数モール運営時の価格についての注意点

モールによって開催されるイベントはさまざまで、開催されるタイミングもまちまちです。そのため、各モールでのイベントのタイミングで価格調整を実施していると、例えばAmazonよりも楽天市場の方が安い価格で販売している、といった事象が発生することがあります。そのため、イベント時にセールを実施してしまうと、セールを実施しているECモールの店舗に売上が集中し、他のセールを実施していないECモールの売上が少なくなってしまう可能性が考えられます。この考え方は間違ってはいないのですが、基本的にはそこまで考慮しなくても大きな問題はありません。というのも、特定のECモールをよく利用しているユーザーは、他のECモールまで確認しない方が多い傾向にあるためです。特に大きなセールイベント、AmazonのPrime Dayや楽天市場の楽天スーパーSALE等は、ECモール側でTVCM等のマス広告による集客強化を実施します。そのため、多少の偏りは発生してしまうものの、通常のECモール内イベントの場合はそこまで影響がない場合が多い傾向にあります。むしろ、大型イベント時には、上記のようにECモール側での集客施策の強化が実施されるため、集まったユーザーに対しての施策を検討する方が、出店店舗全体での売上UPを狙えるようになるでしょう。

POINT

ECモール別の価格の偏りについて、1点だけ注意が必要なタイミングがあります。それは、Amazon以外でのECモールで「直値引き（表示価格の引き下げ）によるセール」を実施することです。Amazonでは、Amazonに出品している商品と同じ商品が、Amazon以外のECサイトでAmazonよりも安い価格で販売されていた場合にカートボタンが表示されなくなるというケースがまれに発生します。例えば、楽天市場の楽天スーパーSALEにあわせて楽天スーパーSALEサーチ申請（P.384）を実施したところ、Amazonよりも楽天市場での販売価格の方が安くなった結果カートボタンが表示されず、Amazonでの同商品の売上が立たなくなってしまう、といった事例です。上記を解決するには、Amazonでの販売価格も調整する必要があります。気にされる方は、参考にしていただければと思います。

Section 04 ECモールにおける「クーポン」の考え方

ECモールにおけるクーポンとは？

ECモールにおけるクーポンとは、新規顧客の獲得や販売促進のために配布する割引券や商品券のことです。はじめて購入されるユーザーのみ使用できるクーポンや、非公開設定で作成し、クーポンコードを知っているユーザーのみが使用できるクーポン等、さまざまな設定が可能です。クーポンを利用する目的には、主に以下のようなものがあります。

- **新規顧客の獲得**
- **既存顧客のリピーター化**
- **新商品等の販売促進（短期間での売上実績作り）**

クーポンは、使い方によっては大きな効果を発揮する施策になります。しかし効果のない方法で発行してしまうと、単に割引販売をしただけで終わってしまいます。クーポンを無駄打ちしないようにするためには、以下の2点について考える必要があります。

①いつ発行するべきか？
②割引条件をどうするか？

以降で、それぞれについて確認していきましょう。

✔ ①いつ発行するべきか？

クーポンを「いつ発行するべきか？」については、主にユーザーの購買意欲が高まるタイミングに合わせて発行することでより高い効果を期待できます。具体的には、各ECモールのイベントに合わせたタイミングです（P.365参照）。ECモールのイベント時には購買意欲の高いユーザーが通常時よりも多く集まるため、高い集客効果を期待できます。あわせて、競合他社もこのタイミングでセールを実施する傾向が強く、イベント時にクーポンを発行しないことは、他社と比べた場合のディスアドバンテージにもつながりかねません。クーポン発行のタイミングは、ECモールのイベント時を意識しましょう。

②割引条件をどうするか？

クーポンの「割引条件をどうするか？」については、どのユーザー層に向けたクーポンなのかを考えることが重要です。以下に、割引条件についての基本的な考え方を紹介します。

- **新規顧客：ベンチマークの競合商品の金額を下回るように設定**
- **既存顧客：新規顧客向けのクーポンよりも低い割引率に設定**

新規顧客向けに上記のクーポン金額を設定する理由は、「競合商品から顧客を奪うため」です。仮に競合商品に比べて自社商品の品質が明らかに高かったとしても、商品を使ってもらえなければそれを伝えることはできません。まずは一度利用していただくために、多少コストがかかったとしても新規顧客向けに競合商品の価格を下回るクーポン金額を設定するのがおすすめです。

また、既存顧客向けにもクーポンを発行する機会があると思います。その際に気をつけなければならないのが、新規顧客向けよりもクーポンコストを抑えて提示する、ということです。既存顧客はすでに購入してくれているユーザーなので、本来、できるだけコストをかけずに購入してもらうことを狙いたいユーザーになります。売上をさらに上げるためとはいえ、新規顧客獲得と同程度のクーポンを発行してしまうと、本来獲得できたはずの利益が得られなくなってしまいます。そのため、既存顧客向けにはできるだけクーポン金額を抑えた方がよいのです。

実際には、効果検証をしながら効率のよい割引額に調整していくことが必要です。また、新商品等の販売促進目的で設定する場合は、ベンチマークの競合商品の価格より大幅に安くなるような割引率を設定することで、高い効果を期待できるようになります。
いずれにしても、他社のセールや価格調整の状況をしっかり調査した上での実施が重要になります。イベントごとに、ベンチマークがどのような施策を実施しているのかを随時チェックするようにしましょう。

クーポンを設定すると集客につながる理由

ここまでの解説で、クーポンの発行によって得られる効果について理解していただけたかと思います。それ以外にも、クーポンによって集客への効果を期待することもできます。実はECモールでは、クーポンを設定することでCTR（クリック率）が向上したり、モール内SEOに影響が出たりして、アクセスが向上しやすくなるという傾向があるのです。

それでは、なぜクーポンを設定することでCTRやモール内SEOに影響を及ぼすのでしょうか。CTRに関しては、ECモールでクーポンを設定した商品には、検索結果に表示された際にクーポンが発行されていることを表すアイコンが付与されることが理由です。これは、楽天市場、Amazon、Yahoo！ショッピングすべてにおいて共通の仕様となっており、ユーザーから見ると他の商品よりもお得に買い物ができるように感じられるため、クーポンを発行することでクリックされやすくなるというしくみです。

それでは、モール内SEOに影響が出るというのはどういうことでしょうか。こちらに関しては、各ECモール内での検索順位を構成するロジックに売上額（または売上件数）が関係することに紐づいています。クーポンを発行することで「CVRが向上しやすくなる＝売上（売上件数）が増加しやすくなる」ことで、検索順位にも影響が出てくるというわけです。間接的ではありますが、モール内SEOにも影響が出やすいため、クーポンをうまく活用することでモール内の売上を伸ばしていくことができるのです。

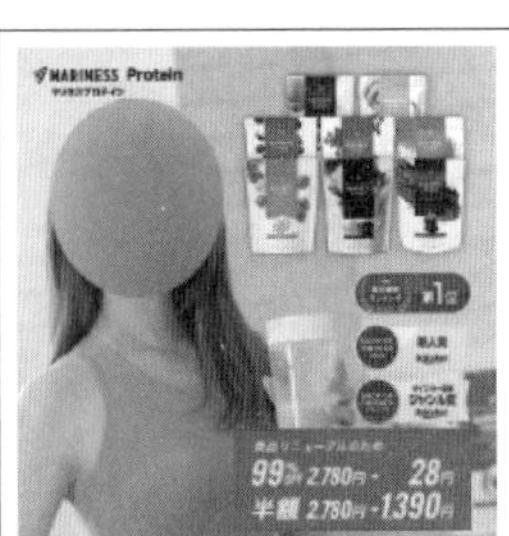

クーポンプログラムを利用してクーポンを発行した商品には、「クーポンあり」のアイコンが表示される

Section 05

Amazon クーポンプログラムを活用する

Amazonクーポンプログラムとは？

Amazonには、クーポンを発行できる「クーポンプログラム」という機能があります。値下げがしにくい商品の値下げや、値下げの限定感を演出するために活用することで、商品の販売方法に幅を持たせることができます。

クーポンを発行した商品には、クーポンが発行されていることを表すアイコンが表示される

Amazonのクーポンプログラムは、以下の流れで設定することができます。

①Amazonセラーの「クーポン」をクリックする
②「クーポンを作成する」「最初のクーポンを作成する」をクリックする
③クーポンに商品を追加し、クーポン対象商品を選択する
④スケジュール、割引額、予算、ターゲット（対象者）を設定する
⑤設定内容を確認し登録する

クーポンプログラムの発行方法

具体的な発行方法は、以下の通りです。

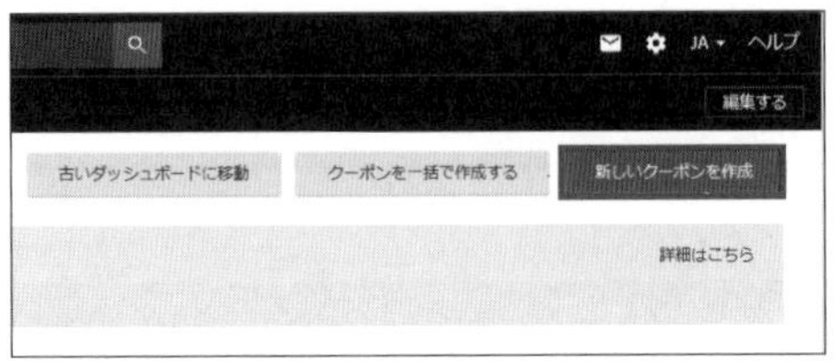

1 seller centralのレフトナビメニューで「広告」カテゴリをクリックし、「クーポン」をクリックします。「クーポン」設定画面右上の「新しいクーポンを作成」をクリックします。

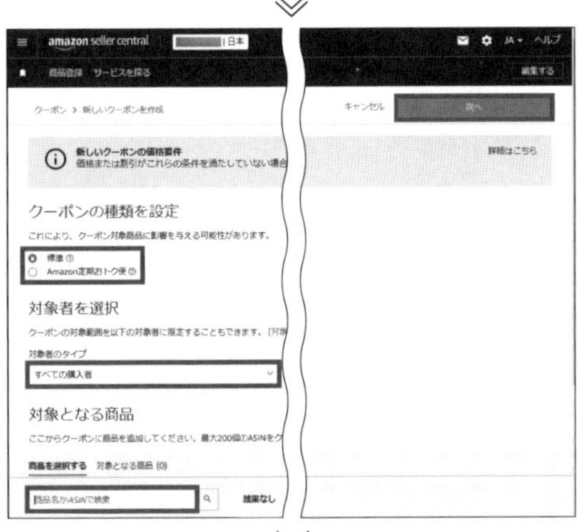

2 「クーポンの種類」と「対象者」を選択します。特別な意図がない限り、クーポンの種類は「標準」、対象者は「すべての購入者」を選択してください。検索窓に対象商品の商品名もしくはASINを入力し、クーポン対象商品を登録します。対象商品の追加が完了したら、「次へ」をクリックします。

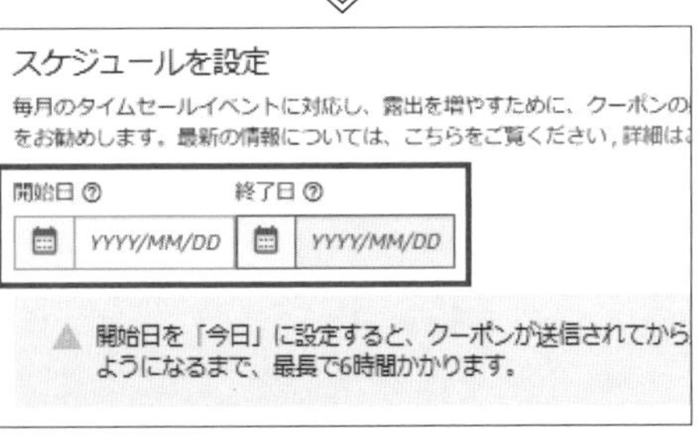

3 「スケジュールを設定」で、クーポンの利用可能期間を設定します。

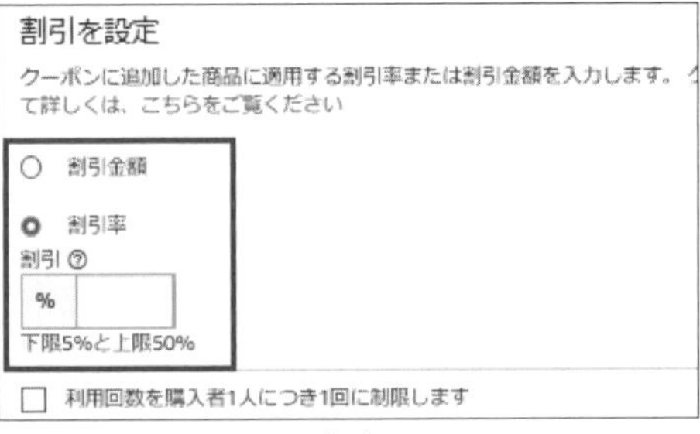

4 割引を設定します。「割引金額」か「割引率」のどちらかを選択し、実際の割引金額を設定します。利用回数を制限する場合は、「利用回数を購入者1人につき1回に制限します」にチェックを入れます。

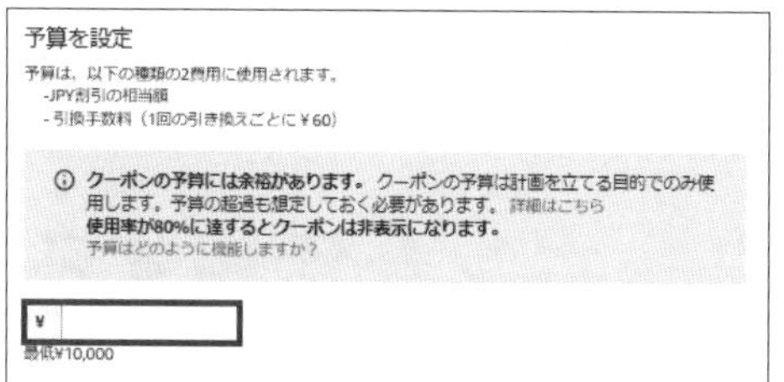

5 予算を設定します。予算は、次の費用の合計を計算し、設定します。

・割引の日本円相当額
・引換手数料（1回の引き換えごとに60円）

POINT

例えば、ある商品に対して100円のクーポンを提供し、100人の購入者にクーポンを利用してもらいたい場合、以下のような計算式になります。

（割引の日本円相当額 × 引換数）＋（引換手数料 × 引換数）
（100円 × 100）＋（60円 × 100）＝ 16,000円

なお、予算はあくまで目安になります。超過する可能性も考慮して登録しましょう。

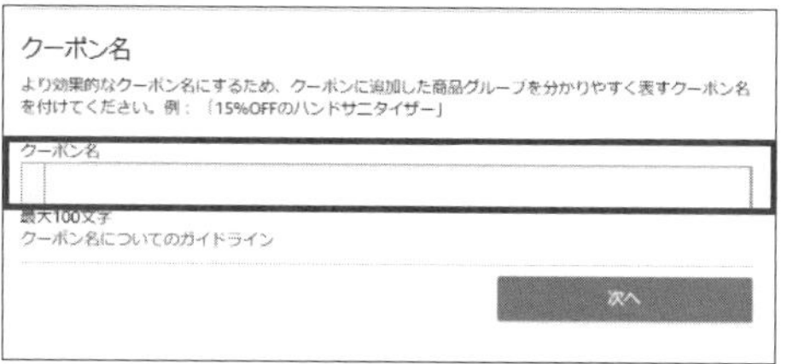

6 クーポン名を設定します。管理のため、わかりやすい名称で設定しましょう。
例）10%OFF プロテイン

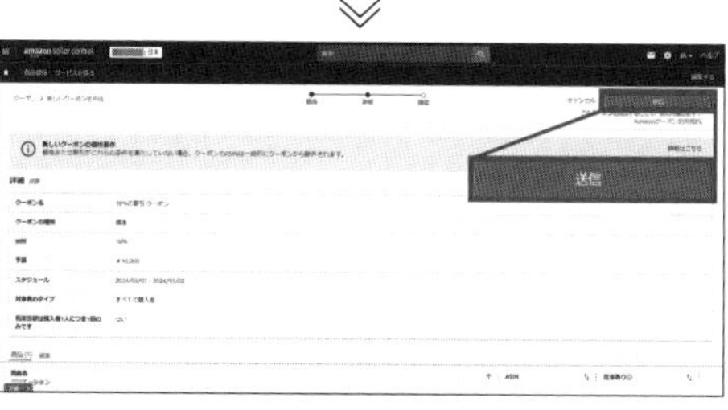

7 クーポンの設定に間違いがないか確認し、右上の「送信」をクリックします。クーポンを適切な金額、タイミングで使用することで、Amazon内での検索順位を上げるためのブースト施策として活用しましょう。

Section
06 楽天市場 4種類のクーポンを活用する

楽天市場でのクーポンの種類

楽天市場には、大きく分けて4種類のクーポンが存在します。各クーポンの種類と特徴は以下の通りです。

①配布型クーポン
- **期間を指定して発行可能なクーポン**
- **イベント時や店舗独自セール時などに活用**

②サンキュークーポン
- **商品購入後、自動で付与されるクーポン**
- **リピーター獲得強化時に活用**

③クーポンアドバンス広告
- **クーポン付きの運用型広告**
- **集客強化、広告費用対効果改善時などに活用**

④楽天負担クーポン
- **楽天側で不定期に発行されるクーポン**
- **クーポン発行の工数を削減したい際に活用**

ここでは、Chapter4で解説している③「クーポンアドバンス広告」を除く、3種類のクーポンの発行方法について解説していきます。

配布型クーポンの発行方法

楽天市場の配布型クーポンは、以下の流れで発行することができます。

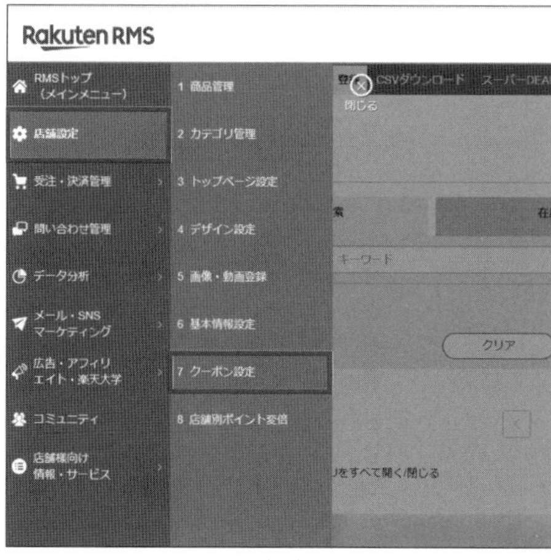

1 RMSで「店舗設定」>「7 クーポン設定」をクリックします。

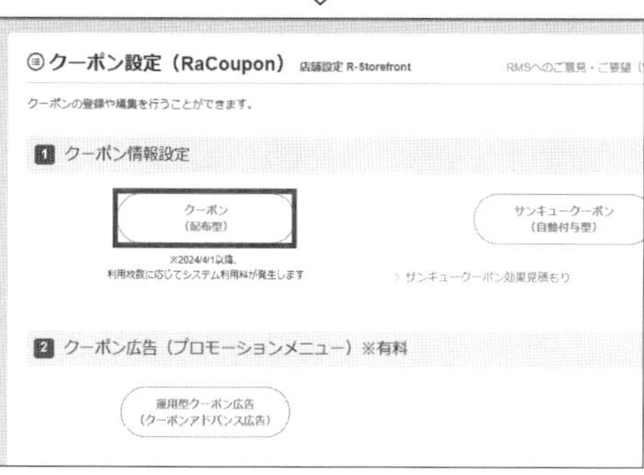

2 クーポン選択画面で、1の「クーポン（配布型）」をクリックします。

3 クーポン発行画面で、「クーポン（配布型）を新規登録する」をクリックします。

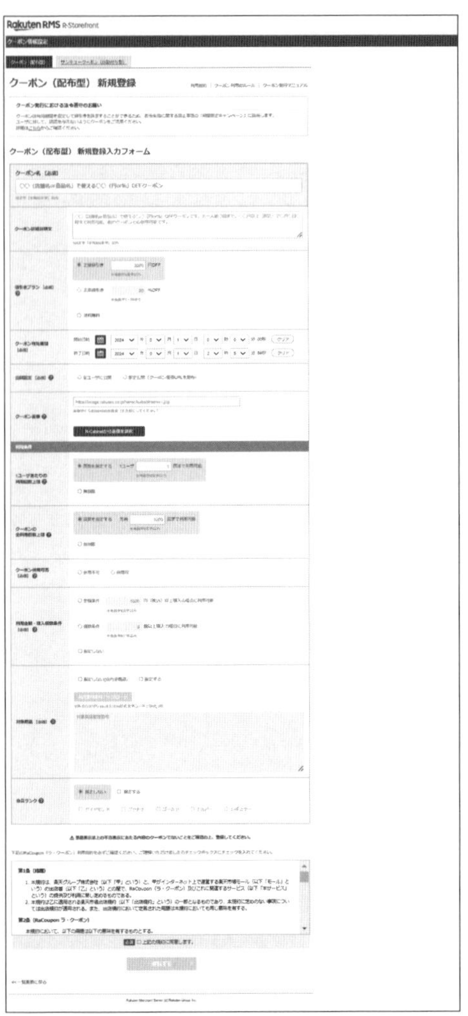

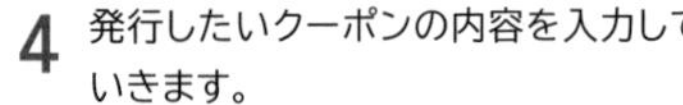

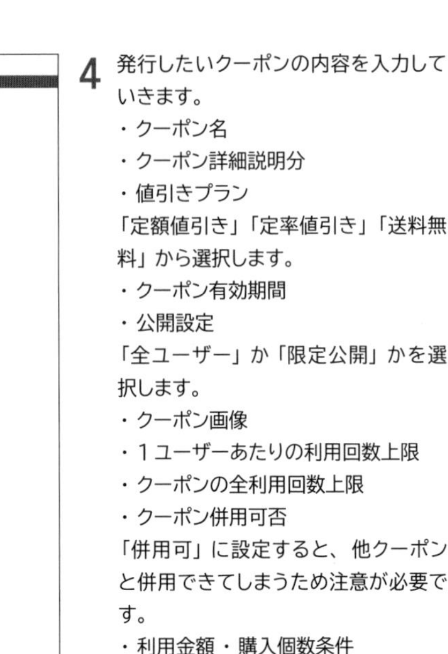

4 発行したいクーポンの内容を入力していきます。

・クーポン名
・クーポン詳細説明分
・値引きプラン
「定額値引き」「定率値引き」「送料無料」から選択します。
・クーポン有効期間
・公開設定
「全ユーザー」か「限定公開」かを選択します。
・クーポン画像
・1ユーザーあたりの利用回数上限
・クーポンの全利用回数上限
・クーポン併用可否
「併用可」に設定すると、他クーポンと併用できてしまうため注意が必要です。
・利用金額・購入個数条件
「金額条件」「個数条件」「指定しない」から選択します。
・対象商品
・会員ランク

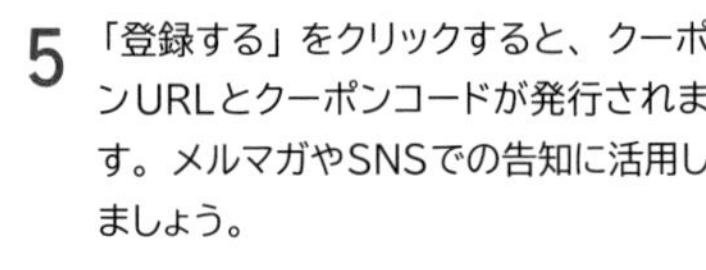

5 「登録する」をクリックすると、クーポンURLとクーポンコードが発行されます。メルマガやSNSでの告知に活用しましょう。

サンキュークーポンの発行方法

楽天市場のサンキュークーポンは、以下の流れで発行することができます。

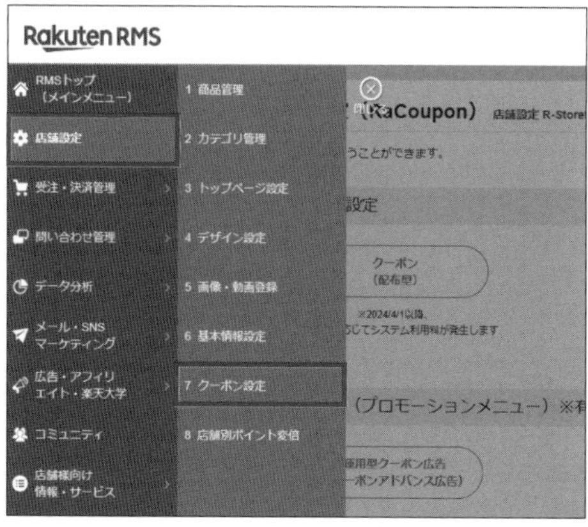

1 RMSで「店舗設定」>「7 クーポン設定」をクリックします。

クーポン設定（RaCoupon） 店舗設定 R-Storefront

クーポンの登録や編集を行うことができます。

1 クーポン情報設定

クーポン（配布型）

※2024/4/1以降、利用枚数に応じてシステム利用料が発生します

サンキュークーポン（自動付与型）

サンキュークーポン効果見積もり

2 クーポン広告（プロモーションメニュー）※有料

運用型クーポン広告（クーポンアドバンス広告）

2 クーポン選択画面で、1の「サンキュークーポン（自動付与型）」をクリックします。

Rakuten RMS R-Storefront

クーポン情報設定

クーポン（配布型） サンキュークーポン（自動付与型）

サンキュークーポン 管理画面

新規登録

クーポンを新規に設定する場合は「新規登録」ボタンを押してください。新規登録にあたり、RaCoupon各種規約をご確認の上、登録をお願いします。

サンキュークーポンを新規登録する >

サンキュークーポン 管理

登録済みのクーポンがありません。

3 クーポン発行画面で、「サンキュークーポンを新規登録する」をクリックします。

4 発行したいクーポンの内容を入力していきます。

・クーポン名
・クーポン詳細説明分
・値引きプラン
「定額値引き」「定率値引き」「送料無料」から選択します。
・クーポン画像
・クーポン獲得金額条件
・クーポン有効期間
・獲得対象ユーザー
「全てのユーザー」か「初回購入ユーザーのみ」から選択します。
・クーポン利用金額条件
・１ユーザーあたりの利用回数上限
・クーポン併用可否
「併用可」に設定すると、他クーポンと併用できてしまうため注意が必要です。
・クーポンが有効になるまでの期間
・クーポン有効期間

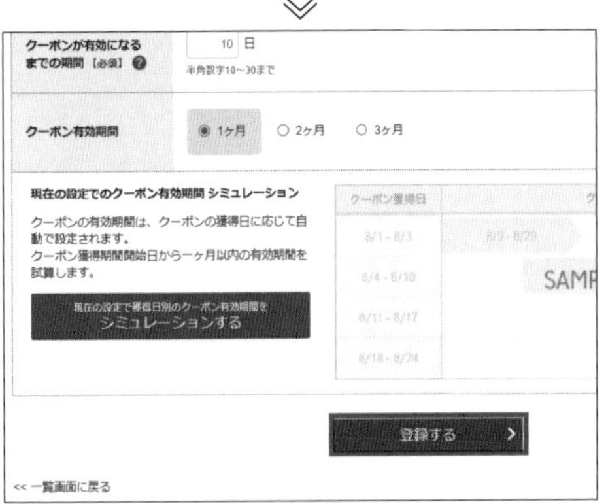

5 「登録する」をクリックします。登録完了画面に遷移するので、設定内容に不備がないか確認しましょう。

Section 07 楽天市場 楽天負担のクーポン広告を活用する

楽天負担のクーポン広告とは？

楽天負担クーポンは、その名の通りクーポン原資を店舗ではなく楽天市場側が負担して配布するクーポンのことです。楽天市場でクーポンを発行する場合、通常の発行方法では割引分を店舗が負担しますが、楽天負担クーポンの場合は原資負担0でクーポンを発行できます。ただし、楽天負担クーポンの獲得には、原資がかからない代わりに広告コストがかかります。それは、楽天負担のクーポン広告が特定の楽天市場広告枠を購入した際に利用できるクーポンだからです。Chapter4で説明した通り、楽天市場には楽天市場広告と呼ばれる純広告（広告枠を買い取り、一定期間広告を配信する。例えば、楽天市場TOPページのバナーなど）があり、特定の楽天市場広告枠を購入した際に楽天負担クーポンが配布できるようになります。広告枠を購入するコストはかかるものの、広告効果に加えて売上UPや集客・転換率UPといったクーポンの恩恵まで受けられるという点は、楽天負担クーポンの大きなメリットと言えるでしょう。

楽天市場のTOPページの広告からクーポン広告のページに遷移する

楽天負担のクーポン広告の購入方法

楽天負担のクーポン広告は、担当のECC経由でのみ購入できます。担当のECCに楽天負担のクーポン広告の在庫がないか、確認するとよいでしょう。ECCには広告の営業目標がついているので、事前に教えてほしい旨を伝えておけばスムーズだと思います。

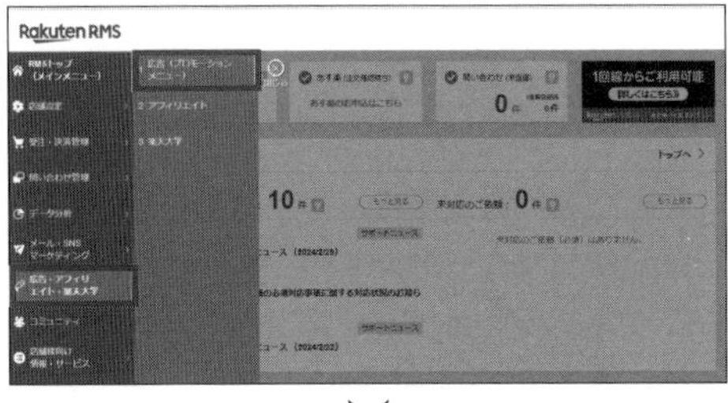

1 RMSで「広告・アフィリエイト・楽天大学」>「1 広告（プロモーションメニュー）」をクリックします。

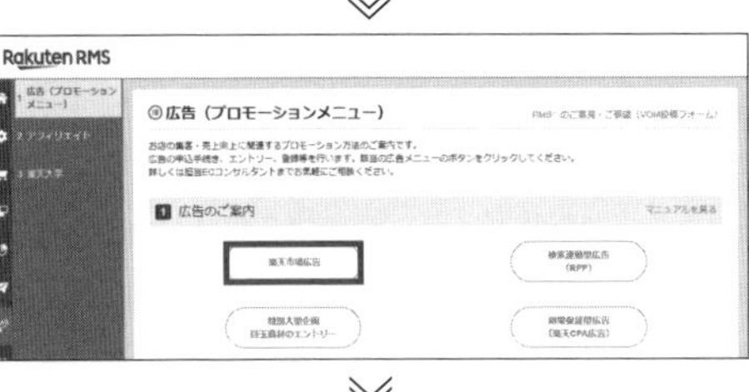

2 プロモーションメニュー画面で、1の「楽天市場広告」をクリックします。

3 上部タブの「検索して購入」をクリックします。「広告ジャンル」や「掲載期間」「掲載場所」を設定し、「この条件で検索」をクリックします。

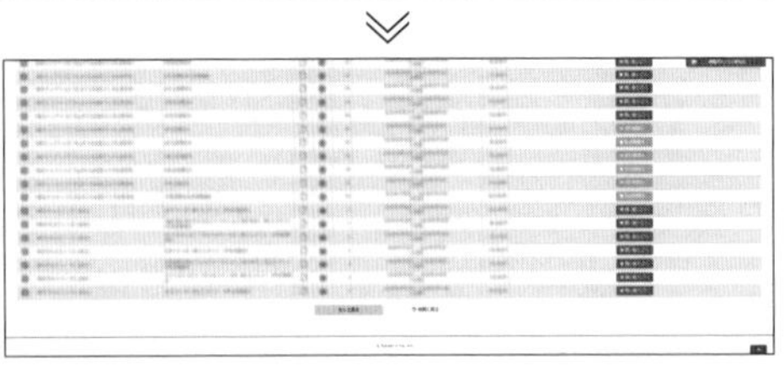

4 検索結果からクーポンつきの広告を探し、「買い物かごへ」をクリックして購入手続きを進めます。クーポンつきの広告には、枠名に「【楽天原資】」や「クーポン企画」などの文言が含まれています。

Section
08 Yahoo！ショッピング ストアクーポンを活用する

Yahoo！ショッピングのストアクーポンとは？

Yahoo！ショッピングの「ストアクーポン」は、値引き金額を各ストアが負担する形のクーポンになります。ストアクーポンは、以下のようなパターンで発行することができます。

- **公開範囲の設定：一般に公開するか、限定公開にするか**
- **利用条件の設定：注文金額、注文個数、利用可能数、利用可能端末**
- **対象商品の指定：一部（最大1,000商品指定可能）もしくは全部**

Yahoo！ショッピングのストアクーポンには、大きく2種類のクーポンが存在します。それが、ストアクリエイターProの画面から発行する通常のクーポンと、STORE's R∞（ストアーズアールエイト）から発行するクーポンです（STORE's R∞の利用には全商品に1％以上のPRオプション料率の設定が必要です）。細かくターゲットを絞ったストアクーポンを発行するには、STORE's R∞から発行するクーポンがおすすめです。以降は、STORE's R∞からのクーポン発行について解説していきます。

ストアクーポンの発行方法

STORE's R∞からクーポンを発行する方法は、以下の通りです。

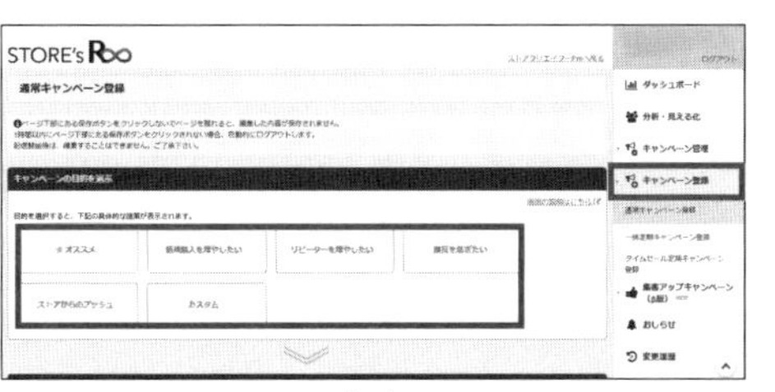

1 STORE's R∞管理画面の右側にあるメニューから、「キャンペーンの登録」をクリックします。「キャンペーン目的を選ぶ」で、目的を選択します。

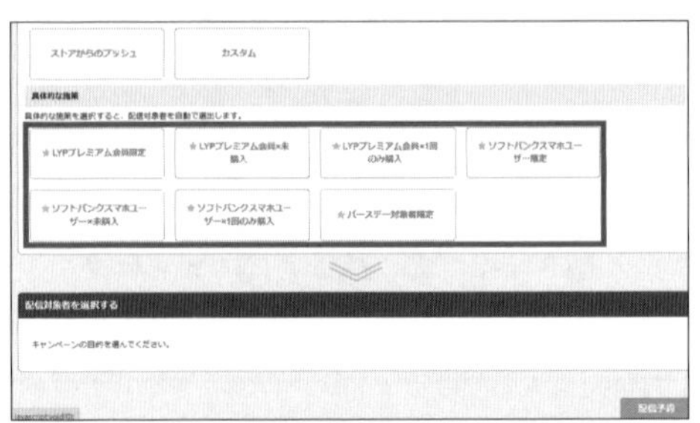

2 「具体的な施策」から、配信対象者を選択します。

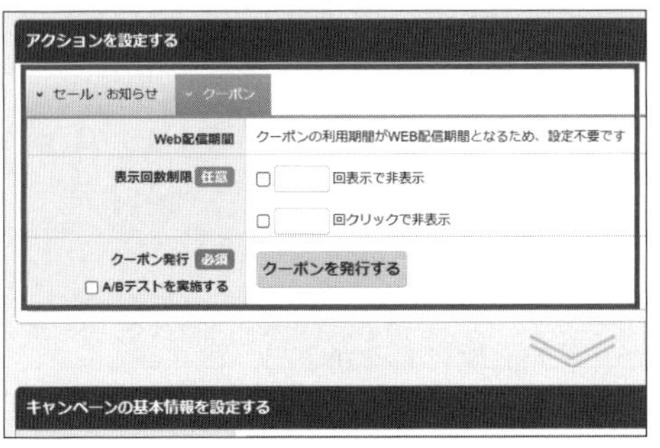

3 「アクションを設定する」で、クーポンの発行を行います。

4 クーポン発行画面に移るので、クーポンの内容を入力します。「クーポン名／クーポンの説明」は、一目見るだけでクーポンの内容がわかるような名前、説明を入力します。

クーポン施策の効果測定

クーポンを発行したら、発行したクーポンの効果測定を行います。STORE's R∞には、効果測定の結果が見やすくまとめられています。効果測定では、以下の2点を確認しましょう。

- **獲得数と利用者数**
- **クーポン経由での売上**

これをもとに、次回のクーポン施策につなげていきます。また、STORE's R∞の顧客分析を利用してどのようなユーザーが購入したか、どのようなユーザーを増やしたいかを把握しておくと、よりユーザーにあったクーポンの施策が考えられます。

Section 09 ECモールにおける「ポイント」の考え方

ECモールで付与されるポイントの種類

各ECモールで商品を購入すると、「ポイント」が進呈されます。各ECモールで付与されるポイントはユーザーの次回以降の買い物に利用することができ、ポイントの還元率を高くする施策は、商品の転換率を向上させる効果があります。各ECモールで付与されるポイントの概要は、以下の通りです。

✔ Amazon

Amazonで買い物をすると、「Amazonポイント」が付与されます。「Amazonポイント」は、1ポイントにつき1円のレートでAmazon.co.jpでの商品購入に利用することができます。

✔ 楽天市場

楽天市場で買い物をすると、「楽天ポイント」が付与されます。「楽天ポイント」は、楽天市場や楽天ブックスなどの楽天グループのサービスに1ポイント1円相当で使用することができます。また、楽天グループでの買い物の他に、「楽天Pay」や「楽天Edy」などのキャッシュレス決済にも使用できます。

✔ Yahoo！ショッピング

Yahoo！ショッピングで買い物をすると、「PayPayポイント」が付与されます。付与された「PayPayポイント」は、1ポイント1円相当で「PayPay決済」に使用することができます。また、PayPayを利用できるYahoo！JAPANのサービスの他、PayPay加盟店での買い物に利用できます。

ここから先は、各ECモールでのポイント設定方法について解説していきます。

[転換率向上につなげる！ポイントを活用する]

Section 10 Amazon Amazonポイントを設定する

Amazonポイントとは？

Amazonで買い物をすると「Amazonポイント」が付与され、ユーザーは次回以降の買い物でポイントを使うことができます。Amazonではseller central上でポイント料率を設定することができ、高い付与率を設定することで転換率の向上につなげることができます。

また、Amazonでの検索では「Amazonポイント」の料率別に絞り込みをすることができます。そのため、高いポイント還元率の商品を求めているユーザーに見つけてもらいやすくなります。

「Amazonダブルポイント祭り」など、「ダブルポイント」のバッチが表示されている対象商品を一定条件以上の買い物をした場合にポイントが2倍になるキャンペーンも開催されるため、キャンペーンに合わせてポイント設定をすることも有効です。

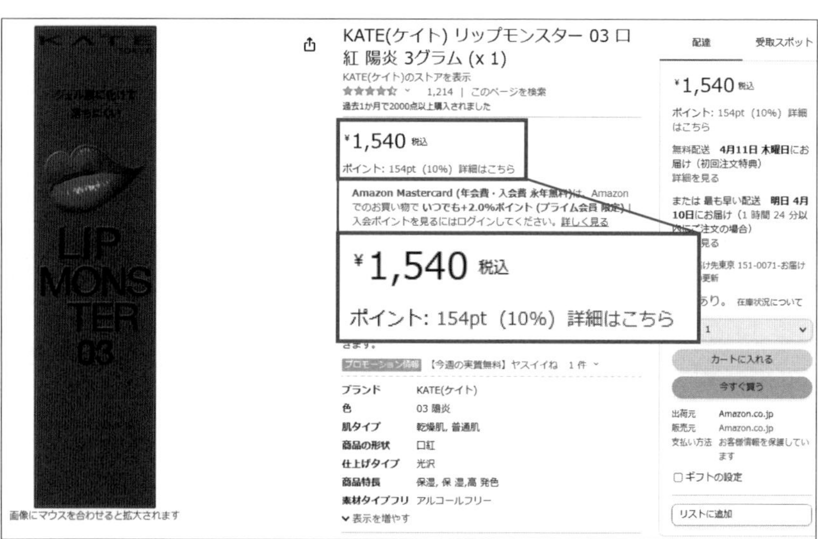

Amazonでは、価格の下にポイントが表示される

Amazonでのポイントの設定方法

Amazonでのポイントは、Amazon seller central内の「ポイントセントラル」から設定することができます。ポイントセントラルでは、全商品にポイント設定ができる「アカウントごとのポイント」と、個別の商品ごとに設定できる「出品ごとのポイント」の2種類を設定できます。以下で、それぞれの設定方法を解説していきます。なお、ポイントセントラルは「大口出品者」のみ利用可能なサービスになります。

①アカウントごとのポイント

「アカウントごとのポイント」は、以下の方法で設定を行います。「アカウントごとのポイント」と「出品ごとのポイント」の両方を設定する場合、「出品ごとのポイント」が優先されます。

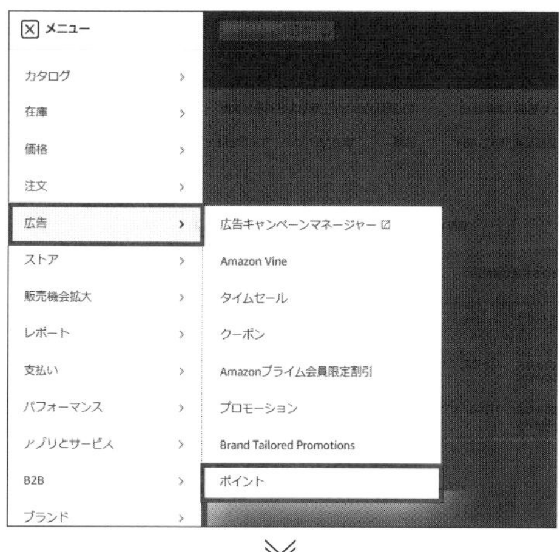

1 seller centralのレフトナビメニューで「広告」カテゴリをクリックし、「ポイント」をクリックします。

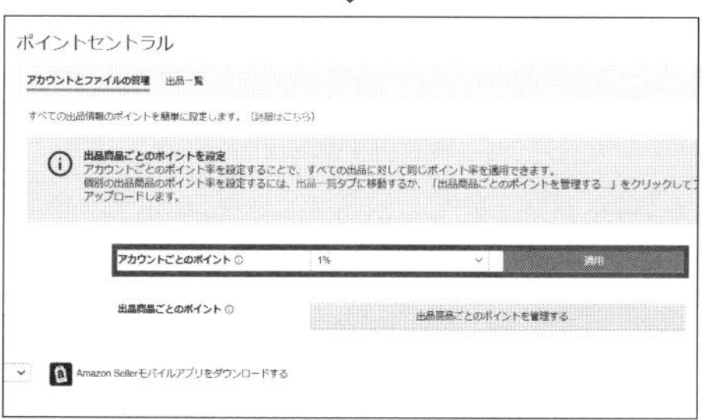

2 「アカウントごとのポイント」で、希望するポイントを設定します。ポイント料率は「0%～50%」まで設定可能です。ポイントを付与しない場合は、「0%」を設定します。ここで設定したポイントが、すべての出品に対して適用されます。なお、法人価格や数量割引が適用されている場合は、ポイントセントラルの設定が適用されません。希望するポイント料率を選んだら、「適用」をクリックします。

②出品ごとのポイント

「出品ごとのポイント」は、以下の方法で設定を行います。

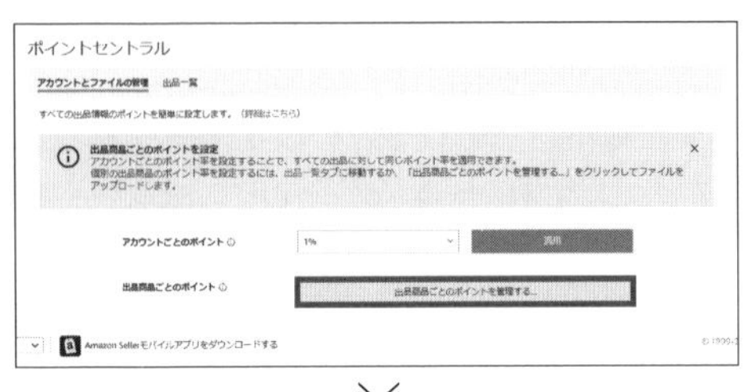

1 seller centralのレフトナビメニューで「広告」カテゴリをクリックし、「ポイント」をクリックします。「出品ごとのポイントを管理する」をクリックします。

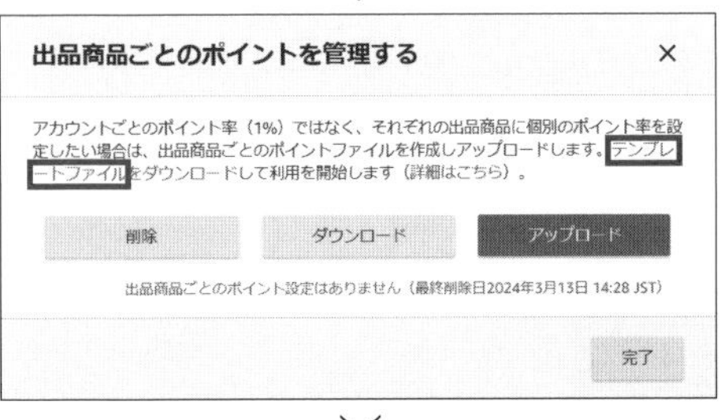

2 「テンプレートファイルをダウンロード」をクリックします。

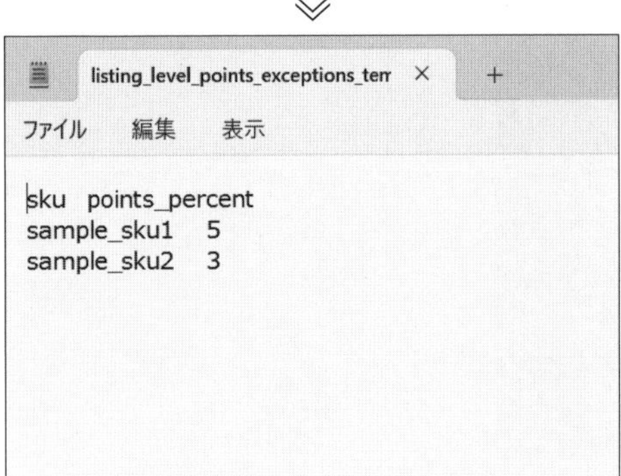

3 テキスト形式のファイルがダウンロードされるので、ポイント設定を行いたい商品のSKUとポイント料率を記載してアップロードを行います。商品数が多い場合は、一度Excel形式に変更することで効率よく作業をすることができます。テキスト形式のファイルをExcel形式に変更する方法がわからない場合は、「テキストファイルをExcelで開く方法」とGoogleで検索してみてください。Excelで作成したファイルをアップロードをする際は、ファイル形式を「テキスト（タブ区切り）(.txt)」に変更することを忘れないようにしましょう。

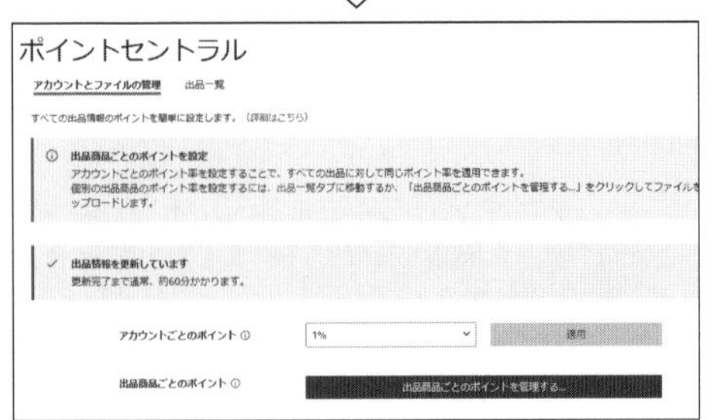

4 2の画面で「完了」をクリックすれば、設定は完了となります。アップロードする商品数によっては、ポイント設定の反映に時間がかかる場合があります。作業する際には、時間に余裕をもって取り組みましょう。

Section 11

楽天市場 ポイント変倍を設定する

楽天市場のポイント変倍とは？

楽天市場では、通常1倍（通常1%）の楽天ポイント付与が設定されています（店舗負担。対応必須）。楽天市場のポイント変倍は、ユーザーに付与する楽天ポイントの倍率を高く設定することを言います。ポイント変倍によって、通常分に加えてさらにポイントを付与することができます。楽天市場のユーザーはポイント獲得率を購入の決め手とする方も多いため、ポイント変倍をうまく活用することで転換率向上につなげることが可能になります。楽天市場におけるポイント変倍には、「楽天負担ポイント」と「店舗負担ポイント」の2種類があります。

●楽天負担ポイント

楽天負担ポイントは、ポイント原資が楽天負担となるポイント変倍の方式です。楽天の買い回り（複数のショップでお買い物をしていただくこと）のイベント（楽天スーパーSALEやお買い物マラソン、5と0のつく日など）時に、ユーザーがキャンペーンにエントリーすることでポイントアップします。また楽天SPU（Super Point UP Program）というしくみがあり、楽天カードや楽天モバイルなど楽天グループの各サービスを使うことでポイント倍率が上がる、お得なプログラムになります。各サービスの条件を達成すると、その月の楽天市場での買い物がポイントアップ対象になります。

●店舗負担ポイント

店舗負担ポイントは、ポイント原資がストア負担となるポイントの方式です。ストア側でストア全体、もしくは個別の商品についてポイント料率を設定します。

ここからは、店舗負担ポイントの店舗側での設定方法について解説していきます。

楽天市場でのポイント変倍の設定方法

楽天市場でのポイント変倍の設定は、RMSから行うことができます。ポイントの設定方法には、「店舗別ポイント変倍」と「商品個別設定」の2種類があります。

①「店舗別ポイント変倍」の設定方法

店舗内の全商品に対して一律でポイント変倍を設定する場合は、「店舗別ポイント変倍」から設定を行います。店舗別ポイント変倍には、楽天市場が開催しているキャンペーンに参加する場合と、店舗で独自にキャンペーンを作成するパターンの2種類があります。

●楽天キャンペーンに参加する場合

楽天キャンペーンに参加する場合は、以下の方法で設定を行います。

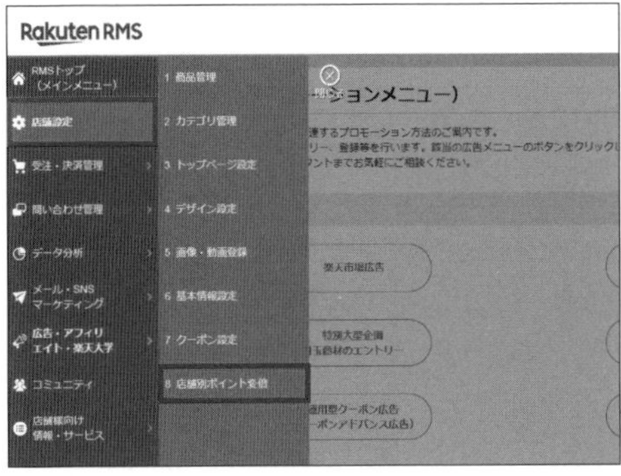

1 RMSで「店舗設定」>「店舗別ポイント変倍」をクリックします。

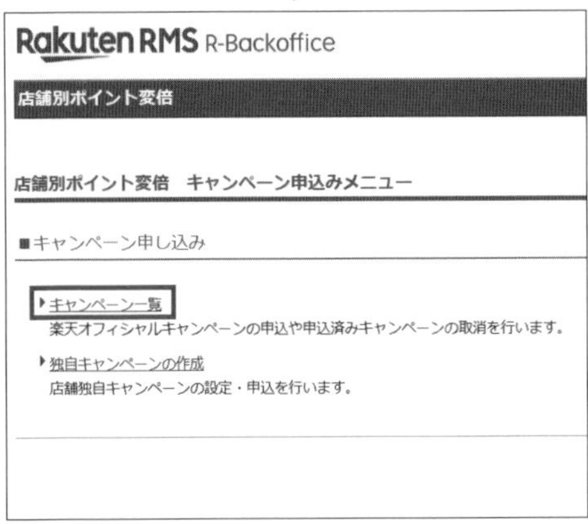

2 キャンペーン申し込みの「キャンペーン一覧」をクリックします。

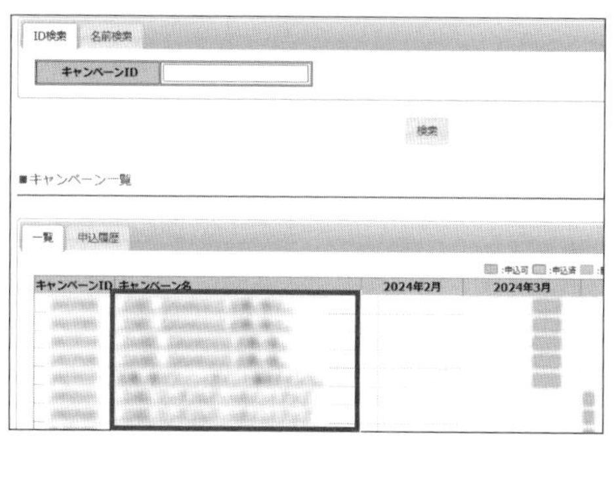

3 参加する楽天キャンペーンを選択し、クリックします。

●店舗独自キャンペーンを作成する場合

店舗独自キャンペーンを作成する場合は、以下の方法で設定を行います。

Rakuten RMS R-Backoffice
店舗別ポイント変倍
店舗別ポイント変倍　キャンペーン申込みメニュー
■キャンペーン申し込み
キャンペーン一覧
楽天オフィシャルキャンペーンの申込や申込済みキャンペーンの取消を行います。
独自キャンペーンの作成
店舗独自キャンペーンの設定・申込を行います。

1 RMSで「店舗設定」>「店舗別ポイント変倍」をクリックします。キャンペーン申し込みの「独自キャンペーンの作成」をクリックします。

Rakuten RMS R-Backoffice
店舗別ポイント変倍
キャンペーン一覧　独自キャンペーンの作成
店舗別ポイント変倍 独自キャンペーンの作成
■基本情報
キャンペーン名
期間　開始　02 / 29　18 : 00 : 00
終了　03 / 01　17 : 59 : 59
コメント
■変倍情報
サービス　通常購入　予約・定期・頒布会
変倍率　2倍　3倍　5倍　10倍
申込みする

2 基本情報の「キャンペーン名」と「開始」と「終了」の日時を入力し、変倍情報の「サービス」から変倍対象とする商品（「通常商品」「予約・定期・頒布会」）を選択します。設定する変倍率を「2倍、3倍、5倍、10倍」から選択します。すべての情報を入力したら、「申込みする」をクリックして設定完了です。

②「商品個別設定」の設定方法

ここからは、個別の商品ごとにポイント変倍を設定する手順について解説していきます。

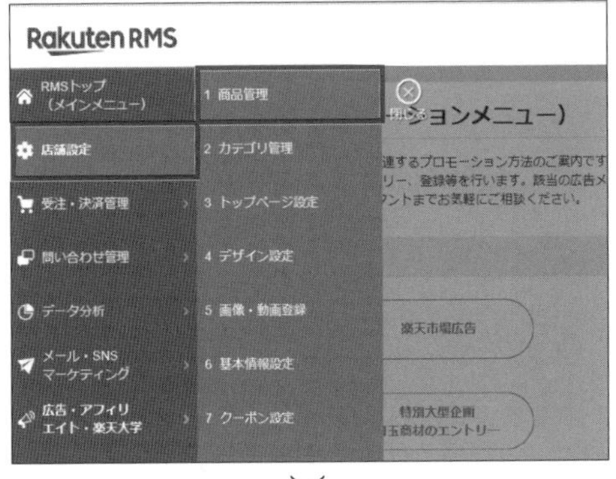

1 RMSで「店舗設定」>「商品管理」をクリックします。

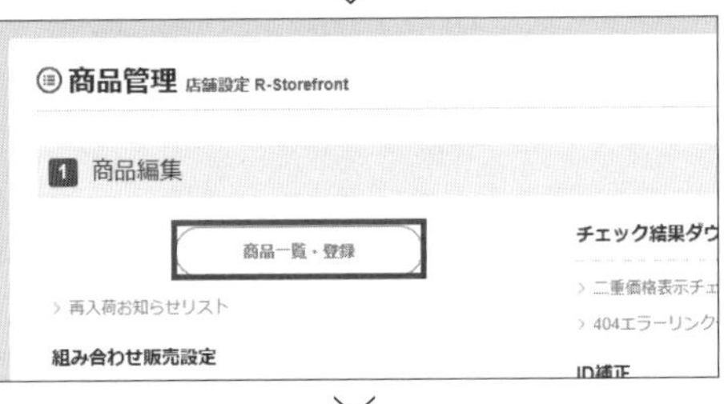

2 「商品一覧・登録」をクリックします。

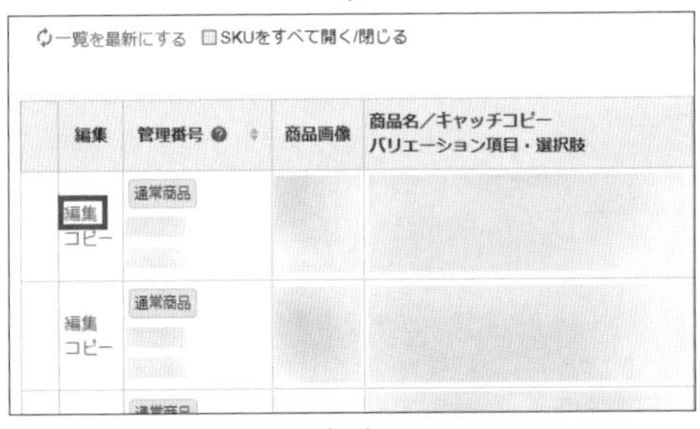

3 個別にポイント変倍を設定する商品の「編集」をクリックします。

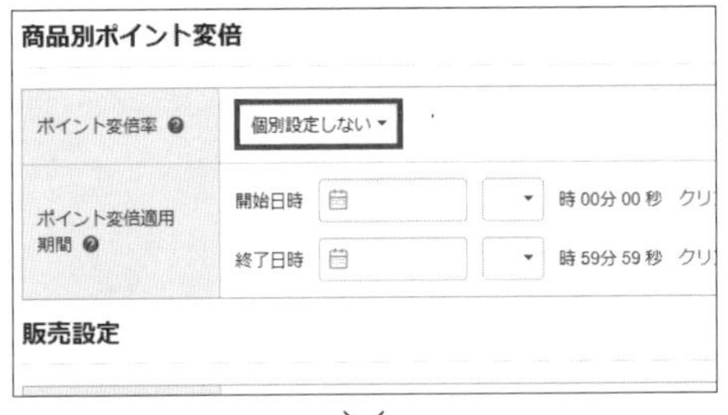

4 「販売・価格」タブ内の「商品別ポイント変倍」にある「ポイント変倍率」から、設定するポイント変倍率を選択します。変倍率は、2倍～20倍まで1倍刻みで設定できます。

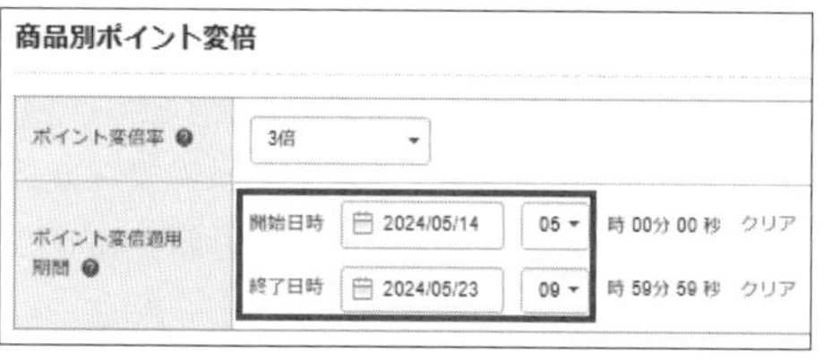

5 ポイント変倍を実施する期間を入力します。ポイント変倍の開始は、登録完了から2時間後以降の時間を設定できます。開始から最大60日後まで設定が可能で、開始は「xx時00分00秒」単位、終了は「xx時59分59秒」単位での開催となります。

6 入力が完了したら「更新する」をクリックして、設定完了となります。なお、複数の商品に同時に設定を行いたい場合は、「CSV商品一括編集」から設定することもできます。

ポイント変倍に関する注意点として、「店舗別ポイント変倍」と「商品個別設定」が同時に設定されている場合は、「商品個別設定」で設定されているポイント変倍率が優先されるということがあります。例えば「店舗別ポイント変倍」で10倍、「商品個別設定」で15倍を設定していた場合、商品個別設定を行っている商品のみ、ポイント15倍となります。また、ポイント変倍の設定は、実施期間が始まると途中でポイント設定を止めたり倍率を修正したりすることができないので、こちらも注意が必要です。

楽天市場でポイント変倍を実施する効果的なタイミング

楽天市場内でポイント変倍を実施する上でもっとも効果的なタイミングは、「楽天市場で大量にポイントを付与するタイミング」になります。具体的には、楽天スーパーSALEやお買い物マラソン、5と0のつく日など、楽天市場全体への流入が多くなっているタイミングです。

その他のタイミングとしては、「期間限定ポイントが失効」するタイミングがあります。期間限定ポイントは特定のキャンペーンなどで進呈され、それぞれに有効期限が設定されています。有効期限は「15日」や「月末まで」などさまざまですが、そのタイミングでポイント変倍を仕掛けることで、普段よりも購入率を高めることができます。
また、WEB広告の実施タイミングに合わせてポイント変倍を実施するのも効果的です。「広告をかけるタイミングで、さらにポイントもつけたらコストが心配」という声もあるかと思いますが、広告実施時は「新規顧客を獲得する」ことが一番の目的となります。「その時だけの特典」として、ポイントをフックに転換率を上げるというのも1つの作戦です。

ポイント変倍のアピール施策について

ポイント変倍を実施した際は、以下のようなアピールを行うことで効果を高めることができます。

商品名内でのポイント変倍訴求

商品名の先頭に「ポイント10倍」「今だけポイント10倍」といった文言を入れることで、楽天の検索結果でポイント変倍を実施していることをアピールできます。

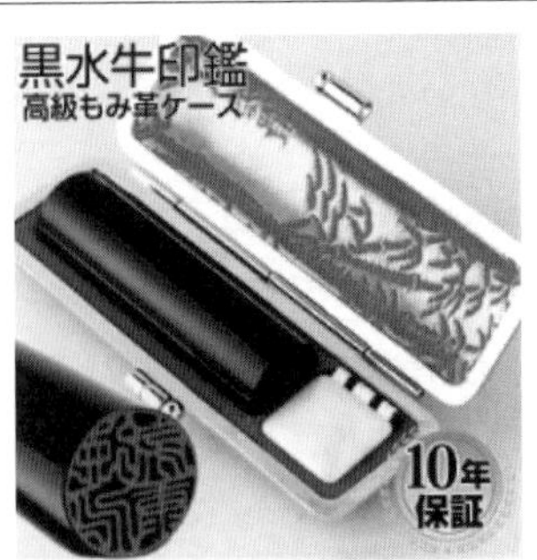

【ポイント10倍】印鑑 はんこ 実印 銀行印 認印 黒水牛 高級もみ皮印鑑…
1,199円 送料無料
100ポイント(1倍+9倍UP)
4.54 (23,284件)
ランキング入賞
39ショップ
ハンコヤストア

【期間限定ポイント10倍！3/4 20時~】1年保証・パンフレット付き 片…
9,000円 送料無料
162ポイント(1倍+1倍UP)
16cm
4.69 (186件)
39ショップ
キッチングッズ柳屋 楽天市場店

サムネイル内でのポイント変倍訴求

商品のサムネイル（第一画像）で、ポイント変倍を実施していることをアピールできます。文字面積が大きすぎると楽天市場内の商品画像ガイドラインに引っかかる可能性があるので、注意してください。

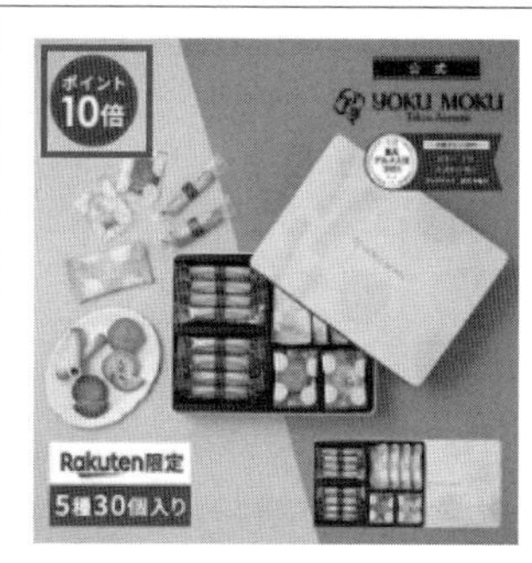

商品ページ内のバナーでの訴求

商品ページの最上部や最下部に「ポイントアップ中」であることをアピールするバナーを差し込むことも効果的です。その際、楽天市場全体で実施しているポイントアップバナーなども同時に差し込むことで、「最大何ポイント獲得が可能」という訴求が可能になり、ユーザーへのお得感がより強くなります。

Section 12

楽天市場 ポイント変倍広告を活用する

楽天市場のポイント変倍広告とは？

前節では楽天市場内での店舗負担のポイント設定方法を解説しましたが、楽天市場内には「ポイント変倍広告」という広告があります。「ポイント変倍広告」は、楽天が負担するポイントのキャンペーンにお金を払うことで、そのキャンペーンに一定期間参加できるというものです。つまり、広告費を楽天に支払う代わりに、そのキャンペーンのポイント費用は楽天がすべて負担するということになります。

広告費は、直近の売上によって変動します。売上が高い店舗は、その分、広告費も高くなります。また、1日限定（5と0のつく日など）、イベント期間、1週間、1か月間など、キャンペーンが実施される期間によっても広告費が変わります。

ポイント変倍広告に参加する時に気をつけたいのが、RMSからは申し込めないという点と、直近のキャンペーンには参加できないという点です。申し込みは、担当ECC経由で行う必要があります。また、キャンペーンが始まる5営業日程度前までには購入しておかないと、参加することができません。

ポイント変倍広告が有効な商材

「ポイント変倍広告」には、効果的な商材、つまり楽天負担ポイントを使うことで利益が出やすい、あるいはコストを抑えられやすい商材があります。それは、型番商品です。型番商品とは、「主にメーカーなどが製造する製品番号やJANコード、商品番号が存在する商品」のことです。型番商品は、どのストアから購入しても同じであるため、価格が安ければ安いほど売上を上げやすくなります。一方、利益が薄くなりやすいので、積極的に販促施策を打つことは難しいです。そのため、ポイント費用に上限をかけながら販促を行えるポイント変倍広告は非常に有効です。さらに、月商が低い段階であれば参加費用も比較的安くなります。売上を大きく伸ばせる可能性があるので、初期段階の施策として積極的に活用していくことをおすすめします。

ポイント変倍広告活用の注意点

楽天負担の「ポイント変倍広告」を活用するにあたって、注意するべき点が2つあります。

①ポイントアップにはエントリーが必須

「ポイント変倍広告」は、ユーザーがキャンペーンにエントリーすることでポイントアップされるしくみとなっています。そのため、楽天から事前に共有されるキャンペーンページに遷移するバナーを商品ページの目立つ箇所に貼り付け、そこからエントリーをしてもらう必要があります。

②楽天市場の検索画面に反映されない

ストアでポイント変倍を実施した場合は、楽天市場の検索画面に獲得予定ポイントが表示されます。しかし「ポイント変倍広告」の場合はエントリーしないとポイントアップしないため、検索結果画面に獲得予定ポイントは表示されません。そのため、商品名に【エントリーでポイント10倍】といった文言を入れ、できれば商品画像にもポイント10倍を実施していることを記載して、検索画面からのアクセスを少しでも取れるようにしておくことが重要になります。

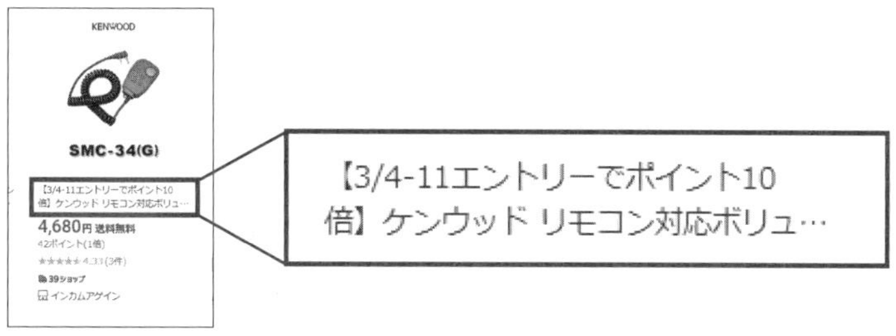

Section 13 Yahoo！ショッピング ボーナスストアプラスを活用する

Yahoo！ショッピングのボーナスストアプラスとは？

Yahoo！ショッピングには、「ボーナスストアプラス（旧：倍々ストア）」という販促キャンペーンがあります。「ボーナスストアプラス」対象店舗でユーザーが購入すると、購入金額に対してPayPayポイントが5％もしくは10％付与されるキャンペーンです。ボーナスストアプラスは毎日開催されていますが、参加できるスケジュールは主に「5のつく日」や「買う！買う！サンデー」などのイベント日を含めた3～4日間ごとに設けられている日程から選択する形式となります。

Yahoo！ショッピングには、「ボーナスストアプラス」という販促キャンペーンが用意されている

ボーナスストアプラスへの参加条件

「ボーナスストアプラス」へは、どの店舗でも参加できるわけではありません。次の条件を満たす店舗のみがエントリーすることができます。「プロモーションパッケージ」（P.269）への加入や、自動アップ分のPRオプション料率、ポイント原資負担といったコストが必要になるため、負担するコストを検討した上でキャンペーンに参加する必要があります。

✔ ①「プロモーションパッケージ」に加入している店舗であること

プロモーションパッケージには、ストアクリエイターProの「設定」＞「プロモーションパッケージ契約」から加入できます。プロモーションパッケージに加入すると、PRオプション料率3%が付与され、月額利用料として売上の3%がかかります。

✔ ②参加条件PRオプション料率に同意すること

ボーナスストアプラスに参加するには、キャンペーンごとに決められたPRオプション料率のアップが必要です。参加期間中は、設定されたPRオプションに自動的に上がるようになっています（終了後は元のPRオプション料率に戻ります）。なお、参加条件PRオプション料率は、店舗ごと、開催回ごとに異なります。ストアクリエイターPro内の「キャンペーンに参加する」から、参加条件PRオプション料率を確認することができます。

✔ ③ユーザー付与分のポイント原資を負担できること

「ボーナスストアプラス」参加によってユーザーに付与される5%もしくは10%分のポイント費用を、ストア側が負担する必要があります。

ボーナスストアプラス参加のメリット

「ボーナスストアプラス」への参加には、以下のようなメリットがあります。

✔ ①「ボーナスストアプラス」参加中の売上UPが見込める

Yahoo！ショッピングでは、プロモーションパッケージ非加入店舗に比べて、イベント時におけるプロモーションパッケージ加入ストアの取扱高が高くなるという実績が出ています。イベント時における「ボーナスストアプラス」参加をうまく使うことで、売上UPを見込むことができます。

✔ ②「ボーナスストアプラス」は参加自由度が高い

「ボーナスストアプラス」の開催期間は、Yahoo！ショッピング内で行われる「5のつく日」「ゾロ目の日」といったイベント開催期間と重なるようになっています。ユーザーの「購買意欲」が上がるタイミングで集客を行うことができます。

ボーナスストアプラスへの参加方法

「ボーナスストアプラス」への参加申し込みは、通常、前月の中旬〜下旬ごろに始まります。申込期間は約1週間程度と短いため、忘れずにエントリーしましょう。「ボーナスストアプラス」への申し込み方法は、以下の通りです。

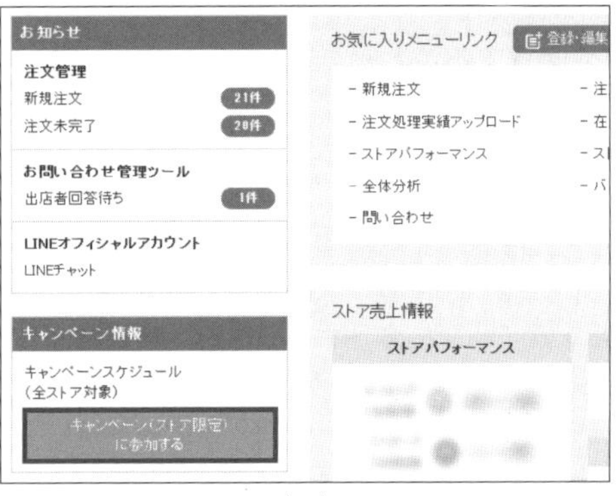

1 ストアクリエイターProの「キャンペーン情報」内にある「キャンペーン（ストア限定）に参加する」をクリックします。

2 「キャンペーン名」に「ボーナスストアプラス」と入力し、「検索」をクリックすると「ボーナスストアプラス」キャンペーンの一覧が表示されます。検索画面で「ポイント」にチェックを入れて絞り込むことも可能です。

現在参加可能なキャンペーンを検索できます。現在のPRオプション料率はこちら。

開催期間	時 分〜 時 分
申込み可否	☑ 申込み期間中 ☐ 申込み期間外
申込み状態	☑ 未申込み ☑ 申込済 ☑ キャンセル済
キャンペーン種別	☐ ポイント ☐ クーポン ☐ ギフト ☐ イベント
キャンペーン名	ボーナスストア

検索

3 キャンペーン一覧から、希望する「ボーナスストアプラス」のポイント日程、ポイント倍率を選択します。

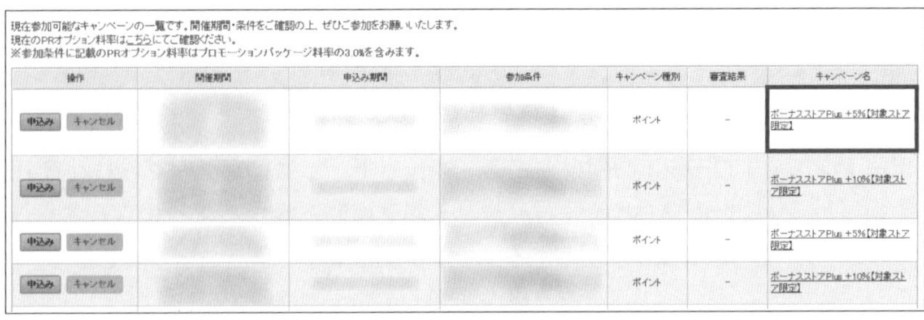
現在参加可能なキャンペーンの一覧です。開催期間・条件をご確認の上、ぜひご参加をお願いいたします。
現在のPRオプション料率はこちらにてご確認ください。
※参加条件に記載のPRオプション料率はプロモーションパッケージ料率の3.0%を含みます。

操作	開催期間	申込み期間	参加条件	キャンペーン種別	審査結果	キャンペーン名
申込み キャンセル				ポイント	-	ボーナスストアPlus +5%【対象ストア限定】
申込み キャンセル				ポイント	-	ボーナスストアPlus +10%【対象ストア限定】
申込み キャンセル				ポイント	-	ボーナスストアPlus +5%【対象ストア限定】
申込み キャンセル				ポイント	-	ボーナスストアPlus +10%【対象ストア限定】

4 「参加条件（PRオプション料率）」が問題ないかどうかを確認し、「キャンペーン規約」を必ず読みます。「参加する」をクリックすれば、申込完了となります。

トップ　注文管理　問い合わせ　LINE　商品・画像・在庫　評価　ストア構築　集客・販促　販売管理　定期購入　利用明細　設定

参加可能キャンペーン一覧 | キャンペーン参加履歴

参加可能キャンペーン一覧 - キャンペーン内容確認画面 [マニュアル]

キャンペーン名	【ズバトク広告】6/25掲載開始キャンペーンバナー(100万円)
キャンペーン種別	イベント
セットID	
イベントID	10477
開催期間	2024/06/25 12:00 ～ 2024/07/02 11:59
参加条件(PRオプション料率)	※参加条件に記載のPRオプション料率はプロモーションパッケージ料率の3.0%を含みます。
その他の参加条件	【掲載費100万円】本イベントに添付されているセールスシートをお手元にご準備いただき、内容をご確認の上、エントリーをお願いいたします。※エントリーと入稿はセットです。必ず募集期限内に素材をご入稿ください。募集期限を過ぎると入稿できなくなりますのでご注意ください。※セールスシート内に入稿の手順について記載があります。
申込み期間	2024/02/01 00:00 ～ 2024/06/06 18:00
セールスシートURL	
セールスシート確認パスワード	
現在の申込み状況	未申込み
素材入稿	
審査結果	-

【重要】キャンペーン規約をご確認後にキャンペーンに参加可能となります。
キャンペーン規約 ※参加前に必ずこちらをご確認ください

戻る　参加する

Yahoo！ショッピングにおいても、ポイント設定は重要です。しかし優先順位としては、「ボーナスストアプラス＞ポイント」になります。理由は簡単で、ボーナスストアプラスだけでも5%or10%のポイント費用を負担する必要があるからです。露出が増えるので、ボーナスストアプラスを優先したほうがよいことは明らかです。

ただし、他社との差別化を図りたい、PayPayポイントを溜めたい購入者向けに販促をかけたいというケースでは、自社でさらにポイントをかけるのがおすすめです。コストの負担は大きいですが、差別化につながるので、売上アップが見込めます。

Section 14 ECモールにおける「レビューの表示場所」を知る

各モールの商品レビューの表示位置

ECモールで買い物をする際、ユーザーの決め手の1つになるのが商品・店舗レビューになります。レビューの件数、点数は、アクセス数や転換率に大きく関わってきます。アクセス数につながる理由として、各ECモールで商品を検索した際、商品画像や商品名と並んで「レビュー件数」「総レビュー点数」が表示されるという点があります。各ECモールで、商品レビューがどのように表示されるのかを見ていきましょう。

①Amazonのレビュー表示場所

Amazonの検索結果では、商品名のすぐ下にレビュー点数とレビュー件数が表示されます。

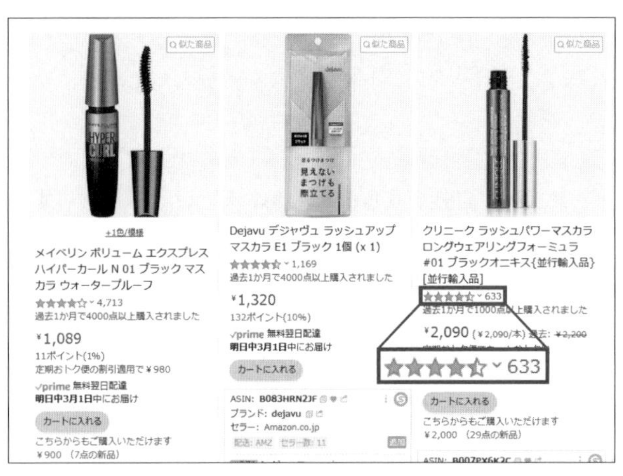

Amazonの検索では、カスタマーレビューの☆の数で絞り込みができます。また、高レビューを獲得している商品の方が検索結果に表示されやすい傾向にあります。

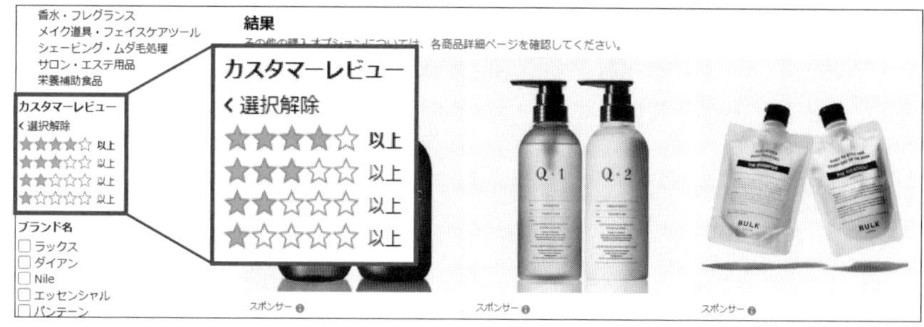

②楽天市場のレビュー表示場所

楽天市場の検索結果では、商品価格・獲得予定ポイントのすぐ下にレビュー点数とレビュー件数が表示されます。

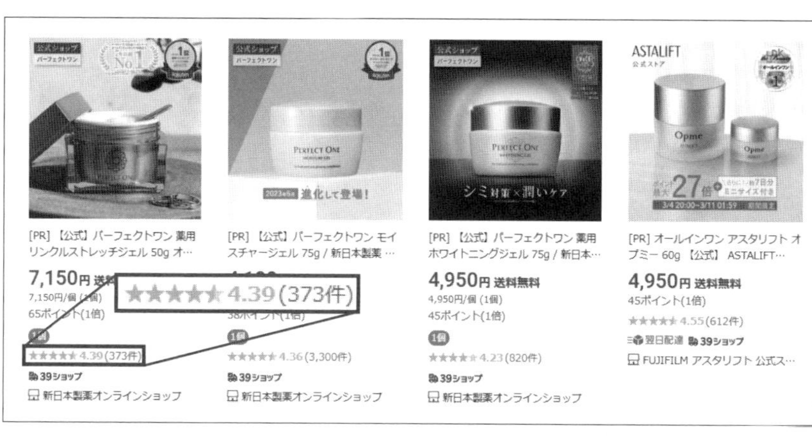

楽天市場の検索でも、レビュー点数で絞り込みを行うことができます。

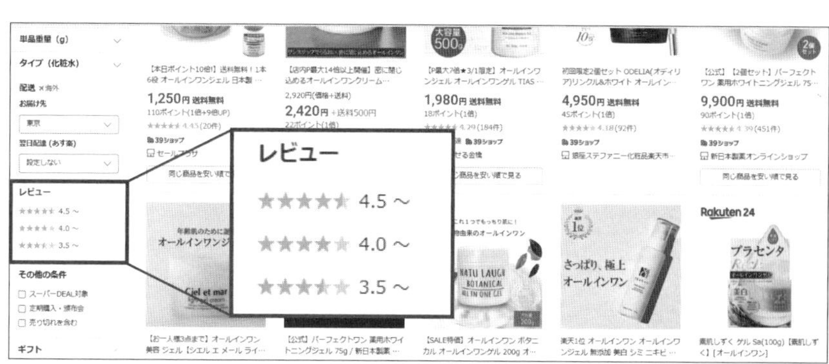

楽天市場では、検索結果を「レビュー件数順」「レビュー評価順」で並び替えることができます。レビュー件数が多い商品、高評価レビューが多い商品ほど、検索結果でも優位に働きやすいです。

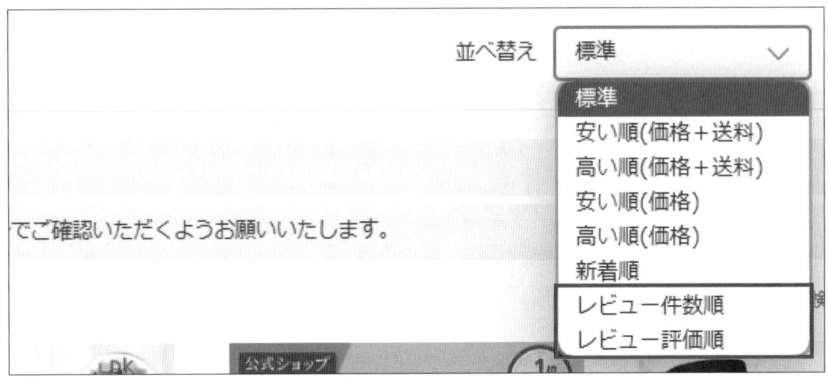

③Yahoo！ショッピングのレビュー表示場所

Yahoo！ショッピングの検索結果では、価格のすぐ下にレビュー点数とレビュー件数が表示されます。

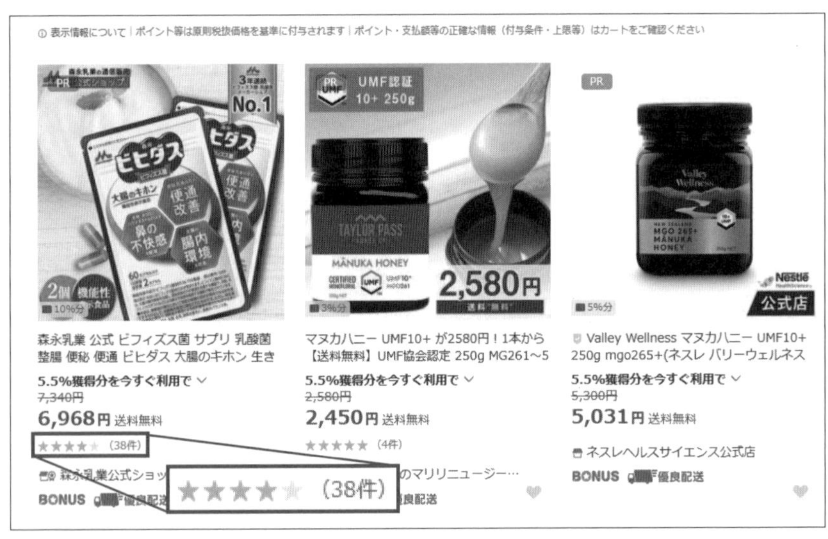

Yahoo！ショッピングでは、検索結果を「レビュー件数順」「レビュー点数順」で並び替えることができます。他モールと同様、レビュー件数が多い、レビュー点数が高い商品ほど検索結果で有利に働きやすくなります。

Section 15 ECモールにおける「レビュー施策」の考え方

レビューの転換率への影響について

ユーザーが買い物をする際、レビュー件数やレビュー点数、さらには口コミを参考にすることが多くあります。同じような商品で価格も変わらない場合、レビュー点数の高い商品と低い商品では、高い方を選びます。レビュー件数の多さ、レビュー点数の高さは、商品や店舗の信頼度、安心感に影響し、転換率の向上にもつながります。弊社では、商品レビューの目安を

- **レビュー点数は最低でも4点以上**
- **レビュー件数は最低でも50件以上**

としています。弊社が分析したレビュー件数・点数と転換率の関係性を表したグラフが以下になります。レビュー件数約50件を目安に、転換率が大幅に増加していることがわかります。このように、レビュー件数・点数はアクセス数や転換率に大きな影響を与えます。各モールで実施可能なレビュー施策を講じ、基準となる目安まで、早期に持っていくことが重要となります。

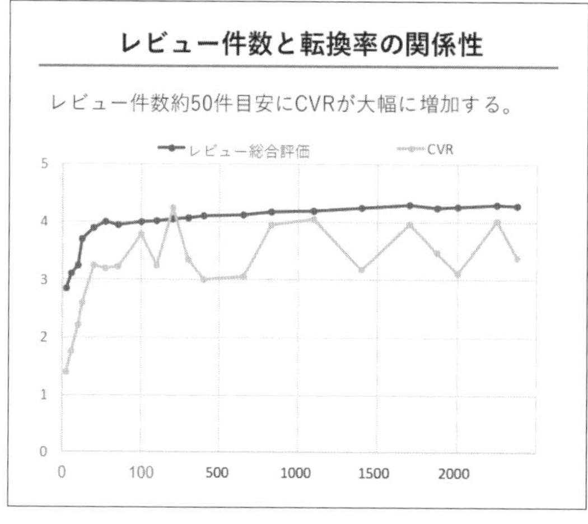

レビュー件数50件を目安に、転換率（CVR）が大幅に増加している

Amazonにおけるレビュー施策

ここまでに解説した通り、商品レビュー数・点数は、アクセス対策、転換率向上に重要な指標の1つになります。そのため、できるだけ早くレビューを貯めることが大切です。ここでは、各ECモールごとのレビュー獲得を促進させるための施策について、解説を行います。Amazonで実施できるレビュー促進施策としては、以下のものが挙げられます。

✔ ①レビューリクエストの送信

レビューリクエストの送信は、もっともオーソドックスなAmazonレビュー促進施策となります。Amazonのseller centralから商品を購入したユーザーにメールを送り、レビューの投稿を依頼します。Amazonが公式に用意しているレビュー促進施策であるため、規約違反の心配がありません。また、定型文しか送信できないものの、クリックするだけでレビュー依頼を送ることができます。ただし、30日〜5日前に購入したユーザーにしか送れない点と、一括で複数の購入者に送ることができない点、人間の心理上よい感想よりも悪い感想の方が書き込みたくなることから高評価が集まりにくい点がデメリットです。レビューリクエストの送信は、以下の手順で行います。

1. seller centralで「注文」タブの「注文管理」を開く
2. レビュー依頼を送りたい商品の注文番号をクリックする
3.「レビューをリクエストする」をクリックする

✔ ②Amazon Vineの活用

Amazon Vineは、Amazonによってレビューの質を担保されたメンバーに無償で商品のサンプルを提供し、レビューを記載してもらえるサービスです。不特定多数のユーザーに向けたサービスではないため、適当もしくは悪質なレビューが書かれる心配もなく、実際に商品を試したリアルな声が獲得できるため、非常に有効な手段です。Amazon Vineについては、P.356で詳しく解説します。

③サンクスメールの送信

①のレビューリクエストに加えて、seller centralからはサンクスメールを送信することができます。レビューリクエストと異なり定型文ではなく、自由に編集できるため工数がかかりますが、工夫次第ではレビュー増加に高い効果を発揮します。サンクスメールの送信方法は、以下の通りです。

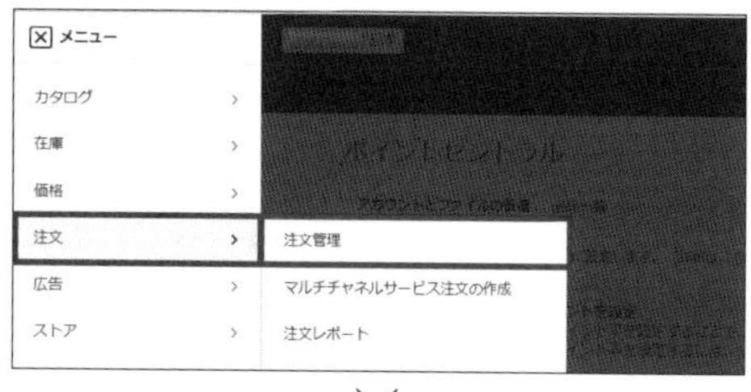

1 seller centralの「注文」タブから、「注文管理」をクリックします。

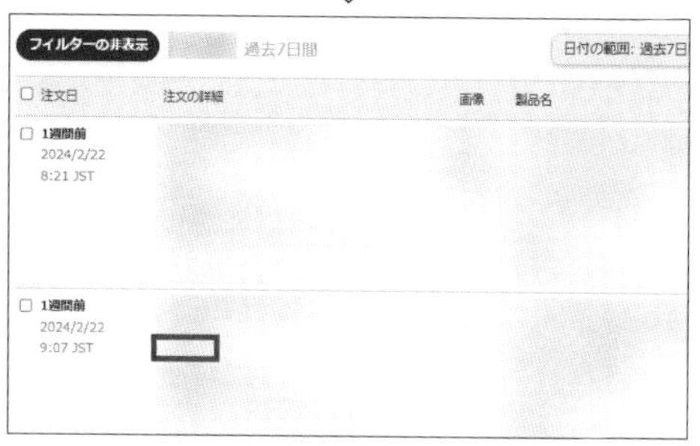

2 メールを送信したい購入者名をクリックします。

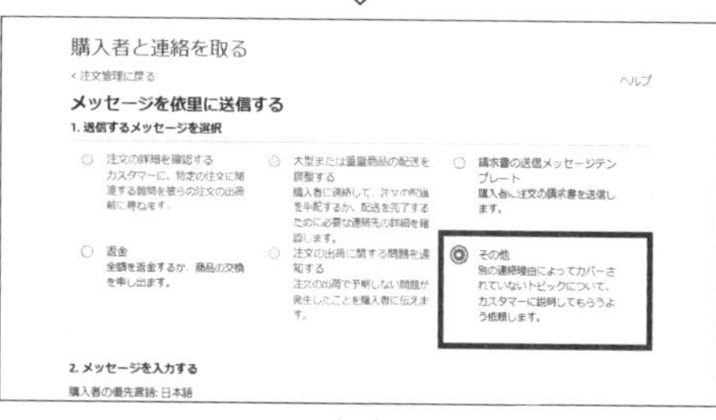

3 「その他」をクリックします。

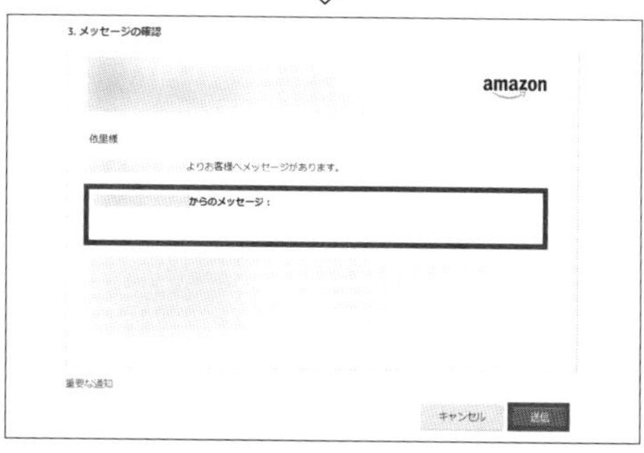

4 メールの文面を入力し、「送信」をクリックします。

サンクスメールで人間味のある文章を作成することで、定型文を無視してしまう人もレビューを投稿してくれる可能性があります。一方、販売者からのメール受け取りを拒否している人もいるため、必ずしも全員に送れるわけではないことも頭に入れておきましょう。
なおAmazonでは、割引やプレゼントなどの形態を問わず、インセンティブをつけた依頼は禁止されています。サンクスメールの文面を書く際などに注意しましょう。

楽天市場におけるレビュー施策

楽天市場で実施できるレビュー促進施策としては、以下のものが挙げられます。

①レビュー投稿に特典をつける

レビューを投稿してくれたユーザーに対して「次回の買い物で使えるクーポン」の発行やサンプルプレゼントなどのインセンティブを付与することで、ユーザーのレビュー投稿を促進させることができます。

クーポンを発行する際は、以下の点に注意しましょう。

- **今回の買い物で利用可能なクーポンを付与しない**
- **金券は付与しない**
- **キャッシュバックは行わない**

✔ ②同梱物でレビュー投稿を促す

商品と一緒に届けられる同梱物として、お礼のメッセージに添えてレビュー投稿のお願いをすることで、ユーザーのレビュー投稿の後押しにつなげることができます。

✔ ③購入者にフォローメールを送信する

フォローメールの送信も有効です。お礼や疑問・不満の確認などとともに、メールでレビュー投稿を依頼します。フォローメールは、送信するタイミングが重要です。購入直後と、ユーザーが商品を使用したであろうタイミング（1週間後など）の2回に分けて送信することで、効果的にレビューを促進できます（受注処理から送るフォローメールは1通のみの規定）。フォローメールやレビュー投稿確認後のクーポンメールの発行を自動化できる「らくらくーぽん」というサービスがあります。詳しくは、P.362で解説します。

Yahoo！ショッピングにおけるレビュー施策

Yahoo！ショッピングで実施できるレビュー促進施策は、基本的に楽天市場における施策と同様となります。Yahoo！ショッピングにおけるフォローメールの設定方法は、P.360で解説します。

①レビュー投稿に特典をつける
②同梱物でレビュー投稿を促す
③購入者にフォローメールを送信する

Section 16 Amazon Vineを活用する

Amazon Vine先取りプログラムとは？

Amazon Vine先取りプログラムは、Amazonに選ばれた「Amazon Vineメンバー」によって予約商品や新商品のサンプルを試してもらい、レビューを提供してもらうサービスです。Amazon Vineメンバーは、これまでにさまざまな商品に対してレビューを行い、招待条件をクリアしているユーザーです。良質なレビューを一定回数以上行っている方々なので、商品に対する真摯な意見を、わかりやすい言葉で記載してもらうことができます。
Amazonは、各ユーザーのレビュー投稿を分析し、非公開の独自基準をもとにAmazon Vineメンバーを決めています。メンバーは、招待後もAmazonによってAmazon Vine先取りプログラムへの貢献度などを継続的にチェックされ、基準を満たさなくなった場合には登録解除されるなど、レビュアーとしての品質を維持できるよう管理されています。

上位レビュー、対象国： 日本

★★★★★ **家族みんなで青汁飲んでバランス良い食事を**
2024年1月29日に日本でレビュー済み
Vine先取りプログラムメンバーのカスタマーレビュー（詳細）
【公式】君島十和子 君島家の生搾り朝汁 3.0g×30 袋

無農薬の大麦若葉を使用した青汁となっており、色合いや飲みやすさが向上されており、スティックタイプでいつでもどこでも気軽に飲めました。

【使用感】
●コンパクトなパッケージとスティックタイプ
パッケージはとても小型となっており、置き場所を選びません。
スティックの個包装となっており、手で簡単にカットして開けることが出来ますので、外出先でも気軽に飲めるのは助かりました。

●一口目で伝わる味わい
とても綺麗な澄んだ緑色の青汁となっており、新鮮さが目に見えて伝わります。

✓続きを読む

役に立った | レポート

Amazon Vineメンバーによって投稿されたレビュー

Amazon Vineの利用条件

Amazon Vine先取りプログラムを使用するには、下記の条件を満たしていることが必要です。

- **大口出品の出品者である**
- **Amazonブランド登録にブランドを登録している**
- **ブランド所有者としてAmazonに認識されている**
- **対象となるFBA出品商品がある**

上記の参加要件に加えて、登録商品が下記の参加資格を満たしている必要があります。

- **商品詳細ページのレビュー数が30件未満である**
- **Amazonブランド登録で登録されているブランドである**
- **コンディションが「新品」の購入可能なFBA出品商品である**
- **アダルト商品ではない**
- **Amazon Vine先取りプログラム登録時に出品を開始している**
- **在庫がある**
- **商品の画像と説明がある**

Amazon Vine先取りプログラムを適用したい商品が上記の状態であれば、すぐにプログラムに登録可能です。

Amazon Vineの開始方法

Amazon Vine先取りプログラムの開始方法は、以下の通りです。

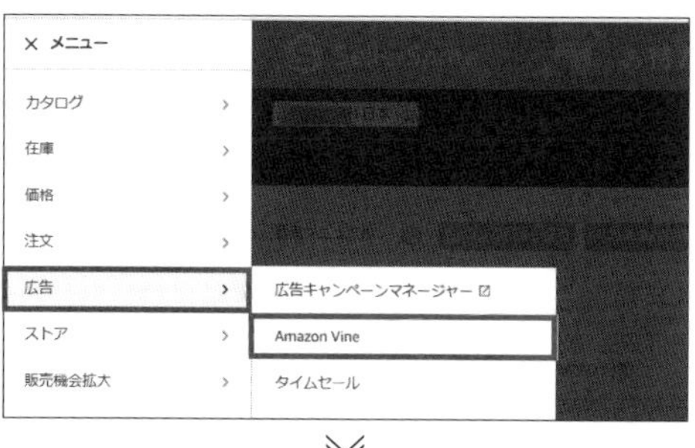

1 seller centralの「広告」タブから、「Amazon Vine」をクリックします。

2 登録したい商品のASINを入力し、「登録を開始」をクリックします。

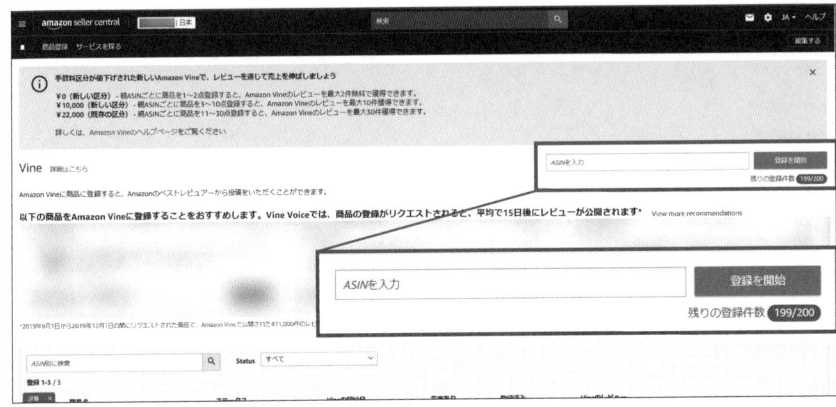

3 「登録を開始」をクリックすると、以下の画面に遷移します。登録したいユニット数を入力し、「登録」をクリックします。ユニット数は、Amazon Vineメンバーに商品を送付する個数です。送付した個数すべてでレビューが書かれるわけではないので、ご注意ください。登録料については、次ページを参照してください。

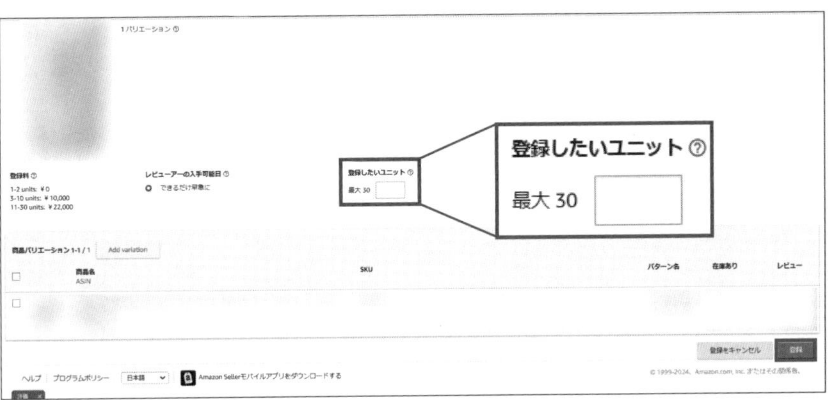

Amazon Vine活用の注意点

Amazon Vineを活用する上での注意点は、以下の通りです。

✔ 登録できる数とプログラム参加の期限

Amazon Vine先取りプログラムは、一度に登録できる件数が限られています。ASINを登録すると有効な登録数としてカウントされ、キャンセルや終了しない限りはそのまま登録している状態となります。また、登録日から90日以内（設定している場合は開始予定日）、またはすべての商品のレビューが投稿された時点で、プログラム終了となります。

✔ レビュー投稿の期限

Amazon Vine先取りプログラムを通して、Vineメンバーが商品レビューを投稿する期限は設定されていません。そのため、レビューの登録がいつ完了するかはわかりません。

✔ 登録手数料

Amazon Vine先取りプログラムに登録された親ASINごとに登録手数料がかかります。登録手数料は、商品の登録時に表示されます。登録手数料は、提供した商品数と獲得したレビュー数に応じて決定されます（以下の表参照）。例えばAmazon Vineに2商品登録し、獲得レビューが2件だった場合、登録料は無料になります。手数料は、親ASINごとに最初のAmazon Vineレビューが公開された日から7日後に請求されます。レビューが投稿されていない場合や、商品をAmazon Vineメンバーに提供した日から90日経過後にレビューが投稿された場合、登録手数料は請求されません。

商品提供数	Amazon Vine登録手数料	レビュー最大獲得数
1～2点	0円	最大2件
3～10点	10,000円	最大10件
11～30点	22,000円	最大30件

✔ 高評価レビューがもらえるとは限らない

メンバーは本音でレビューを作成するため、低評価のレビューを投稿されてしまう可能性があります。商品ページの情報量をリッチにして誤解を与えることを防ぐなど、よい評価をもらえるように対策をしてから利用しましょう。

Section 17 Yahoo！ショッピングフォローメールを活用する

Yahoo！ショッピングのフォローメールとは？

Yahoo！ショッピングにおける「フォローメール」は、商品を購入してくれたユーザーに対してお礼を伝えるメール機能のことです。このフォローメールに商品購入のお礼、商品に不具合があった場合の対処方法の記載に加え、レビュー記入のお願いをすることでレビュー数向上を狙います。Yahoo！ショッピングにおけるフォローメールの設定方法は、以下の通りです。

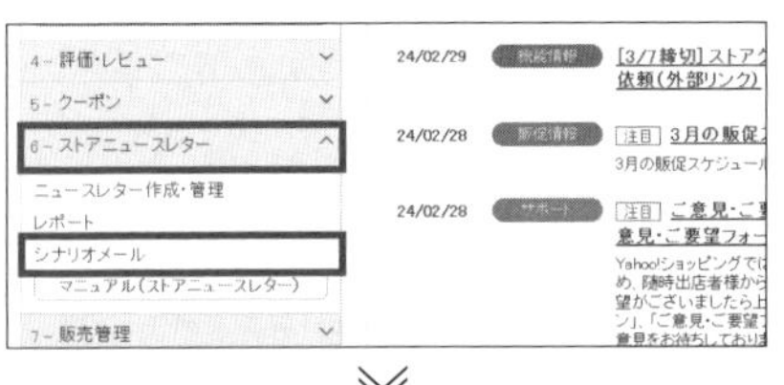

1 ストアクリエイターProにアクセスし、「ツールメニュー」から「ストアニュースレター」→「シナリオメール」をクリックします。

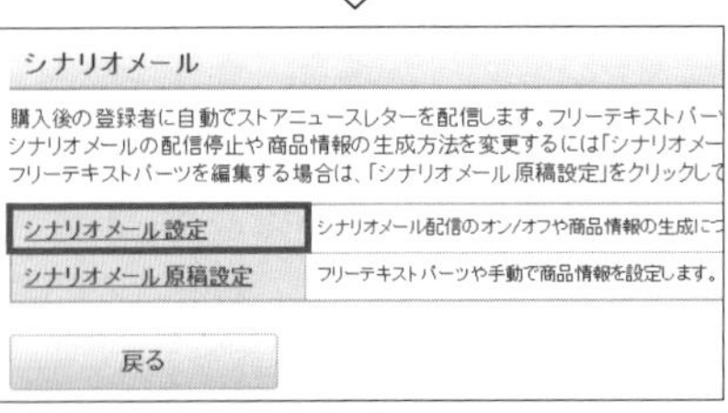

2 「シナリオメール設定」をクリックします。

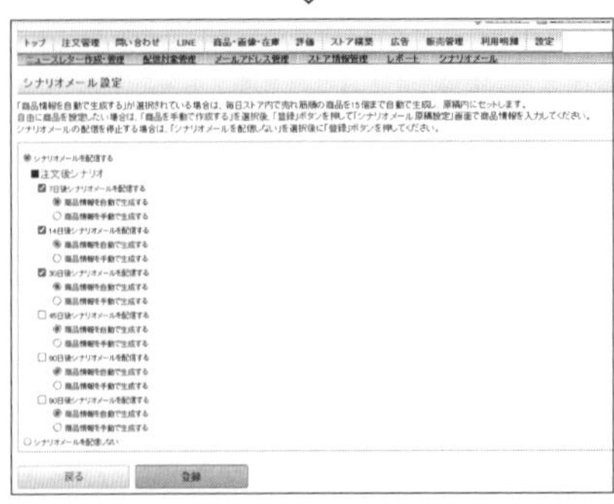

3 シナリオメールを配信するタイミングを設定します。商品情報は「自動で生成」で問題ありません。配信のタイミングは、商品の特徴にもよりますが、商品到着後ユーザーが利用したであろう「7日後」「14日後」に設定することをおすすめします。

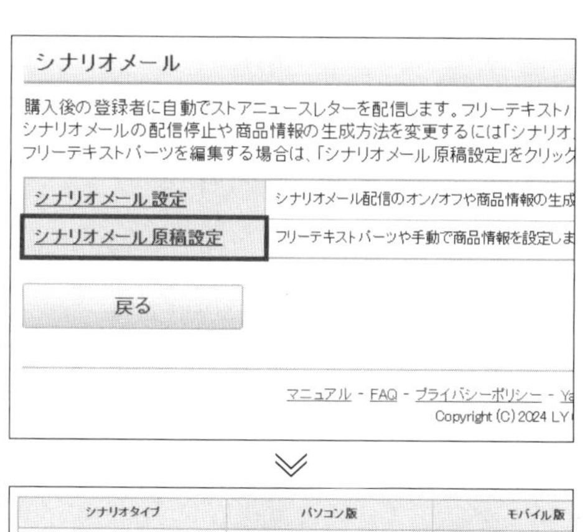

4 シナリオメールの設定画面に戻り、「シナリオメール原稿設定」をクリックします。

シナリオタイプ	パソコン版			モバイル版	
購入日から7日後に配信	編集	プレビュー	テスト配信	編集	プレビュー
購入日から14日後に配信	編集	プレビュー	テスト配信	編集	プレビュー
購入日から30日後に配信	編集	プレビュー	テスト配信	編集	プレビュー
購入日から45日後に配信	編集	プレビュー	テスト配信	編集	プレビュー

5 「シナリオタイプ」から、編集したいメールの「編集」をクリックします。

6 「件名」「フリーテキスト」に、件名と本文を入力します。「フリーテキスト」では、HTMLの利用が可能です。本文には、「商品購入のお礼」「レビュー記入のお願い」を盛り込むようにしましょう。初期設定で入っている件名やテキストをそのまま利用することも可能です。テキスト入力後、「プレビュー」をクリックすることで、仕上がりを確認できます。問題がないことを確認したら、「保存」をクリックすることで、作業が完了します。

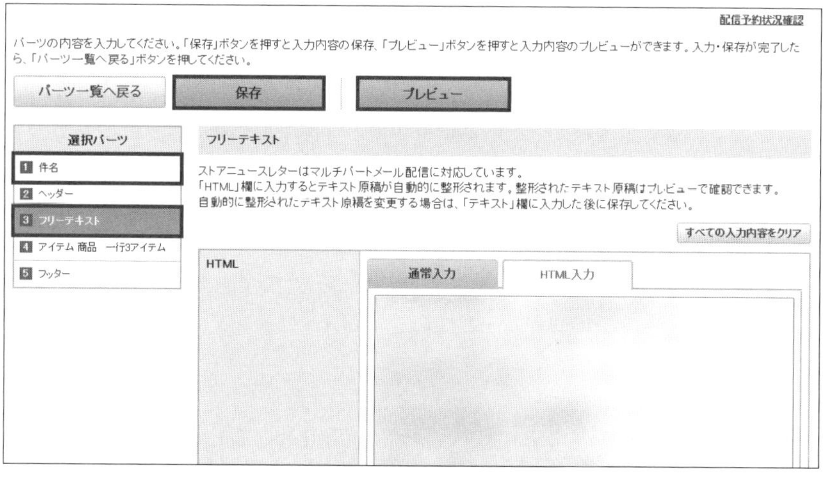

フォローメールを活用することで、商品を購入したユーザーに最大6回までアプローチすることができます。一度設定すれば自動で実施できるので、まずは設定から始めていきましょう。

COLUMN

楽天市場向け「らくらくーぽん」で運用効率をUPする！

レビュー促進のフォローメールやクーポンメールの送付は、通常、ストア側のスタッフが行います。また、必要に応じてクーポンの発行・再発行も行う必要があります。さらに、ユーザーのレビュー投稿を目視で確認し、確認できた場合は、そのユーザーに対して手動でクーポンをつけたメールを送信しなくてはなりません。
グリニッジ株式会社が提供している楽天市場向けのサービス「らくらくーぽん」（coupon.greenwich.co.jp）は、フォローメールやクーポンメールの送付、レビュー記入クーポンの発行などの作業を自動で行うことができるツールです。手動で行うことによる間違いや遅延、スタッフの業務作業の軽減が可能になります。
らくらくーぽんを利用することで、簡単かつ効率的に楽天レビュークーポンを運用することができます。楽天レビュークーポンを運用する手順は、以下の通りです。

①商品到着後にフォローメールを送る
②レビューを投稿してもらったらクーポンを送る

レビュー対策を手動で行うには相当な労力を費やす必要があり、とても大変です。特に、レビューの投稿チェックと投稿してくれたユーザーの照合、そしてクーポンの発行は非常に神経を使う部分でもあります。忙しくてレビュー対策自体ができなかったり、間違いや遅延という課題・問題も発生します。「対応しきれずにレビュー対策が進まない」「間違いや対応の遅さで逆にユーザーが遠のく」といったジレンマも発生しがちです。

らくらくーぽんを利用すれば、クーポン活用によるレビュー対策を「迅速かつ確実」に対応することが可能となり、自ずとリピーターを増やすことにつながっていきます。
らくらくーぽんは、時期によって「45日間の無料トライアル」を実施しています。気になる方は問い合わせてみてはいかがでしょうか。

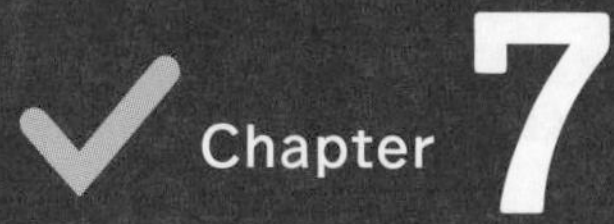

積極的に活用するべき！ECモールのイベントを極める

Section 01

ECモールで「イベントを積極的に活用するべき」理由

ECモールのイベントを有効活用する意味

ECモールの運営において、ECモール主催のイベントを外すことはできません。それは、もっとも売上が立ちやすいタイミングがイベント開催時だからです。ECモールは、イベントに合わせてテレビCMを打ちます。また、ECモールについている顧客はイベントのタイミングを覚えているため、イベント時にアクセス数がもっとも多くなり、転換率も高くなる傾向にあります。イベントは、もっとも効率的に売上を立てることのできるタイミングであり、また検索結果上位に表示されていない商品の検索順位を一気に上昇させるチャンスでもあるのです。しかし、イベントを有効に活用するには、イベントの実施タイミング、イベントの特徴を正確に把握し、イベントに適した準備を行う必要があります。以降で、ECモールごとにイベントを活用して売上を作っていく方法について解説していきます。

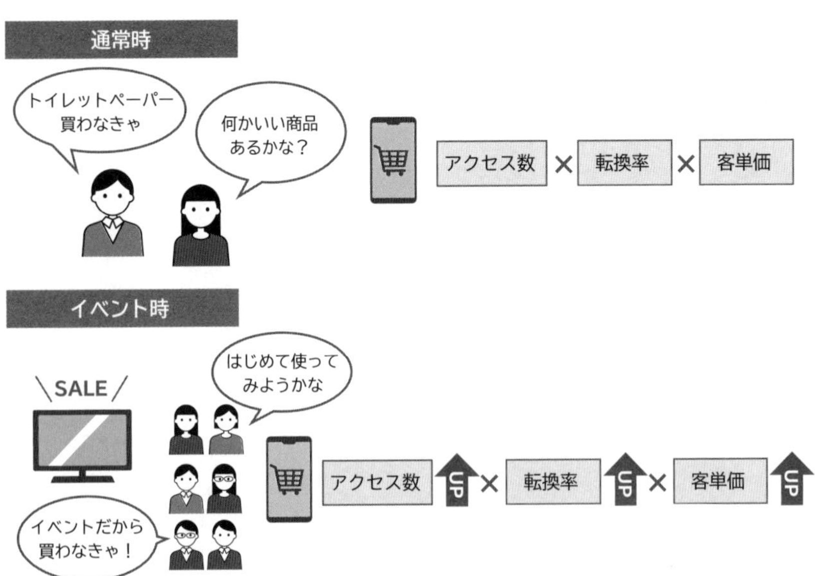

Section 02

Amazonの大型イベントで新規顧客を獲得する

Amazonで開催されるイベントの全体像

最初に、Amazonの大型イベントについて紹介します。Amazonの主要なイベントは、以下の通りです。これら以外にも小型～中型のイベントは数多くありますが、本書では詳細は割愛させていただきます。

- **1月：初売りセール**
- **3月：新生活セール**
- **7月：プライムデー【プライム会員限定】**
- **11月：Amazonブラックフライデー**

✔ 1月：初売りセール

例年1月の第1週に開催される年始セールです。Amazonデバイスやパソコン周辺機器、生活家電が安くなるほか、ファッション商品をはじめとしたさまざまなカテゴリーの「Amazon福袋」が用意されているのが特徴です。お正月ならではの福袋は、中身は届くまでお楽しみの「中身はおまかせ福袋」と、事前に中身を確認してから購入できる「中身の見える福袋」に分かれており、自分に合わない商品が届くリスクを避けたい人も購入しやすくなっています。さらに、セール期間中はポイントアップキャンペーンも実施しており、期間中の買い物額に応じて最大10,000ポイントをもらうことが可能です。本イベントにおいては福袋商材を作成した上で、いかに露出を取っていくかが重要になります。福袋商材をお持ちのストアは、積極的に広告露出や特選タイムセールなどのエントリーをしていくようにしましょう。

3月：新生活セール

例年3月に実施される、新生活向けのセールです。Amazonデバイス、食品、日用品、家具、生活家電、PC（パソコン）周辺機器、ファッションなど、これから新生活を始める人に向けた商品がセール価格で販売されます。期間中には、「えりすぐりアイテム」としてセール中のさまざまな商品を確認できます。2023年の新生活セールでは、「最大12%ポイントアップキャンペーン」が実施されました。キャンペーンにエントリーし、セール期間中にAmazonで10,000円以上の買い物をすると、最大で12%までAmazonポイント還元率がアップするというキャンペーンです。また、「新生活セール」「ファッション×新生活タイムセール祭り」「新生活セールFINAL」と、2023年の新生活セールは3本立てで開催されました。2024年以降も力を入れて開催されるのでは、と予想しています。

7月：プライムデー【プライム会員限定】

年に一度開催される、プライム会員向けの特別セールイベントです。カスタマーレビューの平均値が★4を超える人気商品を中心に、Amazon内で最大規模の一斉値下げが行われます。現在では、プライム会員限定のセール商品だけでなく、非プライム会員でも購入できるセール商品も販売されています。Amazonサイト内やテレビCMなどで開催が告知されるため、年間でもっとも売上が立つイベントになります。2022年のプライムデーでは、先行セールを除く2日間で売上個数は約1,400万個、割引額は総額270億円以上と、どちらも過去最高を更新したとのことです。Amazon内の他のイベントと比べても全体的に割引率が高く、対象の商品数も豊富です。特に「Fire TV Stick」「Kindle」「Echo」などのAmazonデバイスは、大幅な割引やポイント還元が期待できます。

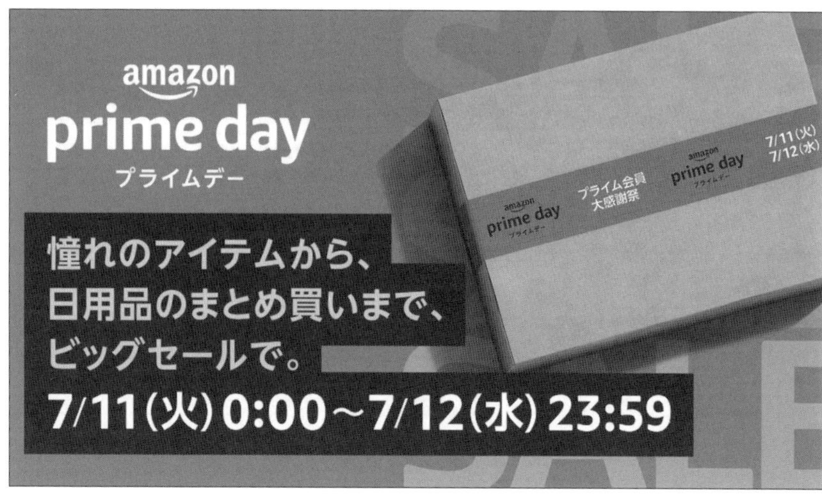

✔ 11月：Amazonブラックフライデー

「ブラックフライデー」とは11月第4木曜日の翌日を指し、アメリカ合衆国などの小売店で大規模なセールが開催される日です。日本のAmazonでも、2019年から開催されています。誰でも参加できるセールとしては、もっとも大きなセールになります。過去のブラックフライデーでは、レビュー評価★4以上の人気商品を中心にした「特選タイムセール」や、続々と売れ筋商品が登場してくる「数量限定タイムセール」、数量・時間限定で、日替わりで販売される「ビッグサプライズセール」、賞品やポイントが当たる「プライムスタンプラリー」など、多くのイベントが開催されました。ブラックフライデーでも、Amazonデバイスは大幅な値引きが行われます。

Section 03 楽天市場の大型イベントで新規顧客を獲得する

楽天市場で開催されるイベントの全体像

ここでは、楽天市場のイベントについて解説していきます。楽天市場の主要なイベントは、以下の通りです。

- 楽天スーパーSALE
- 楽天お買い物マラソン
- 5と0のつく日
- ワンダフルデー
- ご愛顧感謝デー

楽天スーパーSALE

楽天スーパーSALEは、年に4回（基本的には3月、6月、9月、12月）実施される、楽天市場最大のイベントです。イベント前にはテレビCMが打たれるなど、最大規模のプロモーションが実施されます。楽天全体のアクセス数が非常に多くなり、売上規模が通常月の3倍になる店舗も珍しくありません。

✔ 楽天お買い物マラソン

楽天お買い物マラソンは、楽天スーパーSALEに次ぐイベントです。スーパーSALEほどの規模ではありませんが、セール期間中は多くの商品で割引が実施され、既存の楽天ユーザーを中心にアクセス数が増加します。楽天市場で売上を作るにあたっては、お買い物マラソンも外せないイベントです。

楽天スーパーSALEとお買い物マラソンの特徴は、以下の通りです。

● 顧客層

楽天スーパーSALEはテレビCMや電車内広告など、外部への露出が大きいため、楽天の新規ユーザー（普段楽天市場で買い物をしないユーザー）が多い傾向があります。一方、お買い物マラソンは、既存の楽天ユーザー（楽天で普段買い物をしているユーザー）が多いと言われています。

● 開催頻度

楽天スーパーSALEは3か月に一度（例年は3月、6月、9月、12月）、お買い物マラソンは基本的に毎月開催（スーパーSALEがない月は2回開催の場合もある）されます。

● ショップ買い回り

「ショップ買い回り」は、イベント期間中の目玉企画の1つです。対象期間中に楽天市場の複数のショップを回り、それぞれで1,000円（税込）以上の買い物をすることで、＋1倍ずつポイント倍率がアップするキャンペーンになります。最大で10倍（楽天会員による1倍含む）のポイントを獲得できます。

●超目玉・目玉商品

楽天スーパーSALEやお買い物マラソン期間中には、「超目玉・目玉商品」という一定金額以上の割引額の売れ筋商品が販売されます。「見分け枠」と呼ばれる無料広告枠となっており、一定の条件を満たし、かつ店舗によってエントリーされ、楽天市場側で選定された厳選商品のみが対象となります。イベント期間中、楽天市場で作成しているキャンペーンページに掲載されます。キャンペーンページへの導線はイベント期間中のトップページに設定され、かなりのアクセス数が見込めます。詳しくは、P.386を参照してください。

●楽天スーパーSALEサーチ

「楽天スーパーSALEサーチ」は、楽天スーパーSALEで通常価格に対して10%以上の値引きするセールにエントリーすることで、「SALEサーチ」という検索システムに該当商品を表示させることができるしくみです。「SALEサーチ」は、楽天スーパーSALE特有のシステムとなっており、お買い物マラソンでは利用できません。楽天スーパーSALEサーチについて、詳しくはP.384を参照してください。

●プロモーション

プロモーションは、楽天スーパーSALEとお買い物マラソンで大きなちがいがあります。楽天スーパーSALEでは、テレビCMやYouTube広告などかなりの露出がかけられます。一方で、お買い物マラソンでは、楽天市場内での告知に留まるので、そこまでのプロモーションはかけられません。

これらの特徴をまとめると、以下の表のようになります。それぞれの特徴を理解して、うまく使い分けましょう。

特徴	楽天スーパーSALE	お買い物マラソン
顧客層	新規寄り	既存寄り
開催頻度	3月、6月、9月、12月	毎月（月によっては2回）
ショップ買い回り	◎	◎
超目玉・目玉商品	◎	◎
楽天スーパーセールサーチ	◎	ー
プロモーション	◎	△

✔ 5と0のつく日

5と0のつく日（例えば12月20日や12月25日）は、楽天カードで購入するとポイントが4倍になります。そのため通常日と比較して、売上が3〜5倍になるケースが多いです。売上を作りにいく施策は、5と0のつく日に合わせて実施するのがよいでしょう。

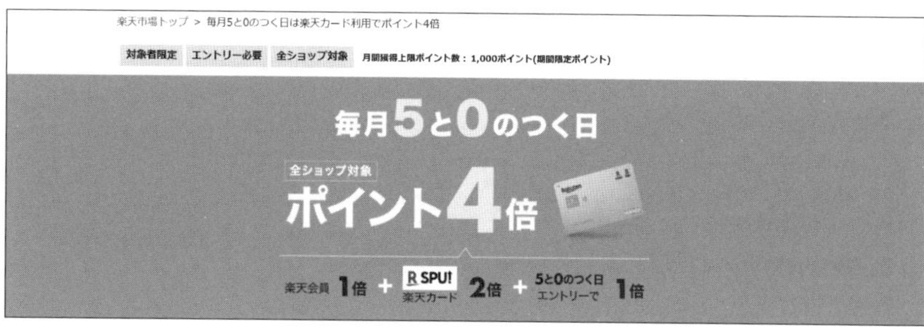

✔ ワンダフルデー

各月の1日（例えば2月1日）は、ワンダフルデーです。ワンダフルデーには以下のキャンペーンが開催されるため、通常日と比較して売上が2倍くらいに上がる傾向にあります。ただし、月の前半に楽天スーパーSALEや楽天お買い物マラソンが開催されるため、買い控えが起きるタイミングでもあります。そのため、どこまで仕込むかは店舗の状況次第かと思います。開催されるキャンペーンの種類は、以下の通りです。

- **全ショップポイント3倍：エントリー後3,000円以上の購入**
- **リピート購入ポイント2倍：過去に購入したアイテムをもう一度購入**
- **クーポン利用で1,000円OFF：対象ショップ限定**
- **各ショップでポイント最大20倍ポイントアップ：対象ショップ限定**

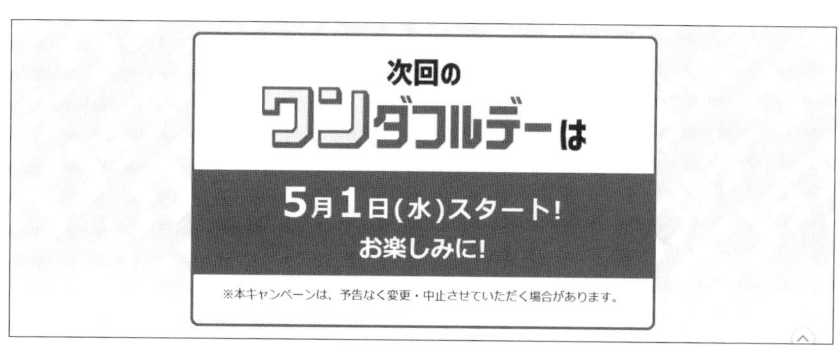

ご愛顧感謝デー

ご愛顧感謝デーは、毎月18日に開催される、会員ランクに応じてポイントアップするキャンペーンです。アップするポイント倍率は、以下の通りです。通常日と比較して、2倍程度の売上が立つ傾向にあります。メインイベント以外にもキャンペーンを実施する際には、18日に合わせて実施するのがおすすめです。

- **ダイヤモンドランク：4倍**
- **プラチナランク：3倍**
- **ゴールドランク：2倍**

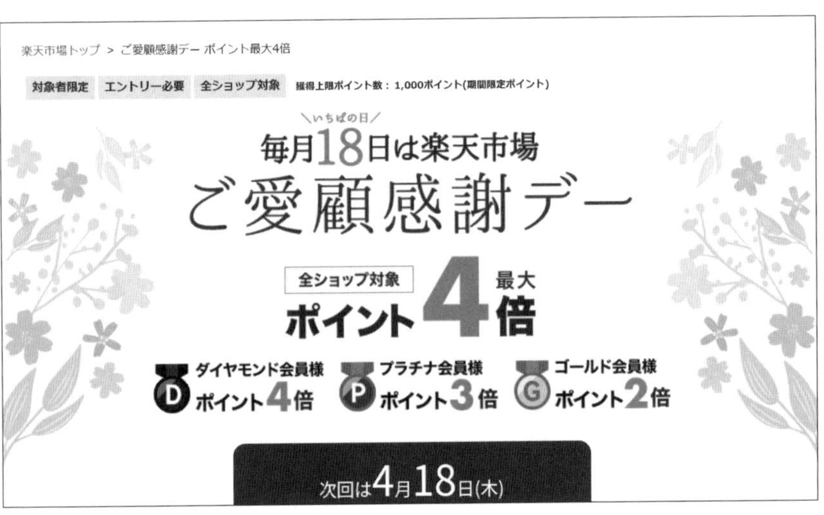

Section 04

Yahoo！ショッピングの大型イベントで新規顧客を獲得する

Yahoo！ショッピングで開催されるイベントの全体像

ここでは、Yahoo！ショッピングの大型イベントについて解説していきます。Yahoo！ショッピングには、定期的に実施されるイベントと不定期に実施されるイベントがあります。それぞれについて、説明していきます。

✔ 不定期開催のイベント

Yahoo！ショッピングの不定期開催のイベントには、以下のようなものがあります。

● ボーナスストアプラスで5%または10%

対象店舗で購入すると、ポイント還元を5%または10%得ることができます。イベントの不定期実施時に、対象ストアとしてエントリーが必要となります。企画対象ストアになると、商品にアイコンが表示され、ボーナスストアプラス用の検索チェックボックスの対象となります。「ボーナスストアプラス」について、詳しくはP.388を参照してください。

●さん！さん！キャンペーン

ポイントが+3.3%付与されます。対象ストアで3,000円以上購入することが条件となり、付与上限は3,000円相当です。

●買う！買う！サンデー

ポイントが+5%付与されます（4%の場合もあります）。1人当たり5,000円相当が付与上限となります。

定期開催のイベント

Yahoo！ショッピングで定期的に開催されるイベントには、以下のようなものがあります。

●超PayPay祭グランドフィナーレ

超PayPay祭はグランドフィナーレでは、各種条件を満たすことで、最大25.5%のポイントバックを得ることができます。Yahoo！ショッピングとしてもっとも力を入れているイベントで、一番売上が立つイベントです。超PayPay祭のポイントアップ条件としては、以下のようなものがあります。なお、イベント情報は頻繁に変更されるため、必ずYahoo！ショッピングが公式に出している情報を参照するようにしてください。

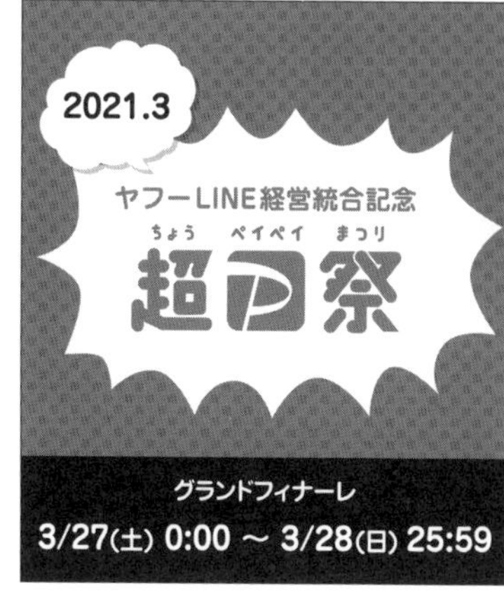

1. Yahoo!ショッピングで買い物：1%
2. PayPay残高・PayPayクレジット（旧あと払い）・PayPayカードのいずれかで決済する：+4%
3. LYPプレミアム（旧LYPプレミアム（旧Yahoo!プレミアム））に会員登録する：+2%
4. 対象となる期間にボーナスストアプラスで買い物をする：+2%
5. 対象となる期間にボーナスストアプラスで買い物をする：+5%
6. 対象となる期間に+10%対象のボーナスストアプラスで買い物をする：+10%
7. 対象となる期間にPayPayステップの条件クリア：+0.5%

● 5のつく日キャンペーン

毎月5のつく日（5日、15日、25日）はポイントが+4%となるため、売上が立ちやすくなります。

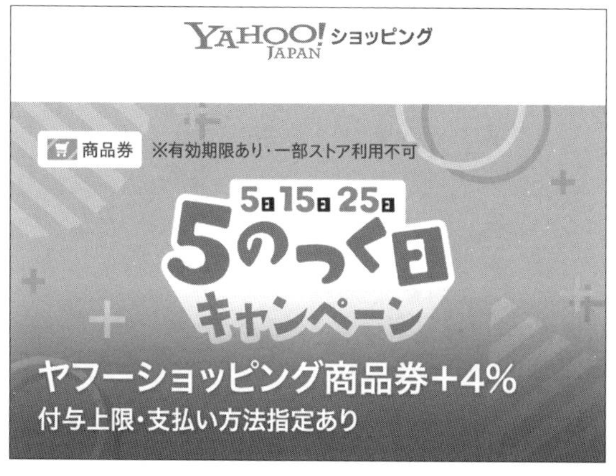

Section 05 イベントに向けてセールを訴求する

サムネイルに訴求ポイントを表示する

ここまで、各ECモールのイベント概要について解説をしてきましたが、以下ではイベントでのより具体的な施策の内容を紹介していきます。最初に、イベントに向けてページ上での表示内容をどのように変えるべきか、どのような要素を入れるべきかについて、考えていきます。もっとも重要なのは、「サムネイル（商品第一画像）にセール内容を記載する」という点です。検索結果一覧で競合商品と比較された際に一番目につきやすいサムネイルでセールを訴求することで、クリック率（CTR）と売上の向上につながります。記載する内容としては、セール内容、ポイント倍率、クーポン情報などをアイコンのような形で記載するのがおすすめです。ECモールごとにサムネイルのルールが決まっているため、必ず各ECモールのガイドライン規約を確認するようにしましょう（P.78参照）。

サムネイルにセール内容であるポイント倍率を記載した例

商品名に訴求ポイントを入れる

サムネイルに続いて、可能であれば商品名の冒頭にもセール情報などを入れていきましょう。商品名には検索対策として必要なキーワードを選定して記載することが基本ではありますが、商品名の頭に「ポイント10倍」や「20%オフクーポン」などのお得な訴求内容を入れることで目立つようになり、ユーザーが検索する際に目に留まりやすくなるのでおすすめです。
サムネイルと同様、各ECモールによって推奨ルールが存在するため、実施する際には検索順位などにマイナスの影響がある可能性があることをご認識ください。

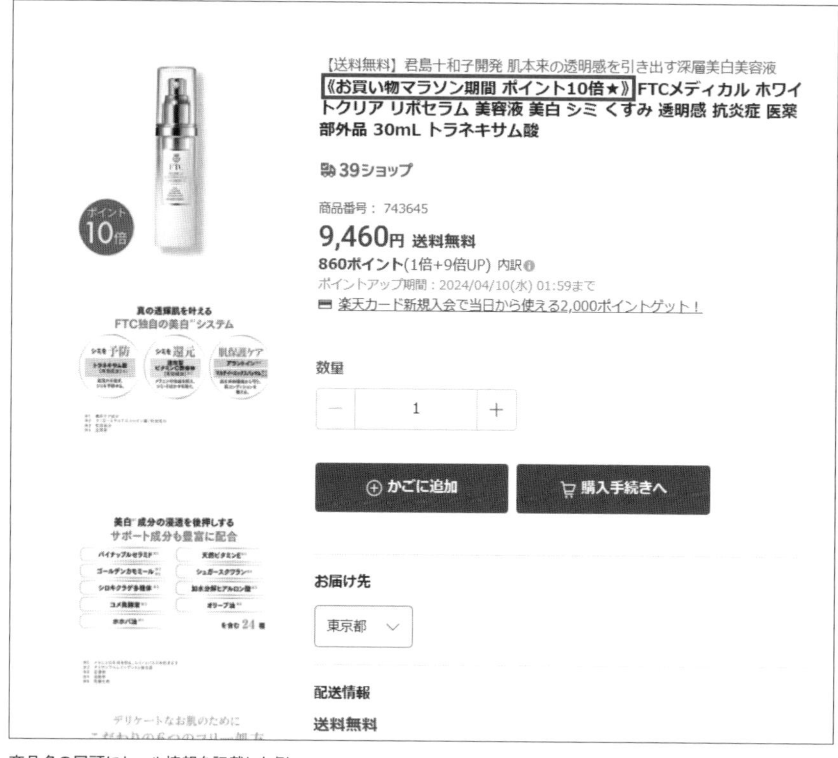

商品名の冒頭にセール情報を記載した例

Section 06 イベント期間中に売上を最大化する

イベント期間中に売上を最大化するために

ここからは、イベント時の広告設定の考え方について解説を行います。これまで解説してきた通り、イベント時期はECモール全体でユーザーの購買意欲が高い状態になります。売上を最大化するためには、その期間により多くのアクセス数を集める必要があります。

一定程度の費用はかかりますが、迅速にアクセス数を増やす方法として広告運用は非常に有効です。一方、競合他社も同様に考え、通常時よりもアクセス数を増やす戦略を取ってくることが考えられます。そのため、どれだけ緻密に広告を運用できるかが、ECモールにおけるイベントでの成否を大きく左右するといっても過言ではありません。

基本的な考え方として以下の2点をご紹介しますので、自社でまだ取り組めていない場合はぜひ参考にしてみてください。

- **機会損失を防ぐため出稿金額を増やす**
- **CPC単価の引き上げやキーワードの追加対応をする**

機会損失を防ぐため出稿金額を増やす

最初に、イベント時の広告予算の配分方法について解説をしていきます。ECモールによって予算の設定方法などは異なりますが、共通して重要になるのが「機会損失を防ぐため、出稿金額を増やす（適切に管理する）」という考え方です。イベントのタイミングで具体的にどれだけ予算を増やすのかは各企業によって異なってくるとは思いますが、弊社の所感としては、通常日（イベント外の日）の3～5倍程度の予算を投じても費用対効果は合うことが多いと考えています（あくまで平均的な話ですので、目標売上や広告予算を鑑みて、個々のストアごとに予算ルールを決める必要があります）。

以下、各ECモールの主要な広告について、予算のチューニング方法を確認していきましょう。

Amazon：各種スポンサー広告

Amazonのスポンサー広告では、月額予算に加えてキャンペーンごとに日予算の設定が可能です。日予算とは、「1日で消化される上限予算」のことです。イベント時には、この日予算を通常時の5倍程度に設定してください。例えば、通常時に日予算の設定を「10,000円」に設定していたとしたら、イベント時は「50,000円」にする、といったイメージです。

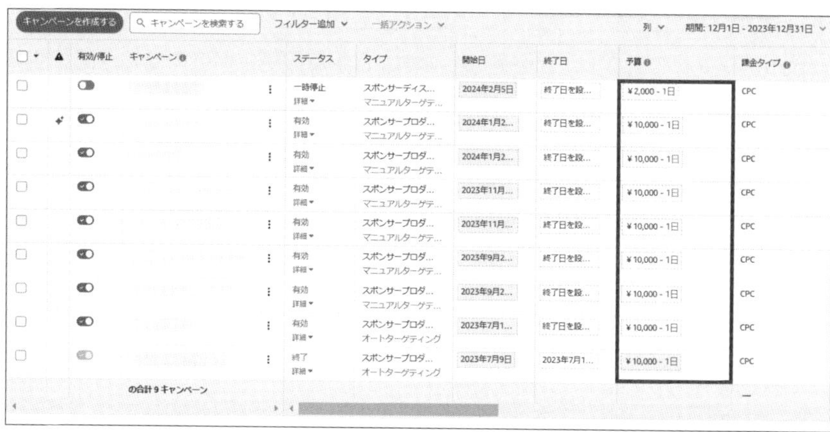

楽天市場：RPP広告／クーポンアドバンス広告

楽天市場については、RPP広告とクーポンアドバンス広告の予算の設定方法を見ていきましょう。Amazonのスポンサー広告と異なり、楽天市場では日予算を設定できません。そのため、「継続月予算」を設定することになります。「継続月予算」は、設定した金額に広告費用が達すると、自動で広告表示が止まるしくみです。この機能により、広告費用が月予算を超えるリスクがなくなる一方、月予算を超えると広告配信が停止してしまいます。予算超過による機会損失を防ぐため、イベント期間中は1日に4回程度の頻度で消化状況を細かく見ていく必要があります。また、「継続月予算」はその名の通り、次月も継続して同じ金額の予算が自動的に組まれます。イベント終了後や月初めに継続月予算を変更することを忘れないようにしましょう。

キャンペーン

貴店の参考予算

参考予算・予測クリック数について

貴店の継続月予算およびCPC(1クリックあたりの入札単価)設定の参考値です。
「この予算とCPCを適用する」ボタンを押すと、現在有効のキャンペーンに継続月予算およびCPCを適用することができます。

	予算額	CPC	予測クリック数	予測クリック数との差
11/14 23:59時点の設定				-

現在設定いただいているご予算にて、継続的な広告配信が期待できます。
検索上位に貴店の商品を表示するために、商品CPCやキーワードCPCの調整をご検討ください。

新規登録　予算上限を達成し休止中のキャンペーン　1~1件(全1件)　Page 1 of 1

キャンペーンID	キャンペーン名	ステータス	継続月予算	CPC(1クリックあたりの入札単価)	当月暫定クリック数			当月暫定ご利用金額			消化率	最終操作日時
					前日まで	当日分	計	前日まで	当日分	計		
		有効				190 回						

1~1件(全1件)　Page 1 of 1

Yahoo！ショッピング：アイテムマッチ広告／PRオプション料率

Yahoo！ショッピングも、Amazonと同様、日予算の設定が可能です。日次での予算管理を以下のように行っていきましょう。消化状況を確認しながらではありますが、イベント時は通常時と比較して、予算を2倍程度に設定するとよいでしょう。PRオプションについては、料率を上げることで全体的な露出が高まる効果が期待できるため、通常日よりも3～5%程度上げるような運用をおすすめします。

●「自動予約」の設定

「5のつく日」「ゾロ目の日」の日次予算と商品別の入札価格の設定が可能です。

●「日別予約を追加」

日別に消化予算を設定することができます。

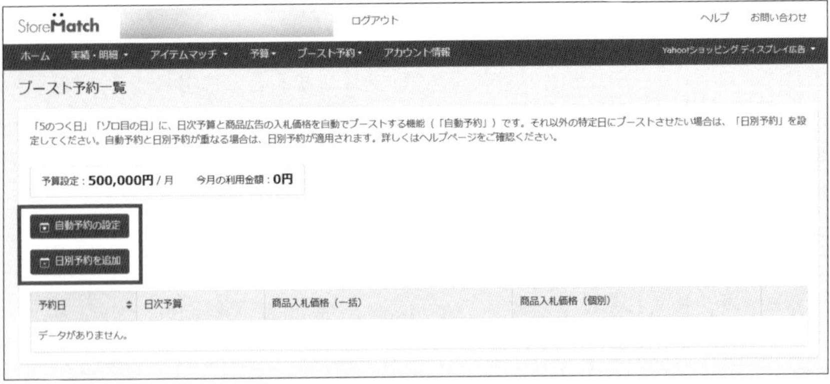

CPC単価の引き上げやキーワードの追加対応をする

ここでは、イベント時の広告設定として、CPC単価の調整とキーワードの追加対応について解説をしていきます。基本的な広告調整方法はP.132で解説した通りですが、イベントならではのポイントについて解説していきます。

CPC単価の引き上げ

最初に、CPC単価の引き上げについて解説します。CPCは「Cost Per Click」の略で「クリック単価」と訳され、広告1クリックあたりの単価を指します。一般的にはCPC単価を上げることで露出が高まり、多くのユーザーを集客できるようになります。そのため、転換率が高くなるイベントのタイミングではCPC単価の引き上げを検討しましょう。

CPC単価の引き上げの基準（どの程度引き上げるべきか）は、基本的には広告の管理画面で推奨されるCPC（Amazonは推奨入札額、楽天市場は目安CPC、Yahoo！ショッピングは入札順位を参考にしてください）まで引き上げることをおすすめします。

楽天市場のRPP広告をチューニングする際は、商品CPCを引き上げることも有効です。例えば、通常時に商品CPCを10円に設定している場合は、商品CPCを20円に上げてみることで、個別設定をしているキーワード以外への全体的な露出が増えます。お試しでやってみて効果測定を見つつ、自社にとって最適なCPC単価を見極めることが必要です。

キーワードの追加対応

イベント期間中は売上を作りやすいため、キーワード別の実績も溜まりやすくなります。そのため、キーワードの再選定／追加対応をする絶好のチャンスです。新しいキーワードを積極的に追加し、売上UPの機会を最大化しましょう。具体的な手順はChapter4で解説していますので、参照してください。

Section 07

Amazon 特選タイムセールに参加する

Amazon特選タイムセールについて

ここからは、ECモールごとのイベント時売上UP施策について解説していきます。Amazonでイベント時期に短期的に売上を上げる施策の筆頭にあげられるのが、「特選タイムセール」です。特選タイムセールは、Amazon全体で1日に最大5つの商品がセール対象となる、24時間限定のイベントです。ほとんどの商品が15～20%の割引価格で提供され、売れ筋商品が最大50%OFFなどで販売されるケースもあり、ユーザーからの注目度の高いタイムセールです。Amazonから招待されなければ、エントリーすることができません。
招待される基準は公表されていませんが、以下を満たしていると招待される傾向があるようです。

- **Amazonの売れ筋商品である**
- **レビューが0、または星3.5以上の商品である**
- **アカウントの評価が高い**
- **25%以上の値引きがされている**

また、以下の参加資格を満たしておく必要があります。

- **原則20%OFF以上（タイミングやブランドによっては10%OFFでも可能）**
- **4週間以上の販売履歴があること**
- **商品紹介コンテンツ（A+）が作成されていること**
- **在庫処分品ではない商品であること**
- **ある程度の販売見込みがある商品であること**
- **Amazon内の出品者の中で最低価格であること**
- **直近でセールを開催した日から4週間以上であること**
- **再出品の場合は前回のタイムセールと同価格であること**

Amazonの特選タイムセールにエントリーした商品について、以下を実施してしまうとエントリーしていても落ちてしまうことがあるので注意が必要です。

- **価格変更**
- **バリエーションの組み変え**
- **ポイントの併用**

Amazon特選タイムセールの活用方法

特選タイムセールをうまく活用することで、イベント時期に短期間で多くの数を販売することができます。また、タイムセール後も通常検索やランキングで上位表示されやすくなり、売上UPにつながります。しかし、「タイムセールに出せば売れる」という考えだけで運用を行うと、思ったほどの効果が見込めない可能性があります。タイムセール時に行うべき対応として、重要なポイントは以下の2つです。

①スポンサー広告で露出を強化する

タイムセールなどの実施期間が短いイベントには、即効性のある広告を使うことが有効です。タイムセール期間中にアクセスを集めるために、通常よりも予算を引き上げておくことはもちろんですが、広告を使って数週間前から露出を強化しておきましょう。それにより、商品に売上実績をつけ、検索結果の表示順位を引き上げておくことを狙います。タイムセール商品には「タイムセール」アイコンが表示されるため、検索結果一覧でかなり目立ちます。できるだけ検索結果の上位に表示されるよう、売上実績を作りましょう。それにより、タイムセール当日に商品が上位に表示されやすくなり、アクセス・売上UPにつながります。

②商品ページの改善

次に重要なのが、商品ページ内の情報を充実させることです。商品についての情報が少ないと、露出を強化をして商品ページまで誘導できても、結局離脱されてしまう可能性が高いです。そうなると無駄に広告費だけがかかり、売上が増えないという状況に陥りかねません。事前に商品情報を充実させ、魅力的なページを作成しておくことが重要です。ページ制作の具体的なポイントは、P.98で解説しています。

Section 08 楽天市場スーパーSALEサーチに参加する

楽天スーパーSALEサーチとは？

「楽天スーパーSALEサーチ」は、楽天スーパーSALEで通常価格よりも10%以上値引きすることを前提に商品別にエントリーすることで、スーパーSALE期間中に「SALEサーチ」という検索システムに表示させることができるしくみのことです。「SALEサーチ」では、スーパーSALE期間中のセール商品だけを検索することができます。スーパーSALE期間中は多くの売上がSALEサーチ経由で発生すると言われており、売上を上げるためにはSALEサーチに掲載することが重要になってきます。また、「半額サーチ」というしくみもあり、こちらは通常価格よりも50%以上割引することで掲載が可能となり、大量のアクセス数を獲得することができます。楽天スーパーSALEサーチにエントリーする方法は、大きく以下の2つとなります。

● **個別に申請する（10件ずつ申請）**

商品数がそれほど多くない場合は、個別のエントリーでも十分に対応できます。RMSの「商品管理」の画面から申し込みフォームへ遷移して、商品管理番号を入力します。

● **CSVで一括申請する場合**

所定のフォーマットに合わせて、申請対象商品をExcelに入力し、営業担当のECCに連絡します。商品数が多い場合は、こちらを利用します。

なおSALEサーチにエントリーする際は、もとから販売していたページでエントリーするか、コピーページを作成してエントリーするかを、事前に検討しておく必要があります。コピーページとは、通常販売で使用しているページをコピーして作成したページのことです。セールサーチに申請すると、一定期間販売ができなくなってしまうため、できるだけ機会損失を減らすことを目的としてコピーページを作成します。

コピーページでエントリーする場合は、もとから販売していたページでの販売をセールの直前まで継続することができます。普段から売上が作れている商品については、コピーページでの販売をおすすめします。一方で、あまり販売実績が作れていない、もしくは新商品の場合は、もとから販売していたページをエントリーすることで、販売実績を作ることができます。状況に応じて、使い分けるようにしましょう。

SALEサーチ活用の注意点

SALEサーチにエントリーするには、以下の条件を満たすように注意しましょう。

- **通常商品であること(予約かご、定期購入などは不可)**
- **楽天スーパーSALE開始の4週間以上前から販売している商品であること(新商品をエントリーする場合は、商品登録を事前にすませておく)**
- **10%以上の割引を予定している商品であること(値引率が10%未満の場合は不可)**

SALEサーチにエントリーできたとしても、そのあとも注意が必要です。よくあるのが、「2次チェック合格後の商品情報の変更」によってSALEサーチから落ちてしまうケースです。商品画像、商品説明文、商品名、キャッチコピー、項目選択肢別在庫の項目名を変更する場合は、

- **「※%OFF」表記の追加**
- **送料無料表記の追加**
- **あす楽の文言削除**
- **商品情報の追加**

など、申請時と同一の商品であると判断できる範囲での変更に留めてください。申請時とは別の商品と判断されるような大幅な変更や、事実と異なる記載がある場合は登録から削除されてしまうので注意が必要です。

Section 09

楽天市場 超目玉枠・目玉枠に参加する

楽天市場で提供されている無料の広告枠について知る

楽天市場の「超目玉枠、目玉枠」は、大型イベント時に選ばれた商品のみが掲載される、無料の広告枠です。ストア側がエントリーしたうえで、楽天側から選定されてはじめて出稿できます。以下で、「お買い物マラソン」と「楽天スーパーSALE」それぞれの「超目玉枠」について解説を行います。
なお、販売期間の設定が必要な無料枠では、掲載期間が終了したら必ず価格を1円以上上げてから販売を開始するようにしましょう。掲載期間終了後も掲載期間の割引価格と同じ価格で販売するのは違反行為となるので、注意が必要です。

✔ お買い物マラソンの超目玉枠

お買い物マラソンの「超目玉枠」は、お買い物マラソン中に掲載されるタイムセール広告です。二重価格が必須の枠になり、エントリーするためには以下の条件を満たす必要があります。二重価格表示とは、「商品の販売価格とは別に、比較対象となる別の価格（以下「比較対照価格」）を同時に表示すること」を言います。

- **一定水準以上の販売実績がある**
- **レビューの点数が4以上、件数が10以上ある商品（型番商品を除く）**
- **割引率は型番商品の場合10%以上、非型番商品の場合20%以上**
- **割引後の価格が1,000円以上**

楽天スーパーSALEの超目玉枠

楽天スーパーSALEの「超目玉枠」は、楽天スーパーSALE中に掲載されるタイムセール広告です。楽天スーパーSALEの「超目玉枠」にエントリーするには、以下の条件を満たす必要があります。

- **50%OFF（事実上必須）**
- **レビューの点数が4以上**

楽天スーパーSALEの「超目玉枠」は非常に露出が多い広告枠となっているため、何としても掲載しておきたい広告枠です。しかし、その分、楽天側から選定されるのが難しい広告枠となっています。楽天スーパーSALEのCMに出ているような自動車の半額セールや、「◎◎1年分」のように誰もが目を引くような商品が当選しやすい傾向にあります。

楽天スーパーSALEの目玉枠・最安値枠

楽天スーパーSALEの「目玉枠」「最安値枠」は、楽天スーパーSALE開催時のキャンペーン企画ページに表示される広告枠です。「目玉枠」も「最安値枠」も基本的な割引率等は同じで、型番商品だと10%以上、非型番商品だと20%以上の割引が条件となります。一方、「目玉枠」の場合は当店通常価格の設定が必須となっているのに対し、「最安値枠」では当店通常価格の設定が不要となっています。そのため、「目玉枠」であれば販売実績のある元ページを入稿する必要があるため、入稿後実際に掲載されるまでは販売ができなくなってしまいます。一方、「最安値枠」であればコピーページを入稿できるので、掲載までの期間、販売を続けることができます。このように見ると「最安値枠」の方が使い勝手がよいと思われますが、「目玉枠」の方がイベントページの上に掲載されるため、最終的な売上としては「目玉枠」の方が取れる可能性が高いです。

POINT

無料の広告は掲載位置もかなりよいため、多くのアクセス流入を期待できます。そのアクセスをどう活用していくかによって、売り上げを最大化できるかどうかが大きく左右されます。そのため無料の広告枠に当選したら、該当の商品ページに店舗内の他商品へのアクセスを促すための導線を作りましょう。

Section 10 Yahoo！ショッピング ボーナスストアプラスに参加する

ボーナスストアプラスとは？

Yahoo！ショッピングの「ボーナスストアプラス」は、ボーナスストアプラスに申し込んでいる対象ストアで買い物をすると利用額の10%または5%相当のPayPayボーナスが戻ってくるキャンペーンです。5のつく日や日曜日、セールの日など、通常より購買意欲の高いユーザーの多い日を含むタイミングを狙うと、売上UPに効果的です。

ボーナスストアプラスは、利用金額の5%もしくは10%のポイント原資負担で参加できます。ポイント分はすべてユーザーに還元され、売れた場合のみ費用が発生します。逆に言うと、売れなかった場合はポイント費用がかからないので、売上を改善できるかどうか、何度か試してみることをおすすめします。

ボーナスストアプラスの参加条件を満たしている場合、ストアクリエイターPro画面上部の「キャンペーン情報」欄に参加ボタンが表示されます。このボタンをクリックすることで、ボーナスストアプラスへの申し込みを行うことができます。

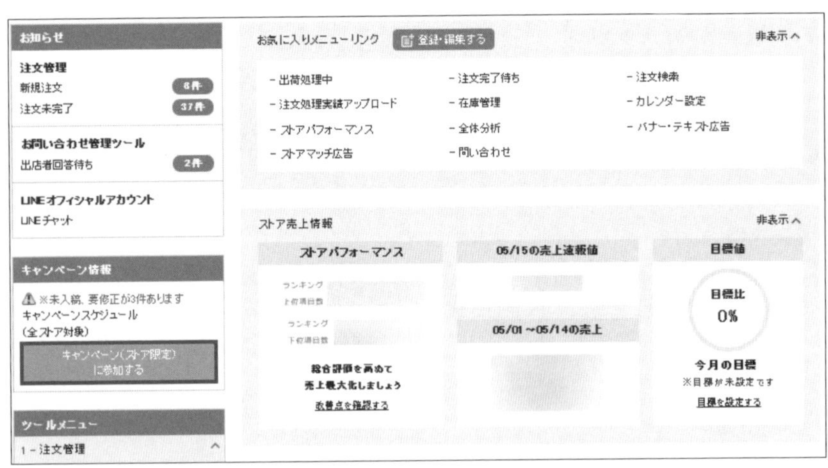

「キャンペーン情報」欄の参加ボタンをクリックすると、ボーナスストアプラスへの申し込みができる

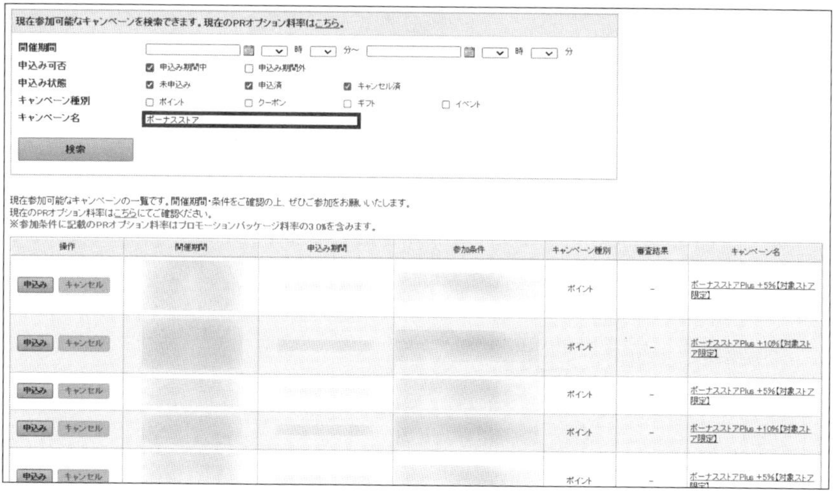

表示される画面で「ボーナスストア」で検索すると、参加できるキャンペーン一覧が表示され、申し込みを行うことができる

なお、ボーナスストアプラス申し込むには、PRオプションの料率アップが必要になります。この料率は、過去3ヶ月間の店舗全体のPRオプション料率を基準として設定されているようですが、全体的な傾向としては、通常のPRオプション料率から＋3%程度になることが多い印象です。ボーナスストアプラスを利用し続けていると申し込みの度にPRオプション料率が上がってしまうことが多いため、普段のPRオプションを少し下げておくなどの工夫が必要となります。必要な料率はボーナスストアプラスの申し込み画面に表示されますので、詳細はそちらで確認しましょう。

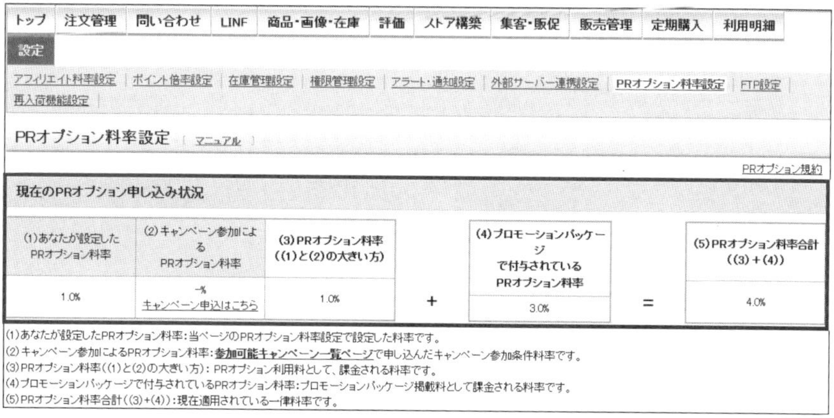

PRオプションの料率を確認し、あらかじめ調整しておく

イベント施策をフル活用して売上UPを実現した事例

本コラムでは、楽天市場のスーパーSALEでイベント施策をうまく活用することで売上UPを実現した事例をご紹介します。ある食品メーカー様が、昨年対比で大きく売上を伸ばすことができた事例となります。

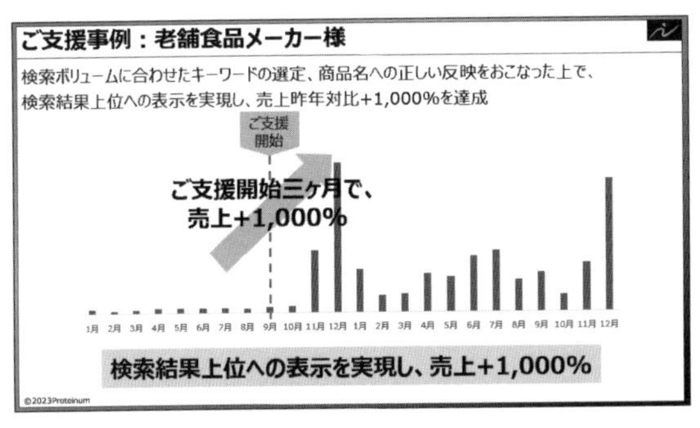

イベント施策の支援により、3ヶ月で売上1,000%UPを実現した

アクセス対策としては、以下の施策を実施しました。

①広告運用最適化（RPP広告）

最初に、アクセス施策の要となるRPP広告の最適化を実施しました。スーパーSALE期間前は設定CPCの調整および追加キーワード設定をすることで売上実績を蓄積し、検索結果上位に表示される状態を目指しました。スーパーSALE期間中は目安CPCの変動が大きくなるため（目安CPCが1時間後には+100円になっているなど現状設定から大きく乖離することがある）、1時間おきに注力商品のキーワード設定やキーワード単価の見直しを実施しました。その結果、予算の消化金額を当初の予算内に収めることもでき、何より広告の費用対効果を最大化することが可能となりました。

②無料のタイムセール枠の活用

無料のタイムセール枠（超目玉枠、目玉枠、最安値枠）には、積極的にエントリーをしました。普段は50%OFFにできない商品についても積極的な値引きを実施することで、広告枠1枠で1万件以上のアクセス数を獲得することができました。

③楽天スーパーセールサーチの活用（商品選定、競合価格調査）

広告に頼るだけではなく、スーパーセールサーチも活用することで、検索経由の売上も最大化することに成功しました。値引き施策を実施する際には、注力商品を選定した上で、競合が前回のセール時にどれくらいの値引きを実施していたかを記録しておき、その価格を少し下回る価格設定をすることで、不必要な費用をかけずに売上を伸ばすことができました。

また、少し裏技的な内容となりますが、スーパーSALE前の検索結果一覧を見ると、「販売期間前」の商品が増えていると思います。多くの場合はスーパーセールサーチにエントリーするために事前に「販売期間前」の設定を行っているため、スーパーSALEでの競合他社の値引率を確認できる場合があります。

転換率施策としては、以下の施策を実施しました。

①セール情報のページ反映（商品名、サムネイル）

セール情報を、商品名やサムネイルへ積極的に盛り込むようにしました。特にサムネイルは検索結果一覧でユーザーの目に触れることになるため、ポイント倍率などは必ず盛り込んでおくようにしました。

②各種キャンペーンの実施（クーポン、ポイント、メルマガ／LINE）

スーパーSALEサーチと合わせて、クーポンやポイントの実施を事前に検討しておきました。また、メルマガやLINEなど既存顧客向けのキャンペーン内容を事前に整理しておくことで、直前に慌てることなく配信設定をすることが可能となりました。特にメルマガは予約がすぐに埋まってしまうため、余裕を持った準備をおすすめします。

Index

英数字

あ行

か行

さ行

た・な行

は行

ま行

や行

ら・わ行

あとがき

本書を手に取っていただき、ありがとうございました。「あとがき」まで読んでくださっているということは、よほど本書に愛着を持っていただいたと思ってもよいでしょうか？

本書は「はじめに」でも書いている通り、「ECモール集客の辞書」のようにご活用いただくことを目的に出版しました。ぼろぼろになるまで使い倒していただけると幸甚です。

実は当初は「EC運営」全般を解説する本を書こうと考えていました。しかし、本書は対象を思い切って「ECモールの集客」に絞っています。「EC運営」というと、集客だけでもGoogle広告やMeta広告に始まり、DM、TVCMまで数多の手段があり、受発注、出荷まで含めると対象がとてつもなく広くなってしまいます。しかも、Googleのリスティング広告運用だけで成り立っている企業があるほど、1つ1つが複雑で深い理解が求められます。とても1冊の本では語り切ることができません。

そこで、解説する対象を「ECモールの集客」に絞れば、より即効性が高く、誰が取り組んでも一定の成果を挙げられるノウハウ提供が可能なのではないか、と考えました。

弊社プロテーナムでは、毎週金曜日に事例共有会なるものを実施しています。どのような施策を実施することで、どのぐらいの成果が上がったのか、定量的に分析した成功事例を共有する会です。「知識を資産化する」という考えのもと、創業以来継続しており、その数は厳選した事例だけでも300を超えます。この事例共有会をはじめとした膨大なデータ分析に基づき、結晶化した施策をベースとしながら、クライアントの状況に合わせて日々提案させていただき、売上・利益改善の支援を行っております。

上記の経験からECモール内で実施できる施策は限られており、いくつかのパターン分岐に落とし込むことで、高い再現性を持って短期間でも売上アップにつなげることができるという結論に至りました。そのノウハウを体系化したのが本書です。社内では「この本を読んでもらうだけで研修は終わりでいいんじゃないか」といった声が上がるような内容となっています。正直に申し上げると、これまで蓄えてきたノウハウが流出してしまい、弊社としての優位性が失われてしまうのではないか、といった懸念もありました。

ただ、弊社が支援時にいただくフィーは決して安いわけではなく、世の困っているEC事業者様すべてをご支援できるわけではありません。できるだけ多くの方にECの可能性に気づいてもらいたいとの思いで本書の出版を決めました。

まずは本書にある施策を実施することで、ECモール運営において成功体験を積んでいただき、チャレンジの幅を広げるための第一歩となることを願っております。

できるだけ情報を詰め込みましたが、それでも今回紹介したEC集客のノウハウはEC運営に必要な知識のほんのわずかです。ECは加速度的に進歩しており、ECモールの管理画面は1週間も経つと必ずどこかがアップデートされているようなスピード感で改善が進められています。これまでのEC運営は規模拡大に伴い作業工数が増え、担当者も増え、業務の細分化が進んでいくといったプロセスが当たり前でした。しかし、生成AIの登場をはじめとする、様々なテクノロジーの発達により、EC運営の多くの業務は自動化が進み、最終的に人間に残される仕事は判断と出荷だけになる未来もそう遠くないのではないかと考えています。

そのような状況で、EC運営を行っていくためには、小手先の知識ではなく本書にあるECモールの売上構造の理解といった骨太なロジックを自分のものとすることが必要です。一見遠回りにも見えるかもしれませんが、多少の変化では揺るがぬことのない盤石な土台をつくることが結果的に最短距離を走ることにつながるでしょう。本書が少しでもその一助なることができれば幸いです。

最後に本書の執筆に際し、事例としての掲載を快諾いただきました弊社支援企業様、たびたび発生する急な依頼にもすぐに対応してくださったプロテーナムの皆への謝意をここに記します。また、約1年に渡り、編集として伴走いただいた技術評論社の大和田さんにはかなり細かい指摘までいれていただき、頭が上がりません。心から感謝申し上げます。

著者プロフィール

● 米沢洋平　株式会社プロテーナム　代表取締役

楽天グループ株式会社、コンサルティングファームを経て、現職。楽天ではECコンサルティング業務に従事、SOA、SOY（楽天内年間優秀店舗）受賞店舗様複数担当。売上が100万円から3か月で1,000万円を突破した店舗様やSOY店舗様の販売支援など幅広い経験をもつ。その他、中小企業から大企業まで様々な企業のEC事業計画の策定、および実行支援を経験。

● 渡邊嵩大　株式会社プロテーナム　取締役

楽天グループ株式会社、日系コンサルティングファームを経て、現職。サプリメントジャンルを得意ジャンルとし、食品から工具まで幅広い領域を経験。売上が0から3か月で100万円を突破した店舗様や月商1,000万規模ながらYoY+100%以上を達成した店舗様など確かな実績をもつ。物流システムを含めたゼロからのEC立ち上げからマーケティング戦略の立案・実行まで上流工程の設計・運用にも強み。

● 櫛田貴茂　株式会社プロテーナム　コンサルタント

日本放送協会を経て、現職。ECにおいては、アパレルからサプリメントまで幅広い案件担当実績があり、特に確かなデータ分析に基づいたキャンペーンや施策立案に強みを持つ。日本放送協会では営業改革の戦略部門に所属し、戦略立案や新たな営業手法の企画・実行に従事。顧客視点の企画立案から組織の戦略策定まで幅広く経験。

● 樋口智紀　株式会社プロテーナム　コンサルタント

Hameeコンサルティング、戦略コンサルファームを経て、現職。ECにおいては3大モールである楽天、Amazon、Yahoo!ショッピングを中心に自社ECサイト、auPAYマーケットなど幅広く担当。商材ジャンルにおいてはスキンケア用品、システムカミソリ、アパレル、食品等幅広く担当経験があり、月商数百万円→4,000万円の売上向上の支援実績あり。データドリブンを得意としており、特にリピート商材でのデータ分析に精通している。

株式会社プロテーナム

大手ECモール／ECコンサル／ブランド出身者で構成されるEC特化のコンサルティングおよび運営代行事業、D2C事業、SaaS事業を展開。”ECショップを運営されている企業にとって最高のパートナーとなっていきたい”との想いをもとに、EC事業における戦略構築からECサイト新規構築／制作、運営代行、タスク実行支援まで一貫して行っている。メンバーの累計担当企業数は2,000社以上の圧倒的実績を持ち、業界最高品質を自負。「売上アップを実現してきたECノウハウ」と、「高いプロ意識とクオリティを求められるコンサルティング業界での経験」を掛け合わせたサービスを提供。

●ブックデザイン　小口翔平＋畑中茜（tobufune）
●レイアウト・本文デザイン　リンクアップ
●編集　大和田洋平

技術評論社Webページ　https://book.gihyo.jp/116

■お問い合わせについて
本書の内容に関するご質問は、下記の宛先までFAXまたは書面にてお送りください。なお電話によるご質問、および本書に記載されている内容以外の事柄に関するご質問にはお答えできかねます。あらかじめご了承ください。

〒162-0846
新宿区市谷左内町21-13
株式会社技術評論社　書籍編集部
「売れるEC「最強」集客大全［Amazon／楽天市場／Yahoo!ショッピング対応］」
質問係
FAX番号　03-3513-6183

なお、ご質問の際に記載いただいた個人情報は、ご質問の返答以外の目的には使用いたしません。また、ご質問の返答後は速やかに破棄させていただきます。

売れるEC「最強」集客大全
［Amazon／楽天市場／Yahoo！ショッピング対応］

2024年7月23日　初版　第1刷発行

著　者　株式会社プロテーナム　米沢洋平、渡邊嵩大、櫛田貴茂、樋口智紀
発行者　片岡　巌
発行所　株式会社技術評論社
東京都新宿区市谷左内町21-13
電話　03-3513-6150　販売促進部
03-3513-6166　書籍編集部
印刷／製本　日経印刷株式会社

定価はカバーに表示してあります

ISBN978-4-297-14242-1 C3055
Printed in Japan